ATLAS
DER ANATOMIE DES MENSCHEN

BAND 2

Rolf Bertolini

Gerald Leutert

# ATLAS DER ANATOMIE DES MENSCHEN

nach systematischen und topographischen Gesichtspunkten

## Band 2: Rumpf und Rumpfeingeweide

Mit 350 Abbildungen,
davon 301 mehrfarbig,
gezeichnet von Horst Schmidt

Springer-Verlag
Berlin Heidelberg New York 1979

Prof. Dr. sc. med. Rolf Bertolini

Direktor des Anatomischen Instituts
der Karl-Marx-Universität Leipzig

Prof. Dr. sc. med. Gerald Leutert

Prosektor des Anatomischen Instituts
der Karl-Marx-Universität Leipzig

Die Originalausgabe erschien im Verlag
VEB Georg Thieme Leipzig
Vertrieb ausschließlich für die DDR
und die sozialistischen Länder

Lizenzausgabe für alle übrigen Länder
im Springer-Verlag Berlin Heidelberg New York

ISBN 3-540-09599-3
Springer-Verlag Berlin Heidelberg New York
ISBN 0-387-09599-3
Springer-Verlag New York Heidelberg Berlin

# Vorwort

Die im Vorwort des 1. Bandes dargelegte Gliederung des Atlasses der Anatomie des Menschen blieb unverändert. Unsere Absicht, die Ganzheit des Organismus auch in der Bilderfolge zu veranschaulichen, führte zu der Zusammenstellung von den Organsystemen, die den Rumpf bilden. Dabei haben wir versucht, die Beziehung zwischen Schultergürtel und Arm sowie zwischen Becken und Bein zu erhalten. Der gleiche Gedanke leitete uns bei der Darstellung der Rumpfeingeweide; außer der systematischen Anatomie wurde die Syntopie der Organe und deren Verhältnis zu Rumpfwand und Becken aufgezeigt. Wegen des funktionellen Zusammenhanges wird das Rückenmark seinen Platz im 3. Band innerhalb des Kapitels Zentralnervensystem erhalten.

Daß der 2. Band nach kurzer Zeit dem ersten folgen kann, ist das Ergebnis guter Zusammenarbeit. Die erfahrenen Mitarbeiter von Verlag und Herstellungsbetrieben übernahmen die Gestaltung dieses Teiles des Atlasses. Sie erfüllten zuverlässig und mit persönlicher Anteilnahme unsere Wünsche. Allen gebührt herzlicher Dank.

Die Leistungen des wissenschaftlichen Zeichners, Herrn Horst Schmidt (Halle/Saale), sind über jedes Lob erhaben. Einfühlsam förderte er die Komposition der Abbildungen und setzte bei deren Ausführung seine ganze Kraft ein. Ihm gilt unser Dank von ganzem Herzen. Acht Strichzeichnungen wurden in dankenswerter Weise von Herrn Dr. med. Klaus Welt geschaffen. Der leitende medizinische Fachpräparator, Herr Gerhard Pfütze, gab uns wertvolle Unterstützung bei der Anfertigung und Bereitstellung der Präparate. Seine vorbildliche Arbeit trug wesentlich zum Abschluß des vorliegenden Bandes bei. Herr Klaus Hartmann, medizinischer Fachpräparator, übertrug gewissenhaft die angegebenen Hinweispunkte. Das Wirken der beiden langjährigen Mitarbeiter verdient hohe Anerkennung. Zu dem Kreis der tüchtigen Helfer, denen wir zu Dank verpflichtet sind, gehören: Frau Binkenstein, Frau Dettmer, Frau Hamann, Fräulein Starke, Frau Walter, Frau Wendler und Frau Wolf.

Die Ergänzung der Zeichnungen durch Röntgenbilder war durch das Entgegenkommen mehrerer Einrichtungen der Karl-Marx-Universität Leipzig möglich. Herrn Prof. Dr. sc. med. Wilhelm Oelßner, Direktor der Radiologischen Klinik, Herrn Prof. Dr. sc. med. Fritz Meißner, Direktor der Klinik für Kinderchirurgie, und Herrn Prof. Dr. sc. med. Karl Bilek, Direktor der Frauenklinik, sowie den Oberärzten Dozent Dr. sc. med. Hans-

Georg Schulz, Dr. med. Dieter Hörmann und Prof. Dr. sc. med. Joachim Dietzsch danken wir für die sorgfältige Auswahl der Aufnahmen als Ausdruck der interdisziplinären Zusammenarbeit.
Auch der 2. Band bedarf der Verbesserungen, und wir möchten deshalb unsere Bitte um Hinweise für Berichtigungen, Änderungen und Ergänzungen wiederholen.

Rolf Bertolini
Gerald Leutert

Leipzig, im Juni 1979

# Inhalt

**Rumpf**

Knochen .......... 9
Gelenke .......... 55
Muskeln .......... 77
Gefäße und Nerven .......... 97

**Zwerchfell** .......... 111

**Rumpfeingeweide**

Brusteingeweide .......... 119
Baucheingeweide .......... 195
Eingeweide des Spatium retroperitoneale .......... 251
Beckeneingeweide .......... 271

Sachwortverzeichnis .......... 339

**Verwendete Abkürzungen**

Begriffe in eckiger Klammer sind im Verzeichnis der gültigen Nomenklatur (NOMINA ANATOMICA, Paris 1955) nicht enthalten. Zur besseren Orientierung wird auf sie nicht verzichtet.

| | |
|---|---|
| A. | Arteria |
| Aa. | Arteriae |
| Art. | Articulatio |
| Artt. | Articulationes |
| C | Cervicalsegment |
| L | Lumbalsegment |
| Lig. | Ligamentum |
| Ligg. | Ligamenta |
| M. | Musculus |
| Mm. | Musculi |
| N. | Nervus |
| Nn. | Nervi |
| Proc. | Processus |
| S | Sacralsegment |
| Th | Thoracalsegment |
| V. | Vena |
| Vv. | Venae |

# RUMPF
## Knochen

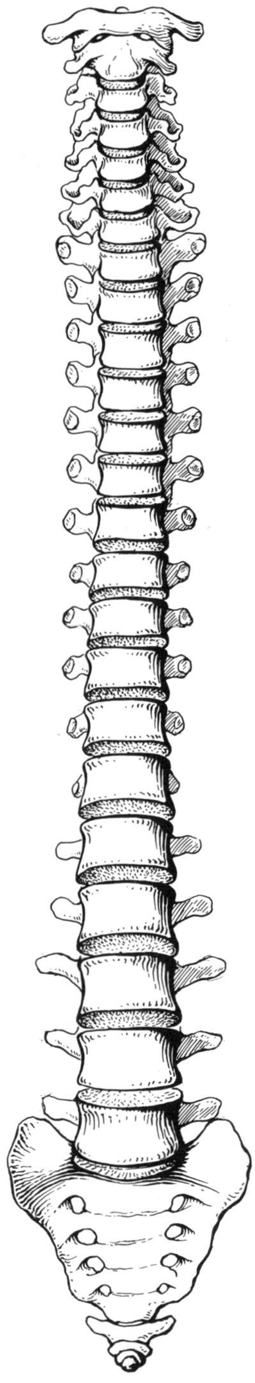

1
**Wirbelsäule, Columna vertebralis**
eines Erwachsenen, von vorn. Übersicht

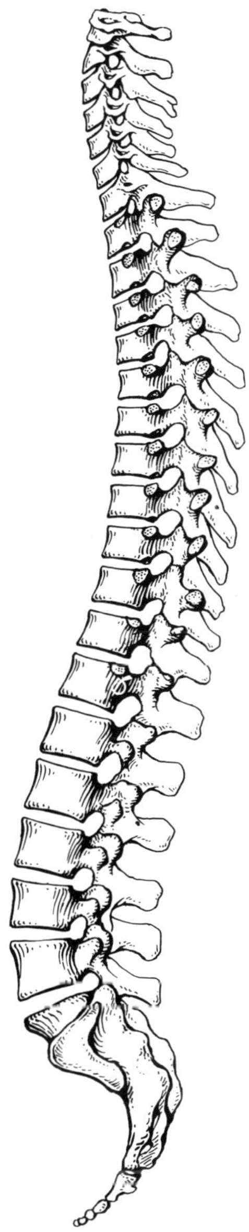

2
**Wirbelsäule, Columna vertebralis**
eines Erwachsenen, von links. Übersicht

3
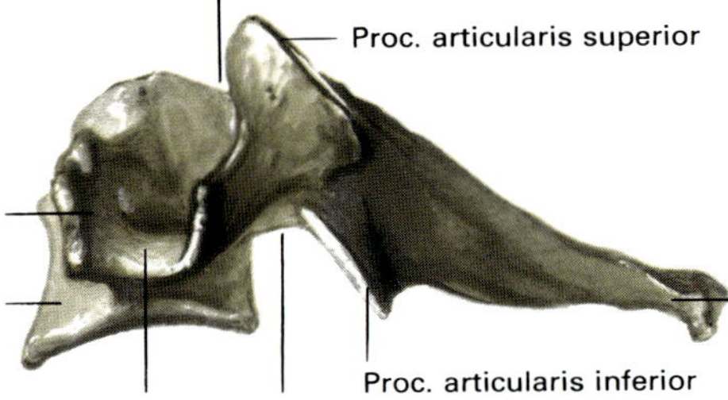


4
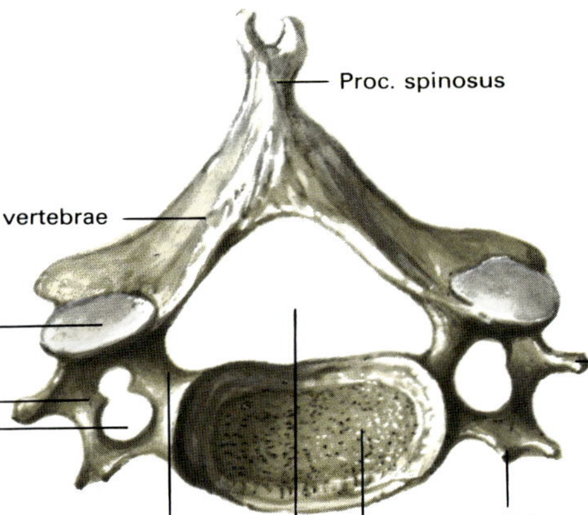


5
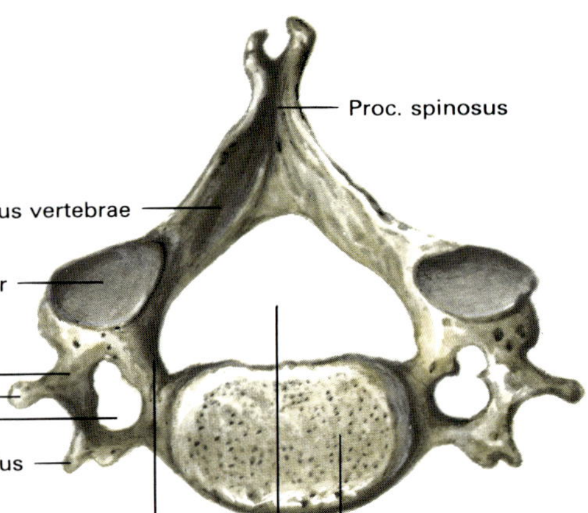


**3**
**6. Halswirbel, Vertebra cervicalis VI**
von links

**4**
**6. Halswirbel, Vertebra cervicalis VI**
von cranial

**5**
**6. Halswirbel, Vertebra cervicalis VI**
von caudal

6 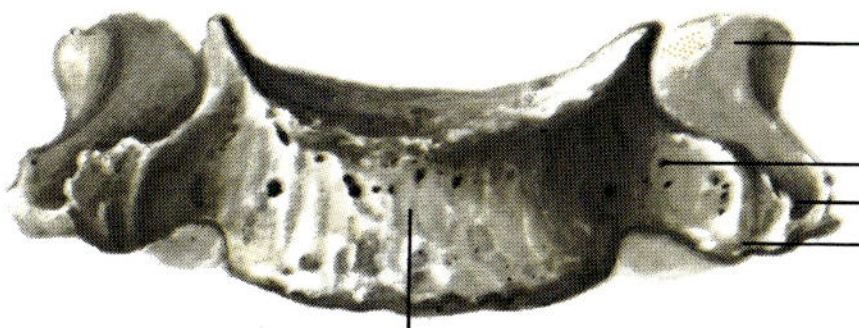


7 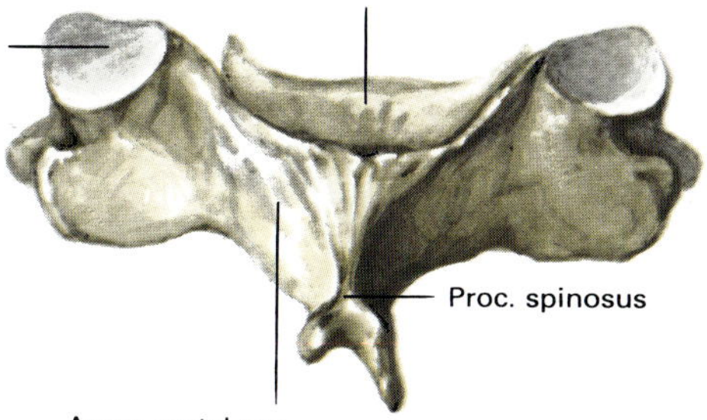


**6**
**6. Halswirbel, Vertebra cervicalis VI**
von ventral

**7**
**6. Halswirbel, Vertebra cervicalis VI**
von dorsal

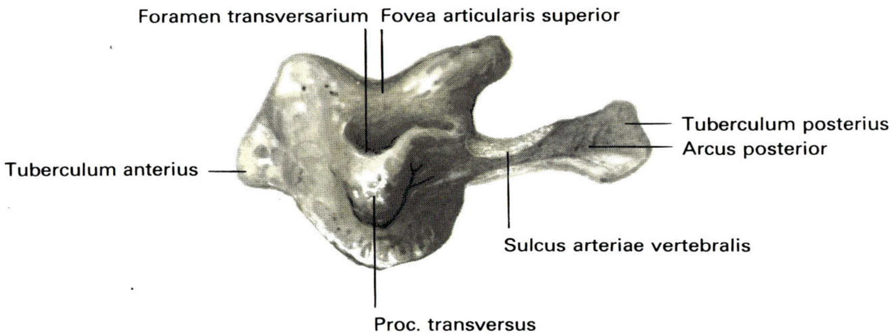


8

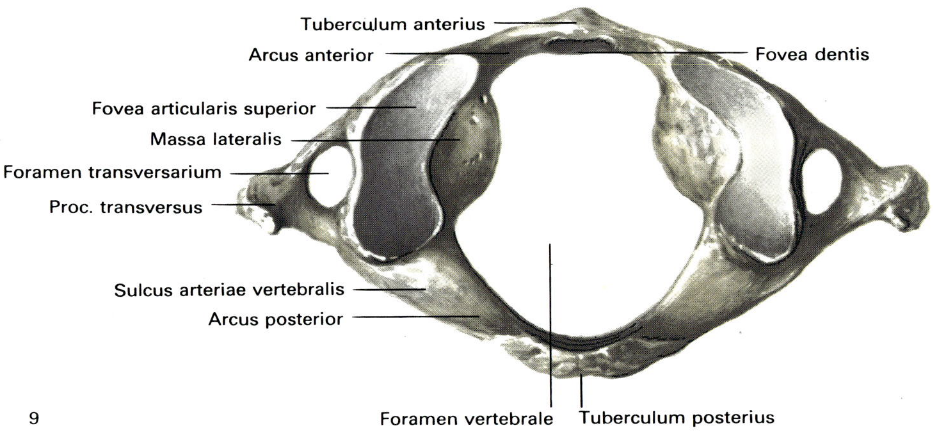


9

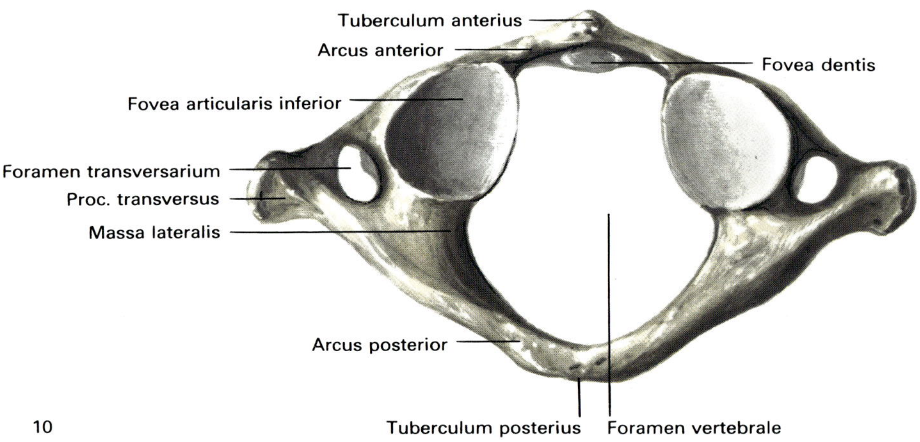


10

**8**
**Atlas**
von links

**9**
**Atlas**
von cranial

**10**
**Atlas**
von caudal

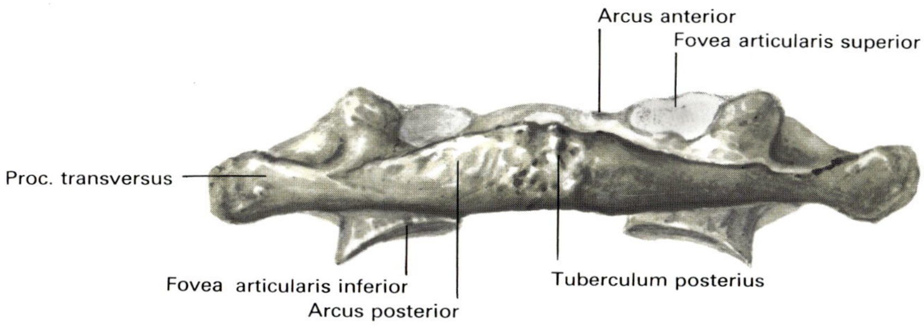


11

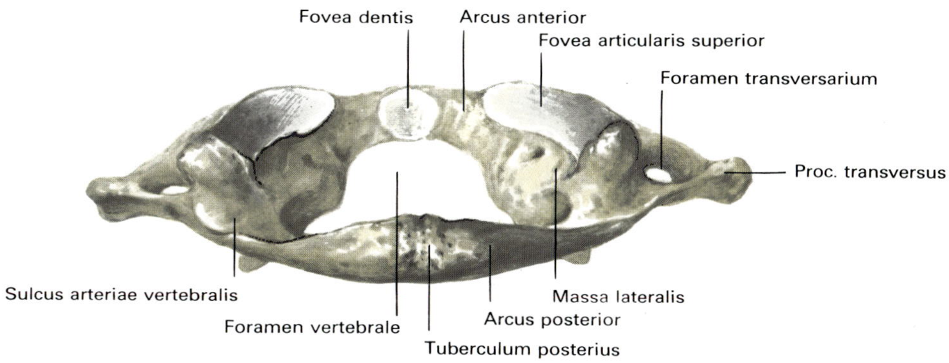


12

**11**
**Atlas**
von ventral

**12**
**Atlas**
von dorsal cranial

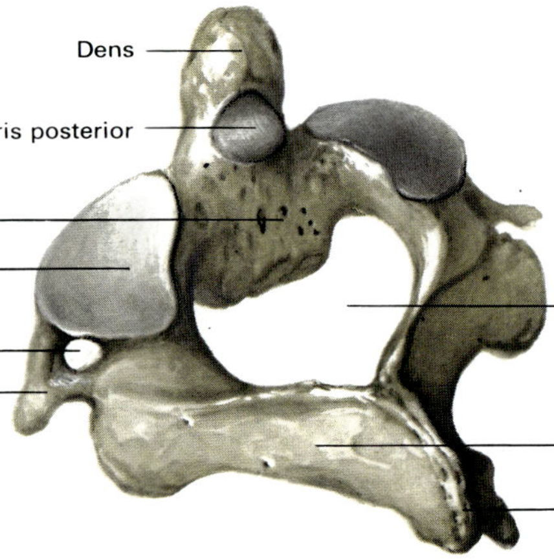


13

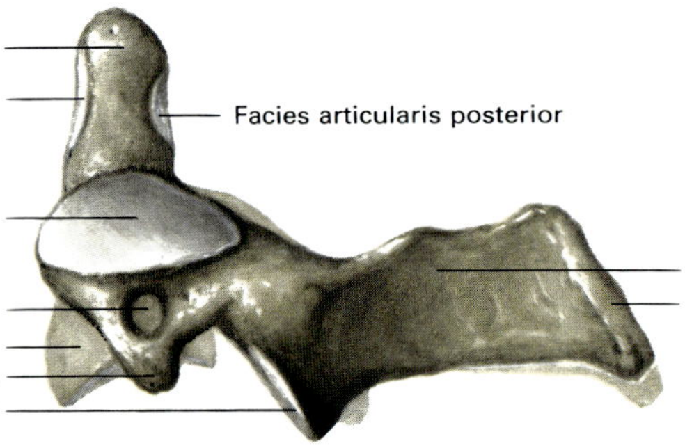


14

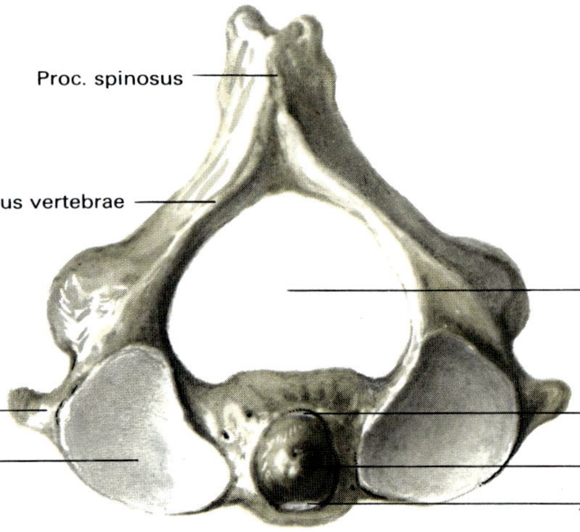


15

**13**
**Axis (Epistropheus)**
von dorsal cranial lateral

**14**
**Axis (Epistropheus)**
von links

**15**
**Axis (Epistropheus)**
von cranial

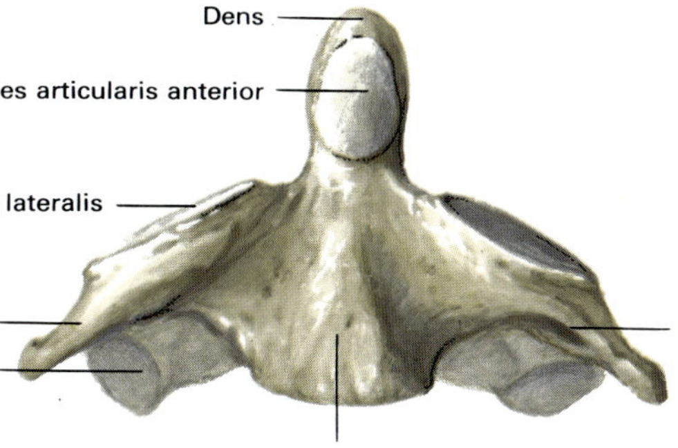


16

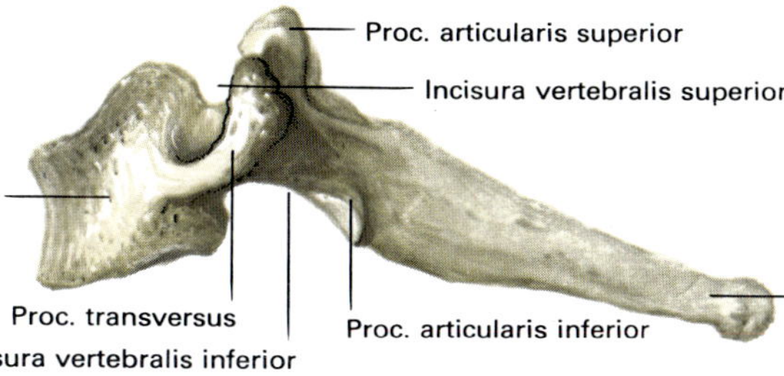


17

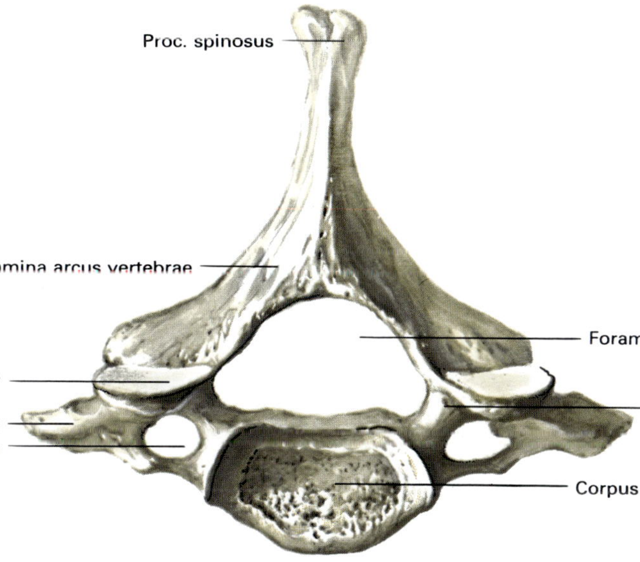


18

**16**
**Axis (Epistropheus)**
von ventral

**17**
**7. Halswirbel, Zählwirbel, Vertebra prominens**
von links

**18**
**7. Halswirbel, Zählwirbel, Vertebra prominens**
von cranial

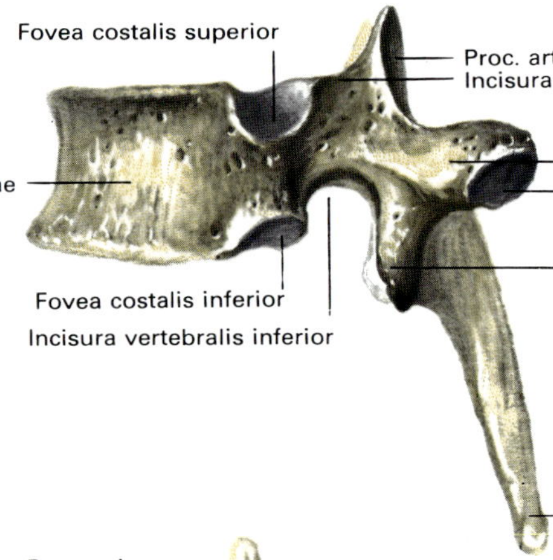


19

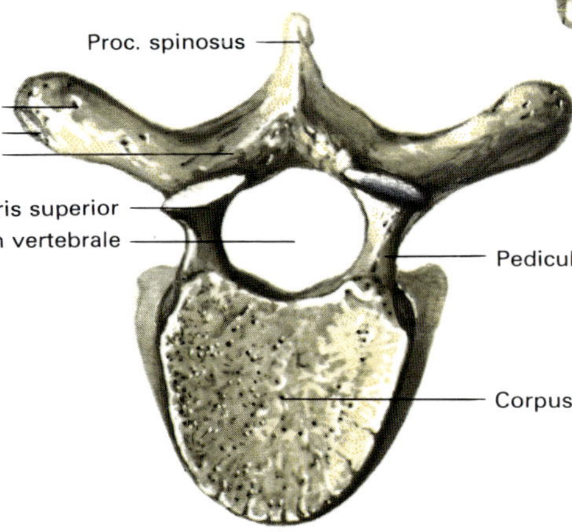


20

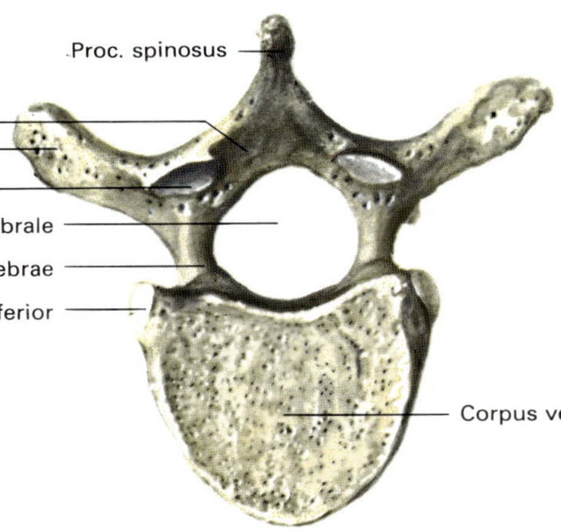


21

**19**
**Mittlerer Brustwirbel, Vertebra thoracica**
von links

**20**
**Mittlerer Brustwirbel, Vertebra thoracica**
von cranial

**21**
**Mittlerer Brustwirbel, Vertebra thoracica**
von caudal

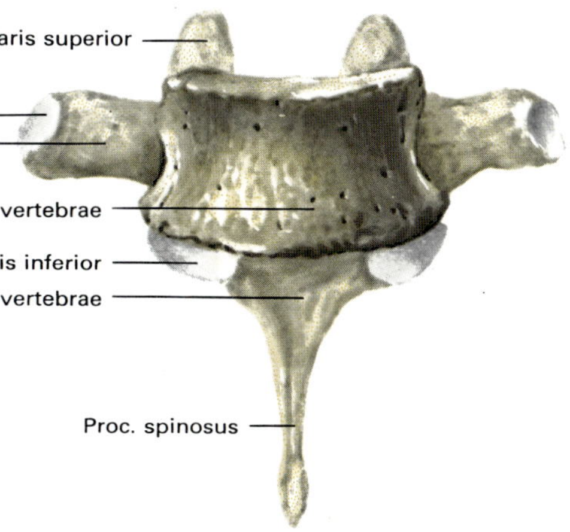


22

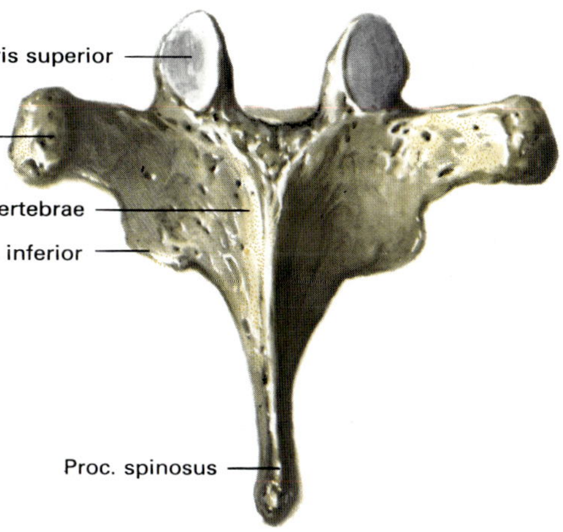


23

**22**
**Mittlerer Brustwirbel, Vertebra thoracica**
von ventral

**23**
**Mittlerer Brustwirbel, Vertebra thoracica**
von dorsal

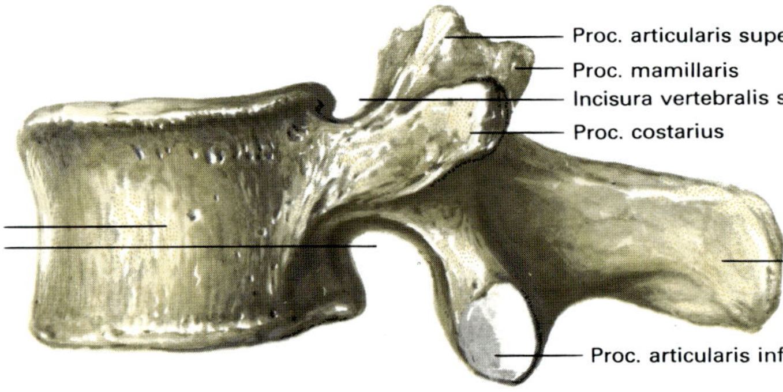


24

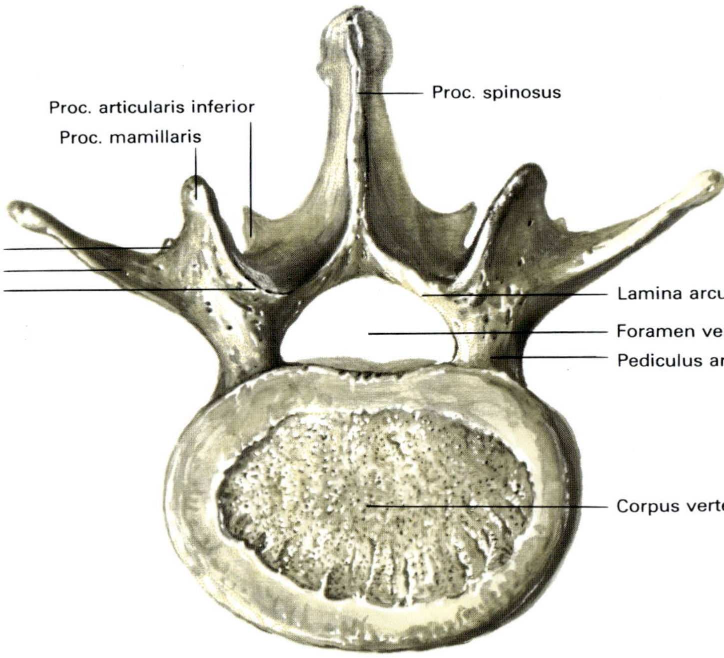


25

**24**
**3. Lendenwirbel, Vertebra lumbalis III**
von links

**25**
**3. Lendenwirbel, Vertebra lumbalis III**
von cranial

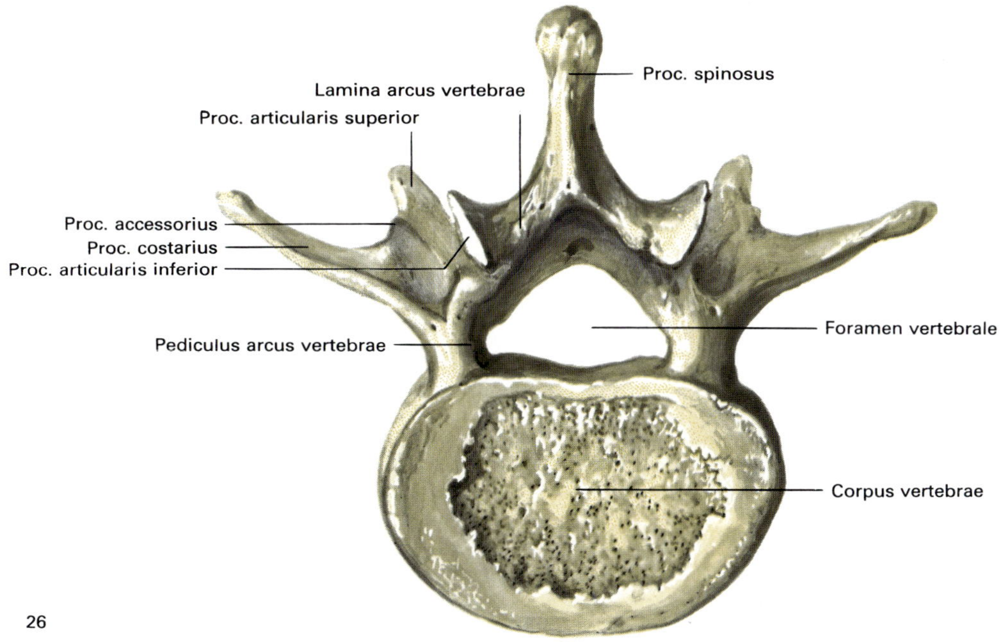


26

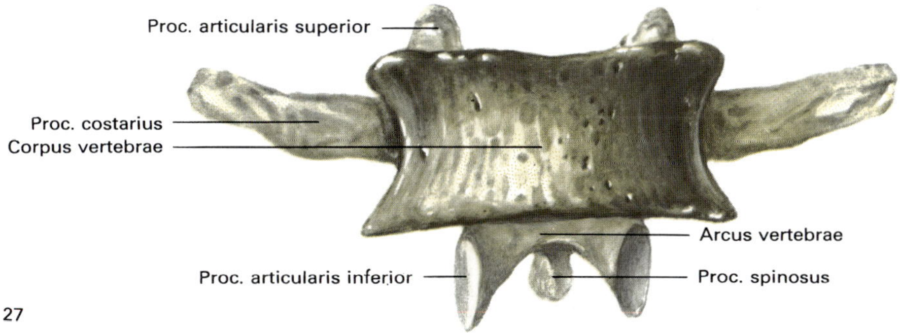


27

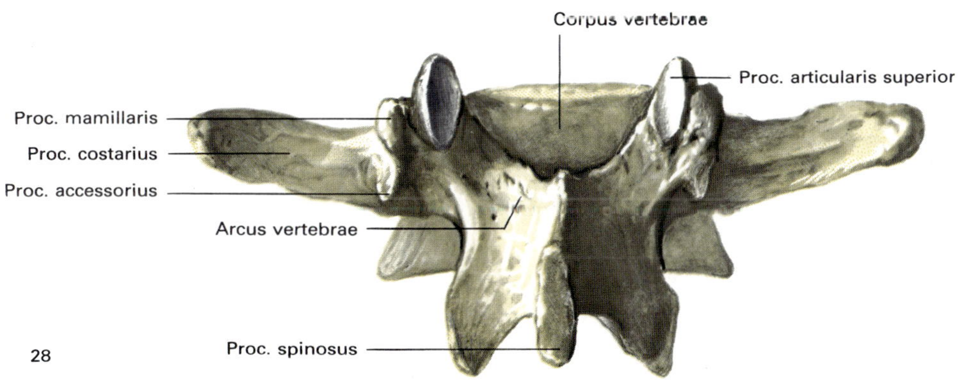


28

**26**
**3. Lendenwirbel, Vertebra lumbalis III**
von caudal

**27**
**3. Lendenwirbel, Vertebra lumbalis III**
von ventral

**28**
**3. Lendenwirbel, Vertebra lumbalis III**
von dorsal

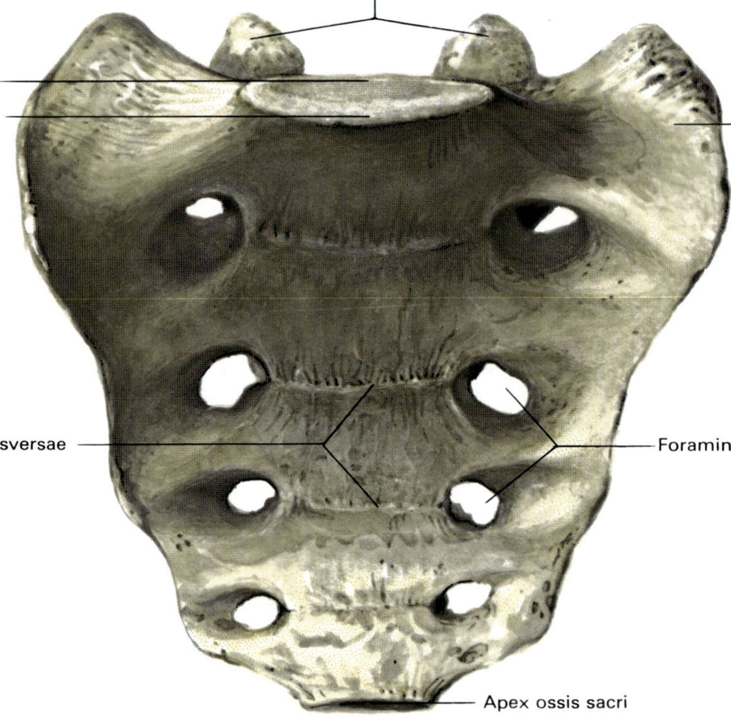


**Facies pelvina**

**29**
**Kreuzbein, Os sacrum**
von ventral

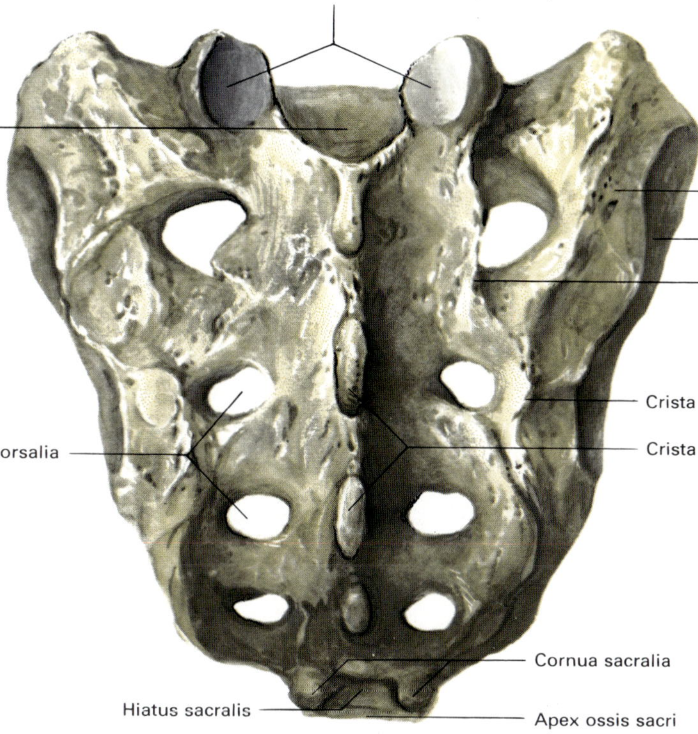


**Facies dorsalis**

**30**
**Kreuzbein, Os sacrum**
von dorsal

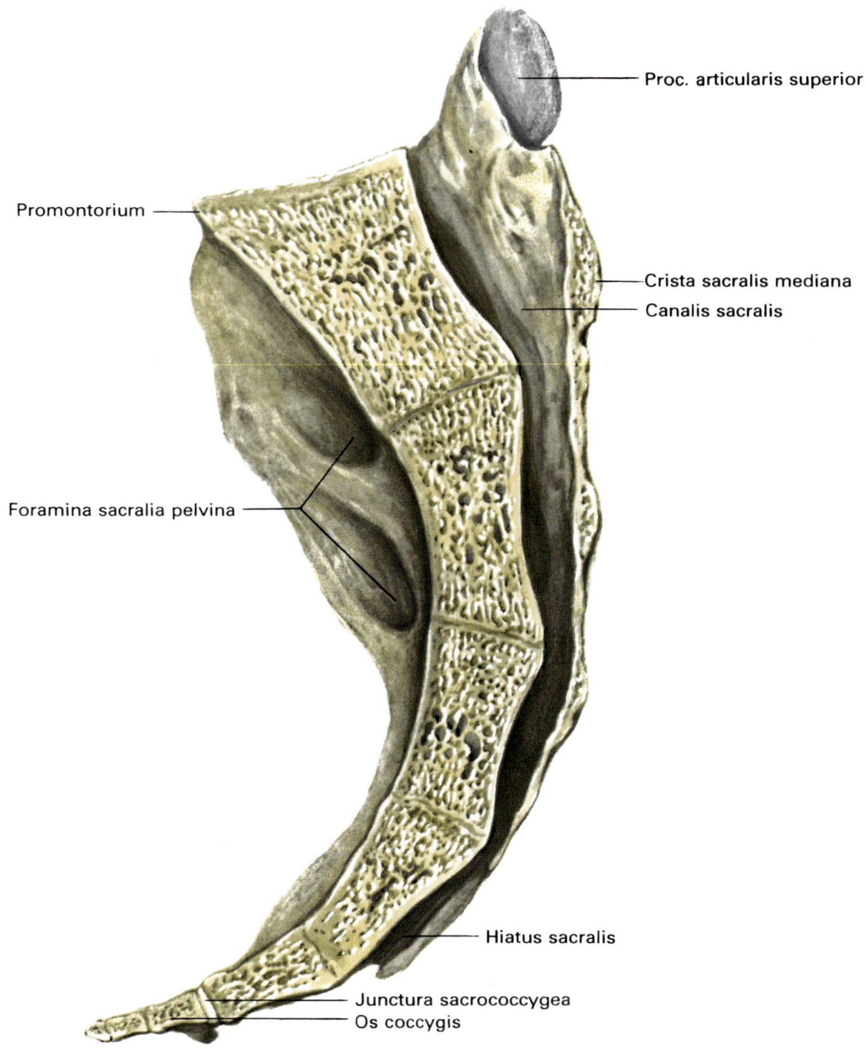


**31**
**Kreuzbein, Os sacrum, Steißbein, Os coccygis**
median durchgesägt, Ansicht von links

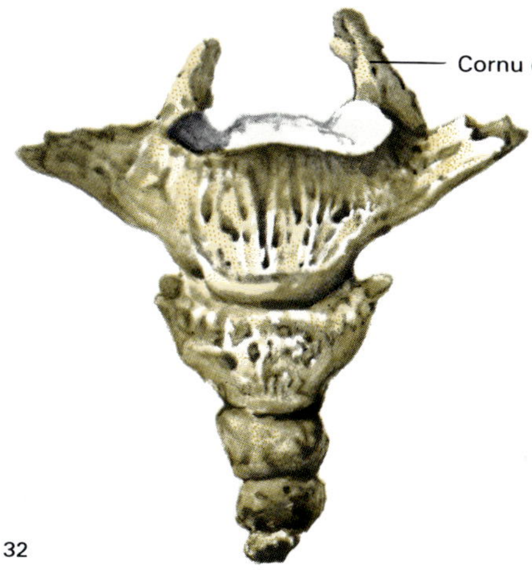


32

33

**32**
**Steißbein, Os coccygis**
von ventral

**33**
**Steißbein, Os coccygis**
von dorsal

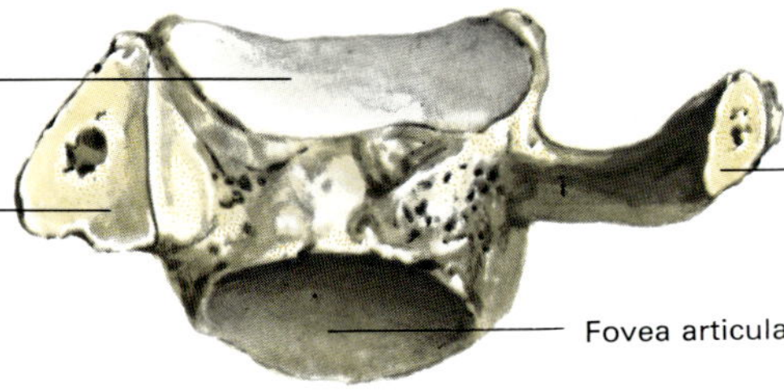


34

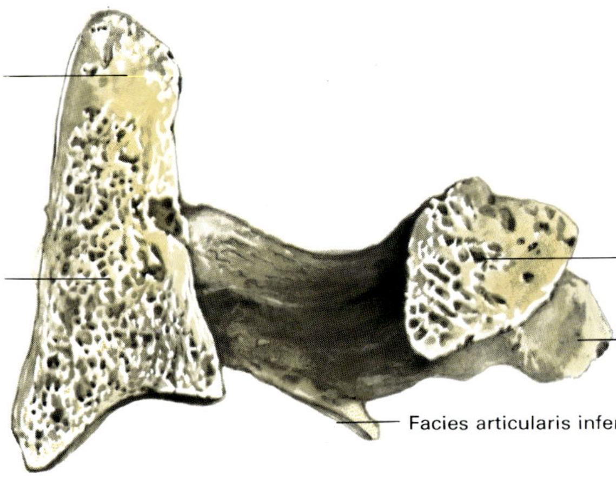


35

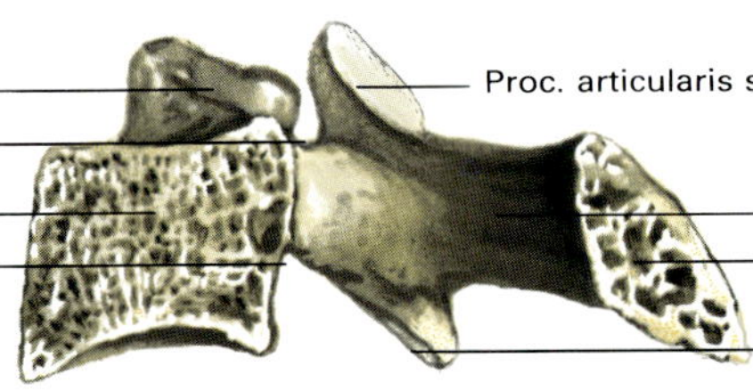


36

**34**
**Atlas**
median durchgesägt, Ansicht von links

**35**
**Axis (Epistropheus)**
median durchgesägt, Ansicht von links

**36**
**4. Halswirbel, Vertebra cervicalis IV**
median durchgesägt, Ansicht von links

37

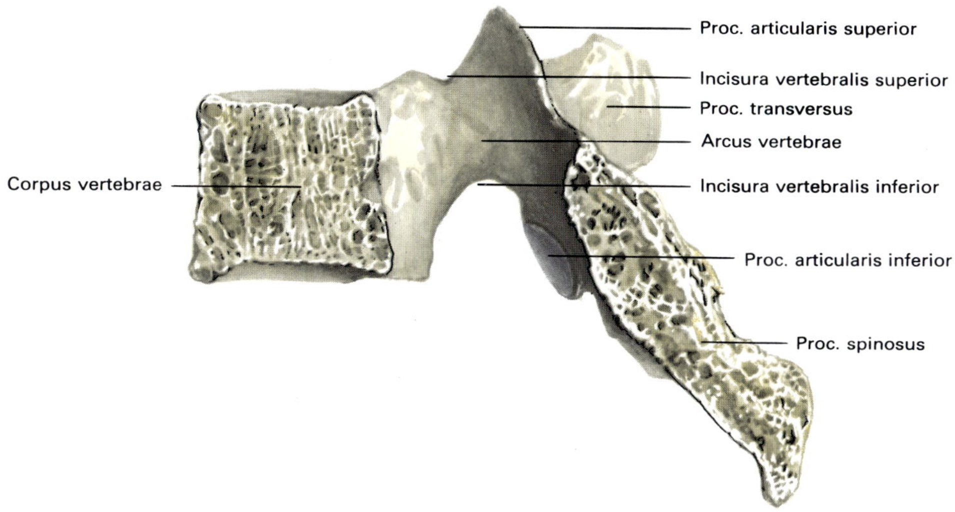


38

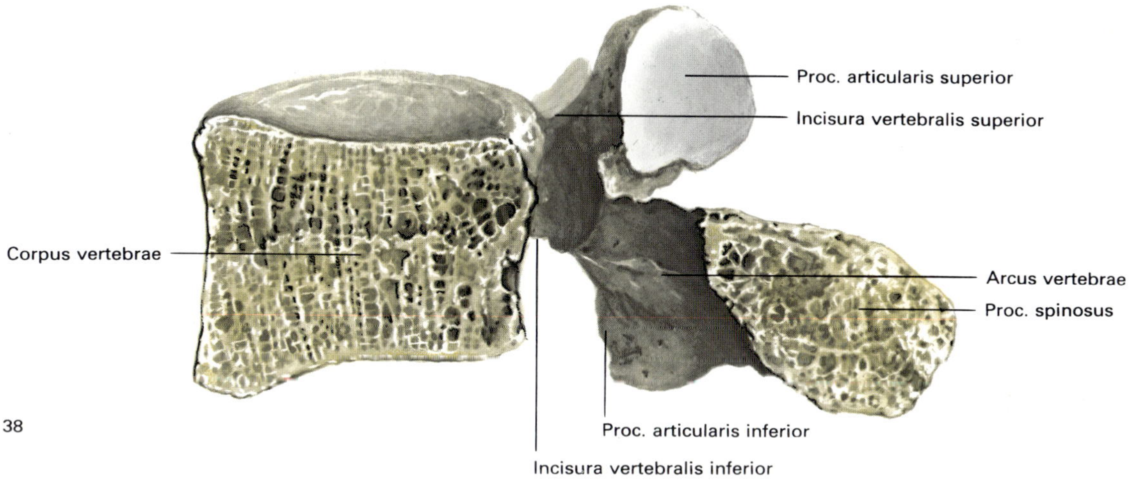


**37**
**Mittlerer Brustwirbel, Vertebra thoracica**
median durchgesägt, Ansicht von links

**38**
**3. Lendenwirbel, Vertebra lumbalis III**
median durchgesägt, Ansicht von links

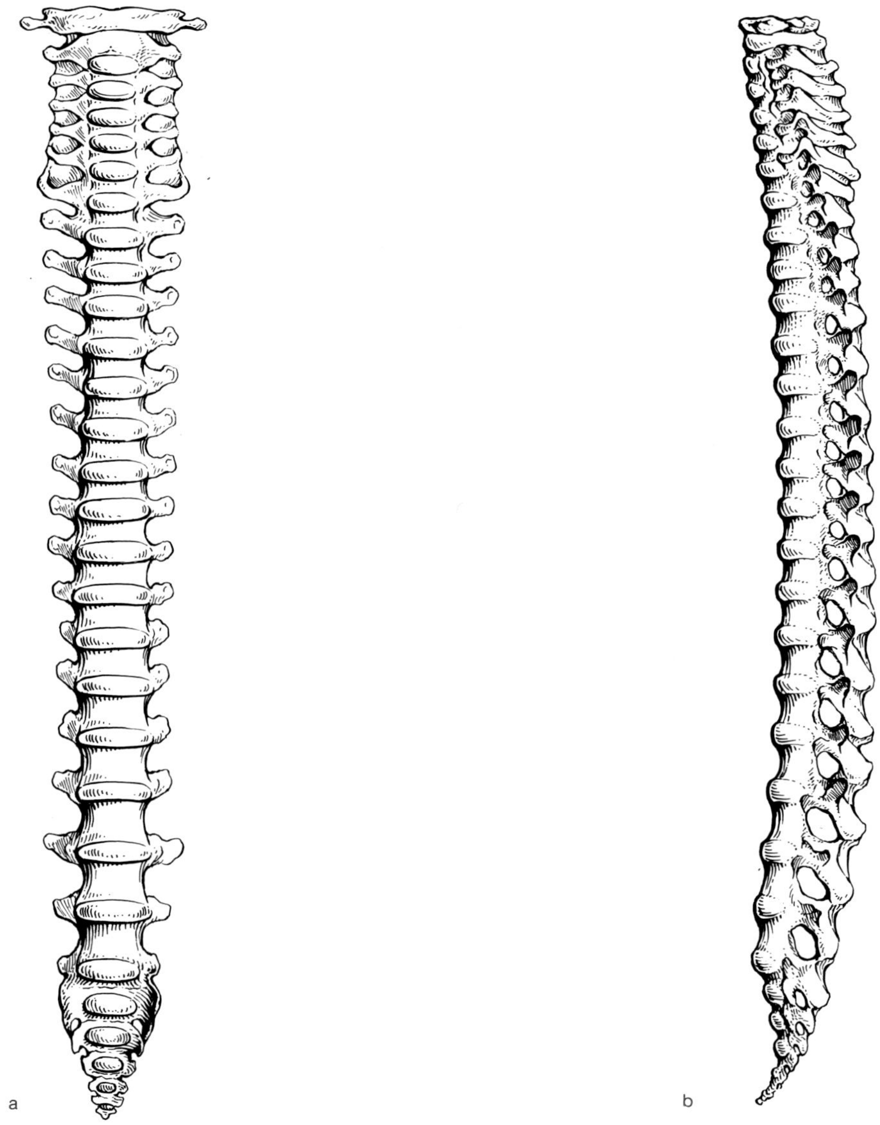


**39**
**Wirbelsäule, Columna vertebralis**
eines Neugeborenen, Übersicht, Disci intervertebrales nicht entfernt. a von vorn, b von links

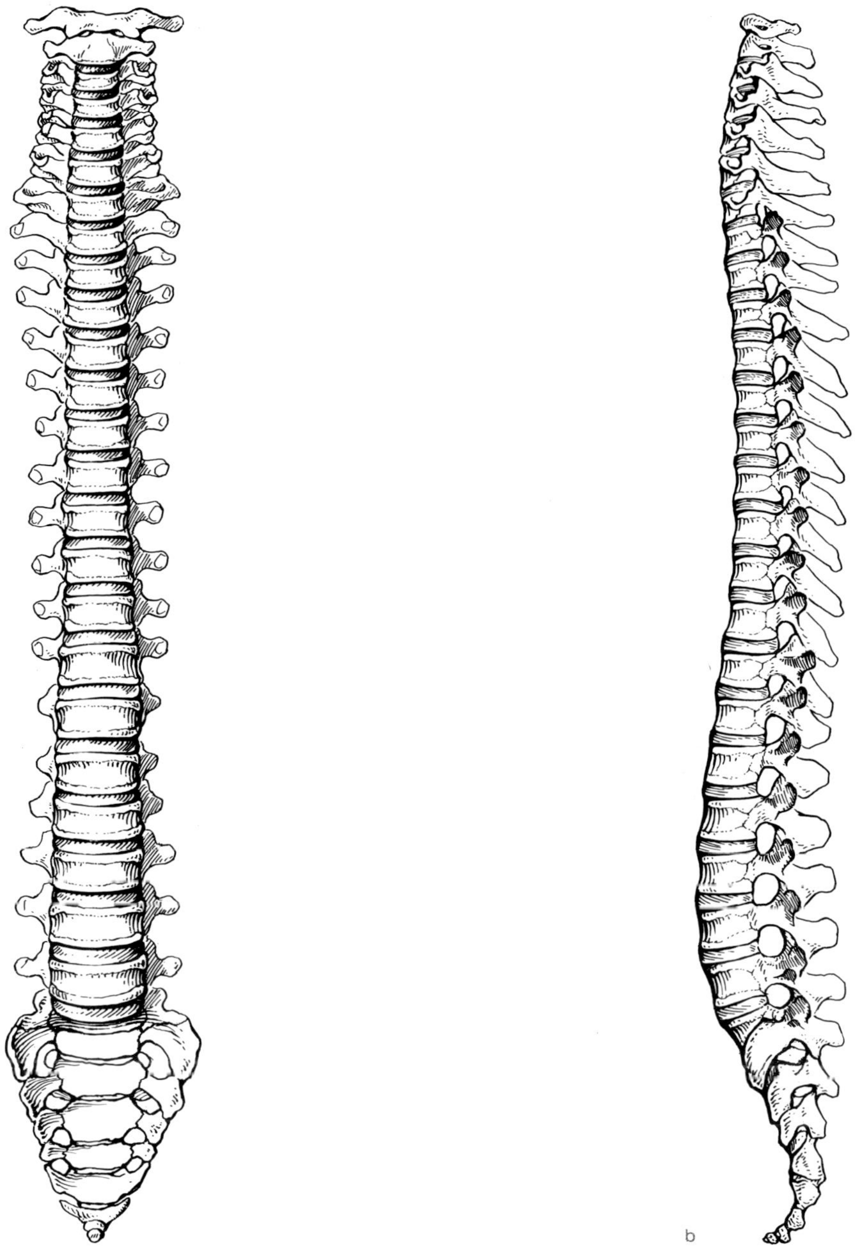

a b

**40**
**Wirbelsäule, Columna vertebralis**
eines 4jährigen Kindes, Übersicht, Disci intervertebrales nicht entfernt. a von vorn, b von links

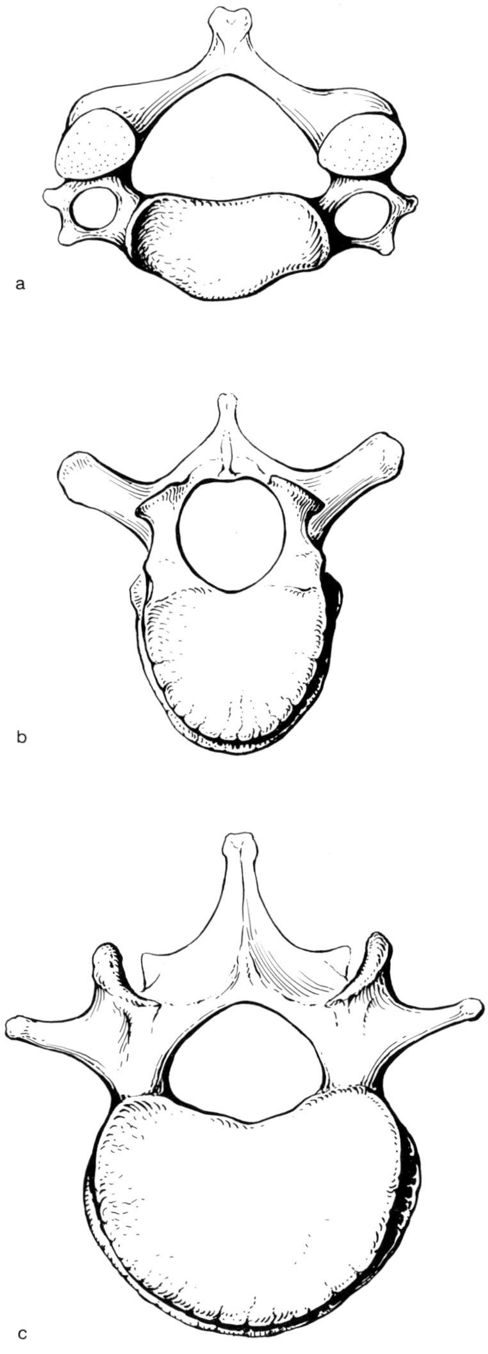

a

b

c

**41**
**Wirbel, Vertebrae**
eines 4jährigen Kindes, von cranial. a Vertebra cervicalis IV; b Vertebra thoracica VI; c Vertebra lumbalis IV

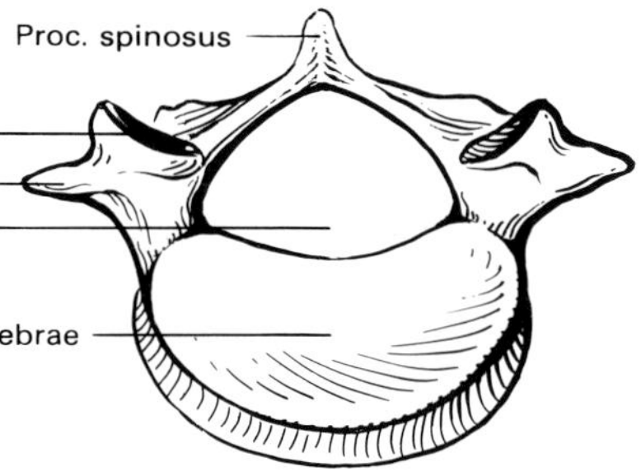


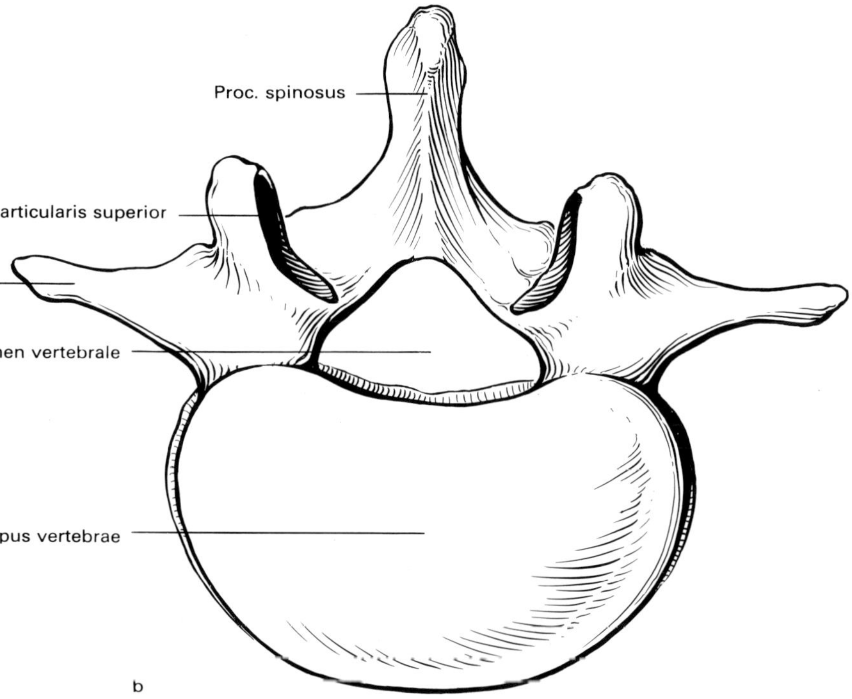


**42**
**Lendenwirbel, Vertebrae lumbales**
von cranial. Stellung der Gelenkfortsätze. a Neugeborenes, b Erwachsener

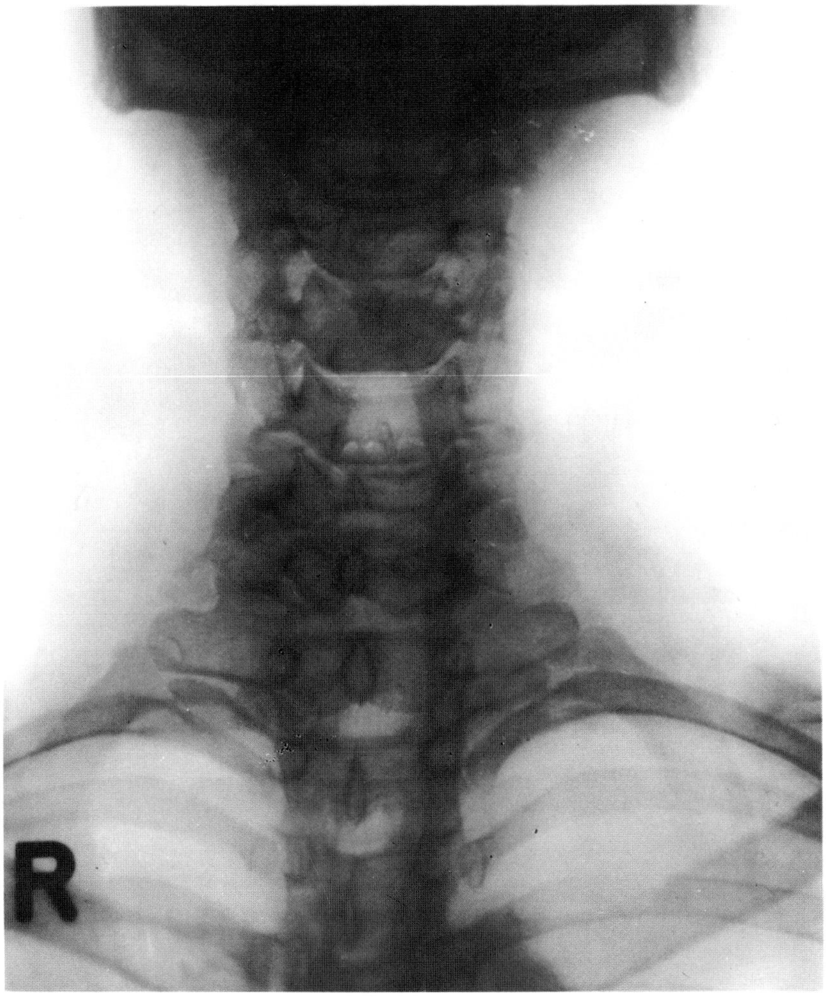


43
**Röntgenbild der Halswirbelsäule**
Erwachsenenalter, Strahlengang anterior-posterior

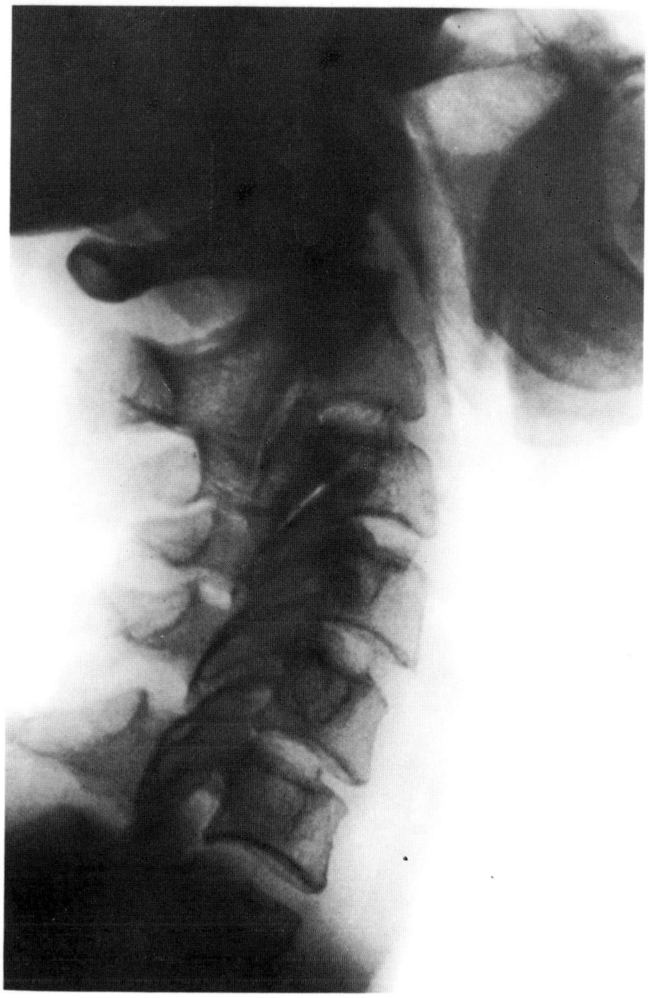

**44**
**Röntgenbild der Halswirbelsäule**
Erwachsenenalter, Strahlengang frontal

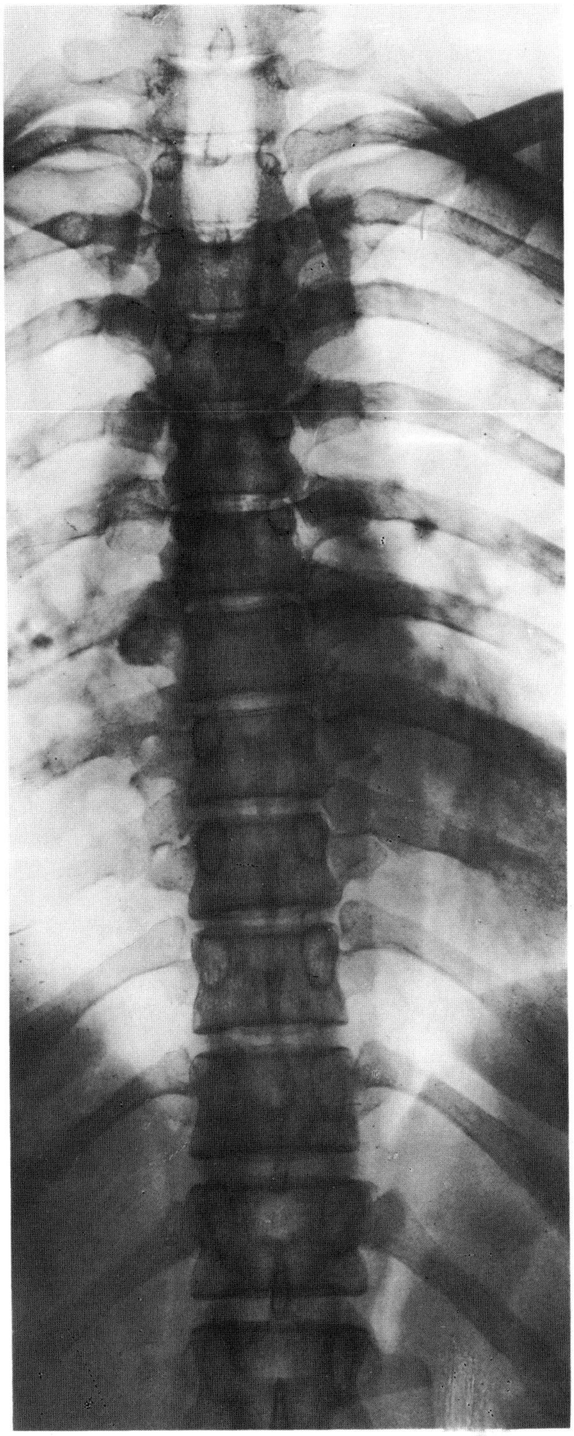

**45**
**Röntgenbild der Brustwirbelsäule**
Erwachsenenalter, Strahlengang anterior-posterior

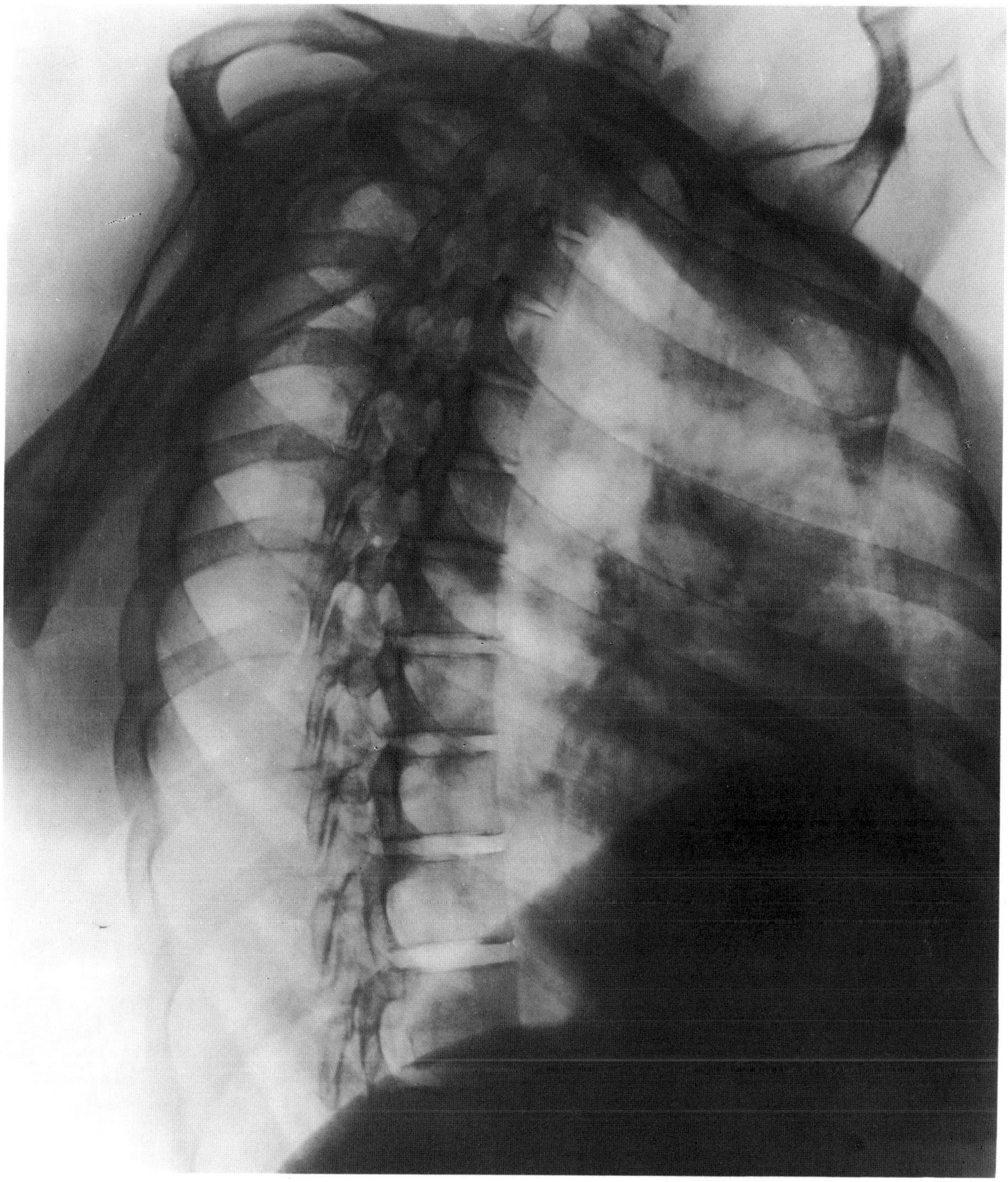

46
**Röntgenbild der Brustwirbelsäule**
Erwachsenenalter, Strahlengang frontal

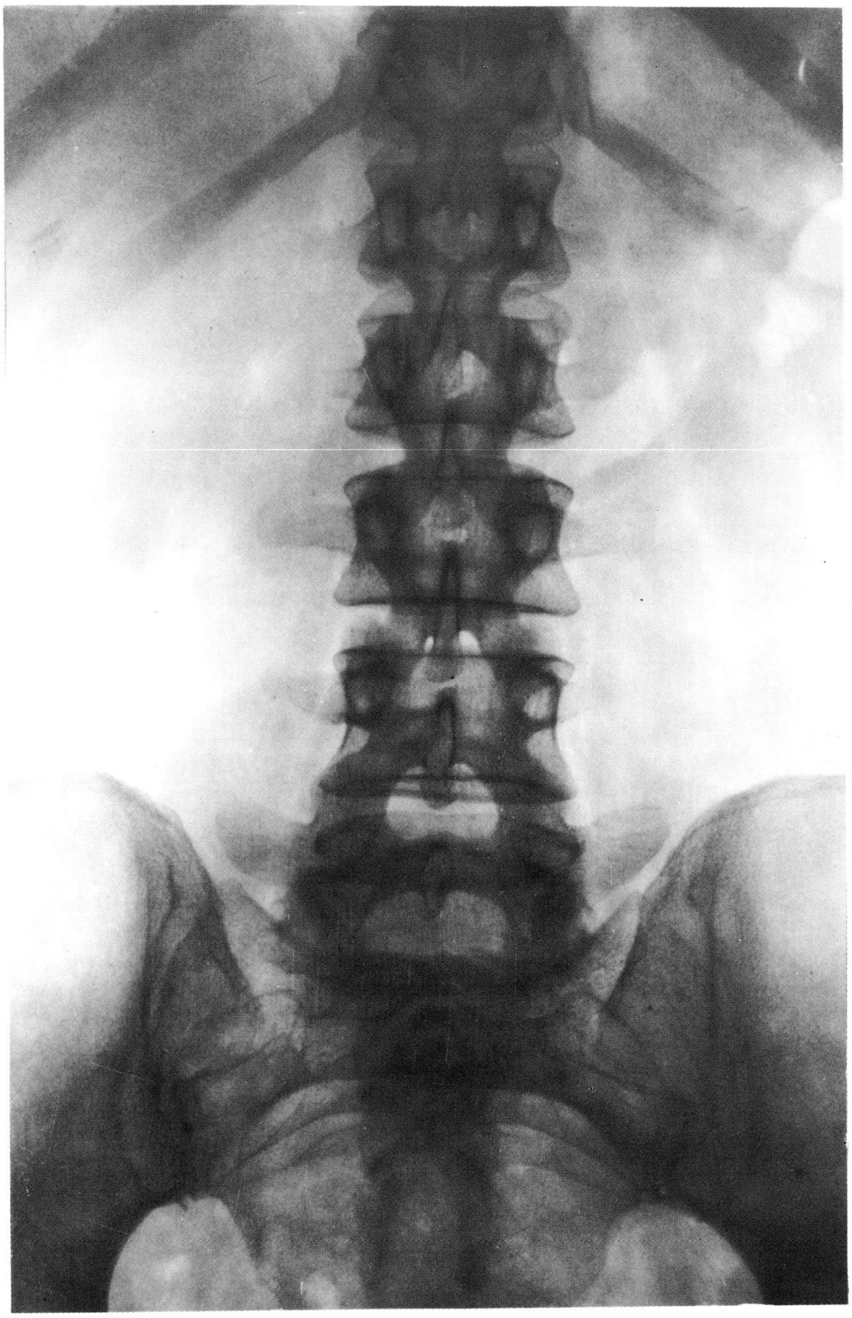

**47**
**Röntgenbild der Lendenwirbelsäule**
Erwachsenenalter, Strahlengang anterior-posterior

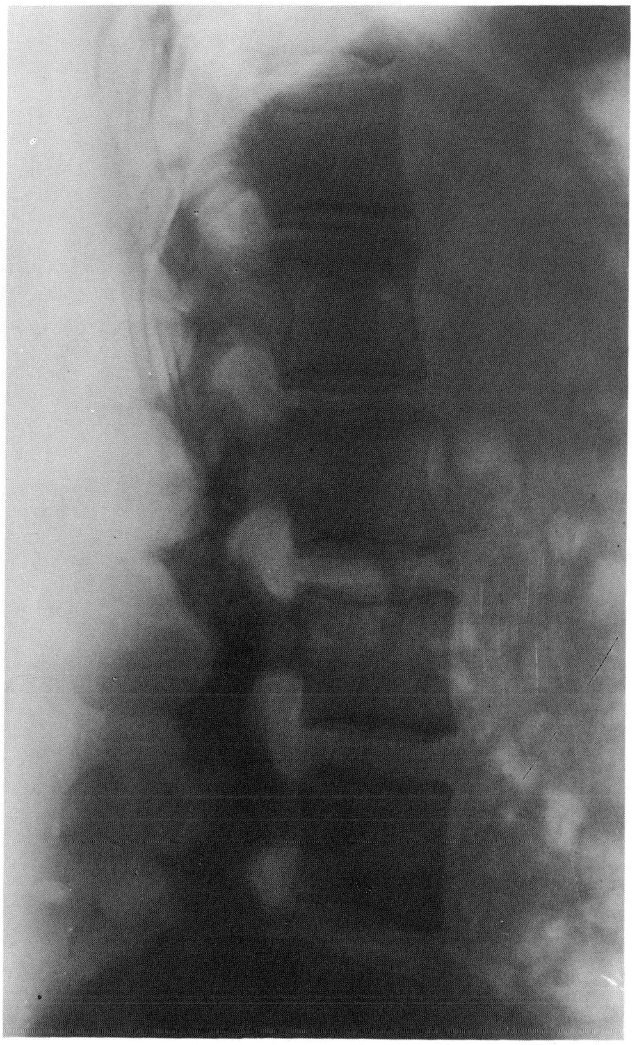

48
**Röntgenbild der Lendenwirbelsäule**
Erwachsenenalter, Strahlengang frontal

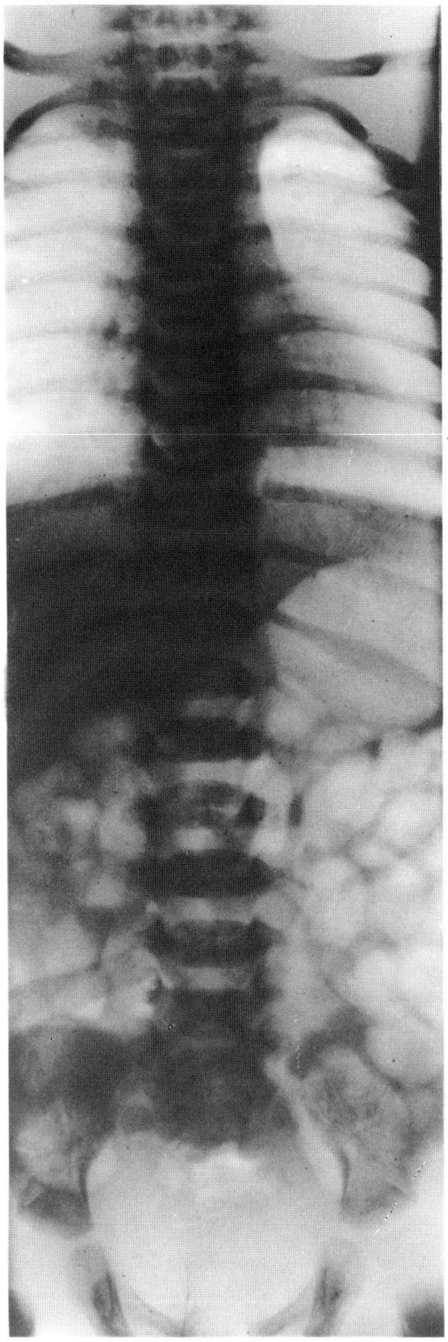

49
**Röntgenbild der Wirbelsäule**
männliches Neugeborenes, Strahlengang anterior-posterior

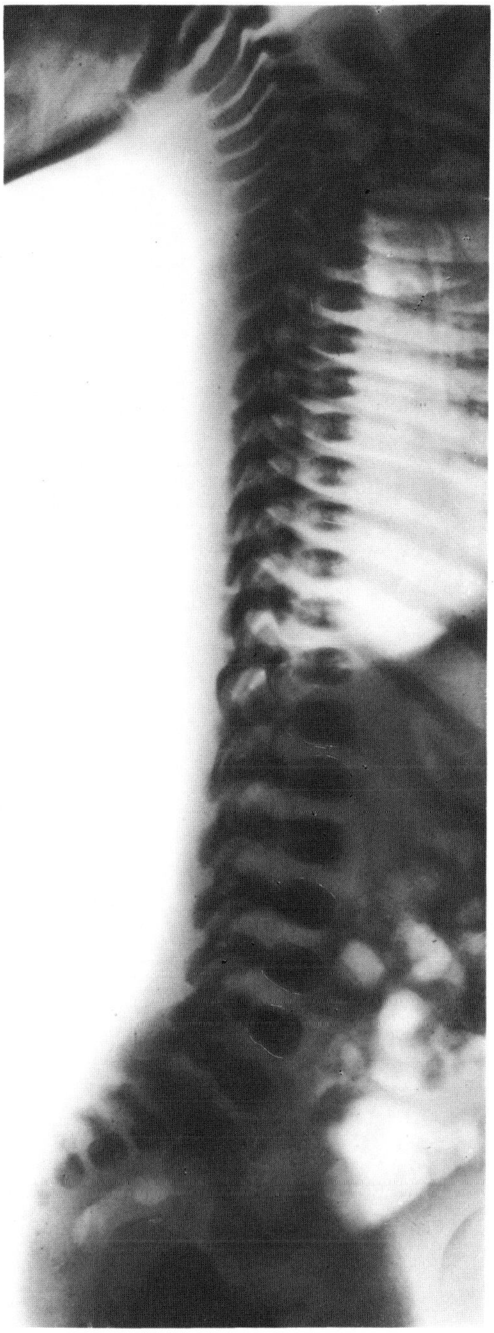

50
**Röntgenbild der Wirbelsäule**
männliches Neugeborenes, Strahlengang frontal

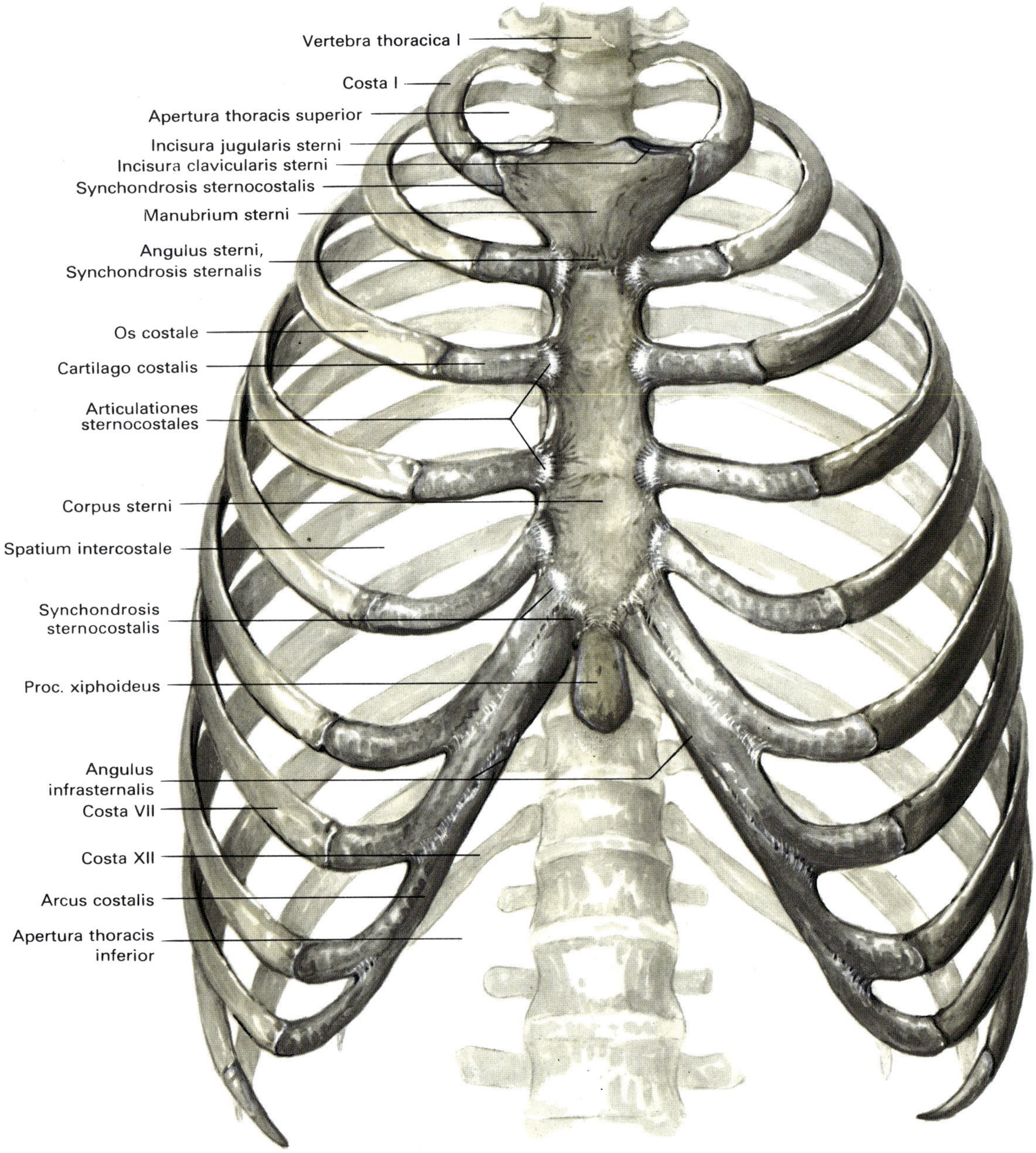


**51**
**Brustkorb, Thorax**
von ventral. Brustbein-Rippenverbindungen, Articulationes sternocostales, Synchondroses sternocostales, I, VI und VII

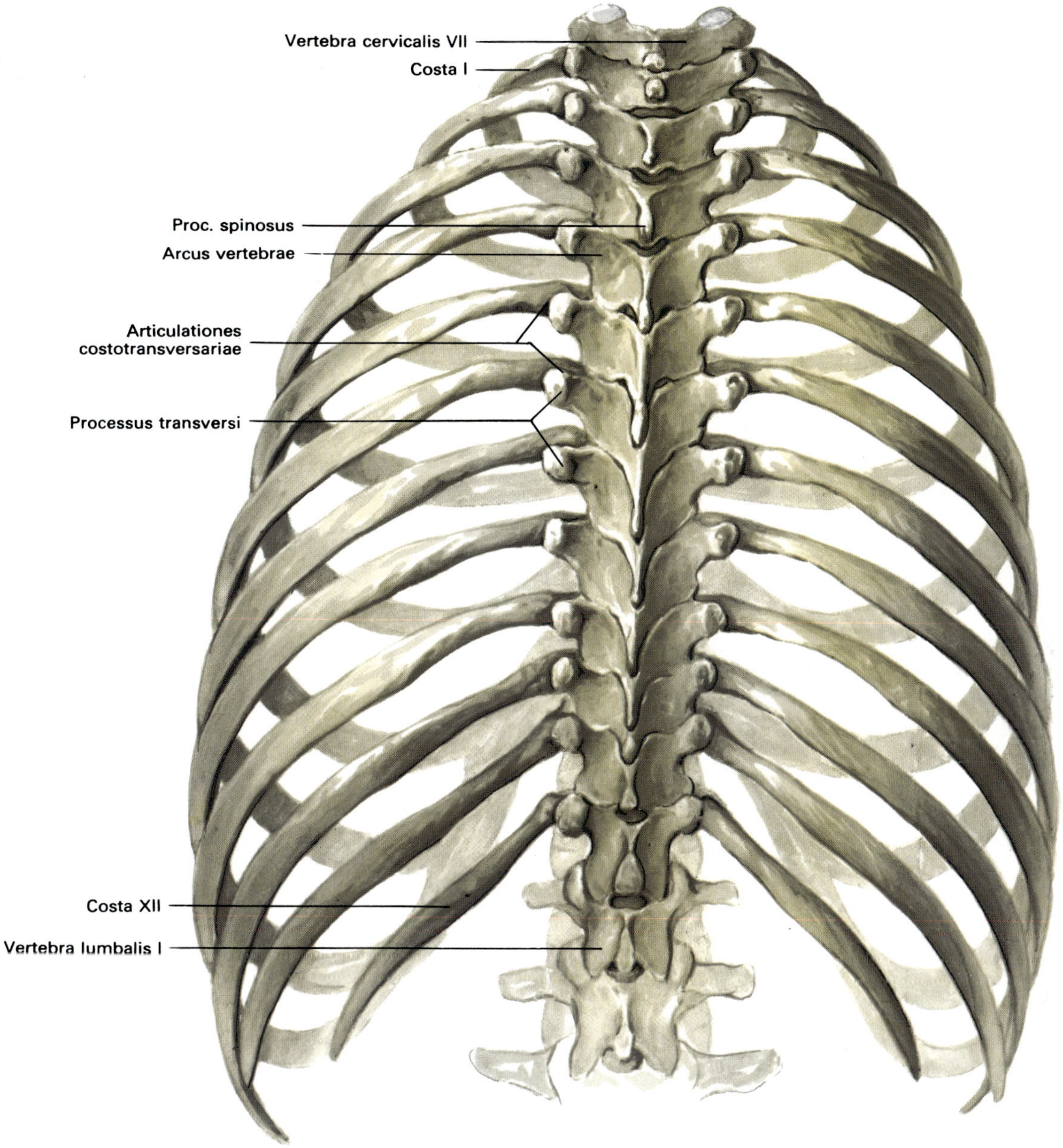


**52**
**Brustkorb, Thorax**
von dorsal

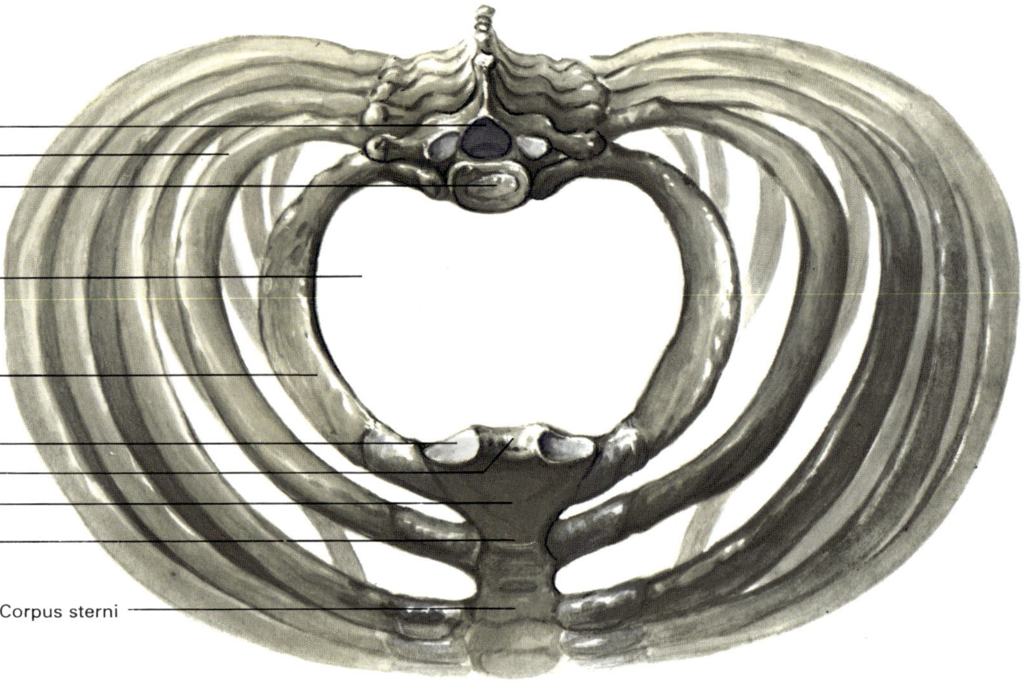


**53**
**Brustkorb, Thorax**
von cranial

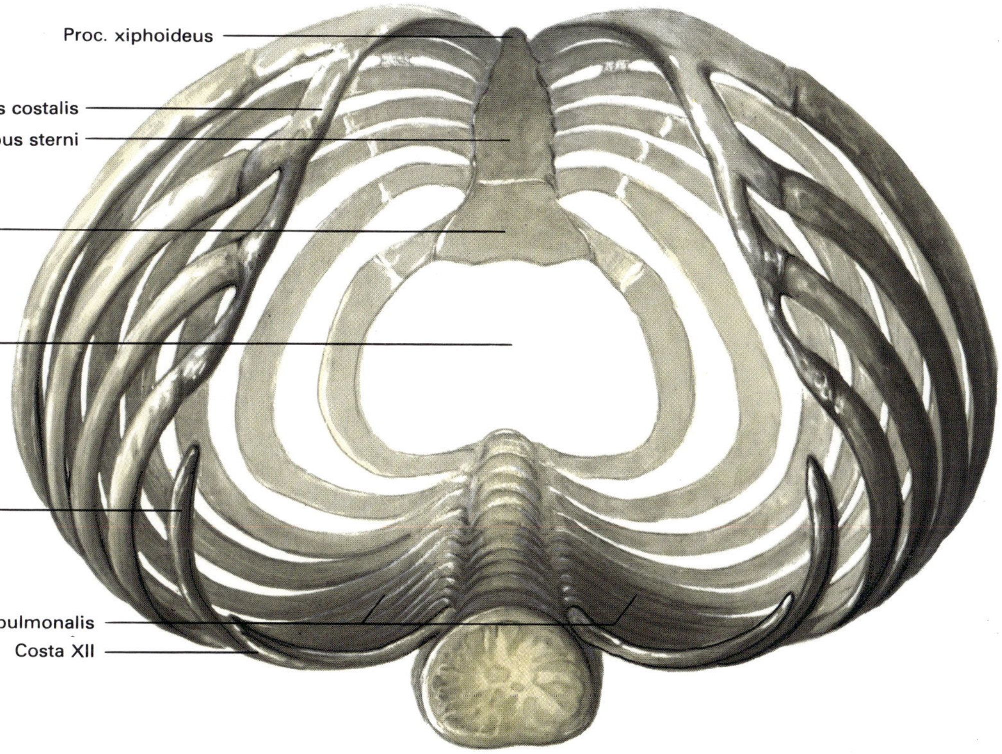


**54**
**Brustkorb, Thorax**
von caudal

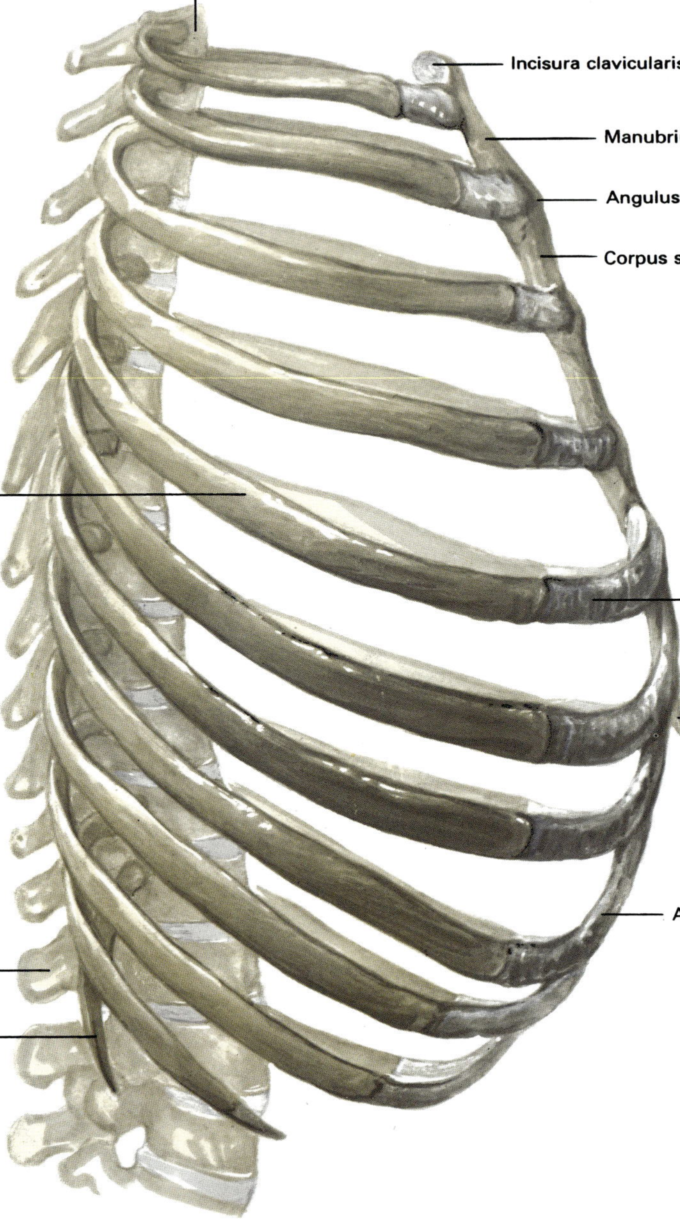


**55**
**Brustkorb, Thorax**
von rechts

56
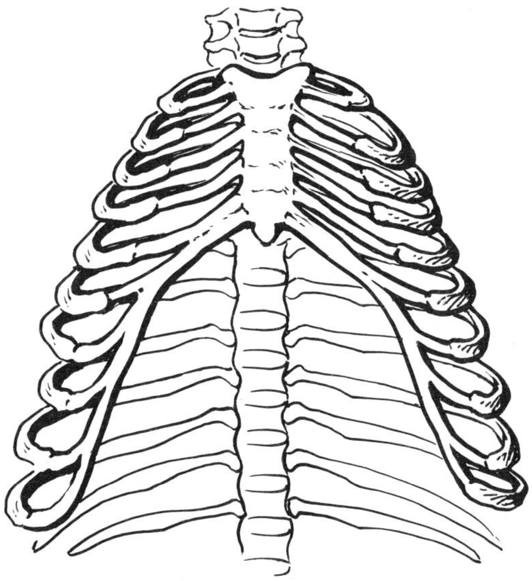

57
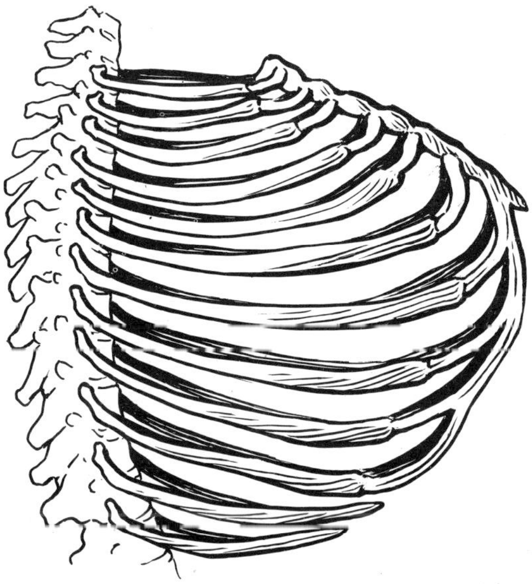

**56**
**Brustkorb, Thorax**
des Neugeborenen, von ventral

**57**
**Brustkorb, Thorax**
des Neugeborenen, von rechts

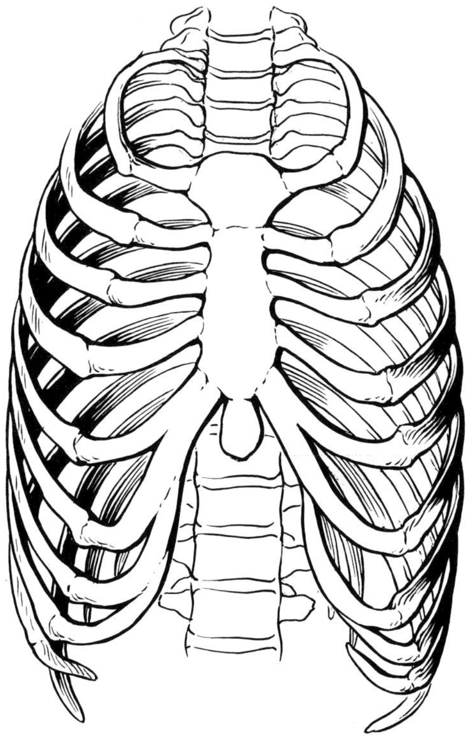

**58**
**Brustkorb, Thorax**
eines 4jährigen Kindes, von ventral

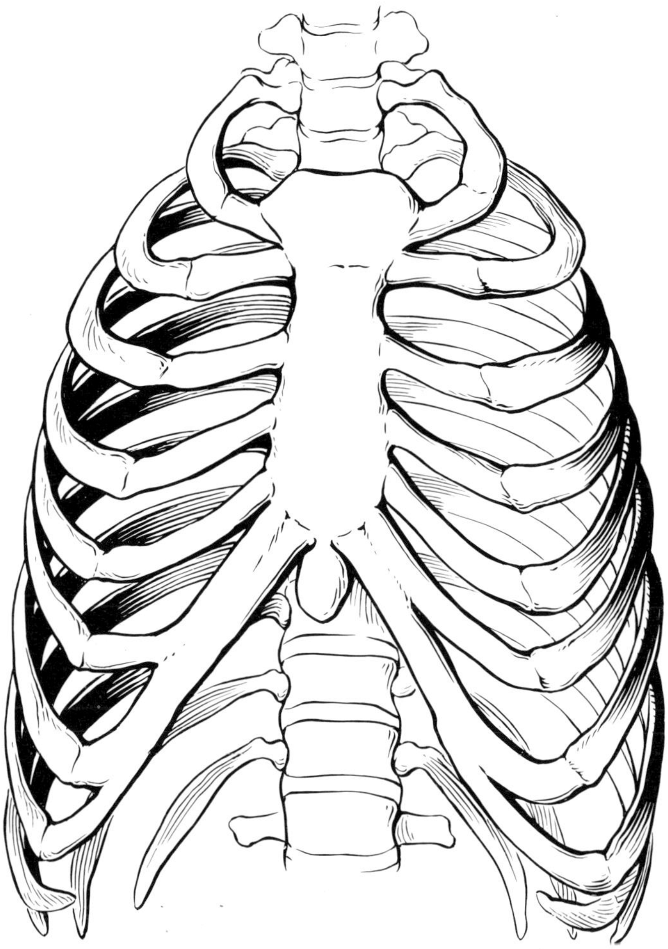

59
**Brustkorb, Thorax**
eines Erwachsenen, von ventral. Brustkorb des athletischen Typs

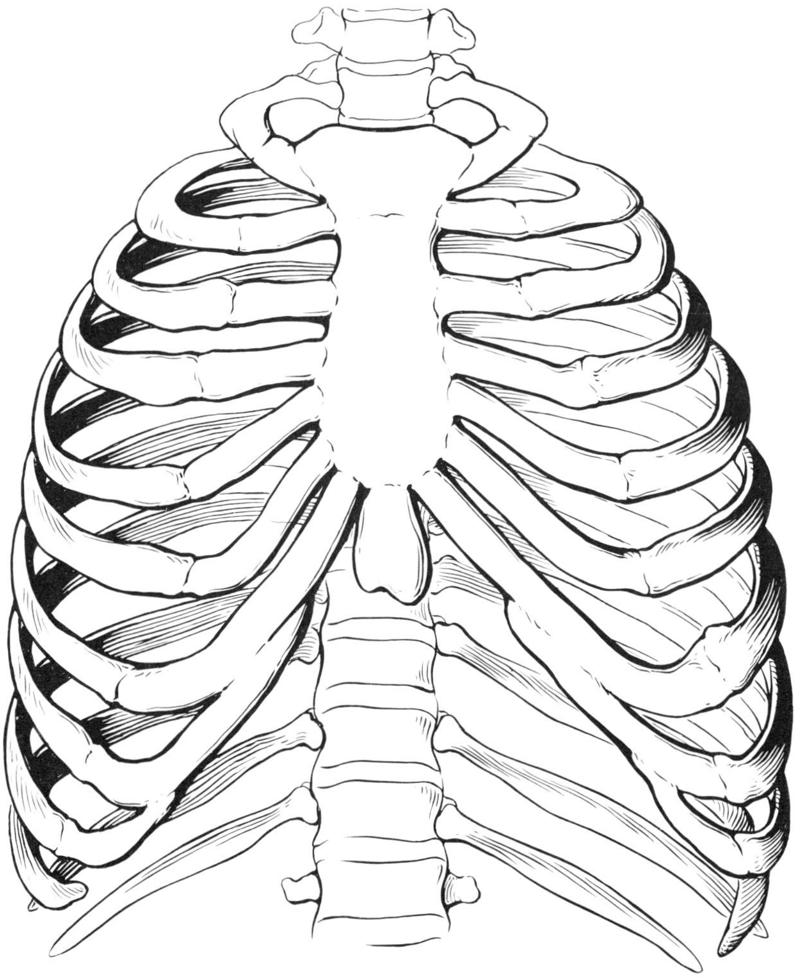

**60**
**Brustkorb, Thorax**
eines Erwachsenen, von ventral. Weiter Brustkorb des pyknischen Typs

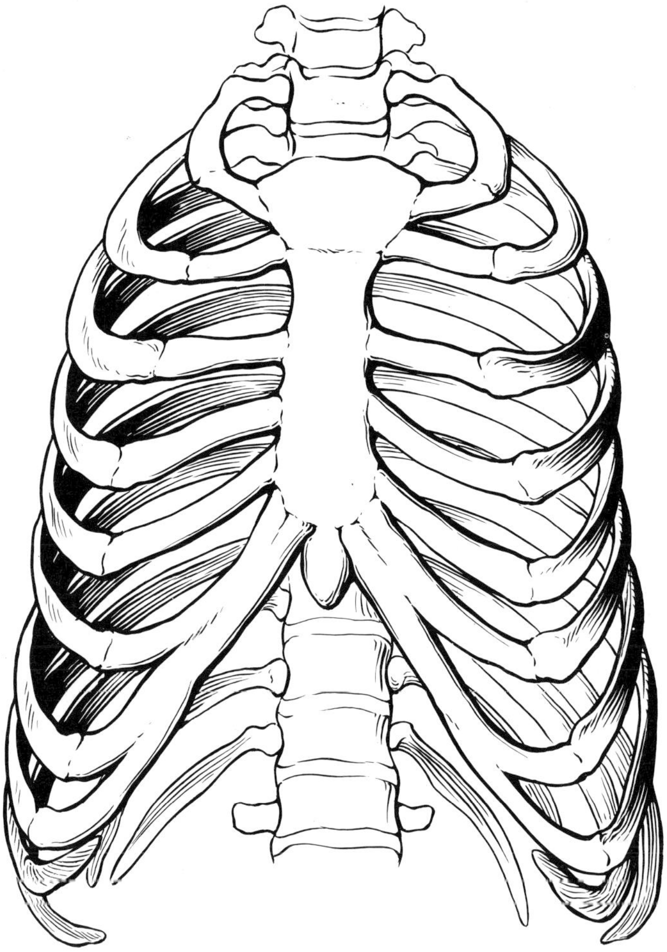

**61**
**Brustkorb, Thorax**
eines Erwachsenen, von ventral. Schmaler Brustkorb des leptosomen Typs

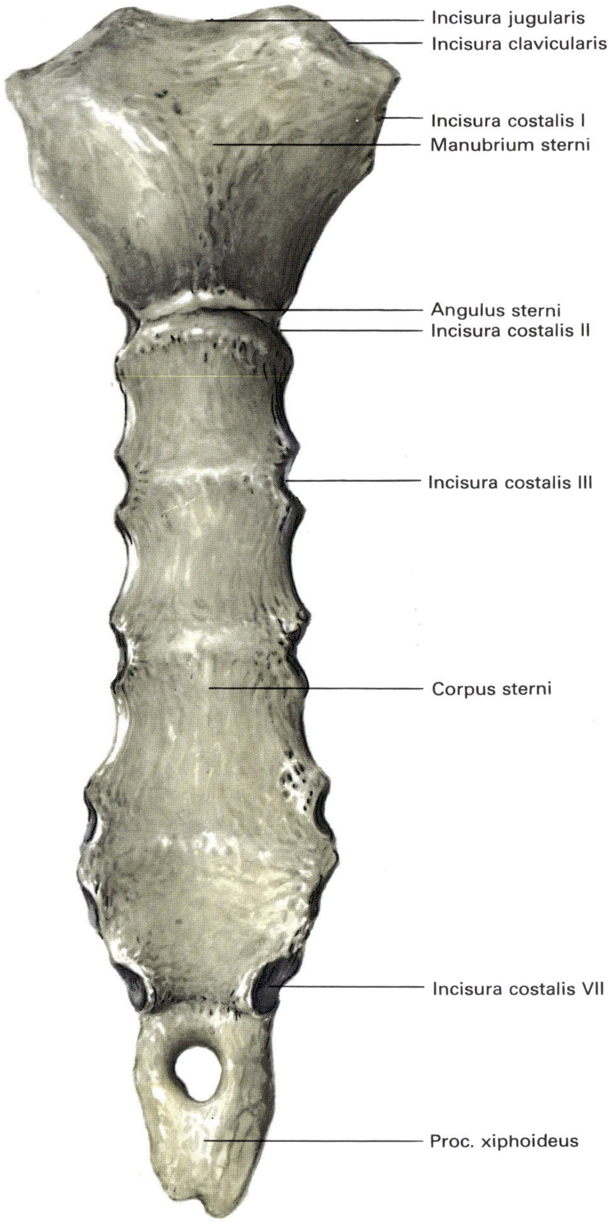


**62**
**Brustbein, Sternum**
von ventral

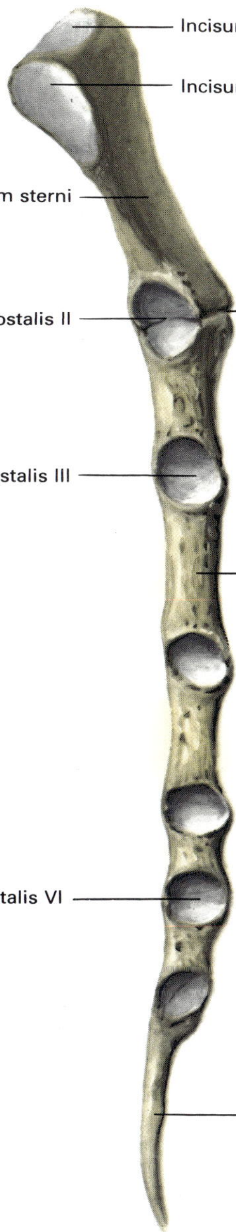


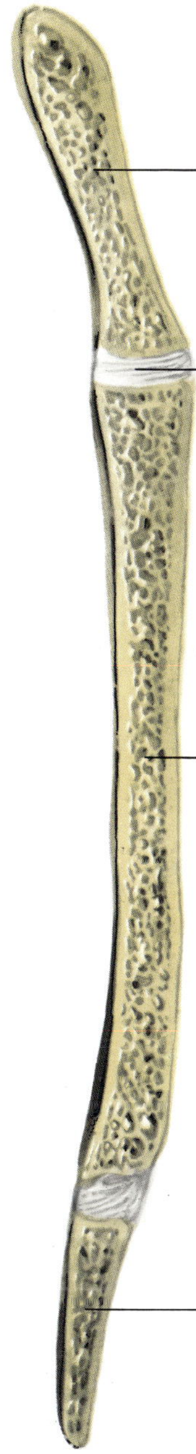


**63**
**Brustbein, Sternum**
von rechts

**64**
**Brustbein, Sternum**
median durchgesägt, Ansicht von rechts

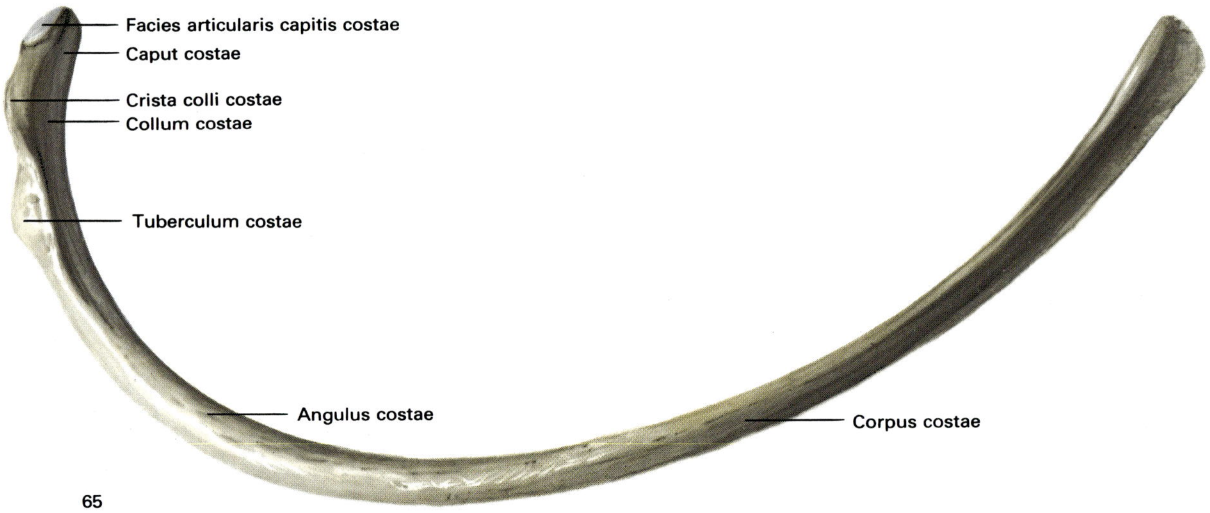


65

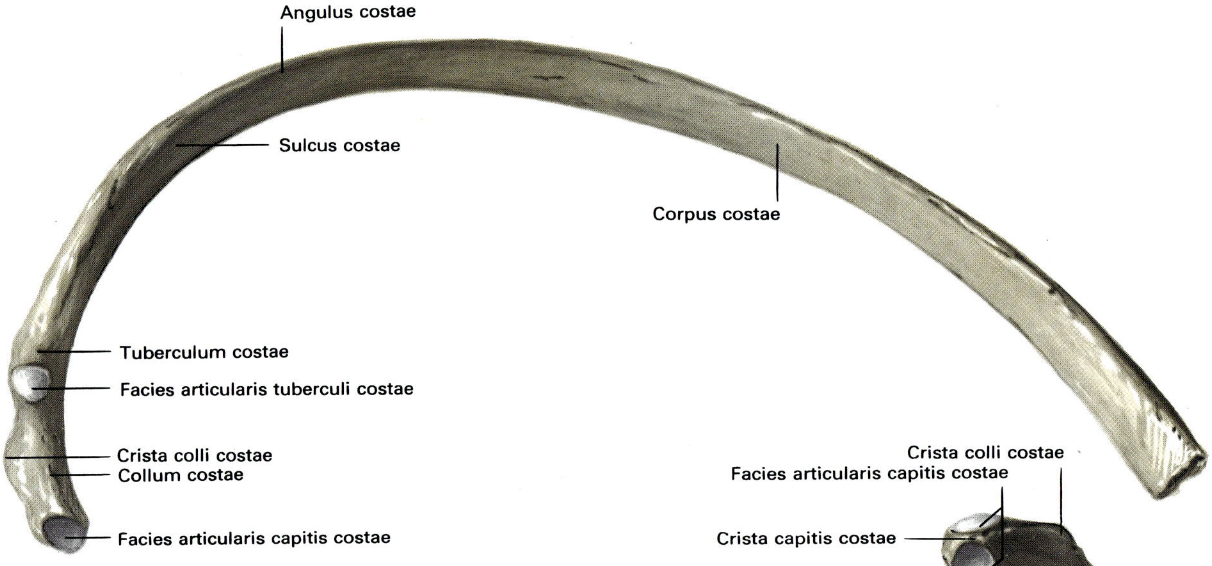


66

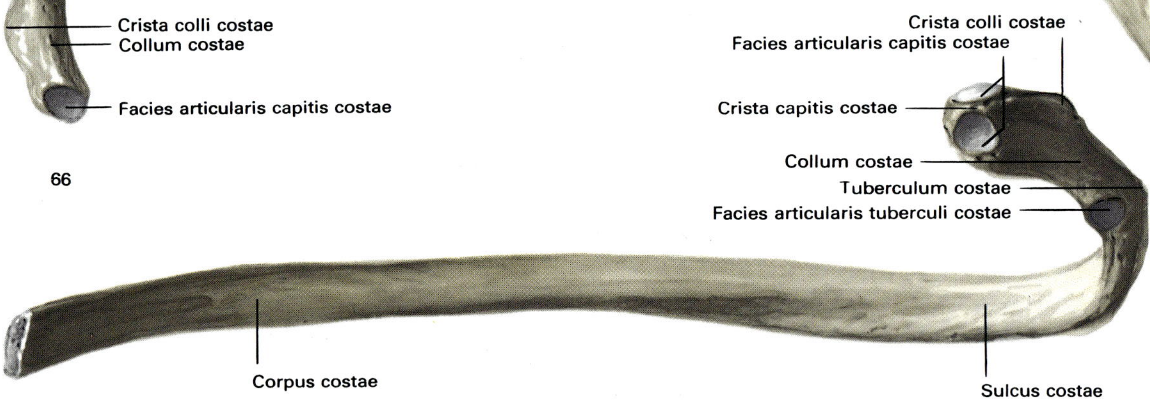


67

**65**
**Rechte 4. Rippe, Costa IV**
von cranial lateral

**66**
**Rechte 4. Rippe, Costa IV**
von caudal medial

**67**
**Rechte 4. Rippe, Costa IV**
von medial

68

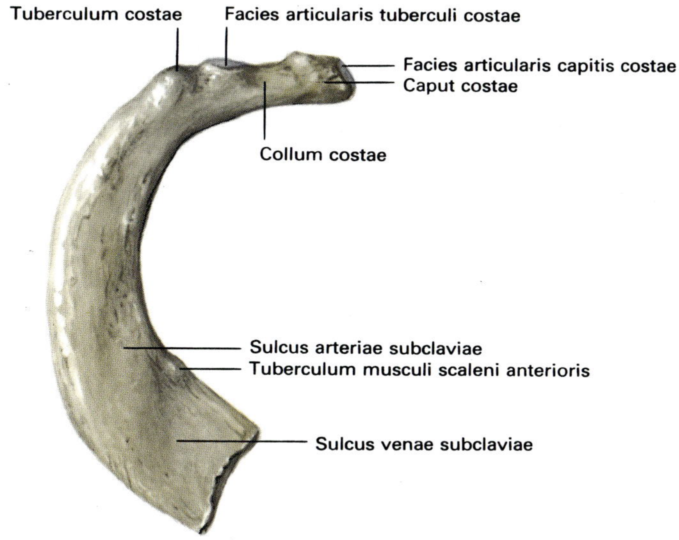


69

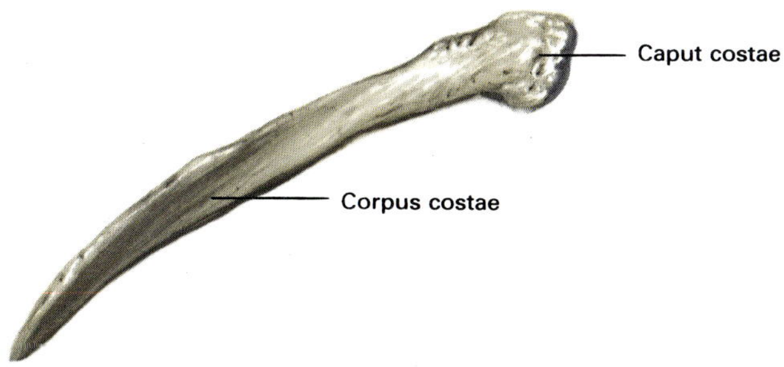


**68**
**Rechte 1. Rippe, Costa I**
von cranial

**69**
**Rechte 12. Rippe, Costa XII**
von ventral

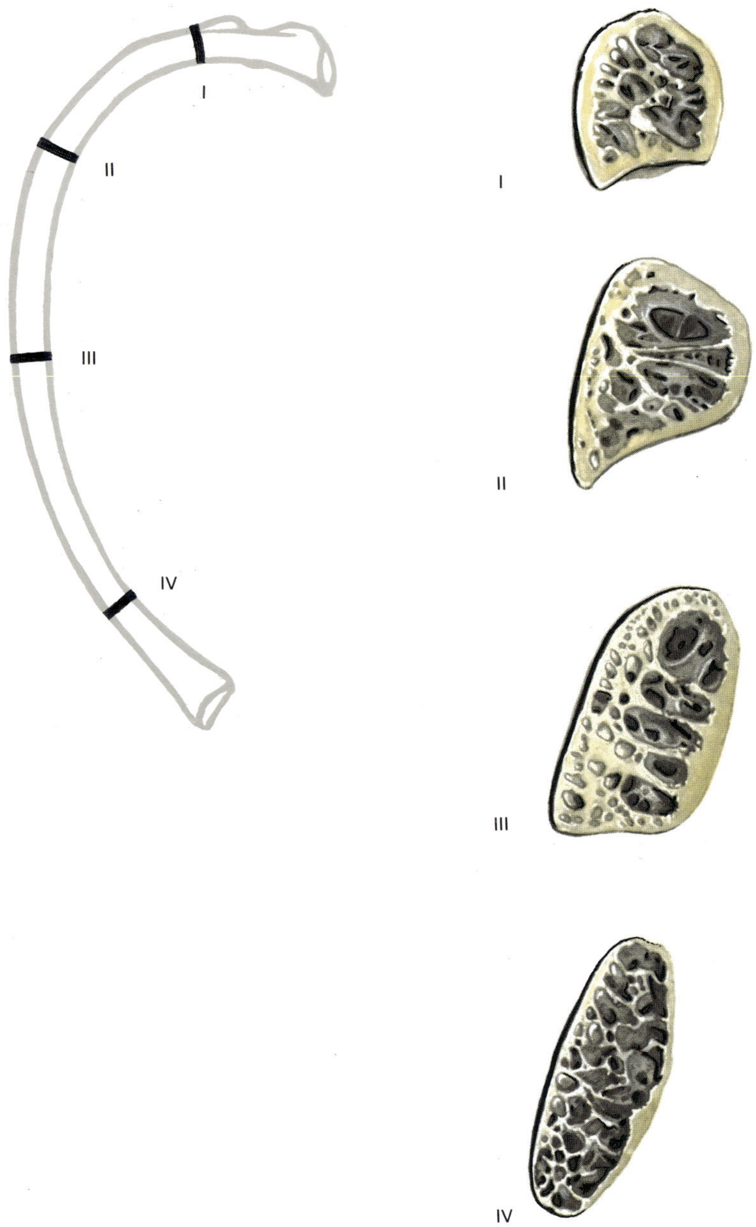


**70**
**Querschnitte durch die rechte 4. Rippe, Costa IV**
Ansicht der jeweils sternalwärts gerichteten Schnittfläche. Die Lage der Querschnitte ist auf der nebenstehenden Skizze angegeben

# RUMPF

## Gelenke

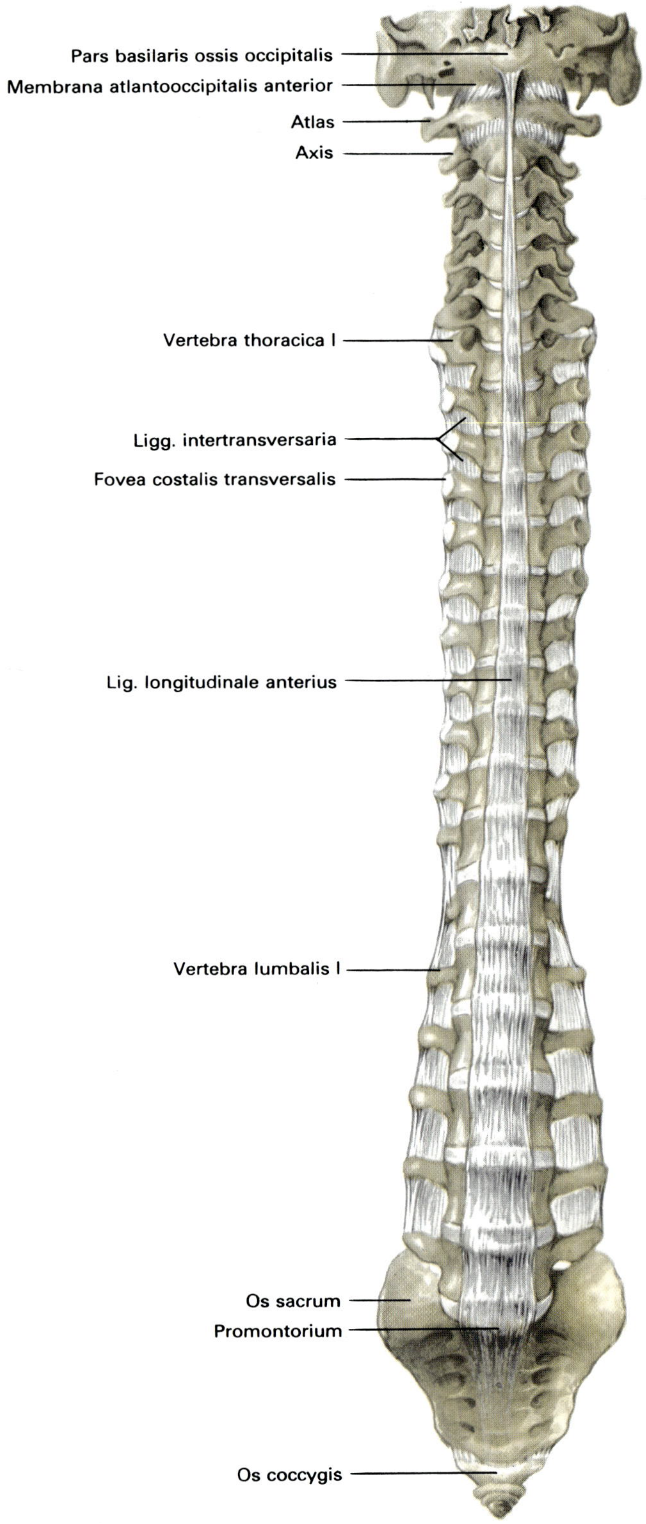


**71**
**Gelenke und Bänder der Wirbelsäule**
von ventral

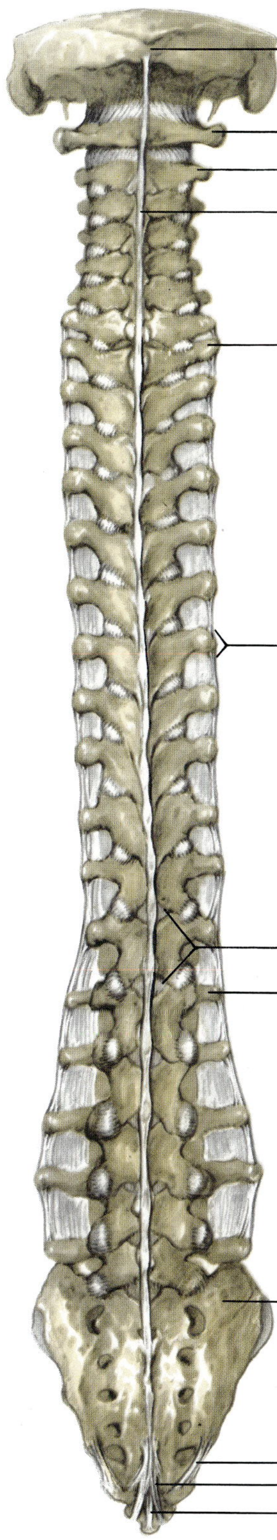


**72**
**Gelenke und Bänder der Wirbelsäule**
von dorsal. Zwischenwirbelgelenke, Articulationes intervertebrales

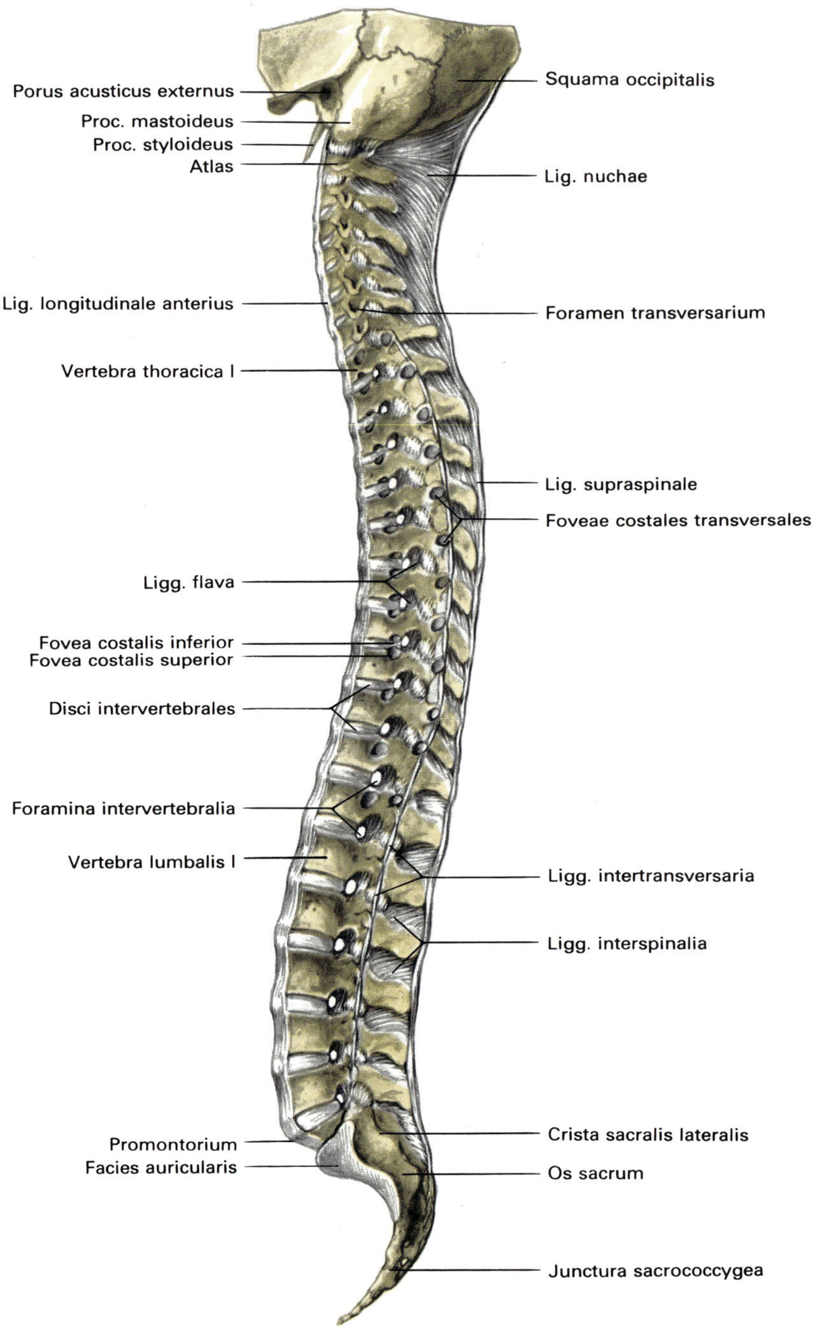


**73**
**Gelenke und Bänder der Wirbelsäule**
von links. Zwischenwirbelgelenke, Articulationes intervertebrales

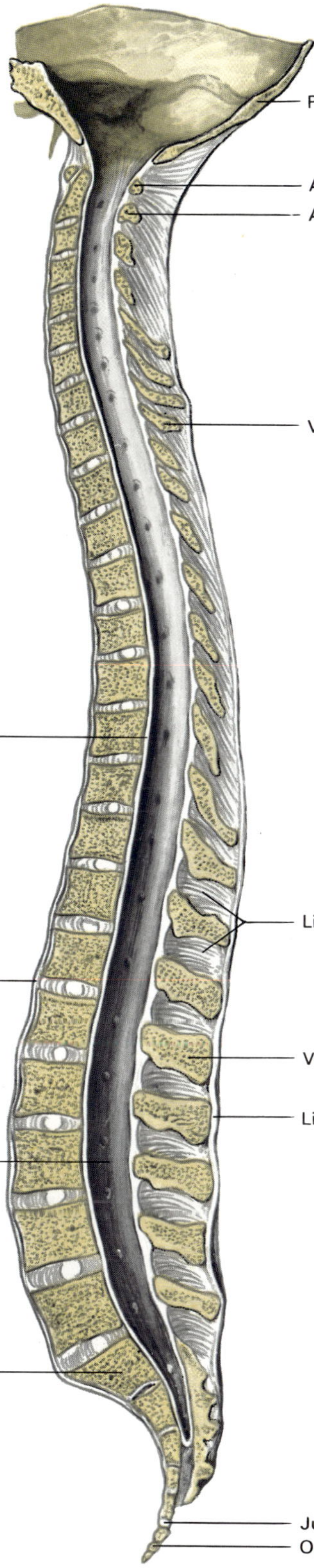


**74**

**Gelenke und Bänder der Wirbelsäule**

median durchgesägt, Ansicht von links. Wirbelkanal, Canalis vertebralis

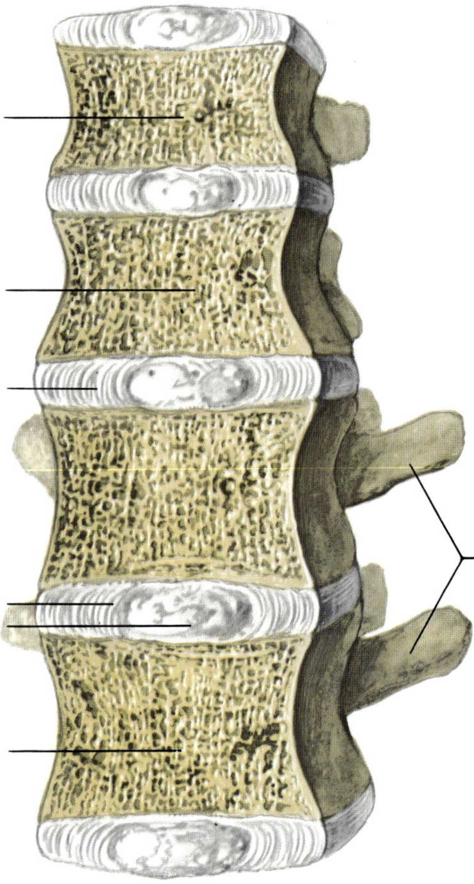


75

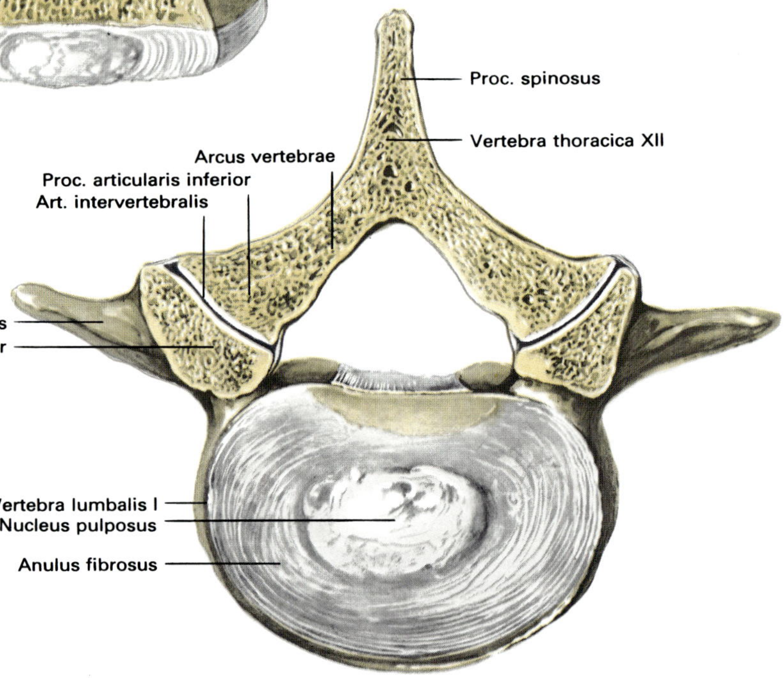


76

**75**
**Lendenwirbelsäule, Columna vertebralis lumbalis**
frontal durchgesägt, Ansicht von ventral. Zwischenwirbelscheiben, Disci intervertebrales

**76**
**Zwischenwirbelgelenke, Articulationes intervertebrales, der Lendenwirbelsäule**
horizontal durchgesägt, Ansicht von cranial. Zwischenwirbelscheibe, Discus intervertebralis

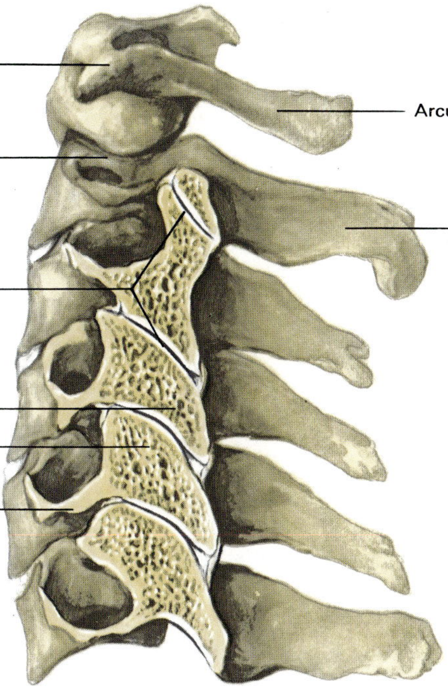


**77**
**Halswirbelsäule, Columna vertebralis cervicalis**
Zwischenwirbelgelenke, Articulationes intervertebrales, sagittal durchgesägt. Ansicht von links

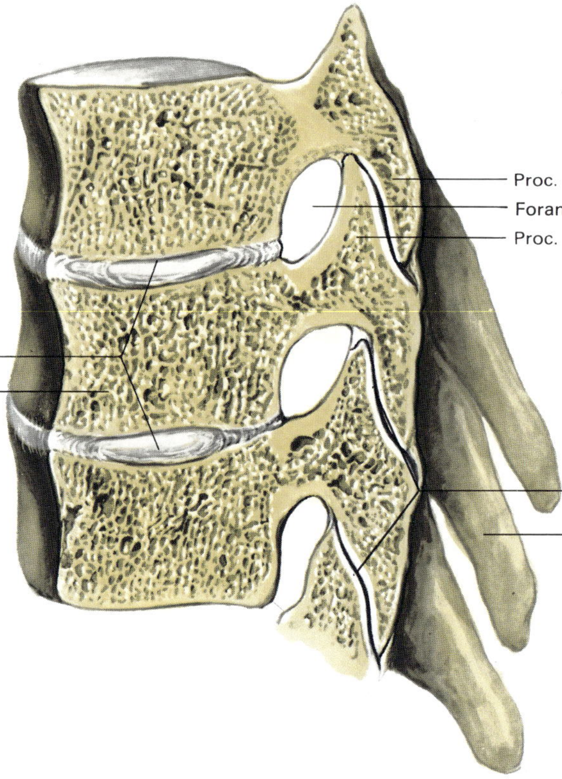


**78**
**Brustwirbelsäule, Columna vertebralis thoracica**
Zwischenwirbelgelenke, Articulationes intervertebrales, sagittal durchgesägt. Ansicht von links

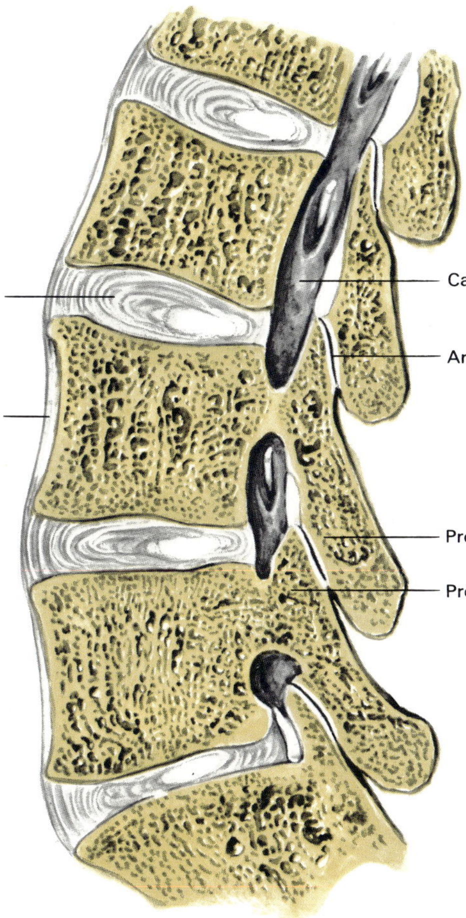


**79**
**Lendenwirbelsäule, Columna vertebralis lumbalis**
Zwischenwirbelgelenke, Articulationes intervertebrales, sagittal durchgesägt. Ansicht von links

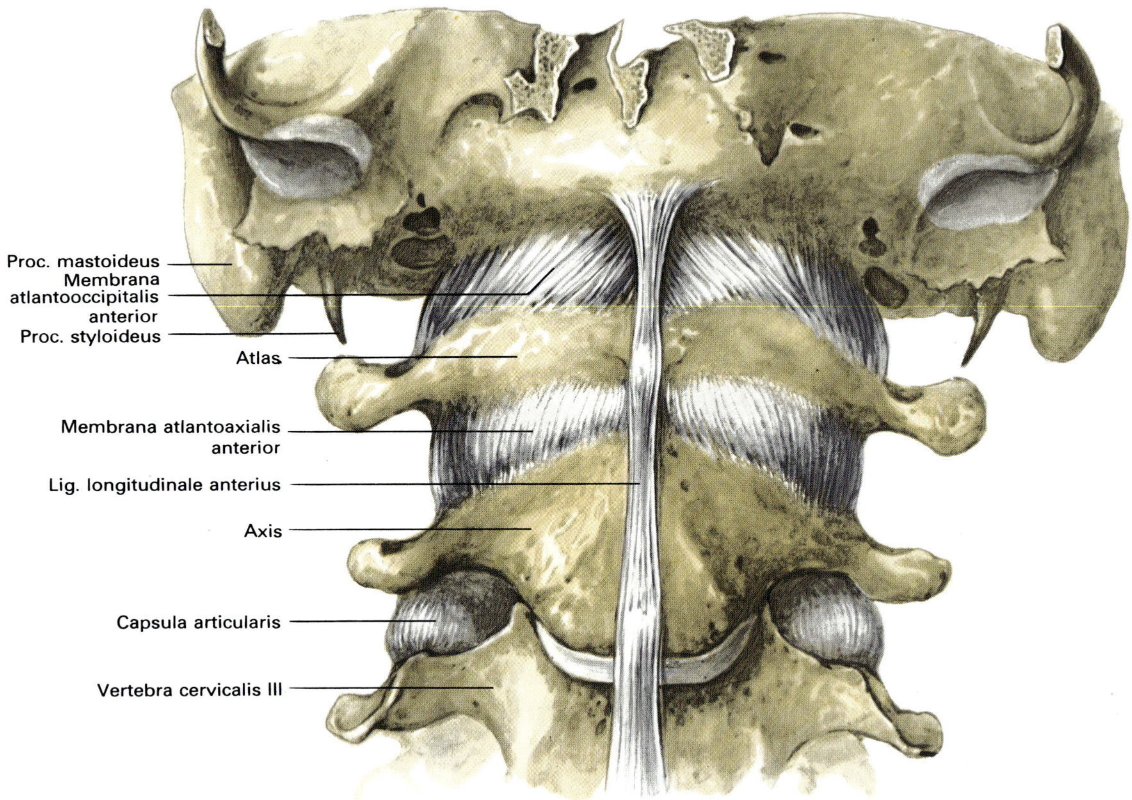


**80**
**Obere Kopfgelenke, Articulationes atlantooccipitales, untere Kopfgelenke, Articulationes atlantoaxiales**
von ventral

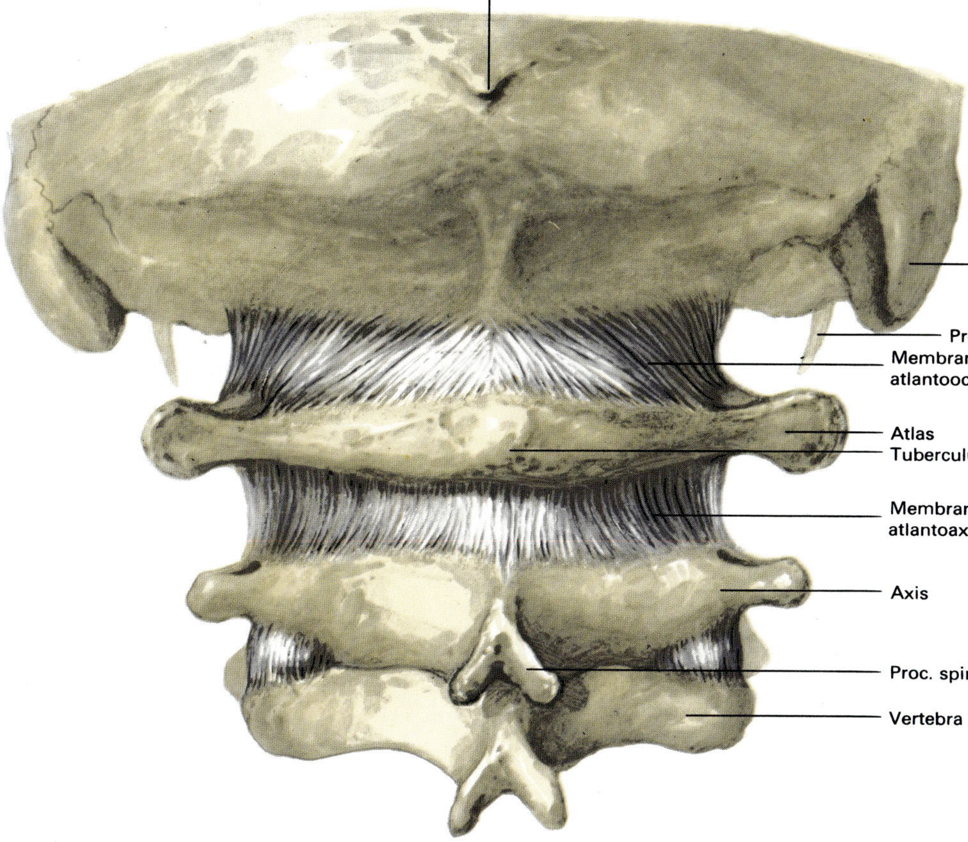


**81**
**Obere Kopfgelenke, Articulationes atlantooccipitales, untere Kopfgelenke, Articulationes atlantoaxiales**
von dorsal

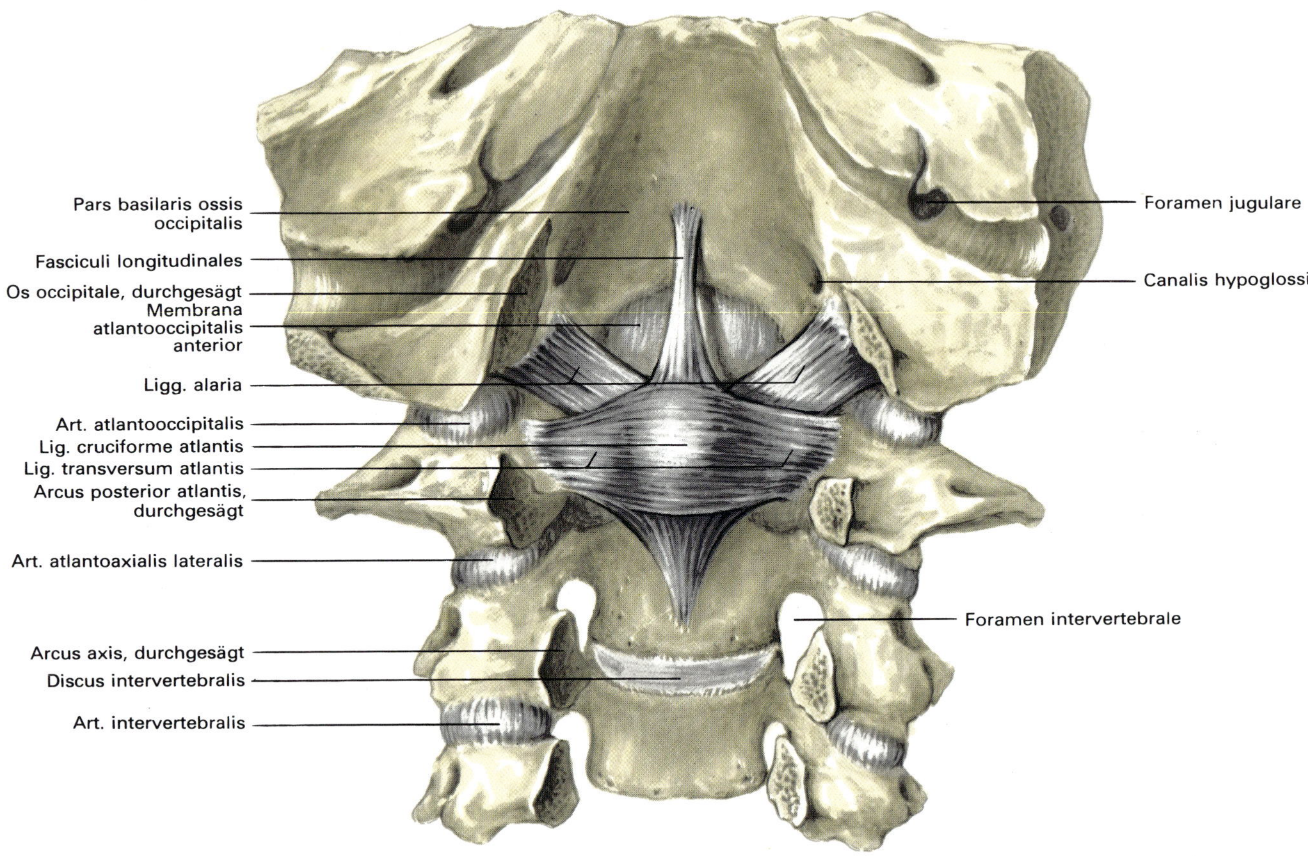


**82**

**Obere Kopfgelenke, Articulationes atlantooccipitales, untere Kopfgelenke, Articulationes atlantoaxiales laterales et articulatio atlantoaxialis mediana**

Wirbelbögen frontal durchgesägt, Ansicht von dorsal. Membrana tectoria entfernt

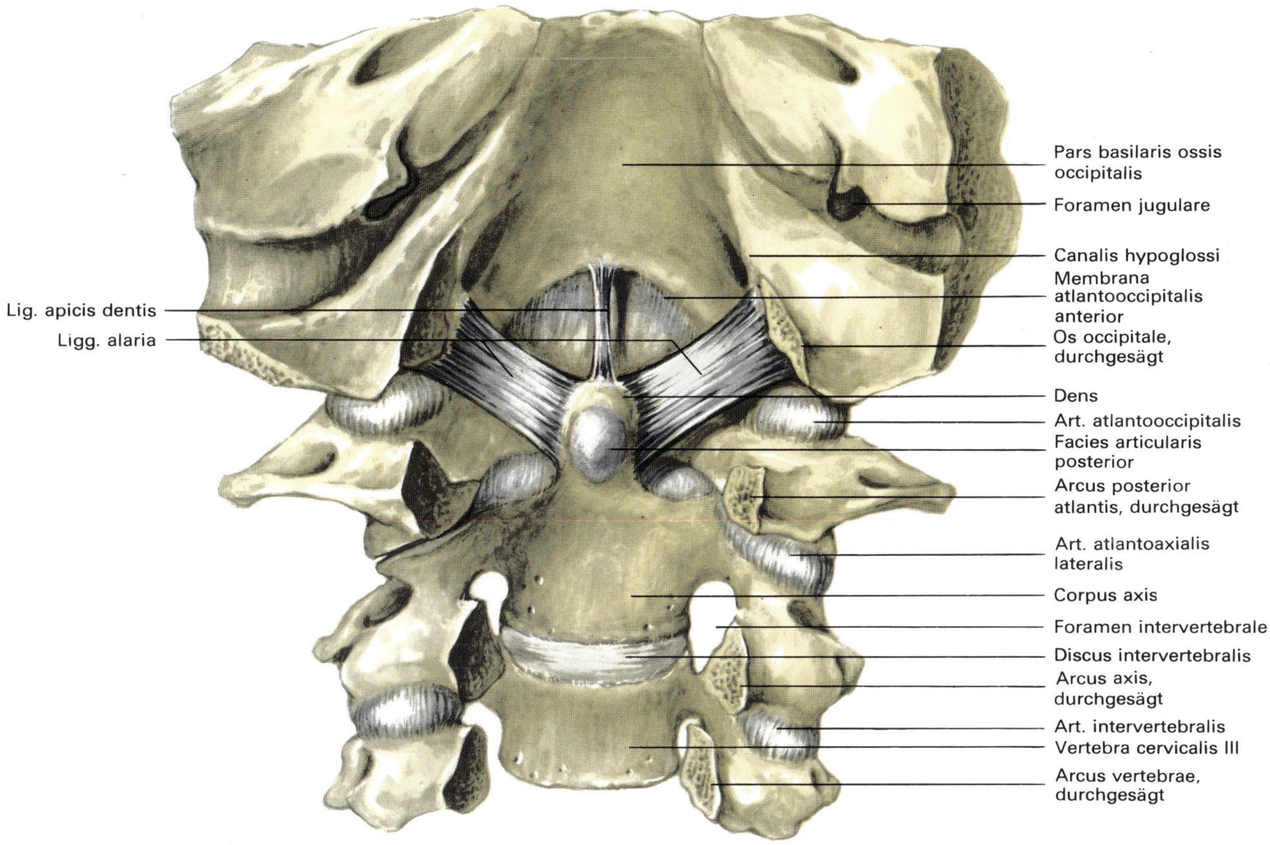


**83**

**Obere Kopfgelenke, Articulationes atlantooccipitales, untere Kopfgelenke, Articulationes atlantoaxiales laterales et articulatio atlantoaxialis mediana**

Wirbelbögen frontal durchgesägt, Ansicht von dorsal. Articulatio atlantoaxialis mediana und Articulatio atlantoaxialis sinistra eröffnet. Membrana tectoria und Lig. cruciforme atlantis entfernt

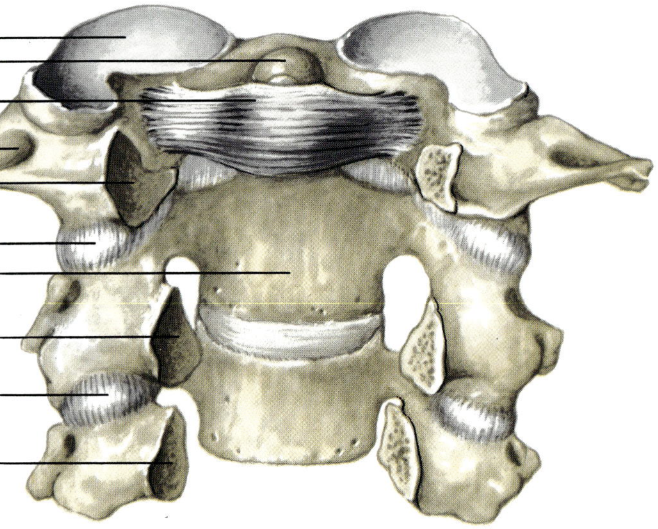


84

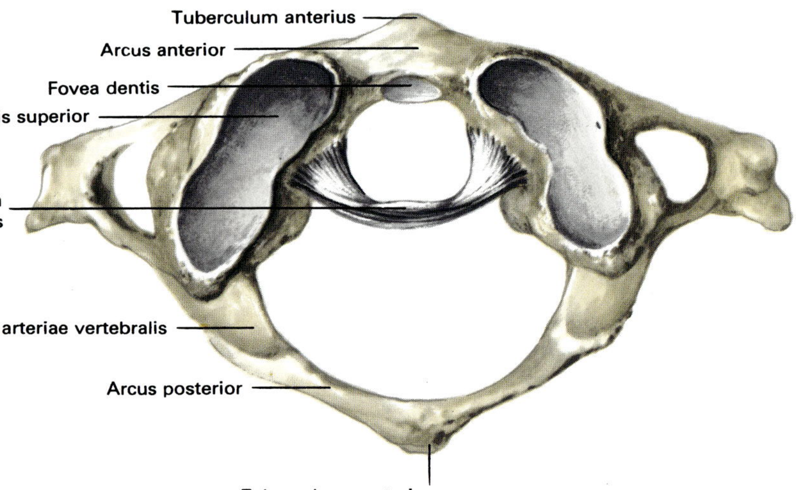


85

**84**
**Atlasquerband, Lig. transversum atlantis**
Wirbelbögen frontal durchgesägt, Ansicht von dorsal

**85**
**Atlasquerband, Lig. transversum atlantis**
von cranial

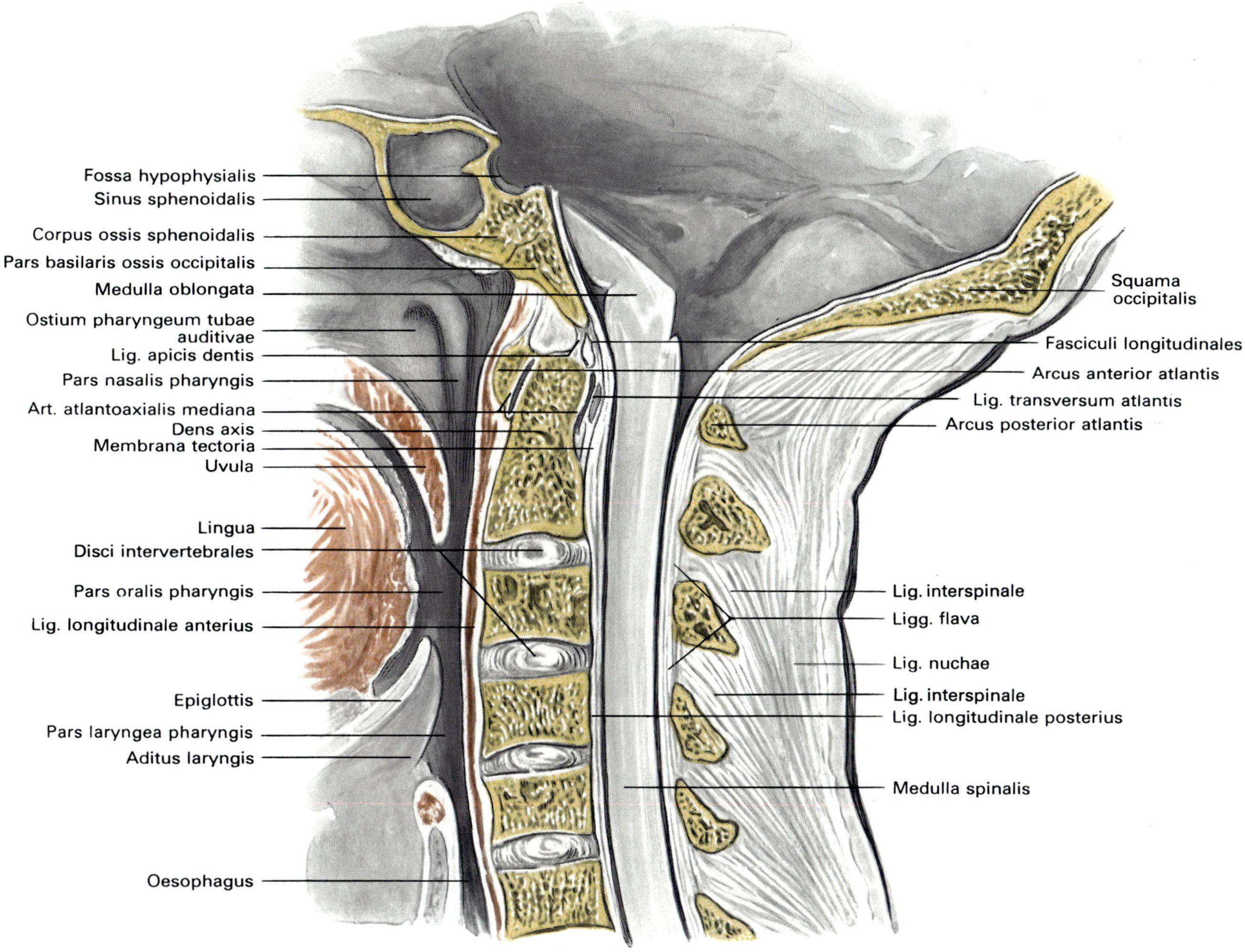


**86**

**Halswirbelsäule, Columna vertebralis cervicalis**

median durchgesägt, Ansicht von links. Articulatio atlantoaxialis mediana

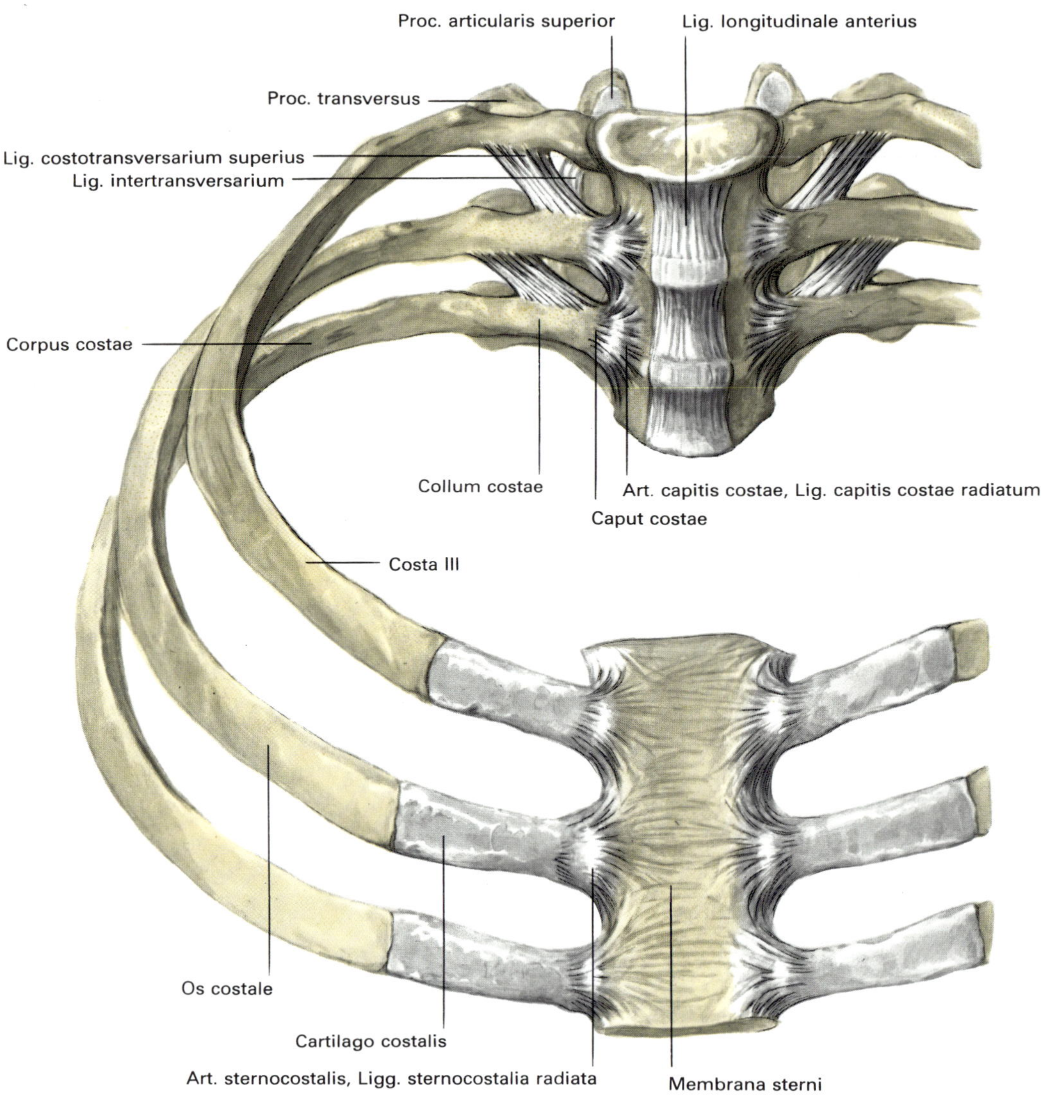


**87**
**Gelenke und Bänder des Brustkorbes**
von ventral cranial. Rippen-Wirbelsäulengelenke, Articulationes costovertebrales; Brustbein-Rippengelenke, Articulationes sternocostales

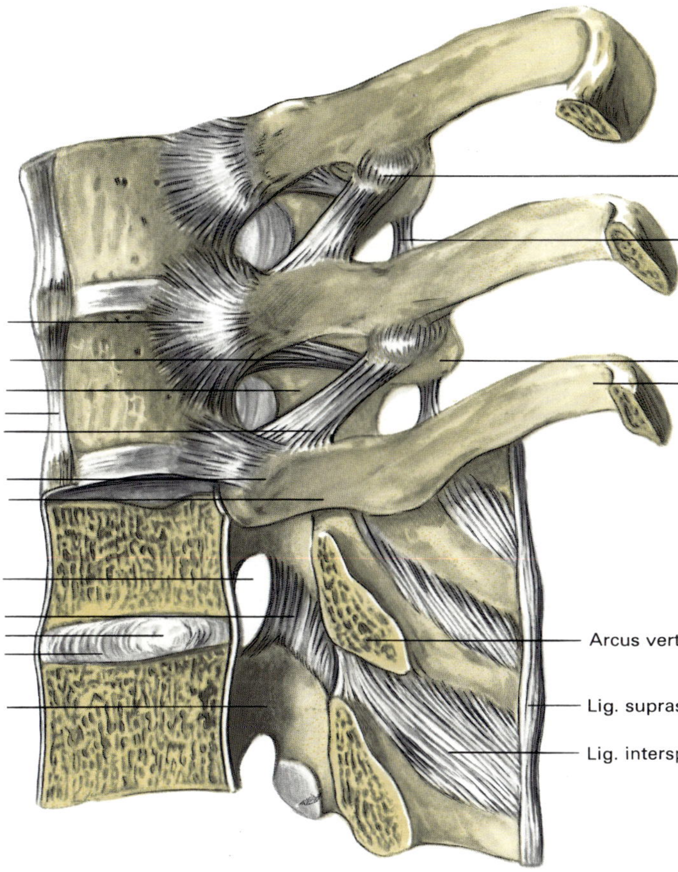


**88**
**Rippen-Wirbelgelenke, Articulationes costovertebrales**
von links. Articulatio capitis costae, Articulatio costotransversaria

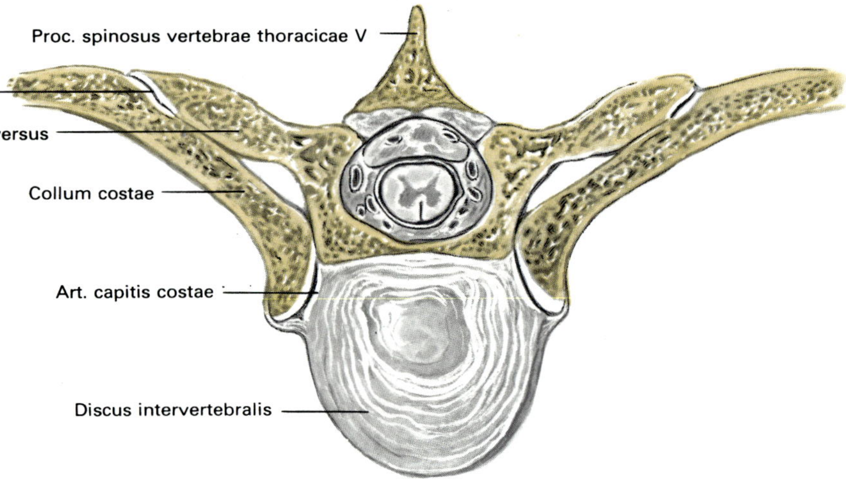


**89**
**Rippen-Wirbelgelenke, Articulationes costovertebrales**
horizontal durchgesägt, Ansicht von cranial. Articulatio capitis costae, Articulatio costotransversaria

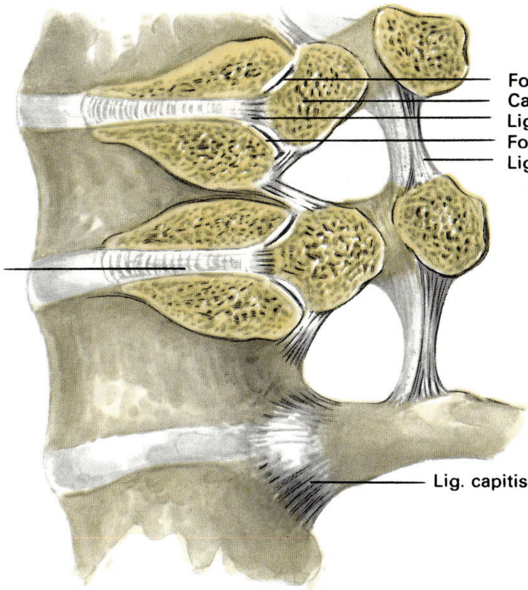


**90**
**Rippen-Wirbelgelenke, Articulationes costovertebrales**
Articulationes capitis costae, sagittal durchgesägt, Ansicht von links

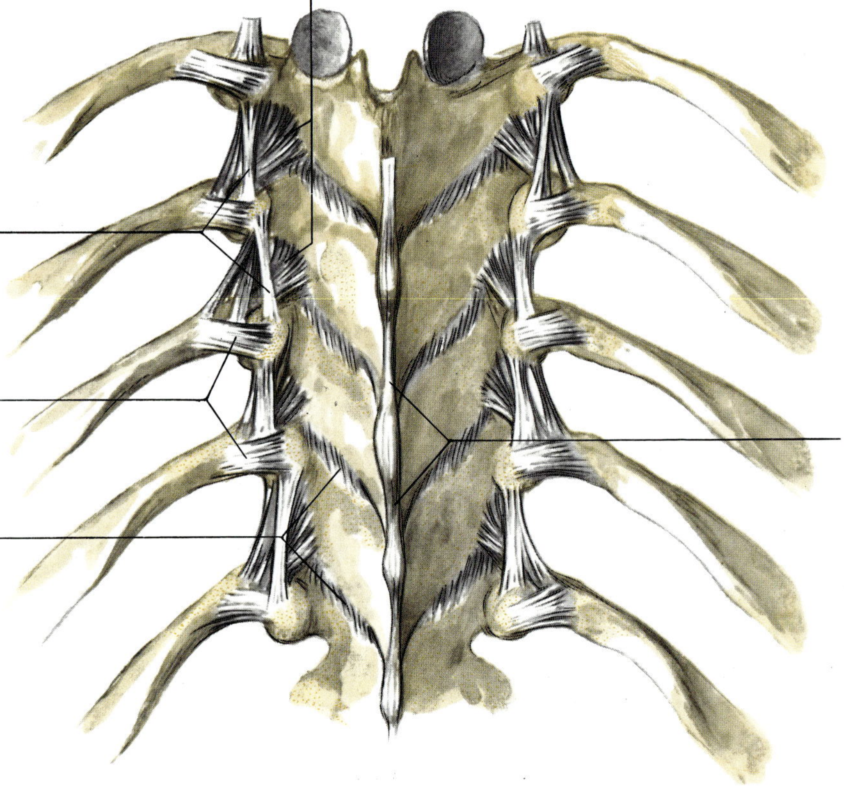


**91**
**Rippen-Wirbelgelenke, Articulationes costovertebrales**
von dorsal

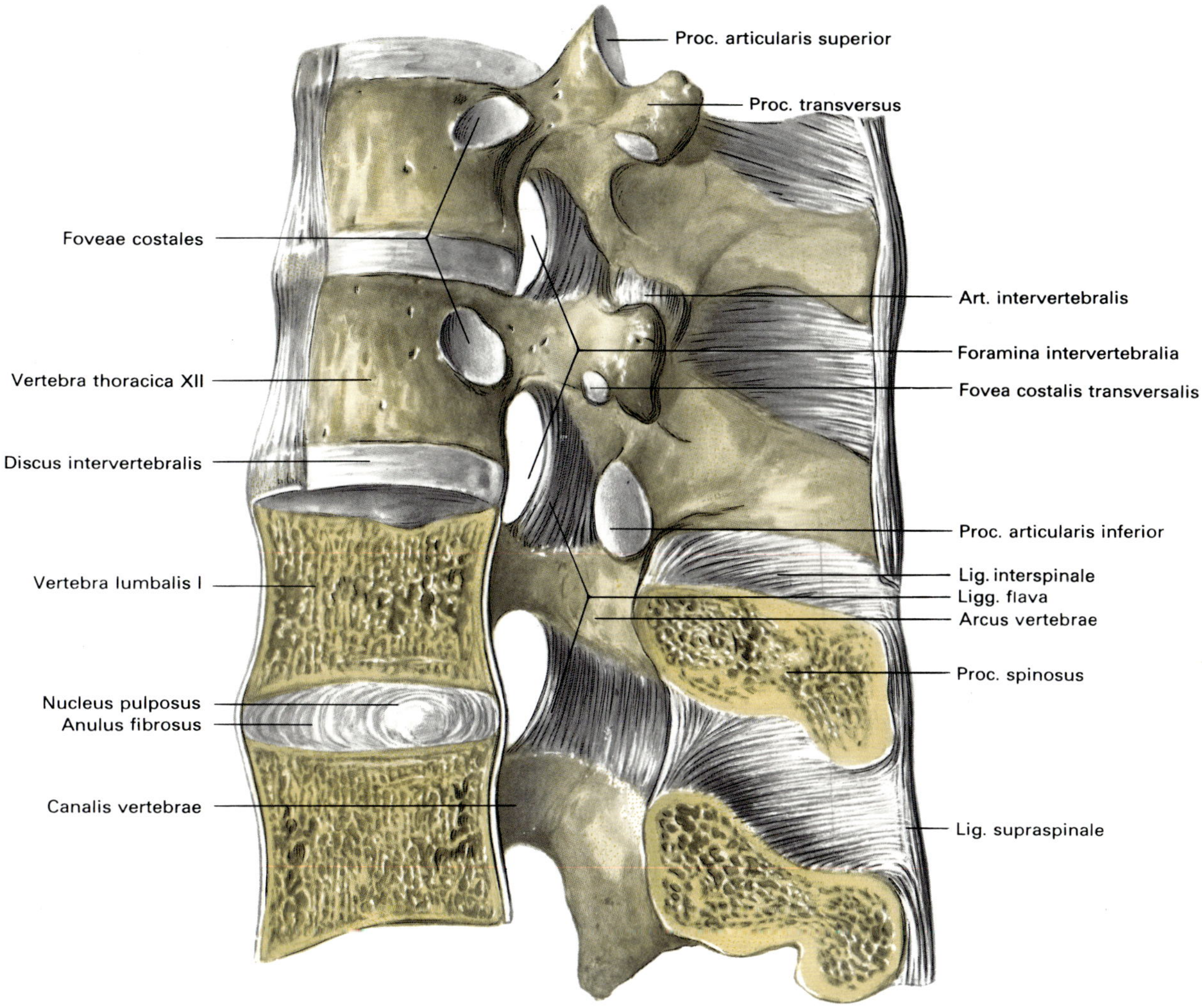


**92**
**Gelenkflächen der Rippen-Wirbelgelenke am 11. und 12. Brustwirbel**
von links. Wirbelkanal, Canalis vertebralis

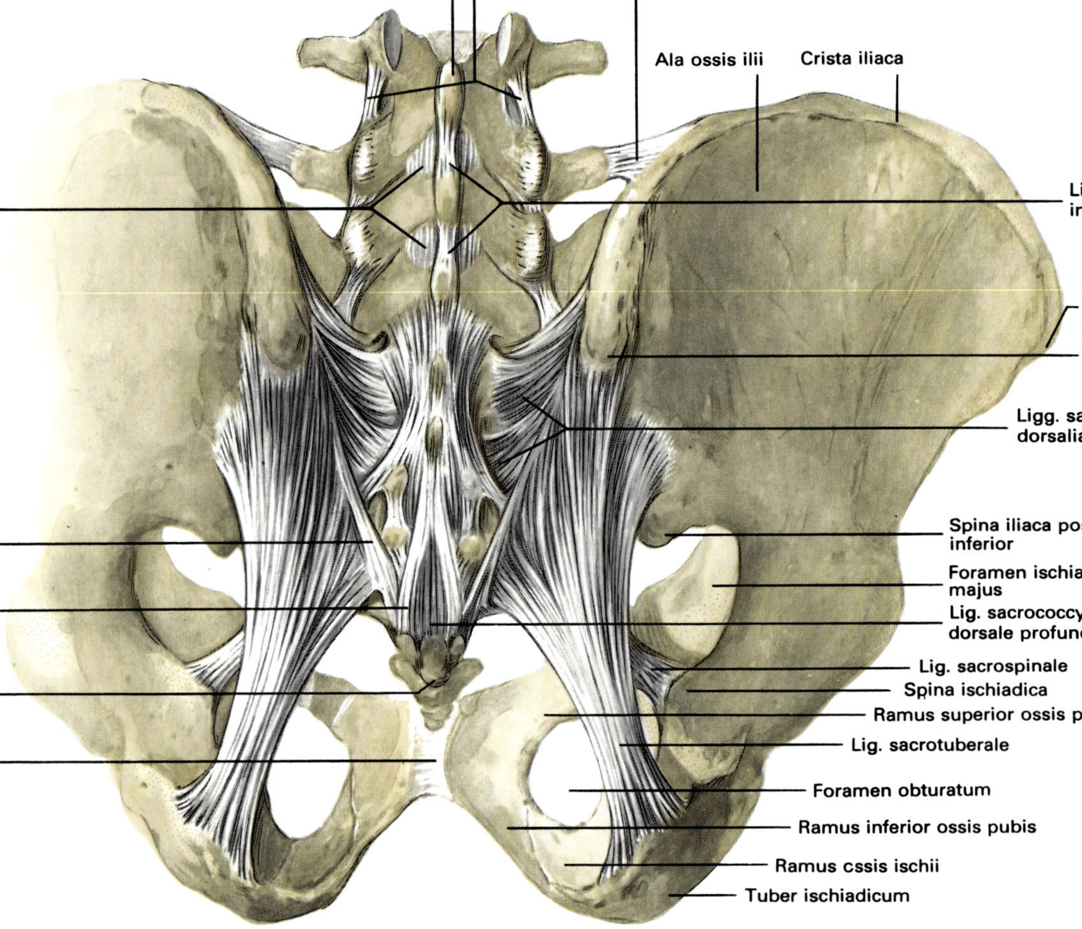


**93**
**Kreuzbein-Darmbeingelenk, Articulatio sacroiliaca, Bänder des Beckens**
von dorsal. Junctura sacrococcygea. Lig. sacrotuberale und Lig. sacrospinale

**RUMPF**

Muskeln

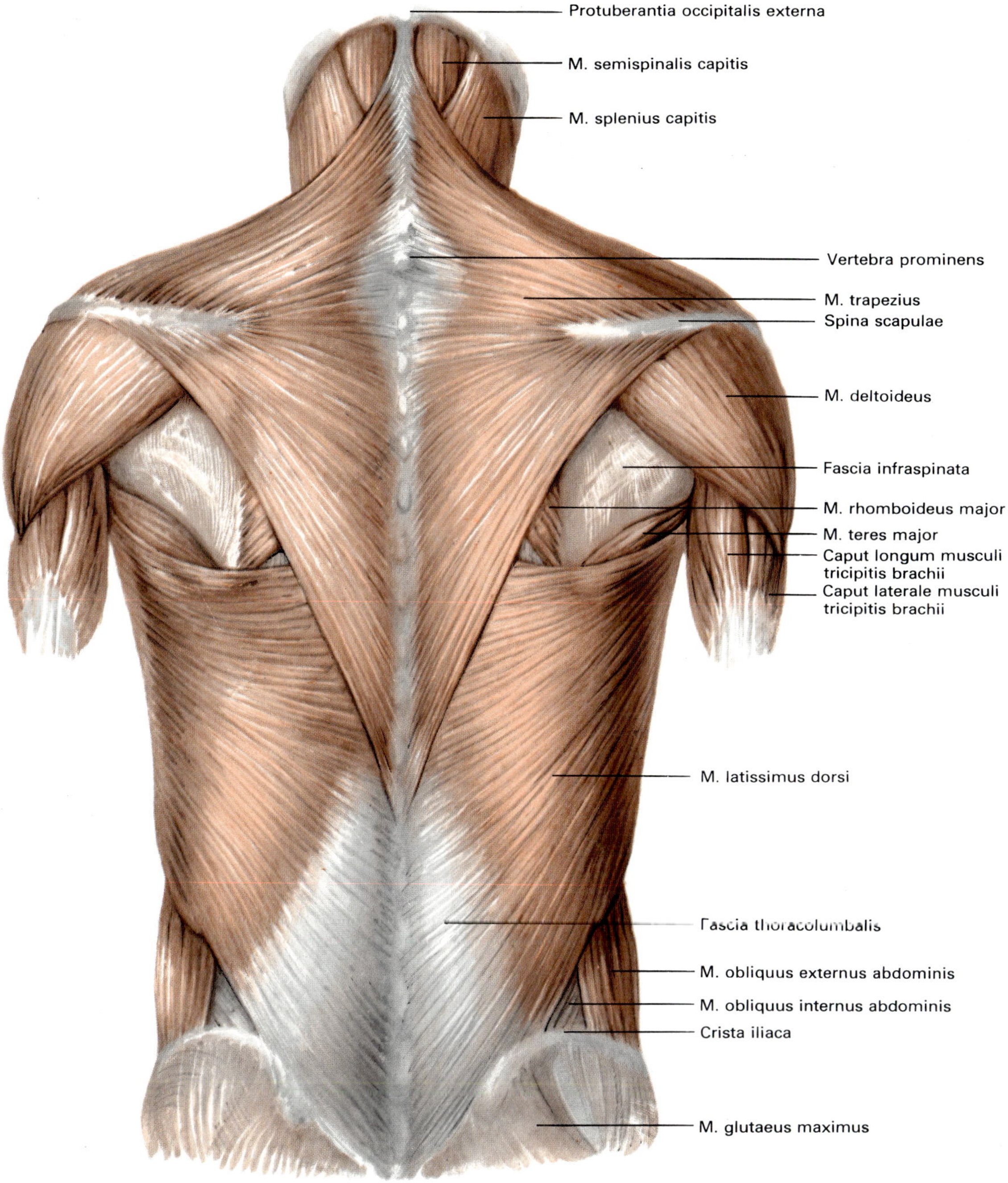


**94**
**Muskeln des Schultergürtels, breite Rückenmuskeln**
von dorsal. Oberflächliche Schicht

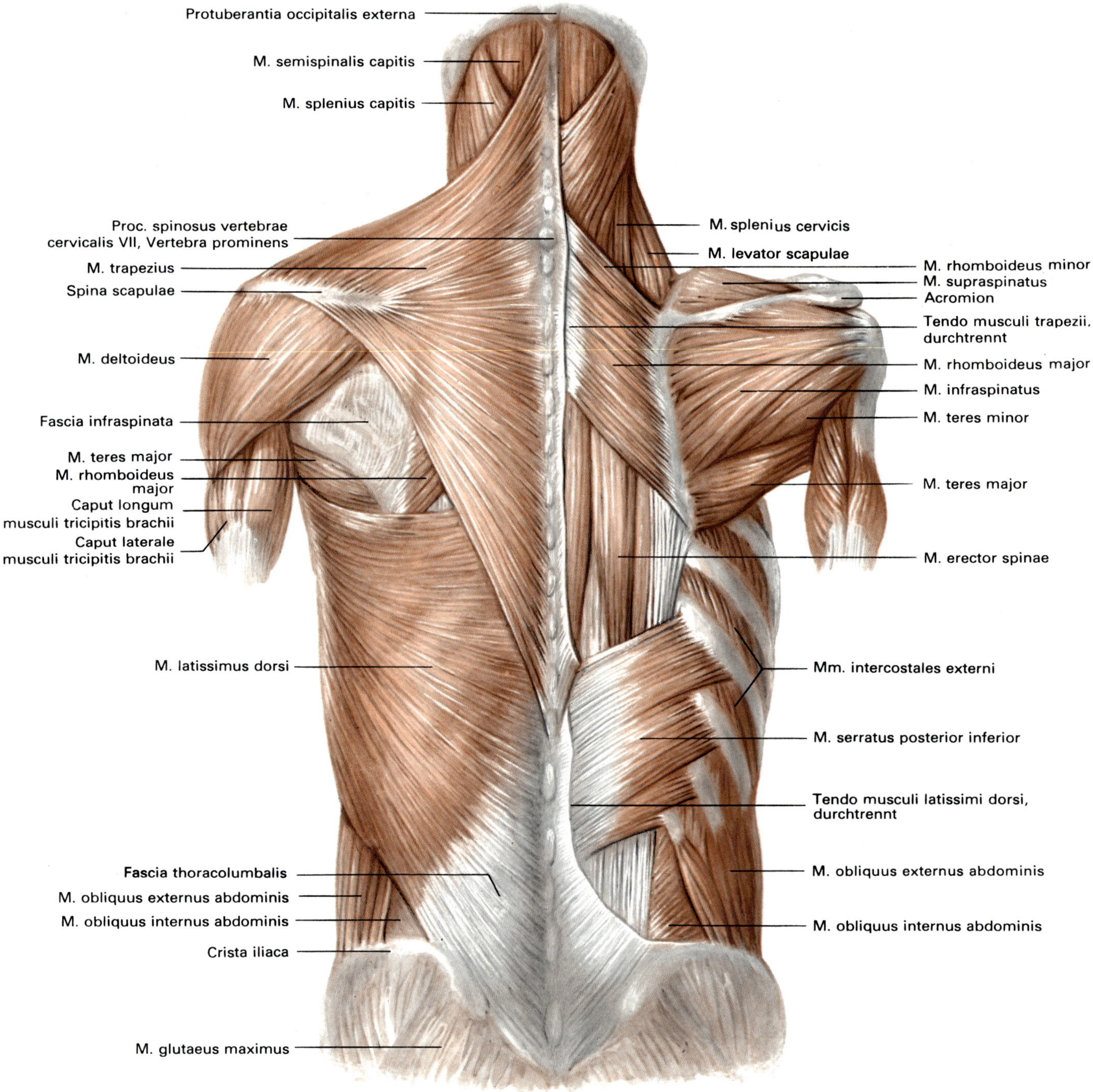


**95**
**Muskeln des Schultergürtels, breite Rückenmuskeln**
von dorsal. Links oberflächliche Schicht, rechts M. trapezius und M. latissimus dorsi entfernt

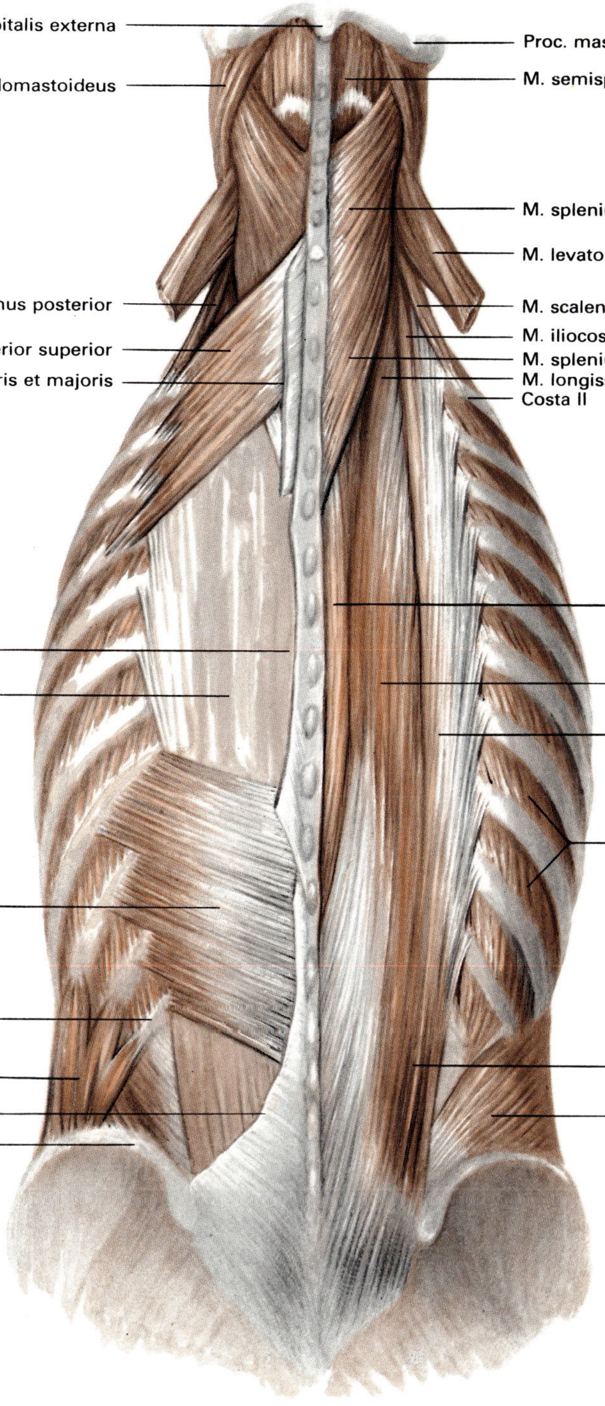


**96**
**Rückenmuskeln, Musculi dorsi**
von dorsal. Entfernt wurden beiderseits: M. trapezius, M. latissimus dorsi, M. rhomboideus major et minor; rechts: M. serratus posterior superior und M. serratus posterior inferior

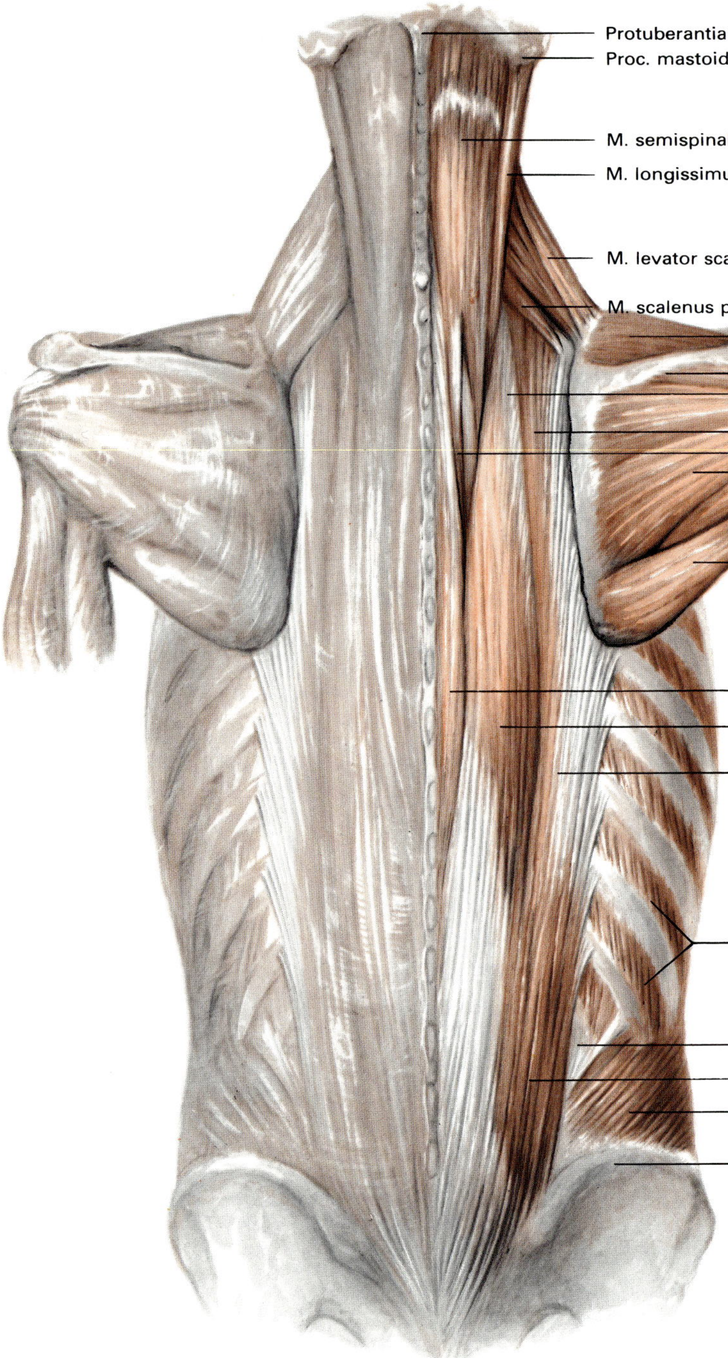


97
**M. erector spinae**
von dorsal. Links von Faszie bedeckt

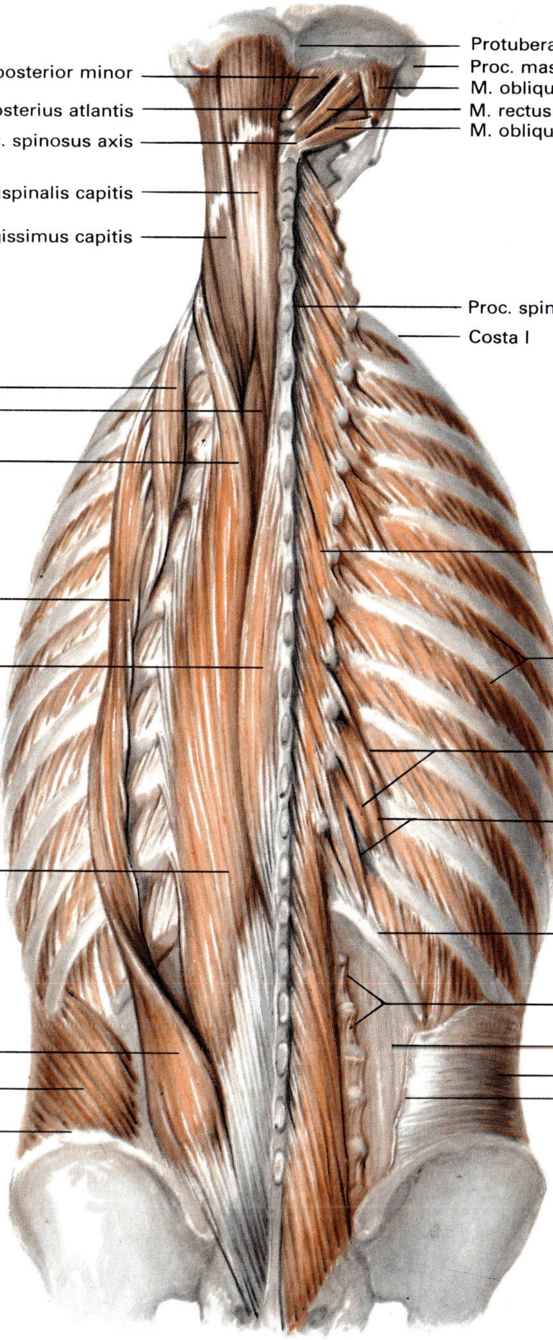


**98**

**M. erector spinae und tiefe Nackenmuskeln**

von dorsal. Links: M. iliocostalis nach lateral gezogen; rechts: M. iliocostalis, M. longissimus, M. spinalis, M. splenius capitis, M. splenius cervicis und M. semispinalis entfernt

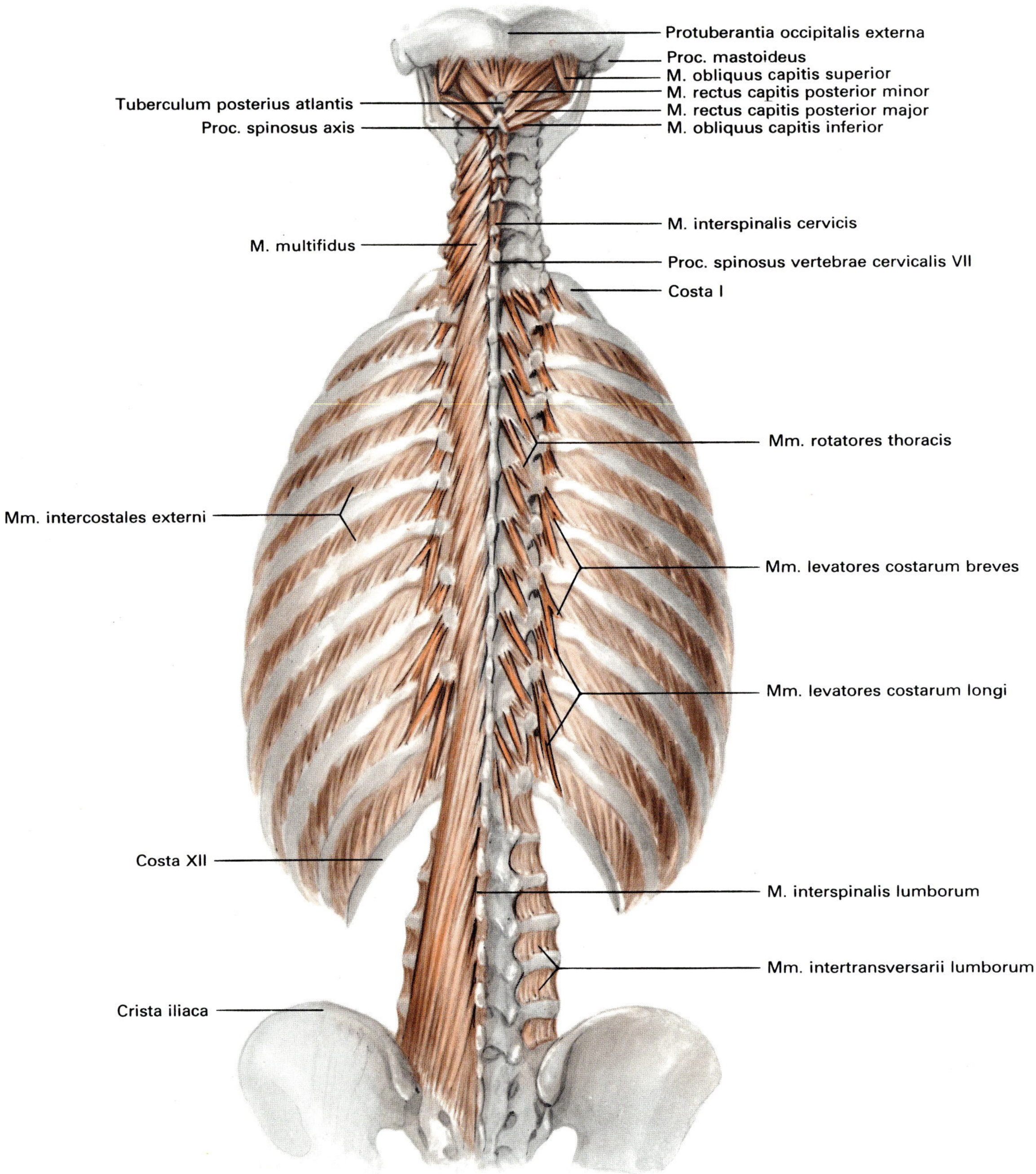


**99**

**M. erector spinae und tiefe Nackenmuskeln**

von dorsal. Darstellung von M. multifidus, Musculi levatores costarum und Musculi rotatores

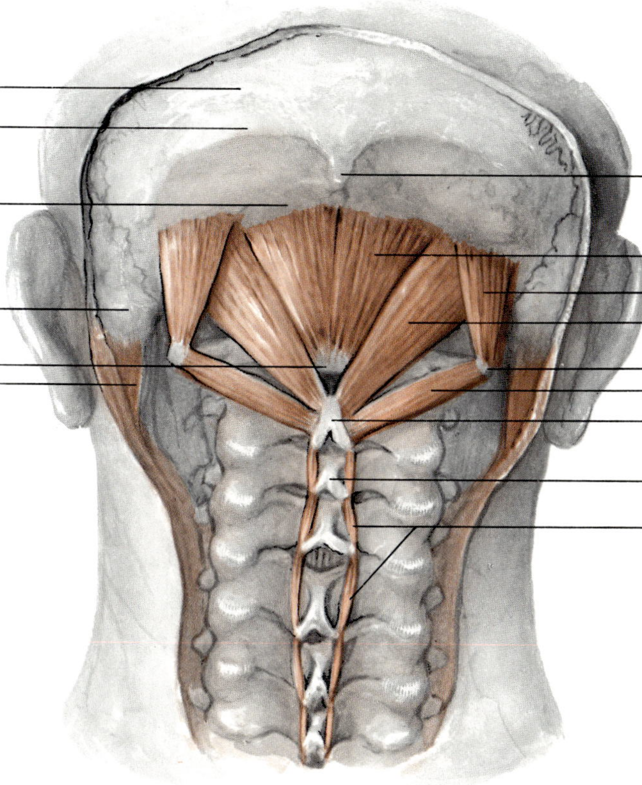


**100**
**Tiefe Nackenmuskeln**
von dorsal. Entfernt wurden beiderseits: M. trapezius, M. splenius capitis, M. semispinalis capitis und M. multifidus

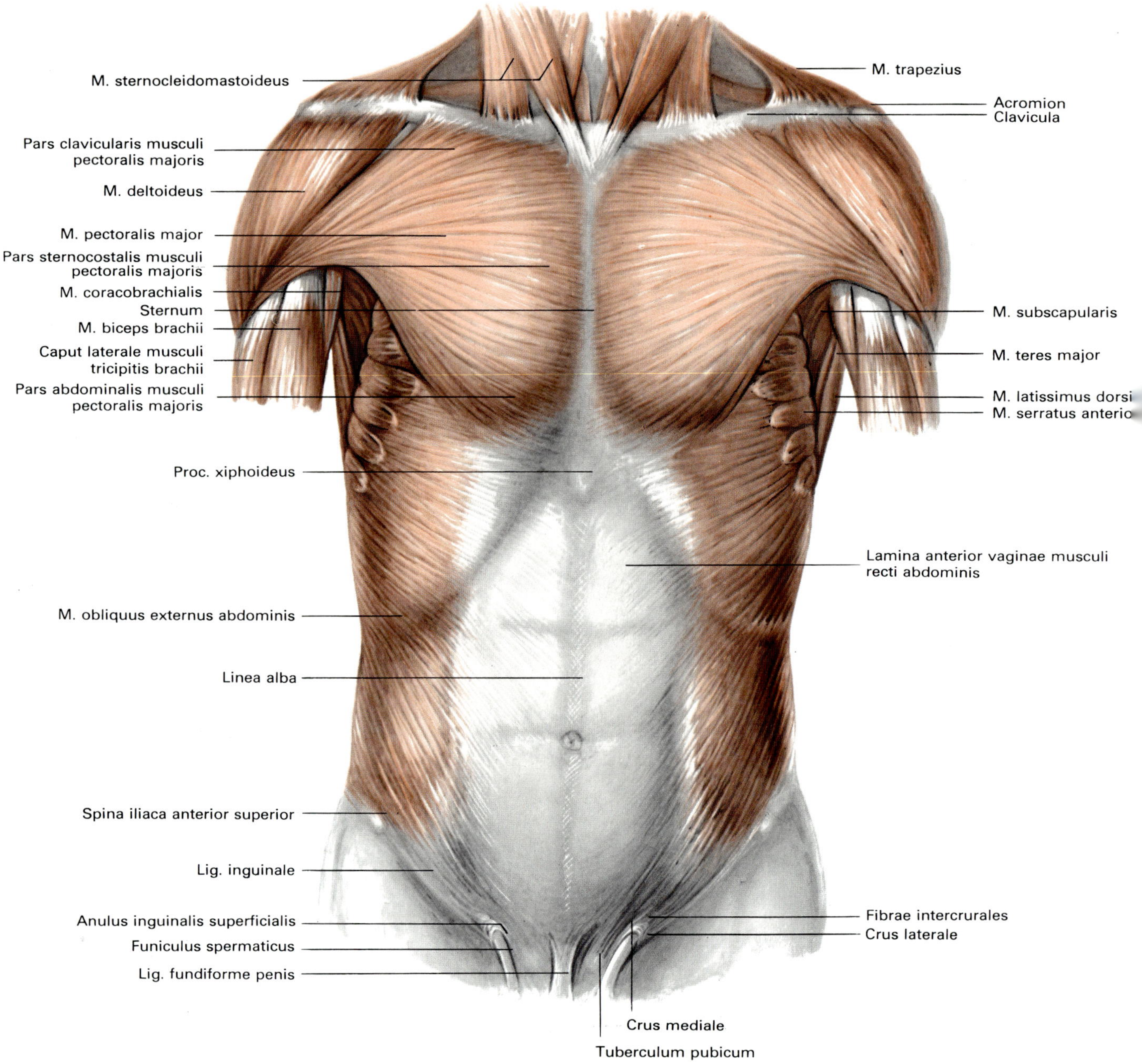


**101**
**Muskeln des Rumpfes**
von ventral

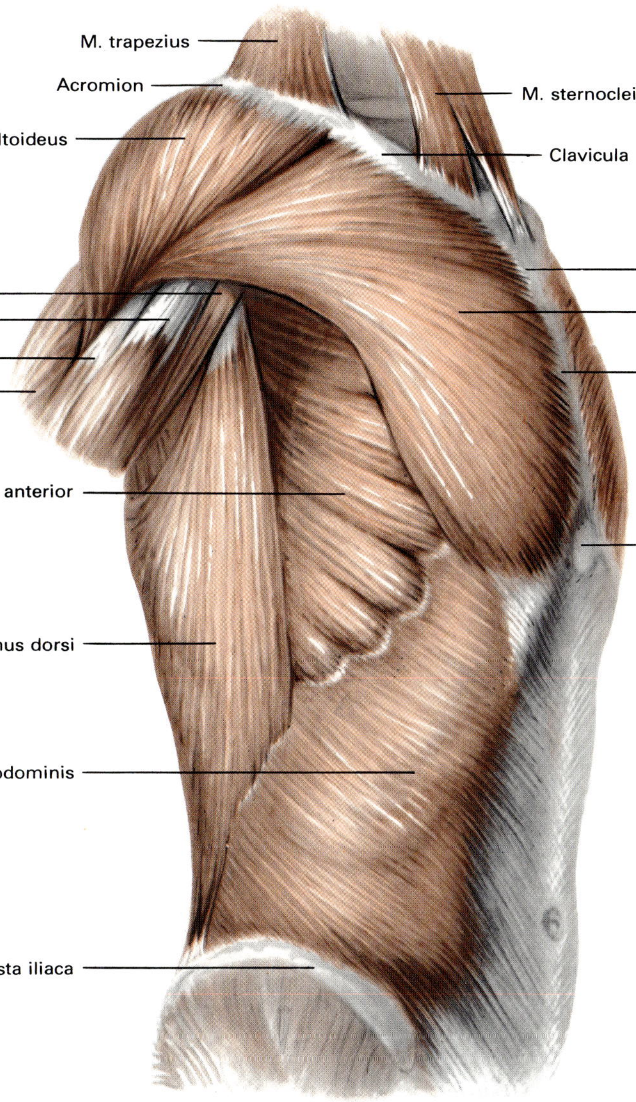


**102**
**Muskeln des Rumpfes**
von rechts

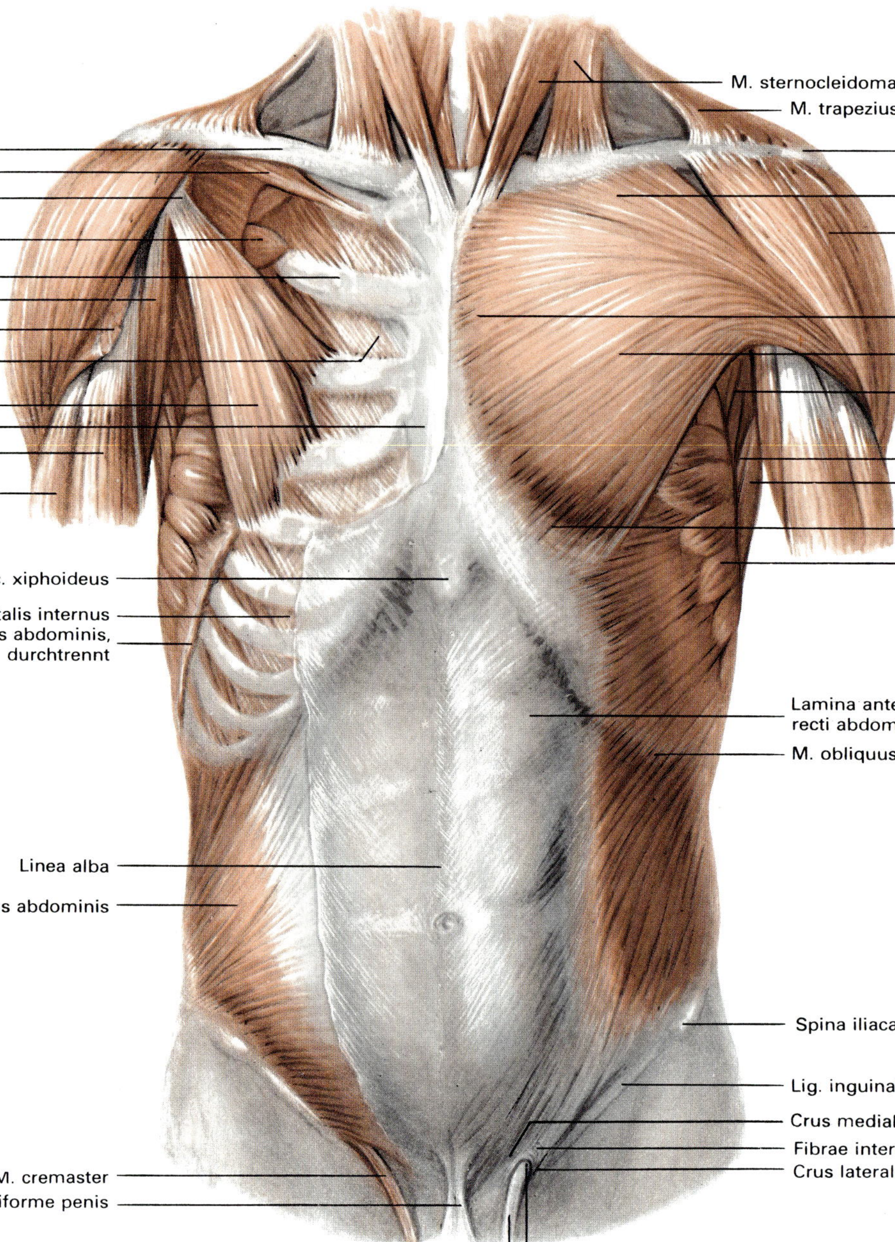


**103**
**Muskeln des Rumpfes**
von ventral. Rechts M. pectoralis major und M. obliquus externus abdominis entfernt

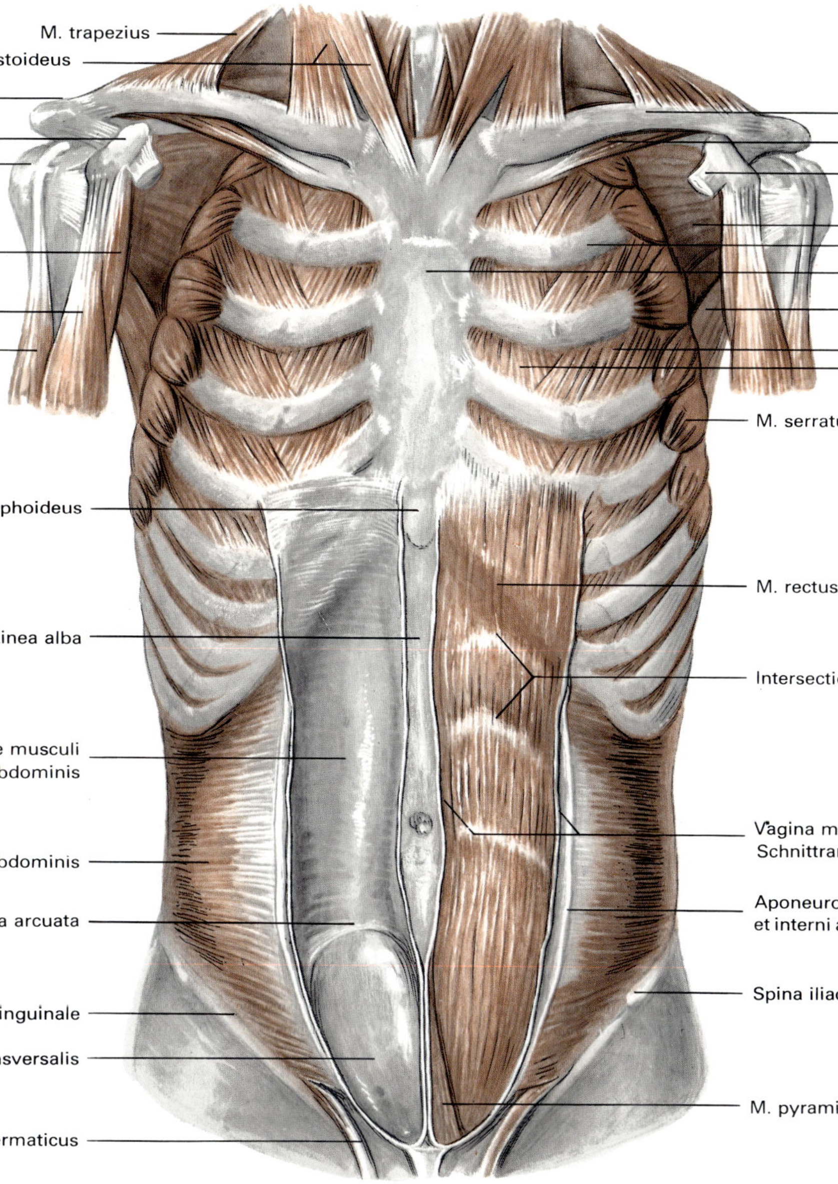


**104**
**Muskeln des Rumpfes**
von ventral. Entfernt wurden beiderseits: M. deltoideus, M. pectoralis major, M. pectoralis minor, M. obliquus externus abdominis, M. obliquus internus abdominis, Lamina anterior vaginae musculi recti abdominis; rechts: M. pyramidalis, M. rectus abdominis

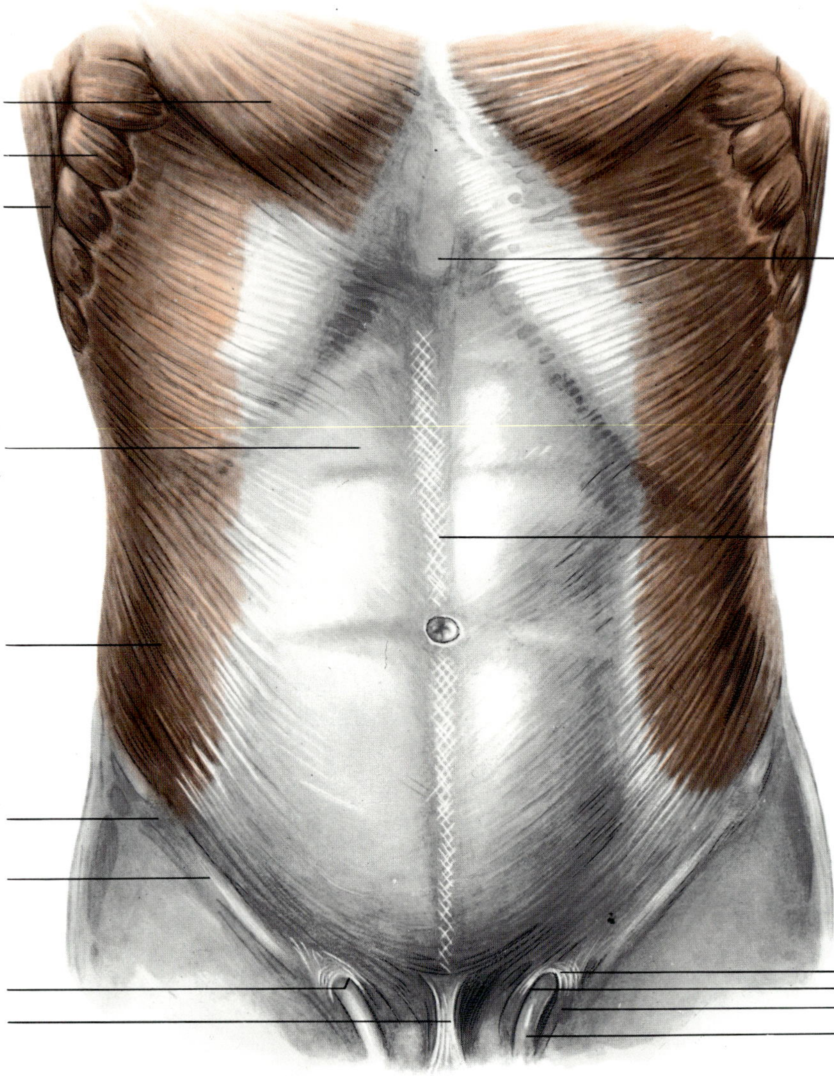


**105**
**Ventrolaterale Bauchwand**
von ventral

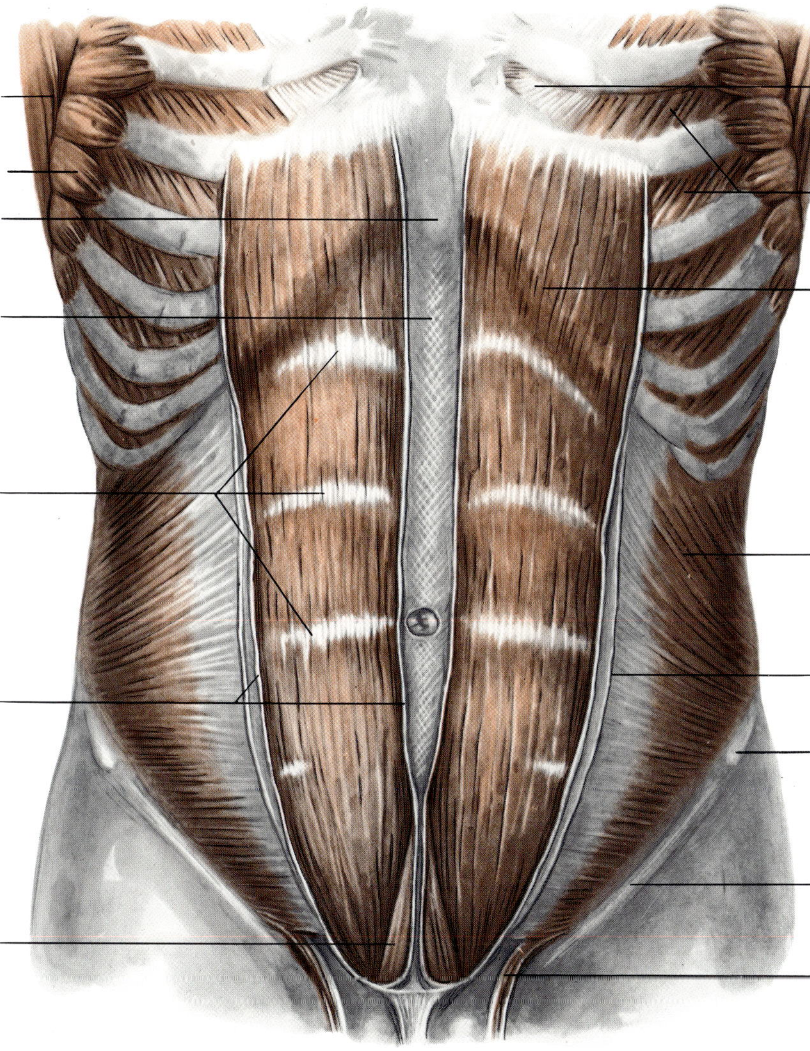


**106**
**Ventrolaterale Bauchwand**
von ventral. Entfernt wurden beiderseits: M. obliquus externus abdominis und Lamina anterior vaginae musculi recti abdominis

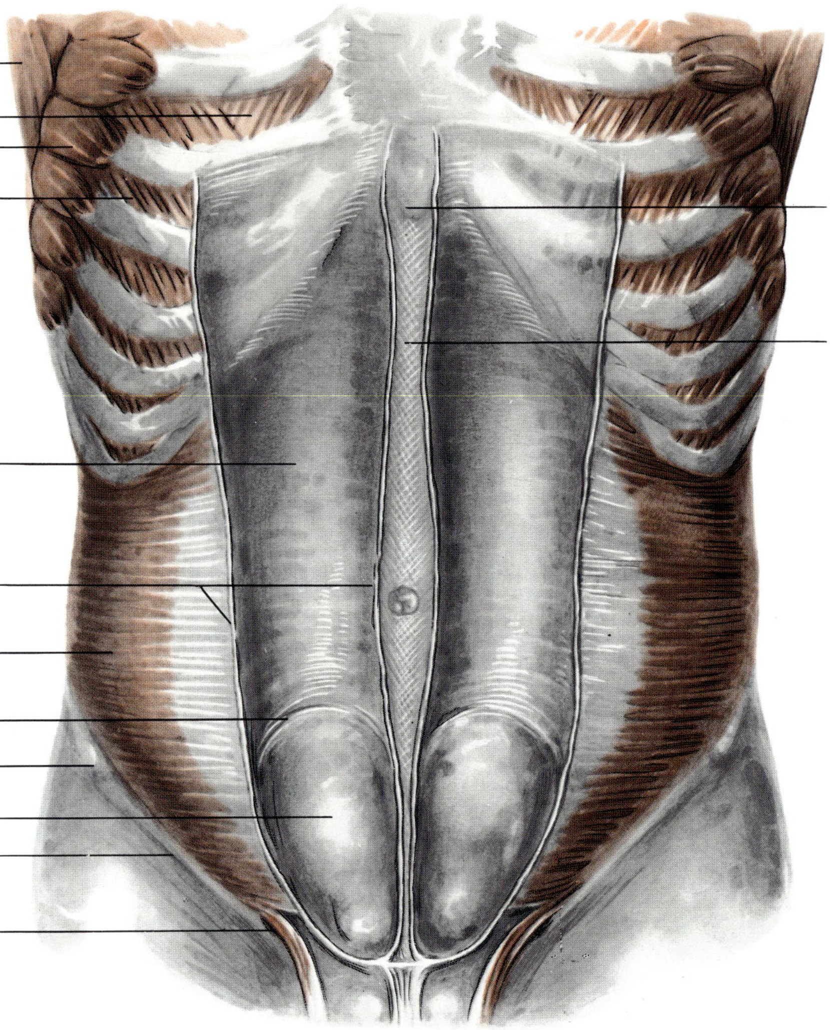


**107**
**Ventrolaterale Bauchwand**
von ventral. Entfernt wurden beiderseits: M. obliquus externus abdominis, M. obliquus internus abdominis, Lamina anterior vaginae musculi recti abdominis, M. pyramidalis, M. rectus abdominis

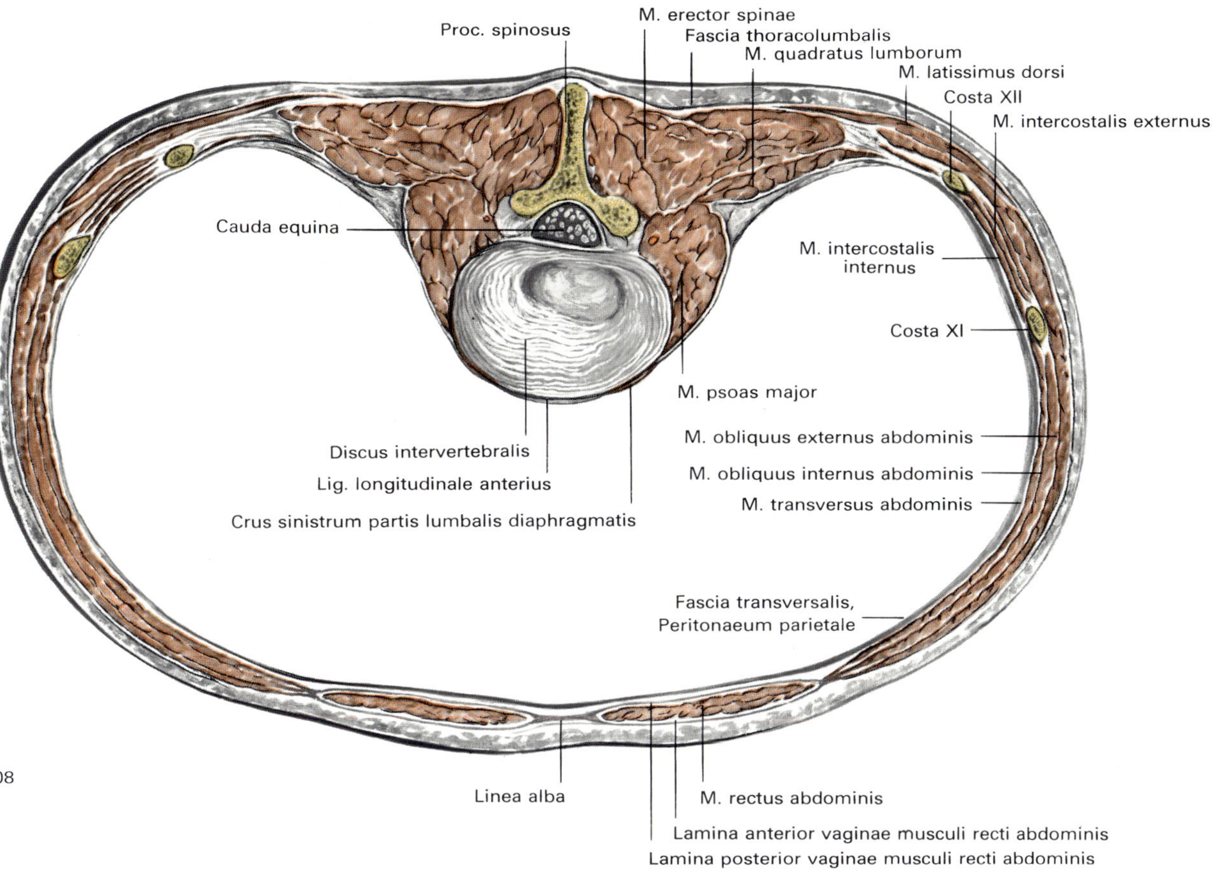


108

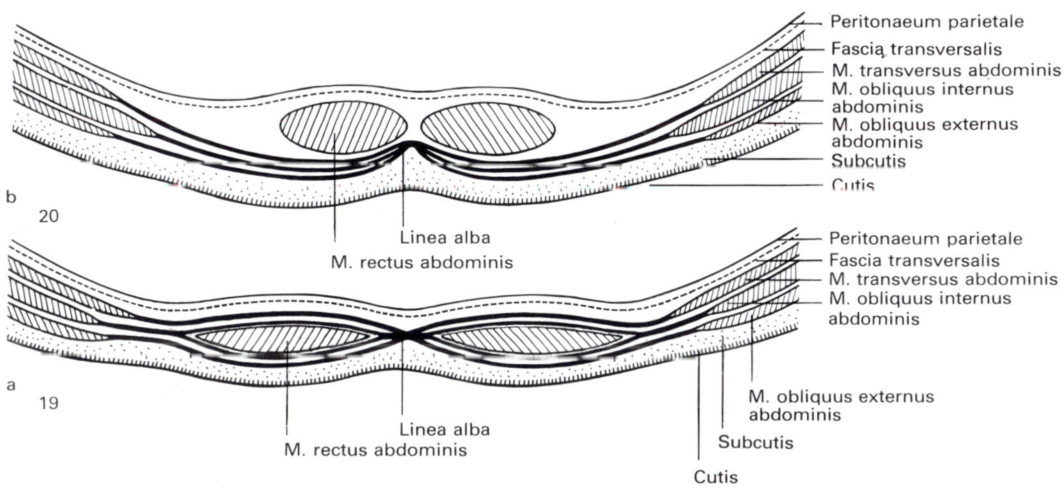


109

**108**
**Querschnitt durch den Rumpf**
in Höhe des Discus intervertebralis zwischen 3. und 4. Lendenwirbel, Ansicht von oben. Die Baucheingeweide wurden entfernt. Rektusscheide, Vagina musculi recti abdominis, ventrolaterale und dorsale Bauchwand; M. erector spinae

**109**
**Rektusscheide, Vagina musculi recti abdominis**
schematische Darstellung des Aufbaus a oberhalb der Linea arcuata, b unterhalb der Linea arcuata

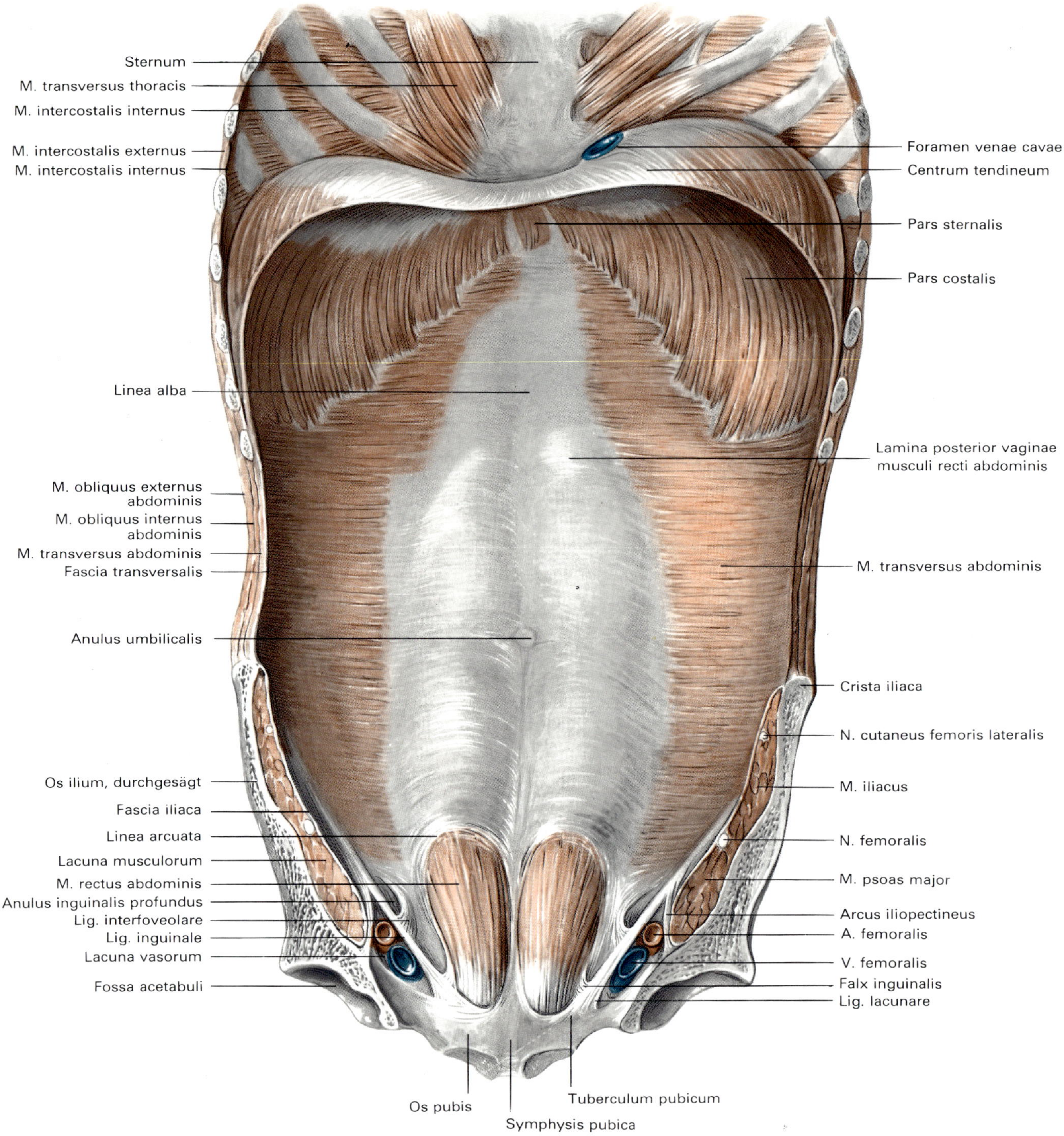


**110**
**Ventrolaterale Bauchwand und Zwerchfell, Diaphragma**
von innen

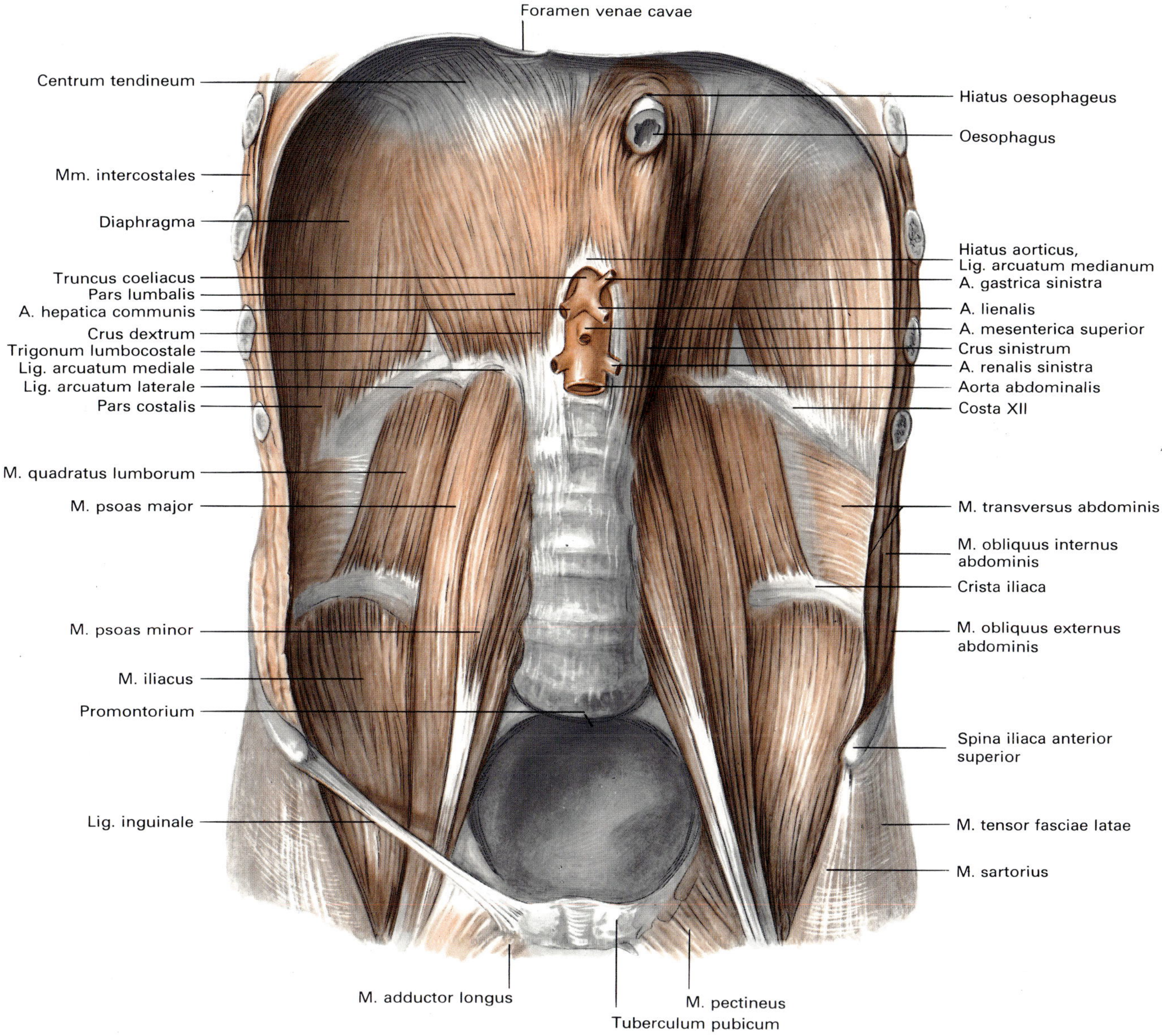


**111**
**Dorsale Bauchwand und Zwerchfell, Diaphragma**
von ventral

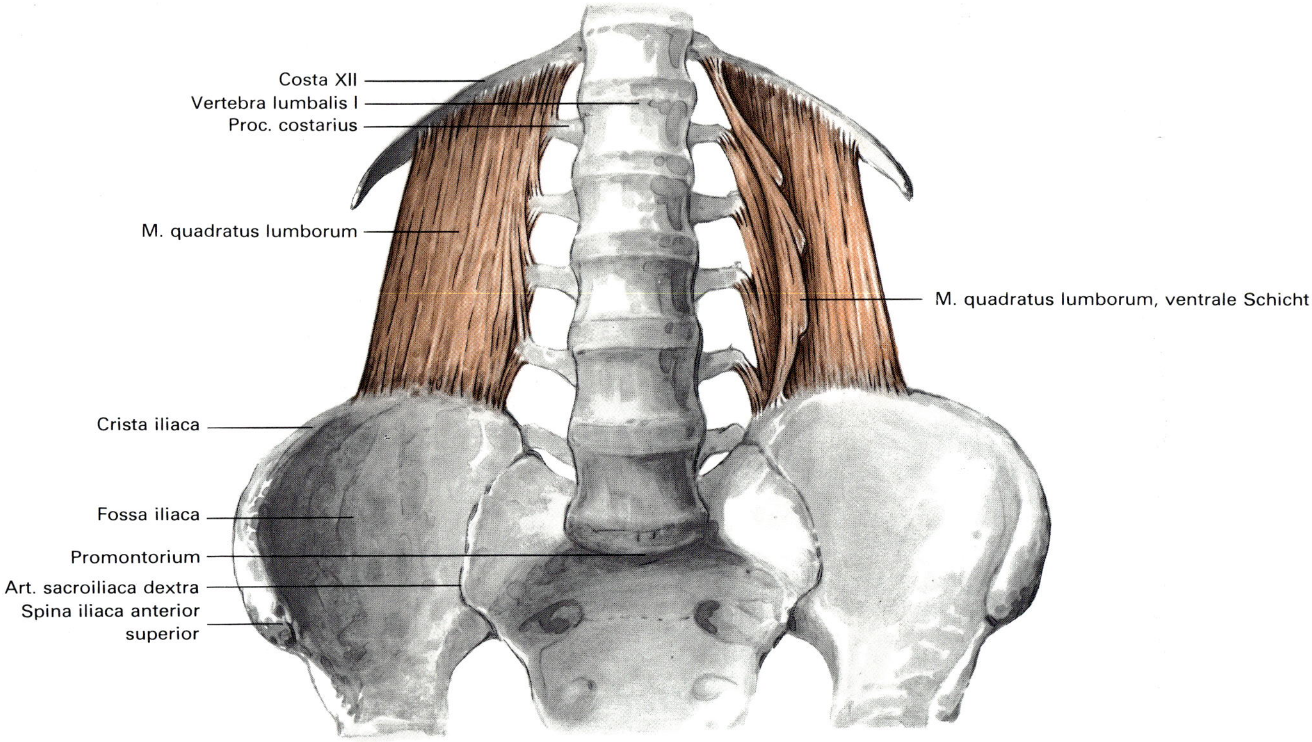


**112**

**Isolierte Darstellung des M. quadratus lumborum**

von ventral. Die ventrale Schicht des linken M. quadratus lumborum wurde von den Processus costarii abgelöst und nach lateral geklappt

# RUMPF
## Gefäße und Nerven

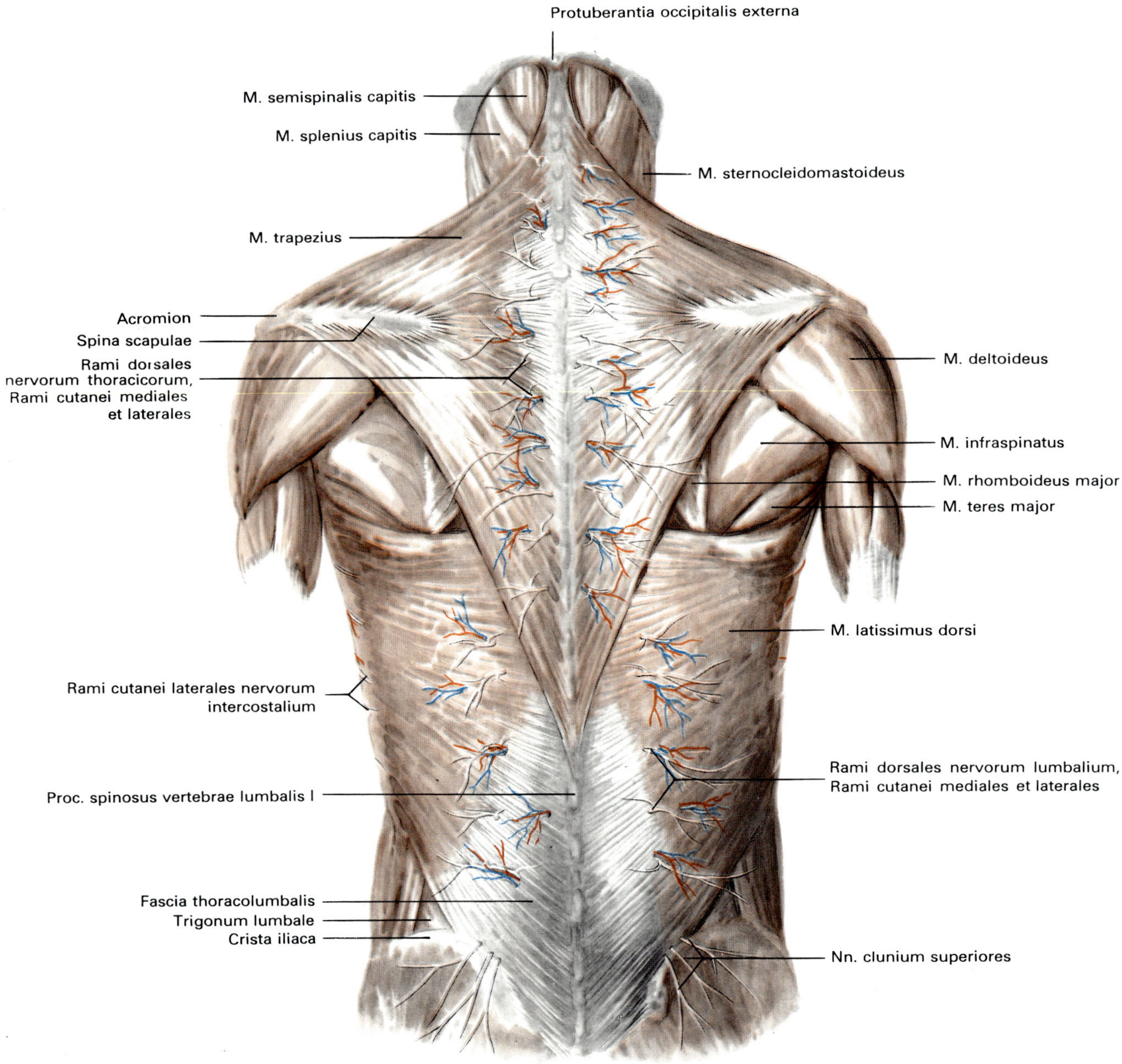


**113**
**Hautnerven, oberflächliche Arterien und Hautvenen des Rückens**
Muskeln von Faszien bedeckt

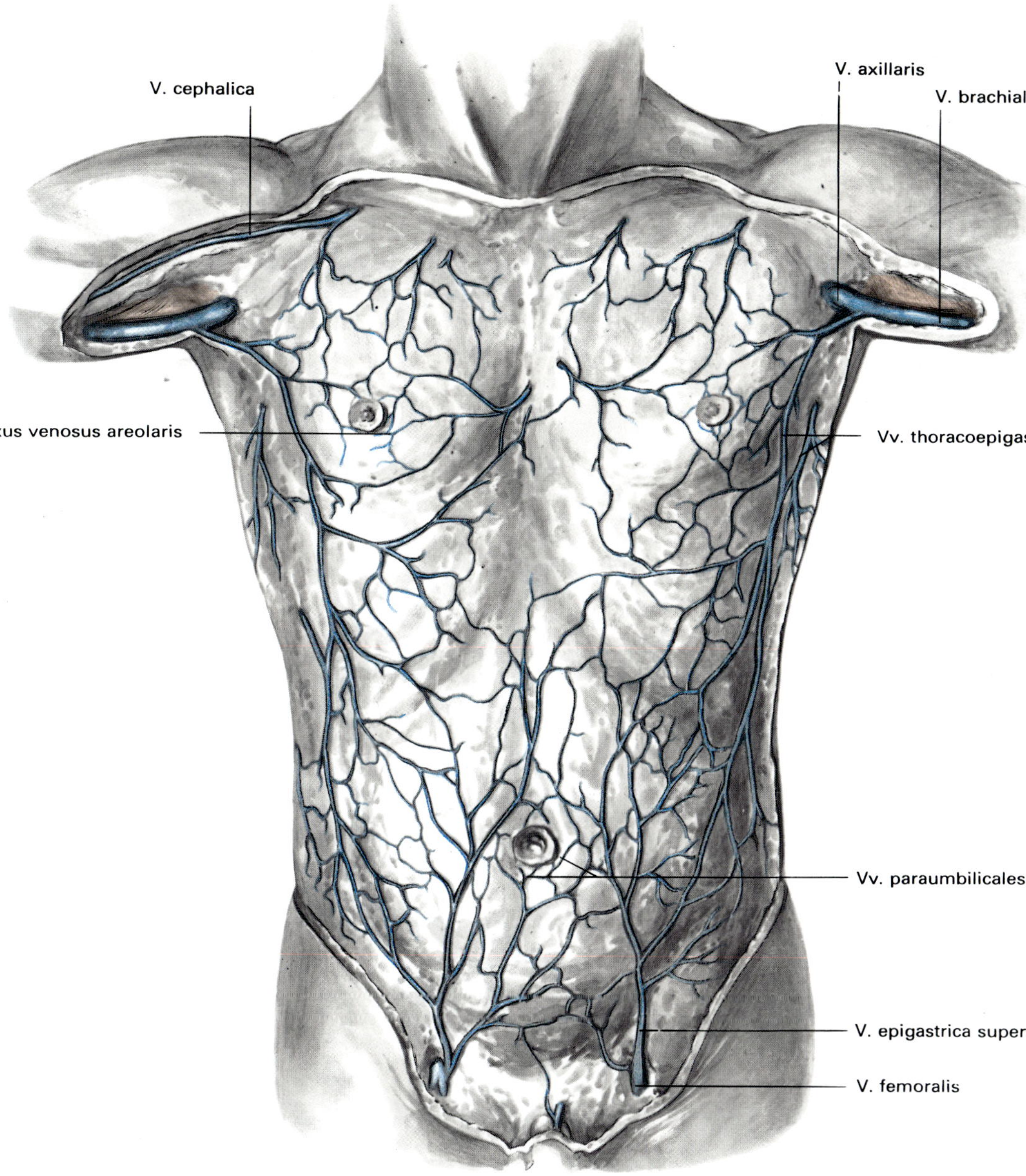


**114**
**Hautvenen auf der Vorderseite des Rumpfes**
V. epigastrica superficialis, Venae thoracoepigastricae. Verbindungen zu tiefen Venen

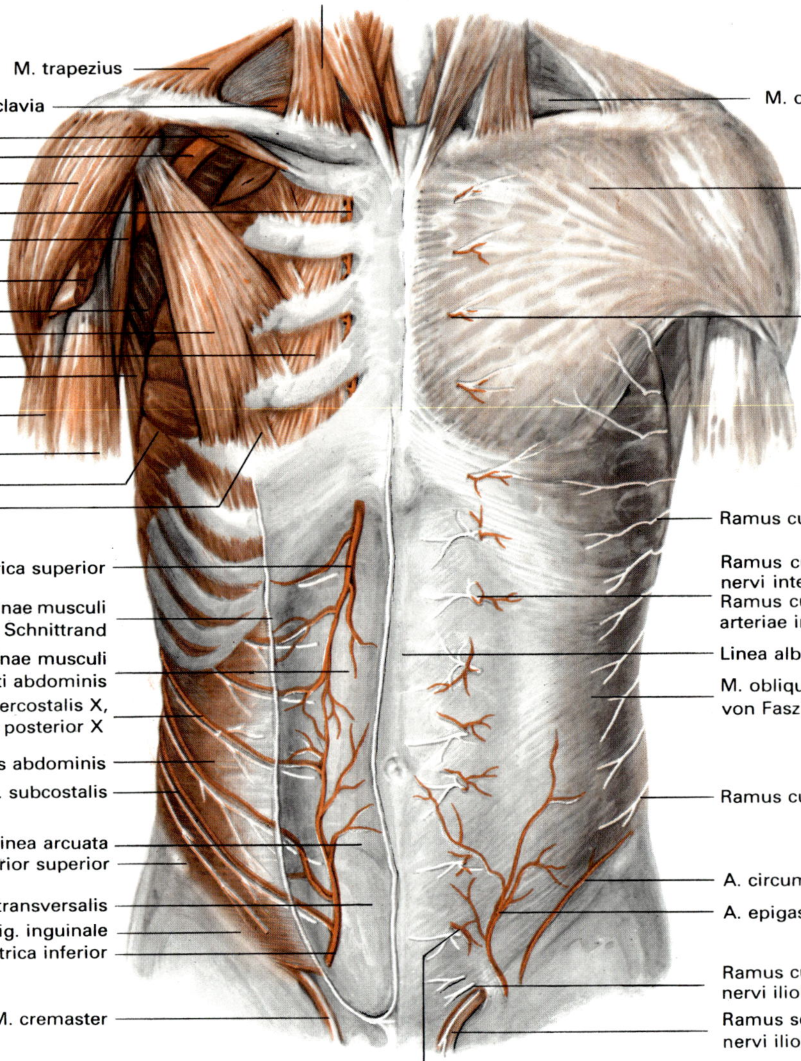


**115**
**Ventrolaterale Rumpfwand**
von ventral. Links: oberflächliche Arterien und Nerven; rechts: M. pectoralis major, M. obliquus externus abdominis, M. obliquus internus abdominis, Lamina anterior vaginae musculi recti abdominis und M. rectus abdominis entfernt. A. thoracica interna, A. epigastrica inferior, untere Arteriae intercostales posteriores dextrae und Nervi intercostales, N. iliohypogastricus

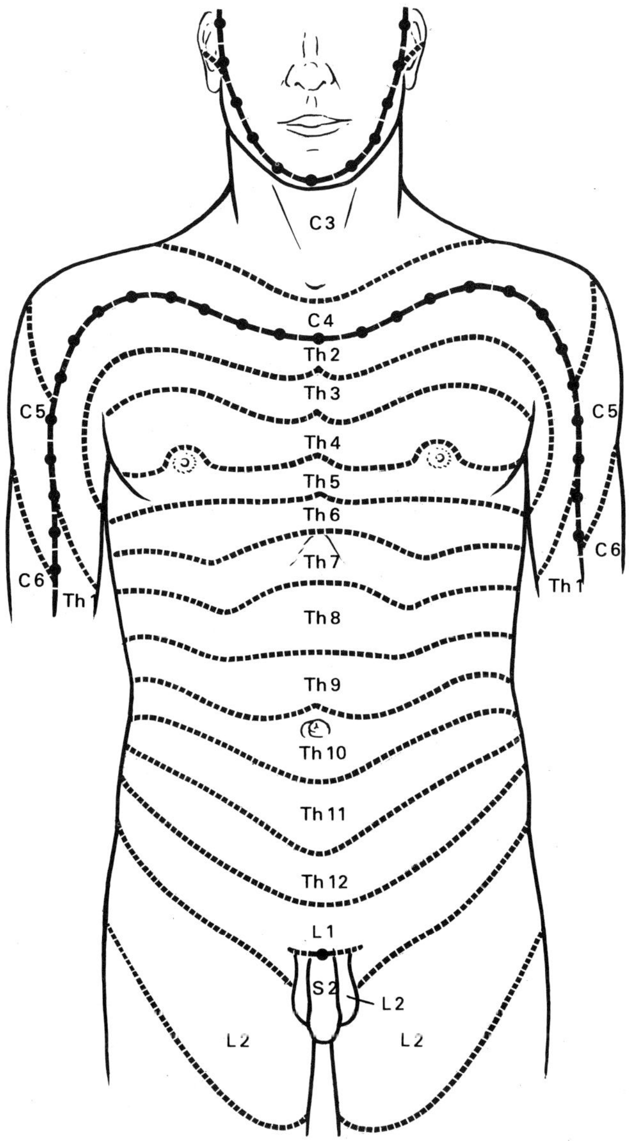


**116**
**Dermatome des Rumpfes**
von ventral (nach Hansen-Schliack, verändert). -------- Grenzen zwischen aufeinander folgenden Segmenten; -•-•-• Hiatuslinien oder Axiallinien, die nicht aufeinander folgende Segmente trennen

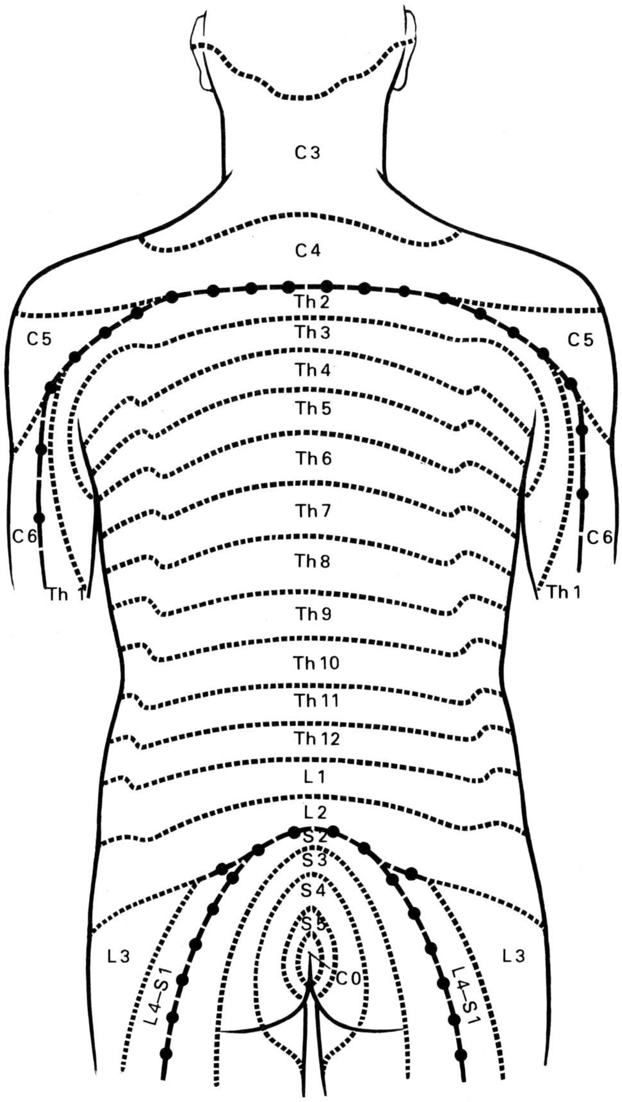


**117**
**Dermatome des Rumpfes**
von dorsal (nach Hansen-Schliack, verändert). ------- Grenzen zwischen aufeinander folgenden Segmenten; -•-•-• Hiatuslinien oder Axiallinien, die nicht aufeinander folgende Segmente trennen

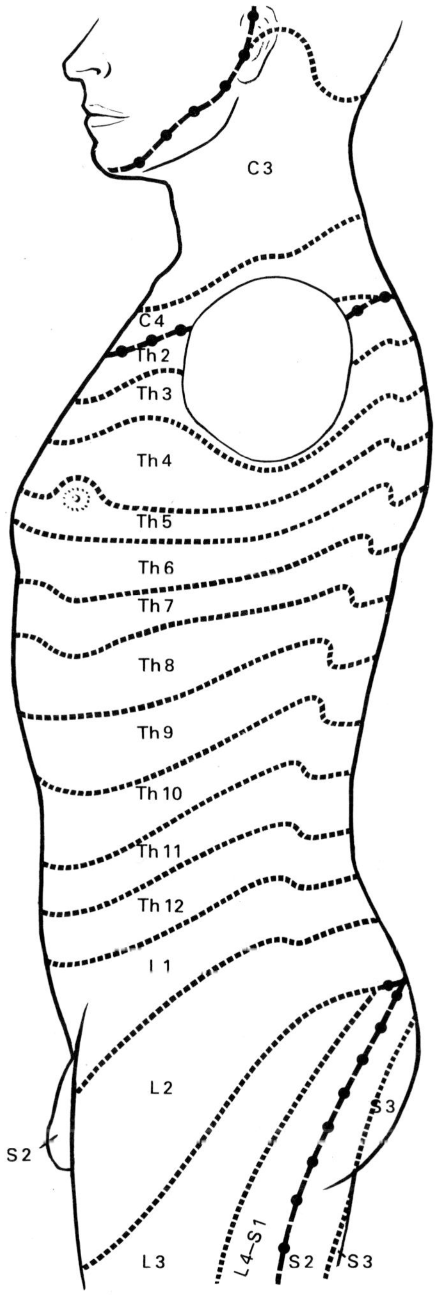


**118**

**Dermatome des Rumpfes**

von links (nach Hansen-Schliack). ------ Grenzen zwischen aufeinander folgenden Segmenten; -•-•-• Hiatuslinien oder Axiallinien, die nicht aufeinander folgende Segmente trennen

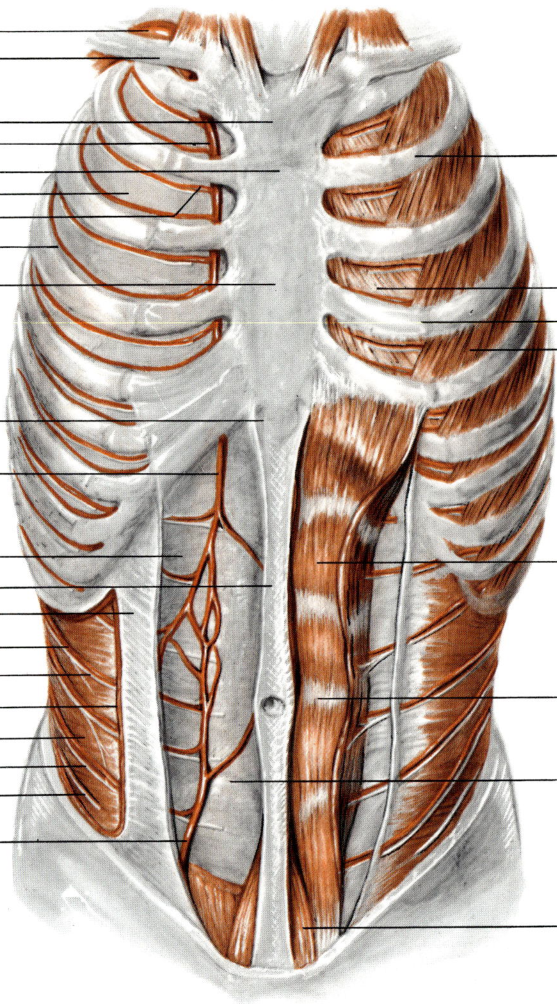


**119**
**Ventrolaterale Rumpfwand**
von ventral. Verlauf der Arteriae intercostales posteriores, der A. thoracica interna, der A. epigastrica superior, der A. epigastrica inferior und der Nervi intercostales. Beiderseits wurden entfernt: Lamina anterior vaginae musculi recti abdominis, M. obliquus externus abdominis, M. obliquus internus abdominis und Schultergürtelmuskeln. Rechts wurden entfernt: Musculi intercostales externi et interni sowie M. rectus abdominis

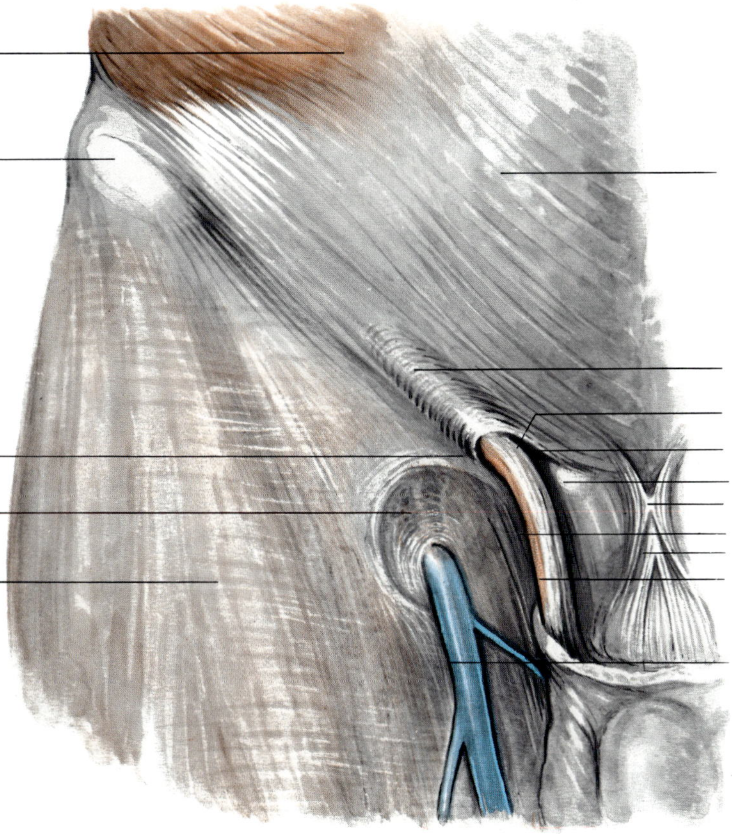


**120**
**Rechte Leistenbeuge, Regio inguinalis, und angrenzendes Gebiet der Regio femoris anterior**
von vorn. Funiculus spermaticus, Fascia lata, Hiatus saphenus und V. saphena magna

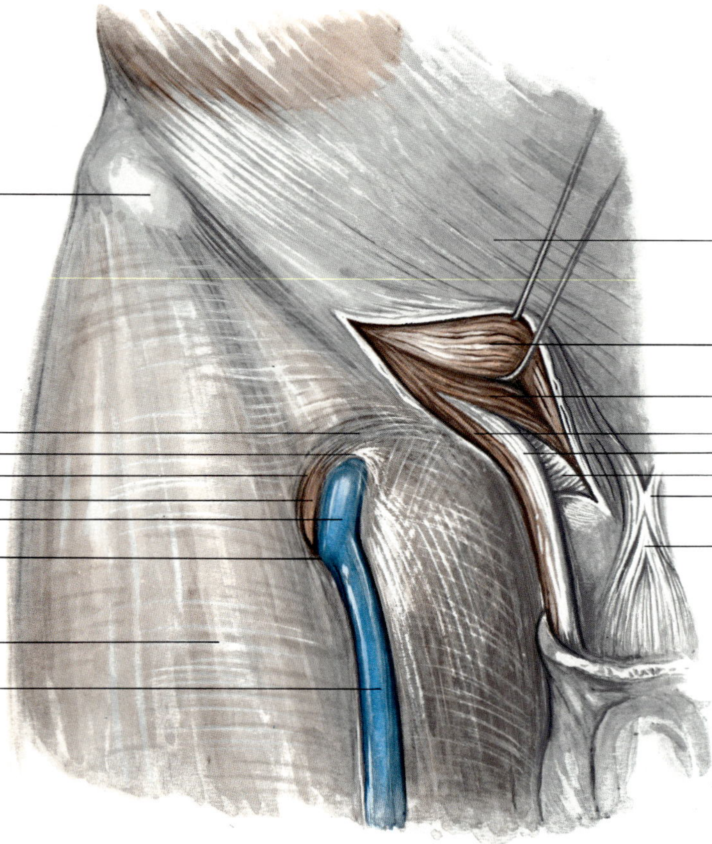


**121**

**Rechte Leistenbeuge, Regio inguinalis, und angrenzendes Gebiet der Regio femoris anterior**
von vorn. Leistenkanal, Canalis inguinalis, eröffnet. Aponeurosis musculi obliqui externi abdominis und M. obliquus internus abdominis nach cranial medial gezogen. Funiculus spermaticus

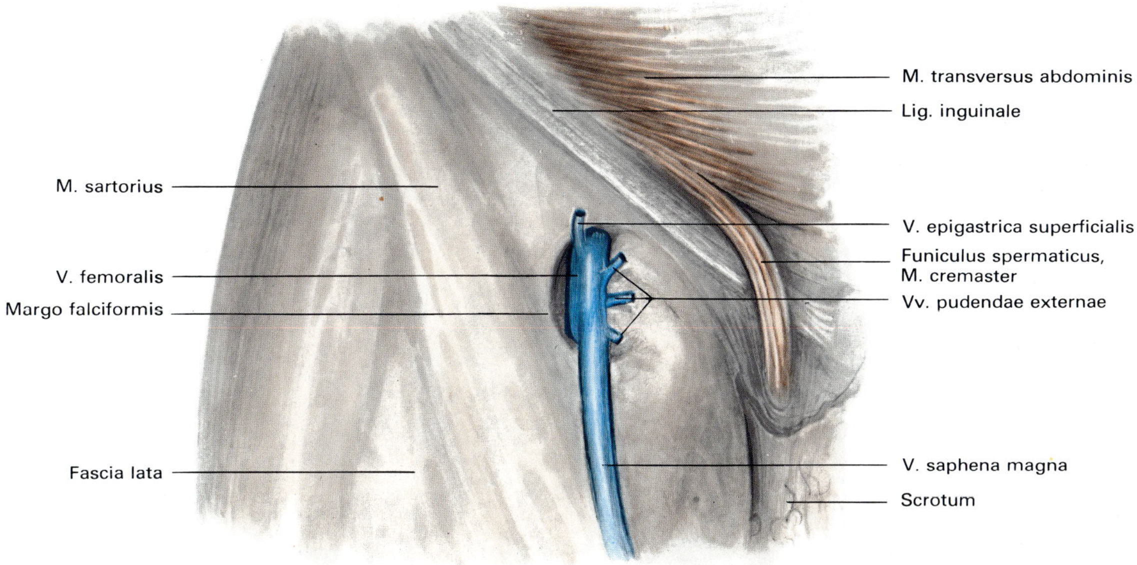


**122**
**Rechte Leistenbeuge, Regio inguinalis, und angrenzendes Gebiet der Regio femoris anterior**
von vorn. M. cremaster

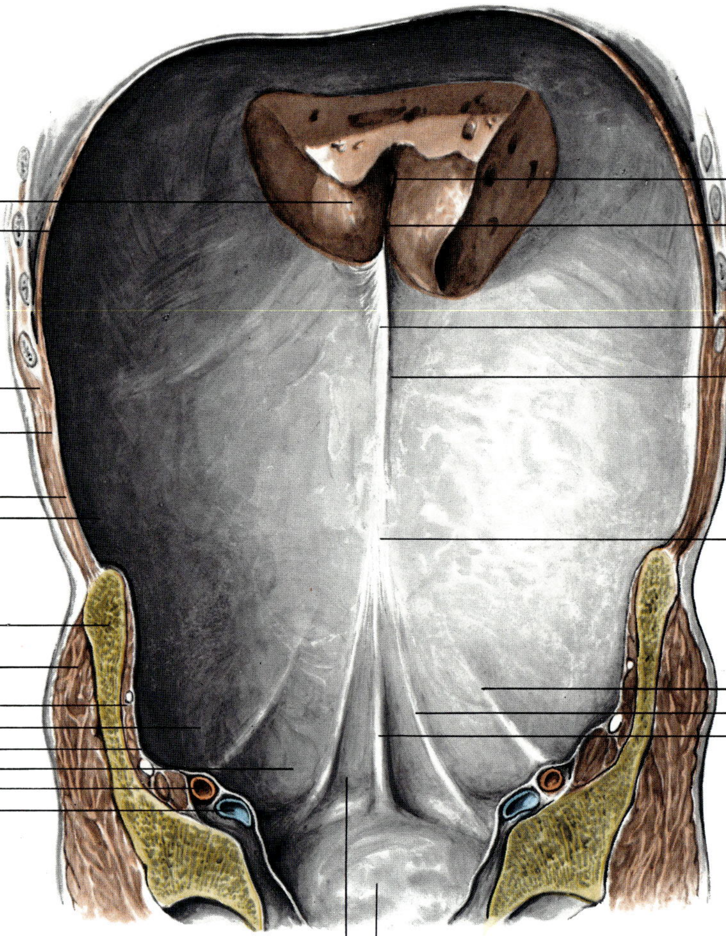


**123**
**Ventrolaterale Bauchwand**
von innen. Zwerchfell, Rumpfwand und Becken frontal geschnitten, Leber teilweise erhalten. Plica umbilicalis mediana, Plicae umbilicales mediales und Plicae umbilicales laterales, Lig. falciforme hepatis

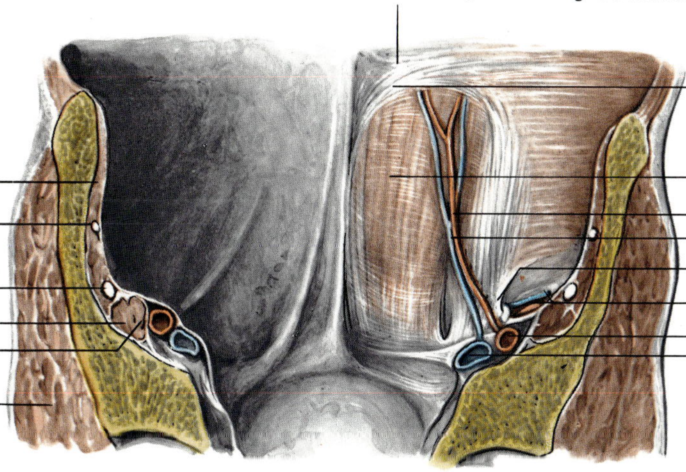


**124**
**Unterer Teil der ventrolateralen Bauchwand**
von innen. Becken und angrenzende Muskeln frontal geschnitten. Rechts: Fascia transversalis und Peritonaeum parietale entfernt. Anulus inguinalis profundus, Lacuna vasorum, Lacuna musculorum

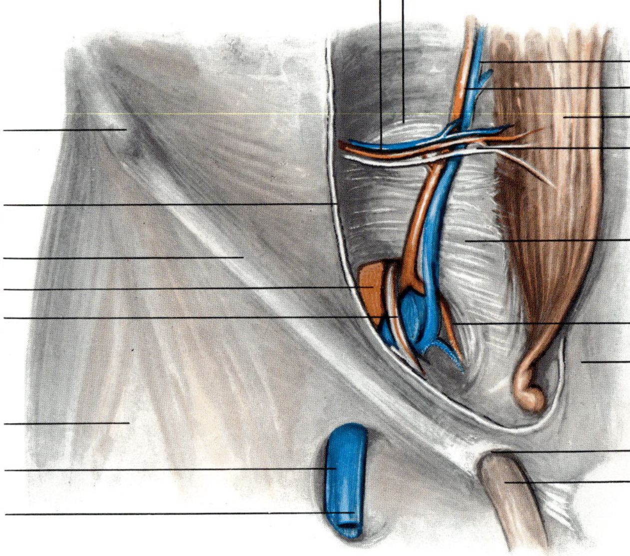


**125**

**Rechte Leistenbeuge, Regio inguinalis, und unterer Abschnitt der eröffneten Rektusscheide**

von vorn. Lamina anterior vaginae musculi recti abdominis entfernt, M. rectus abdominis nach medial geklappt, Fascia transversalis und Peritonaeum parietale zur Darstellung der Blutgefäße und des Ductus deferens entfernt. Vasa epigastrica inferiora, Ductus deferens

# ZWERCHFELL

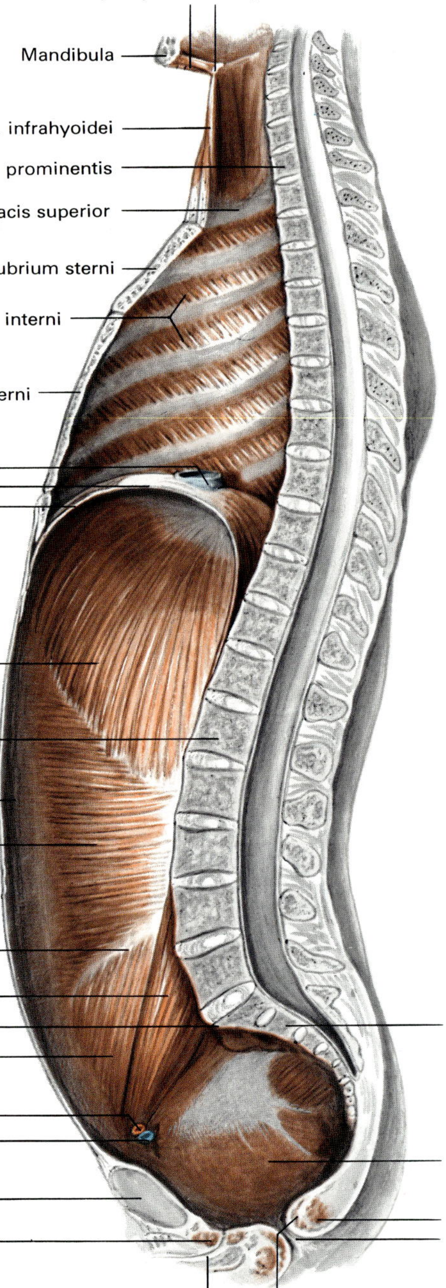


**126**
**Medianschnitt durch Hals und Rumpf**
Ansicht von links. Rückenmark entfernt

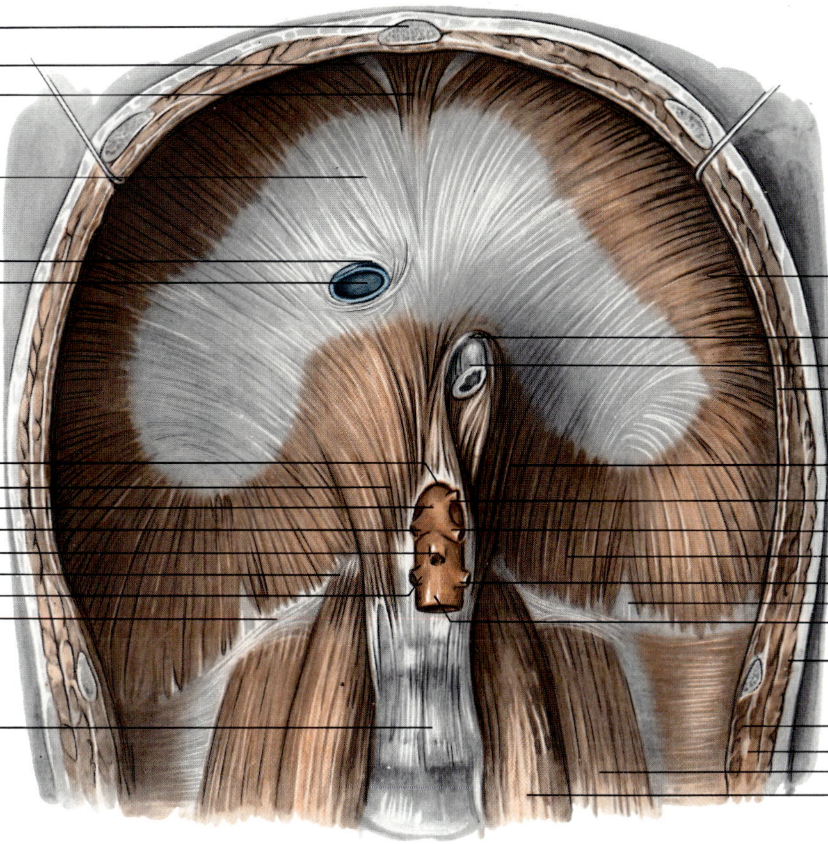


**127**
**Zwerchfell, Diaphragma**
Ansicht von unten. Centrum tendineum, Pars lumbalis, Pars costalis, Pars sternalis. Durchtritt von V. cava inferior, Oesophagus und Aorta

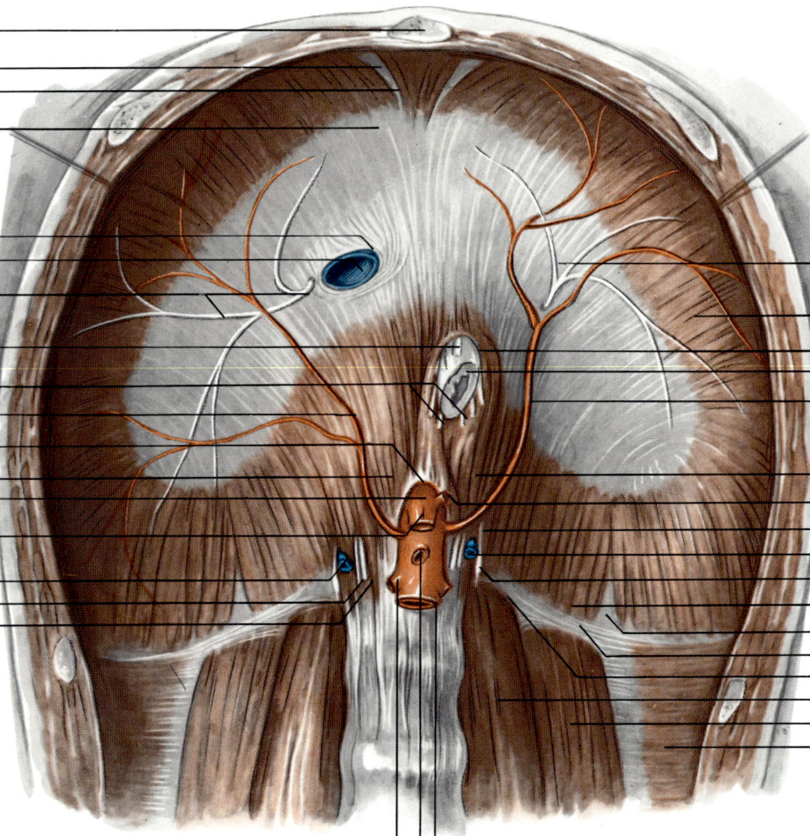


**128**
**Zwerchfell, Diaphragma**
Ansicht von unten. Durchtritt von V. cava inferior und Ramus phrenicoabdominalis nervi phrenici dextri, Oesophagus und Nervi vagi, Aorta, Trunci sympathici, Nervi splanchnici majores, Nervi splanchnici minores, Venae lumbales ascendentes, Ramus phrenicoabdominalis nervi phrenici sinistri

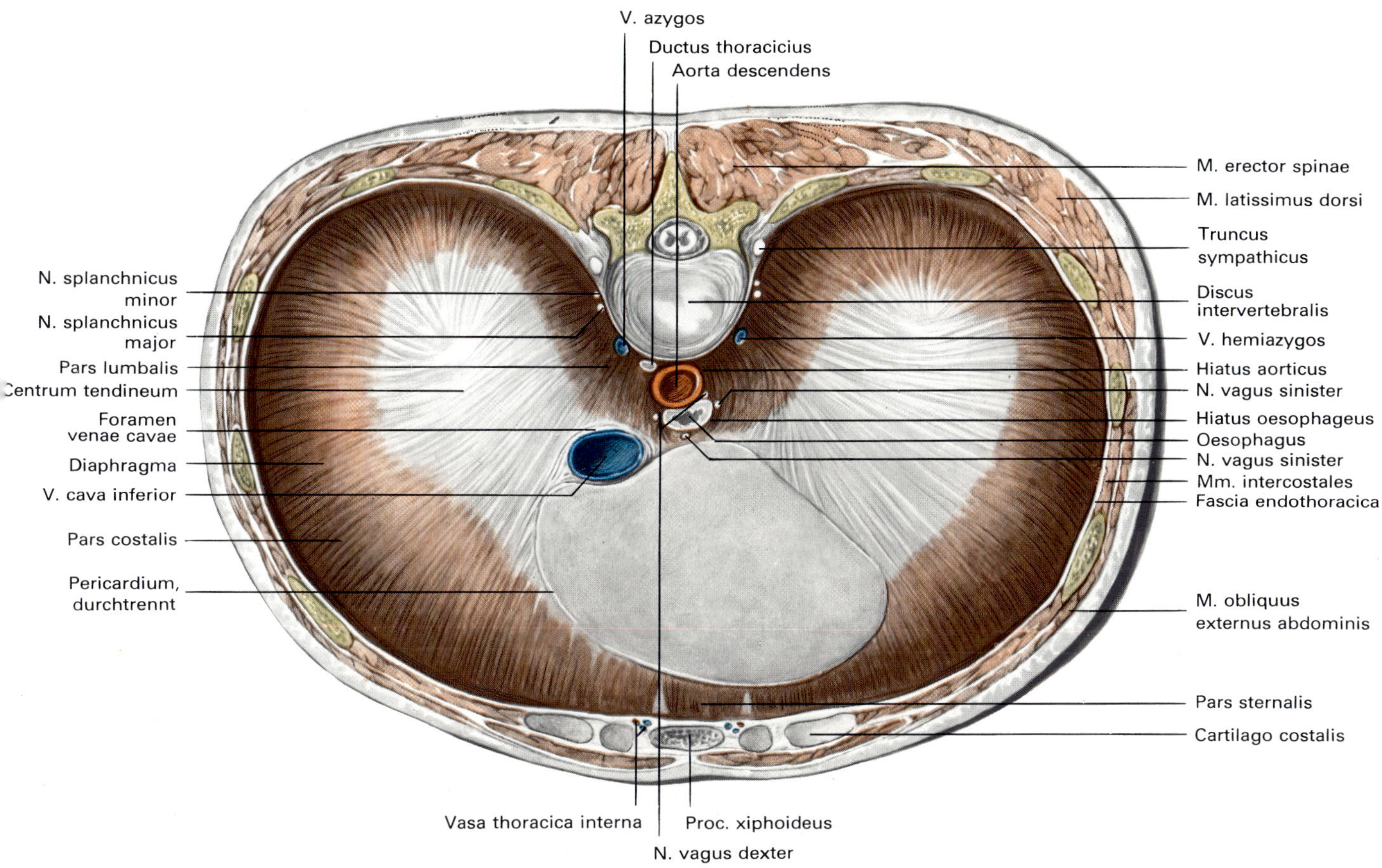


**129**

**Zwerchfell, Diaphragma**

Ansicht von oben. Rumpfwand quer geschnitten

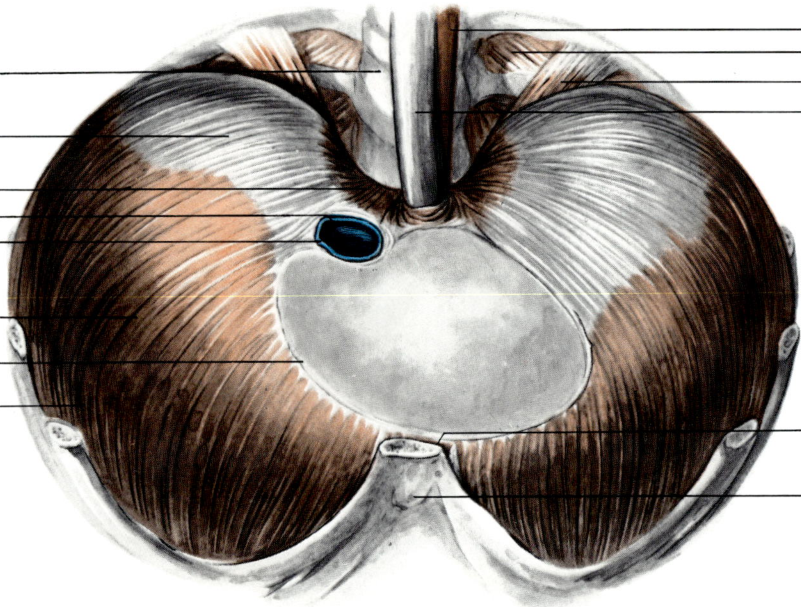


**130**
**Zwerchfell, Diaphragma**
Ansicht von vorn oben. Untere Abschnitte von Oesophagus und Aorta thoracica

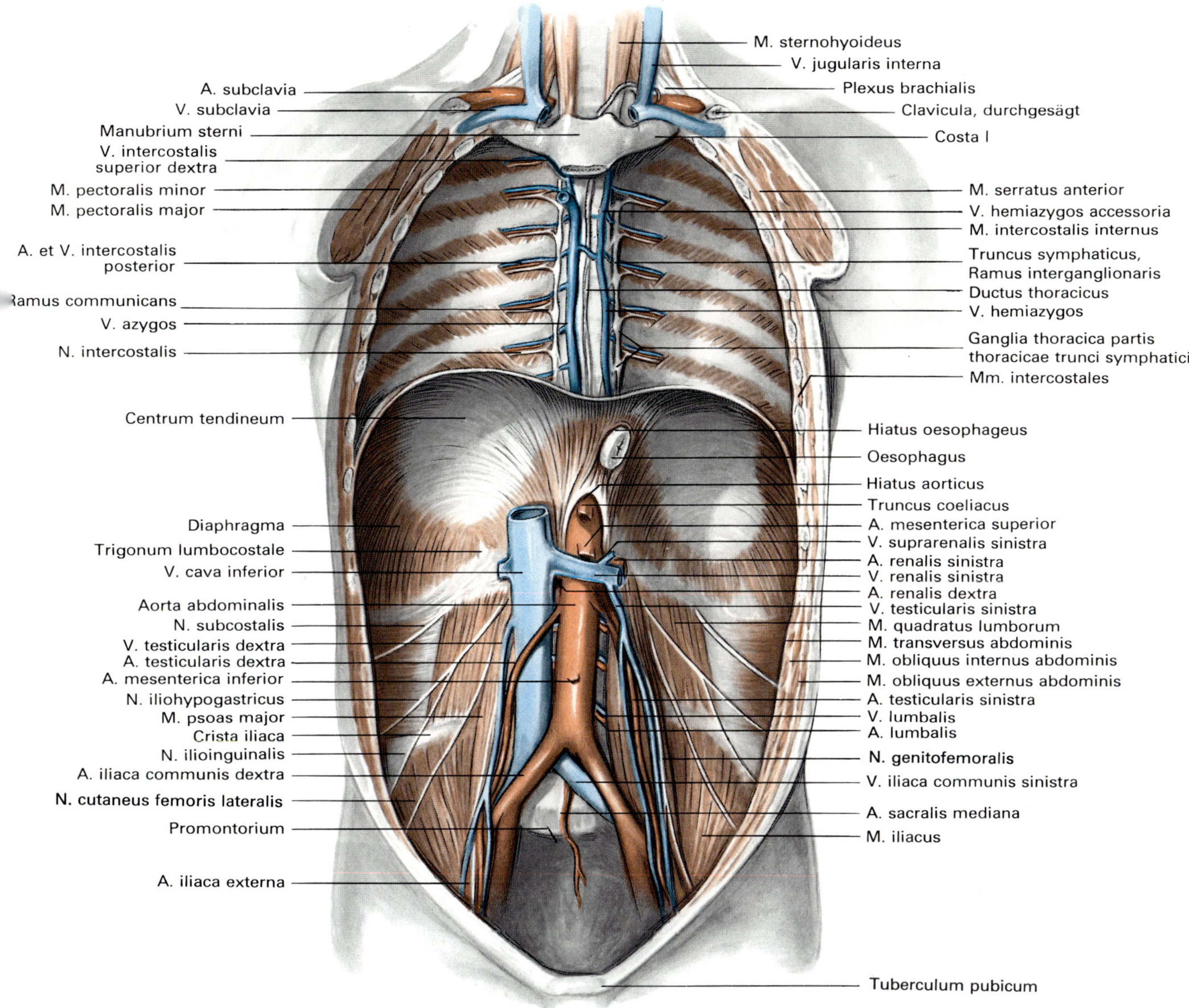


**131**
**Dorsale Rumpfwand**
Ansicht von vorn. Rumpfwand und Zwerchfell frontal geschnitten. Brust- und Baucheingeweide entfernt

# RUMPFEINGEWEIDE

## Brusteingeweide

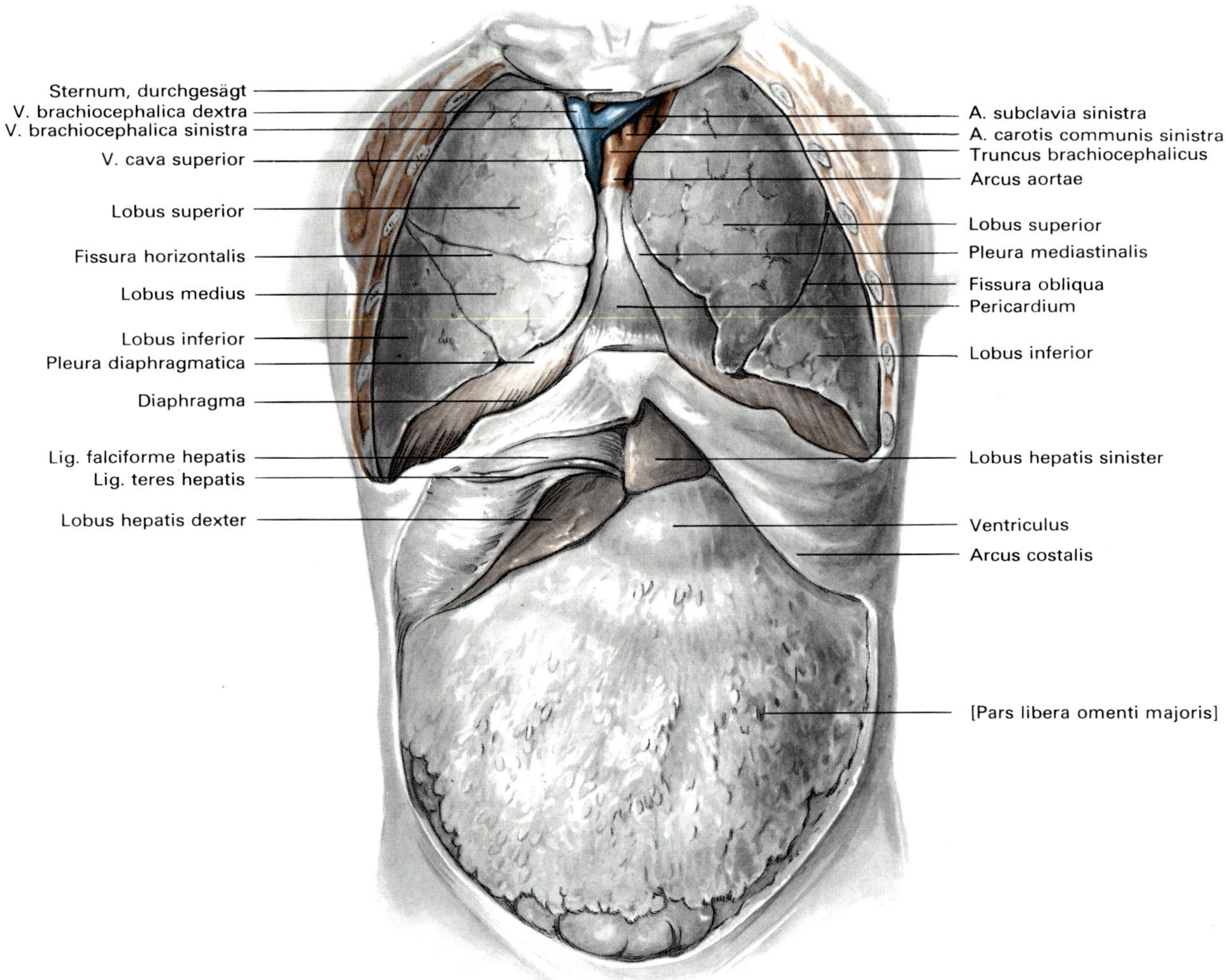


**132**
**Brust- und Baucheingeweide in situ**
von vorn. Ventrale Brust- und Bauchwand entfernt. Übersicht

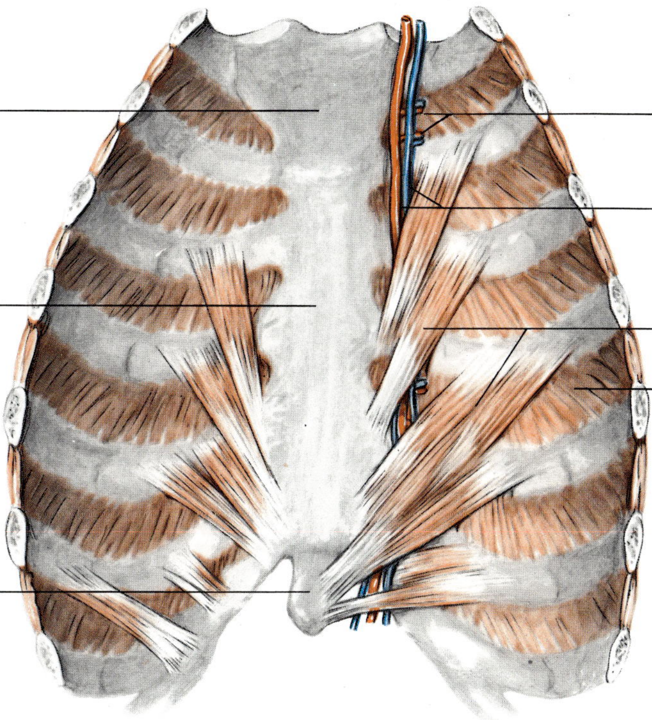


**133**
**Ventrale Brustwand**
von innen. M. transversus thoracis, Vasa thoracica interna

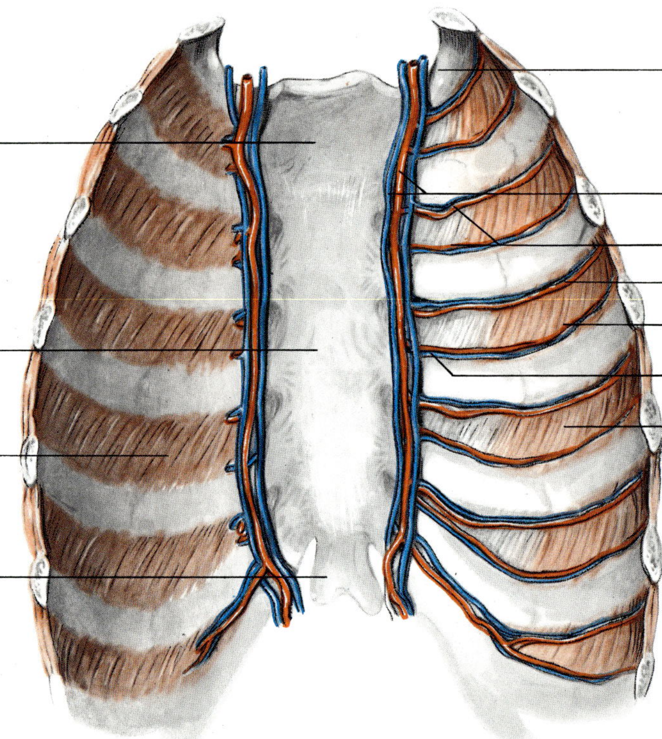


**134**
**Ventrale Brustwand**
von innen. M. transversus thoracis beiderseits entfernt. Vasa thoracica interna, Vasa intercostalia posteriora

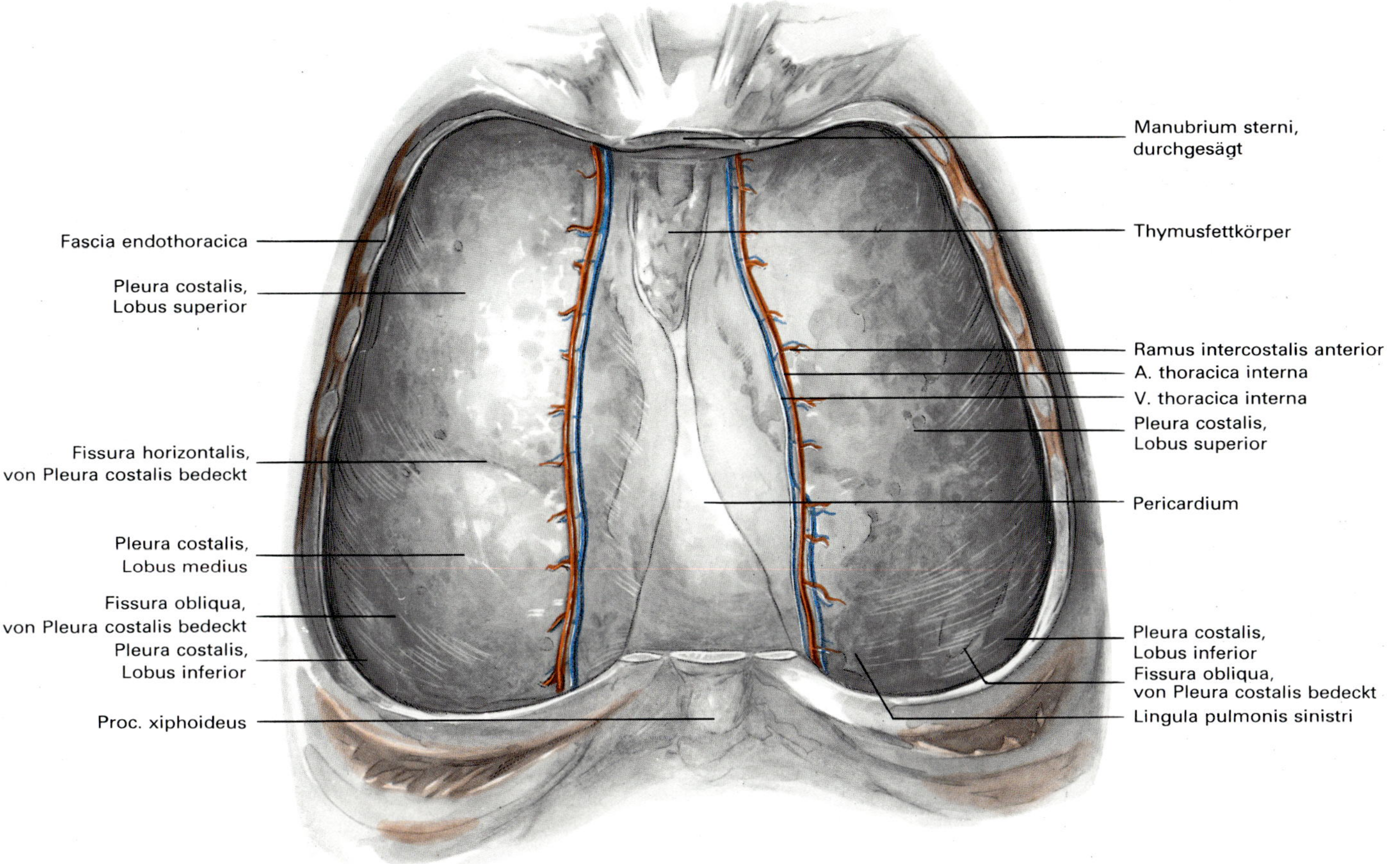


**135**
**Brusteingeweide in situ**
von vorn. Pleura parietalis, Teile der vorderen Fläche des Herzbeutels, Pericardium; Thymusfettkörper

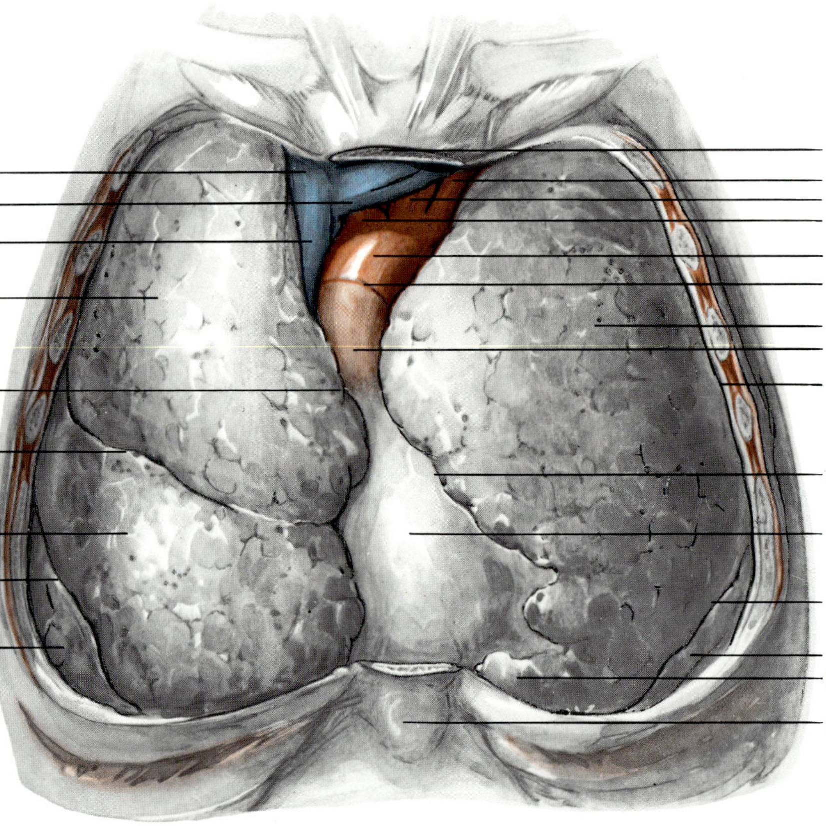


**136**
**Brusteingeweide in situ**
von vorn. Pleura parietalis und Thymusfettkörper entfernt. Teile der vorderen Fläche des Herzbeutels

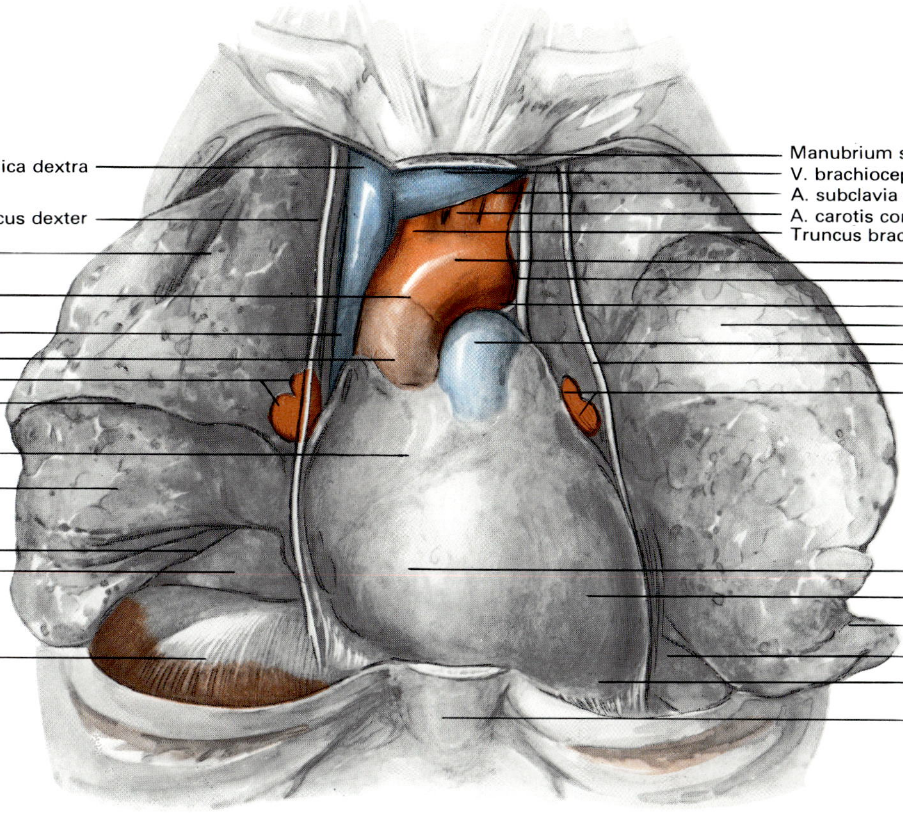


**137**
**Brusteingeweide**
von vorn. Vorderes Mediastinum, Mediastinum anterius, mit Herzbeutel und Herz, V. cava superior, Aorta, Nervi phrenici, N. vagus sinister. Lungen nach lateral gezogen

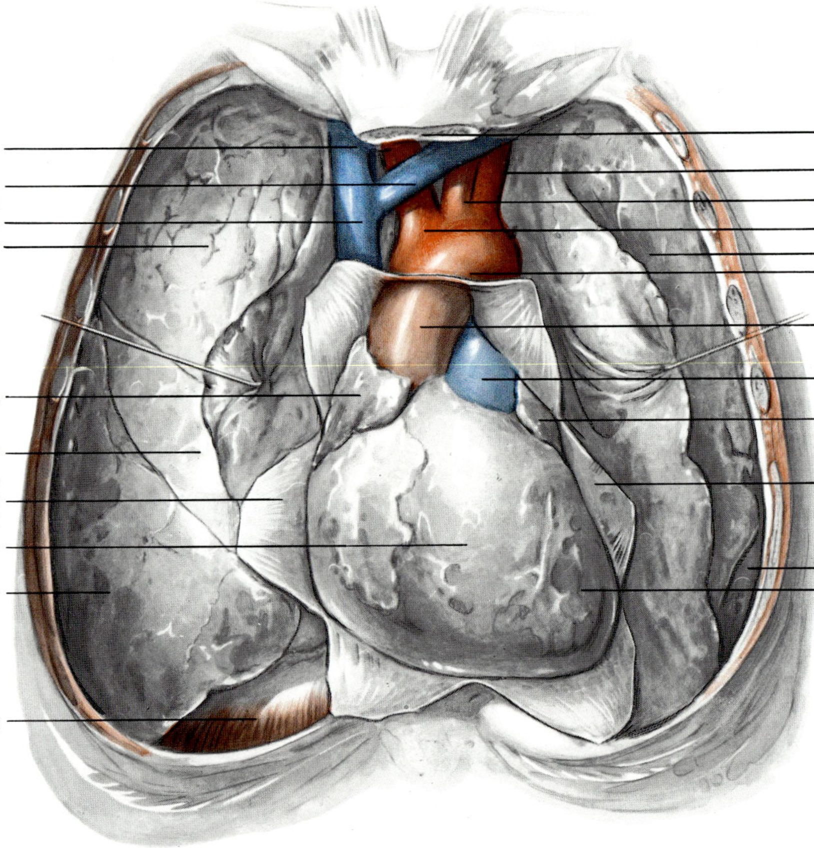


**138**
**Brusteingeweide in situ**
von vorn. Herzbeutel, Pericardium, eröffnet. Facies sternocostalis cordis. Margo anterior pulmonis nach lateral gezogen

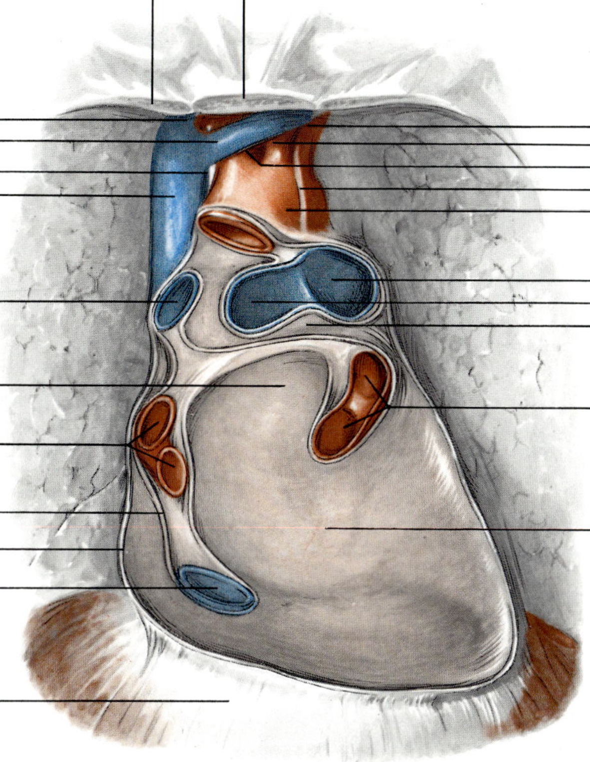


**139**

**Hintere und untere Wand des Herzbeutels**

von vorn. Vordere und seitliche Wand des Herzbeutels abgetragen. Umschlagstellen von Pericardium in Epicardium

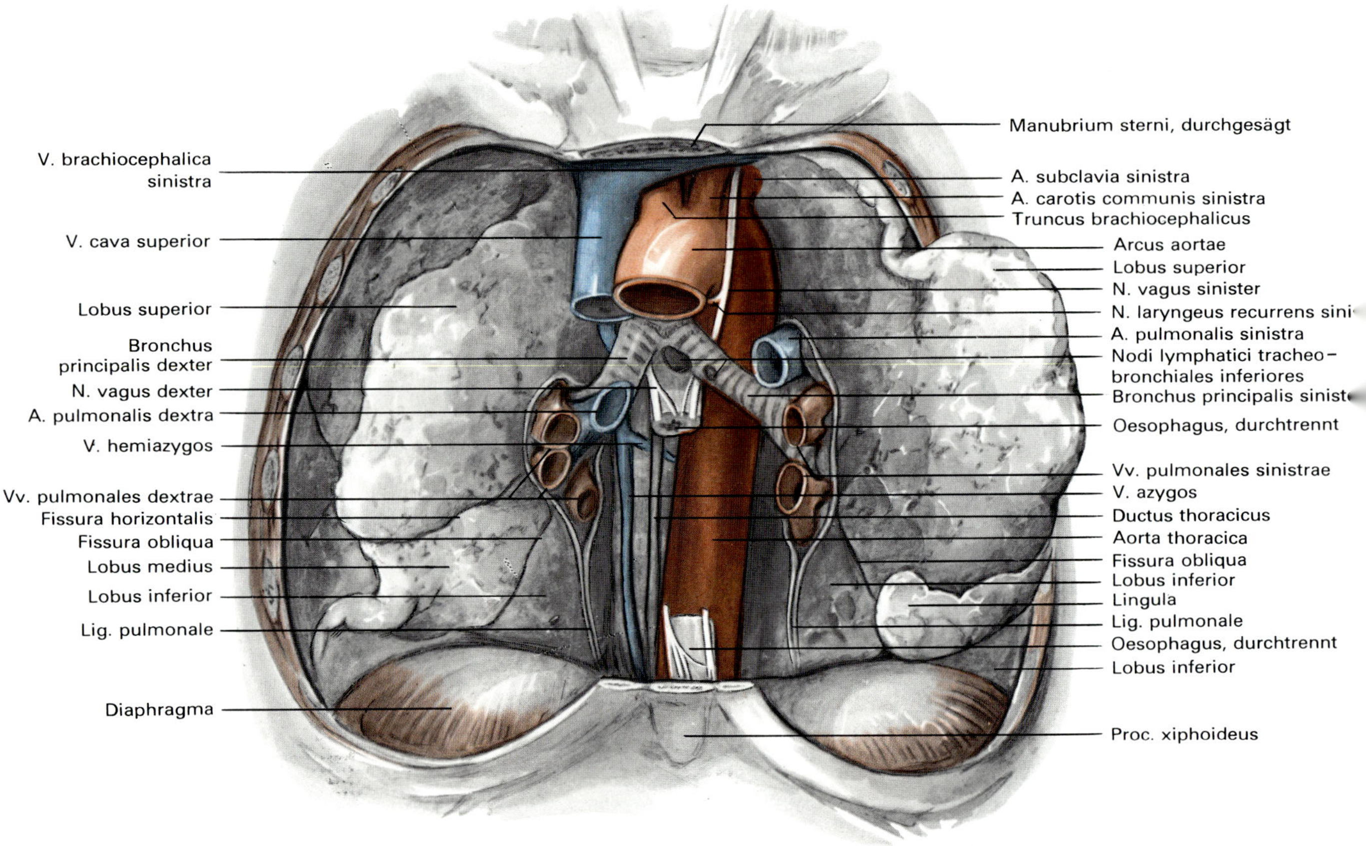


**140**
**Brusteingeweide**
von vorn. Entfernt wurden: Herz mit Herzbeutel, Thymusfettkörper, Teile von Speiseröhre und Nervi vagi. Lungen nach lateral gezogen

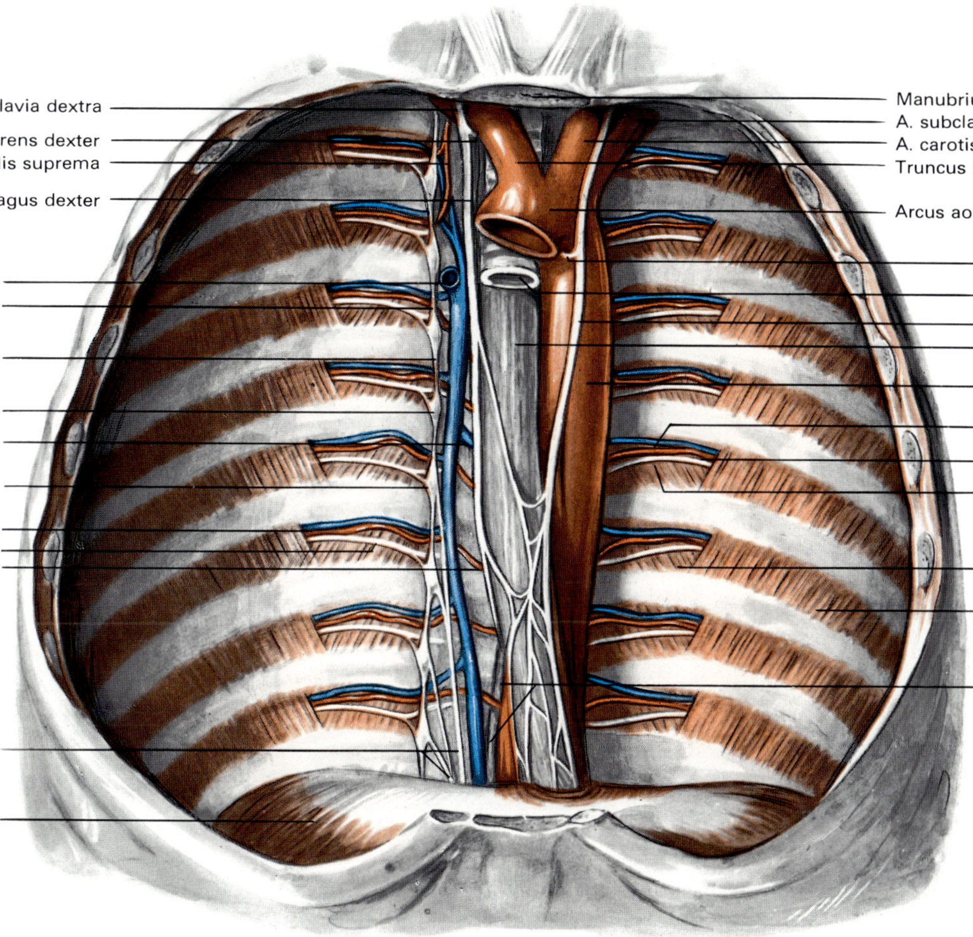


**141**
**Dorsale Brustwand**
von vorn. Hinteres Mediastinum, Mediastinum posterius, mit Oesophagus, Nervi vagi, Aorta thoracica, V. azygos. Truncus sympathicus, Vasa intercostalia posteriora, Nervi intercostales

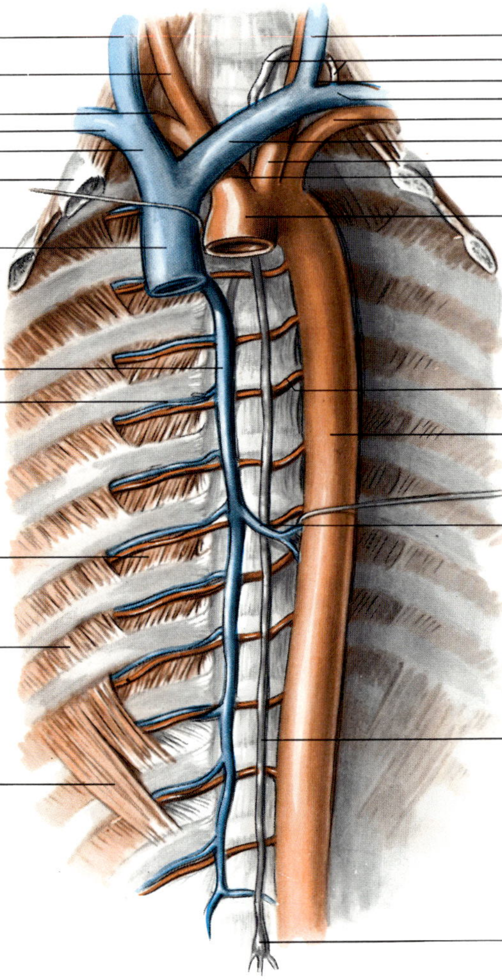


**142**
**Dorsale Brustwand**
von vorn. Aorta thoracica mit Arteriae intercostales posteriores dextrae, V. azygos, Ductus thoracicus. Zwerchfell entfernt

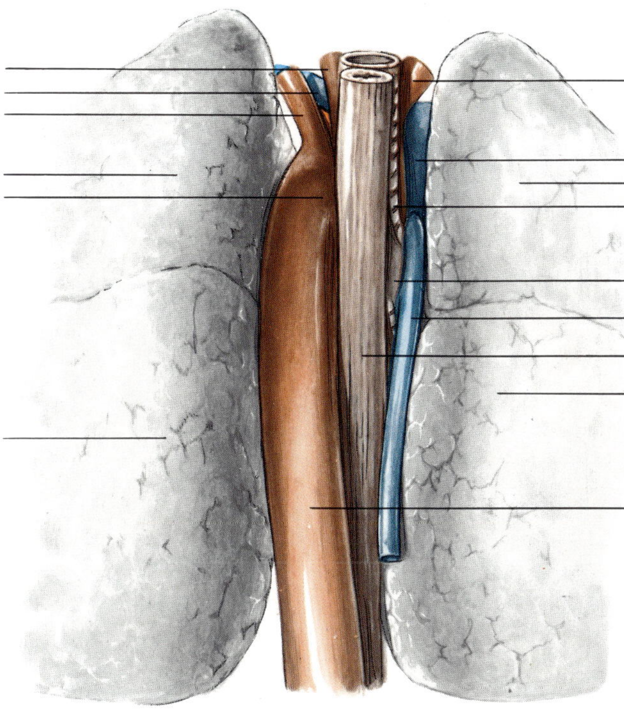


**143**
**Organe im dorsalen Mediastinum, Mediastinum posterius**
von hinten

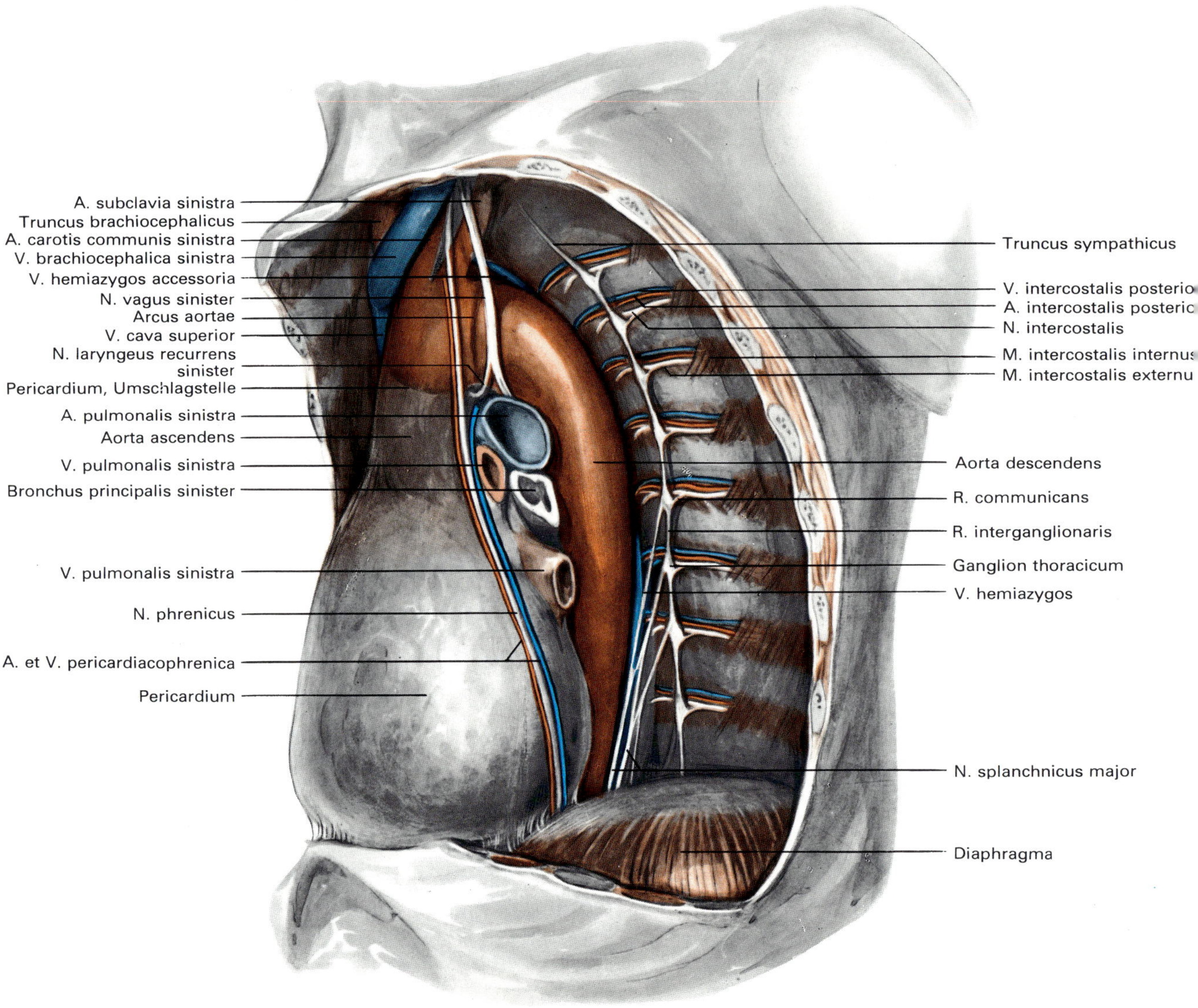


**144**

**Brusthöhle, Cavum thoracis**

von links. Herz mit Herzbeutel, Aorta thoracica, N. phrenicus, N. vagus, Truncus sympathicus

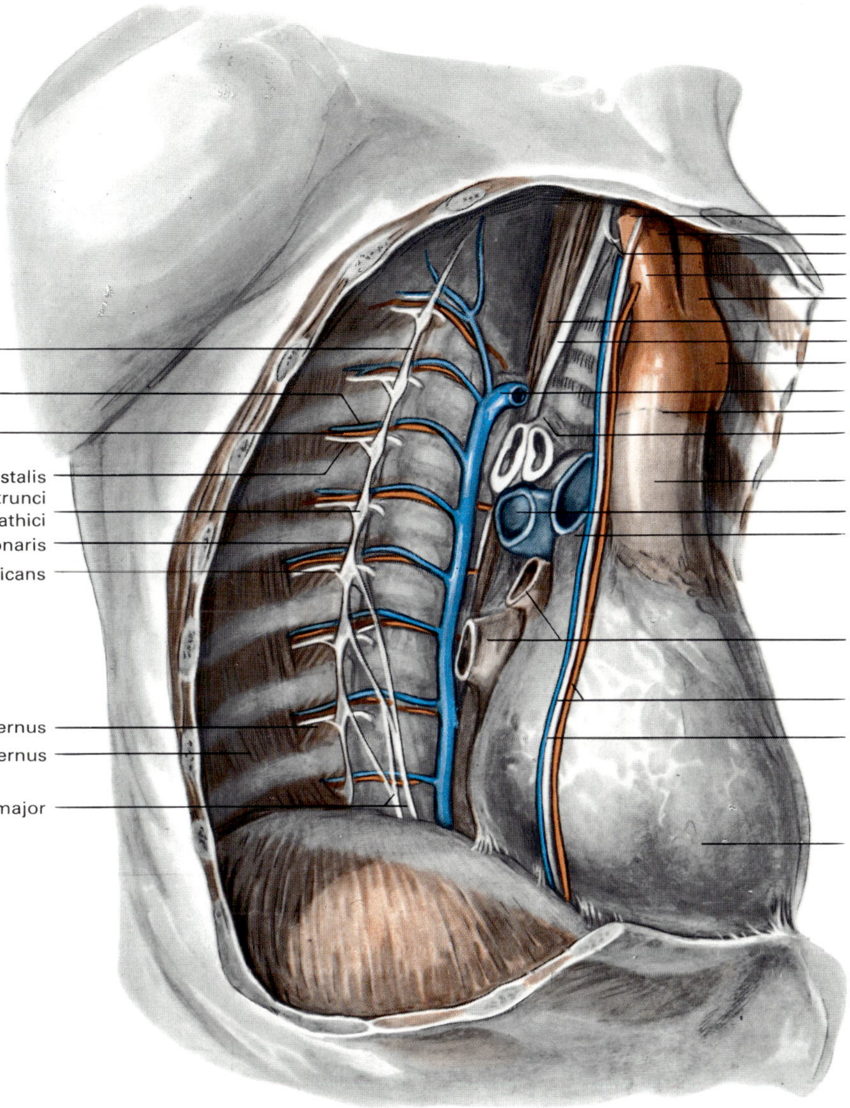


**145**
**Brusthöhle, Cavum thoracis**
von rechts. Herz mit Herzbeutel, Arcus aortae, Trachea, N. phrenicus, N. vagus, V. azygos, Truncus sympathicus

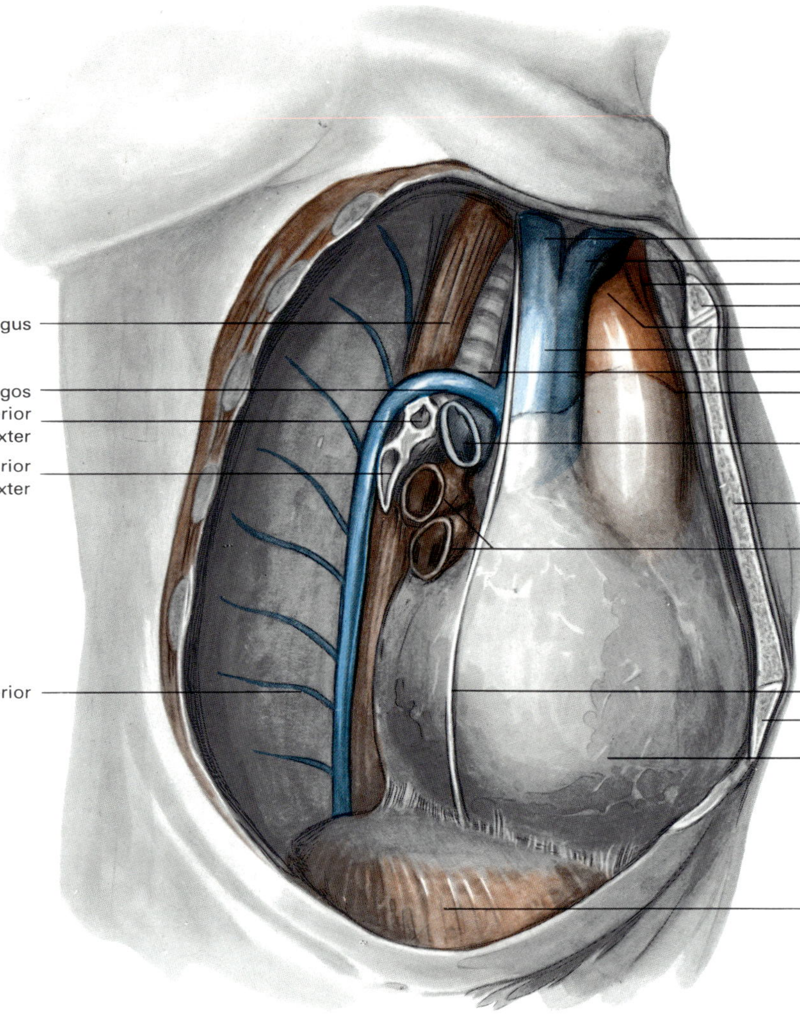


**146**
**Brusthöhle, Cavum thoracis**
von rechts. Herz mit Herzbeutel, V. cava superior mit Mündung der V. azygos

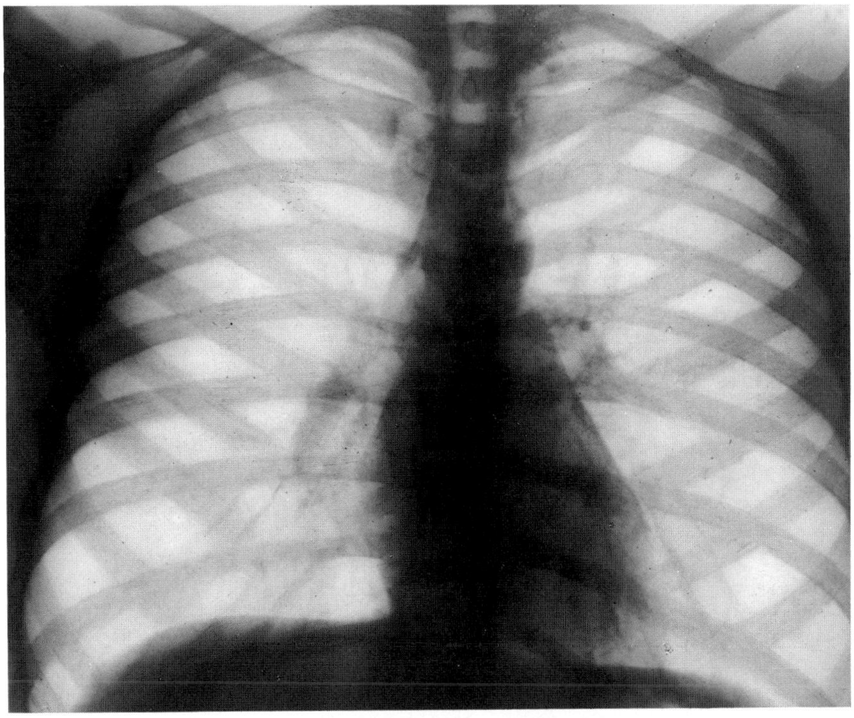

a

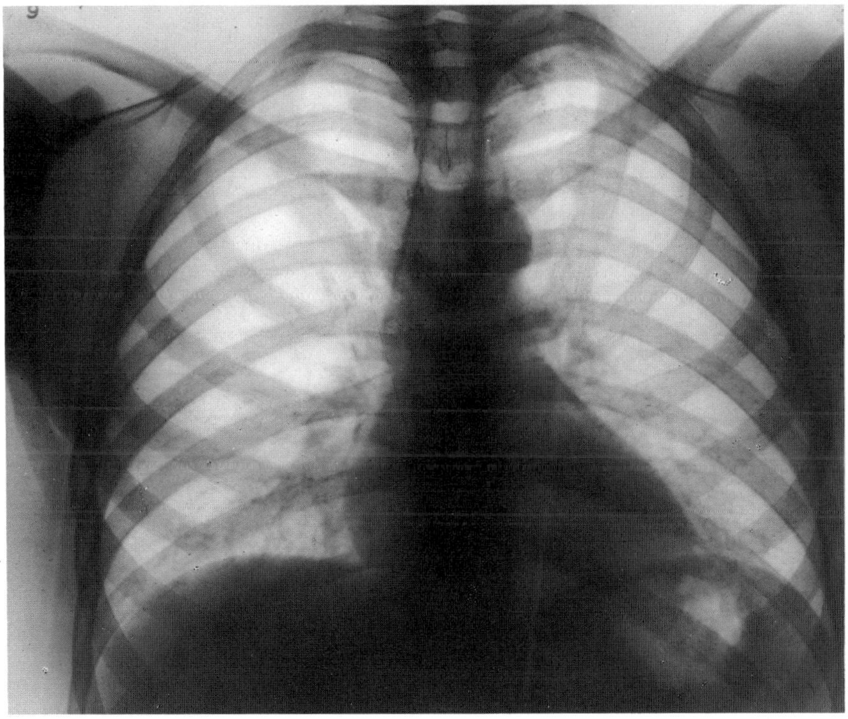

b

**147**
**Röntgenbilder des Thorax**
Erwachsenenalter, Strahlengang posterior-anterior. a Inspirationsstellung, b Exspirationsstellung

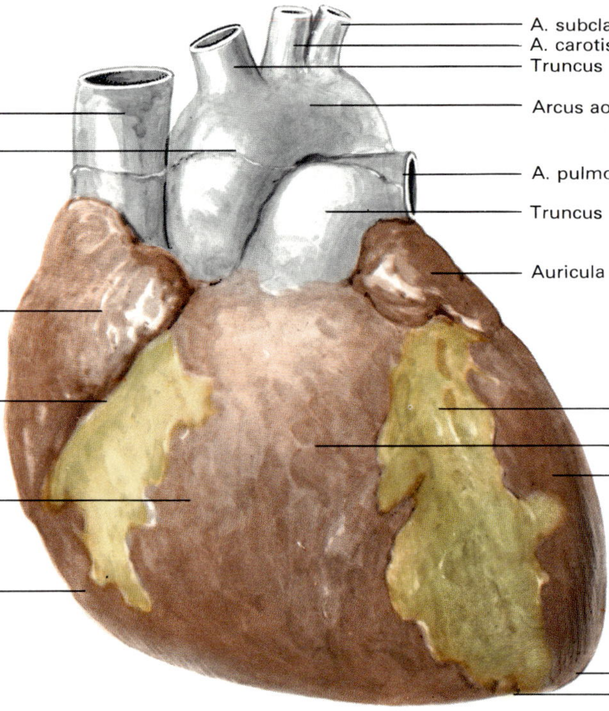


**148**
**Herz, Cor**
von ventral. Das Epikard bedeckt das subepikardiale Fettgewebe und das Myokard

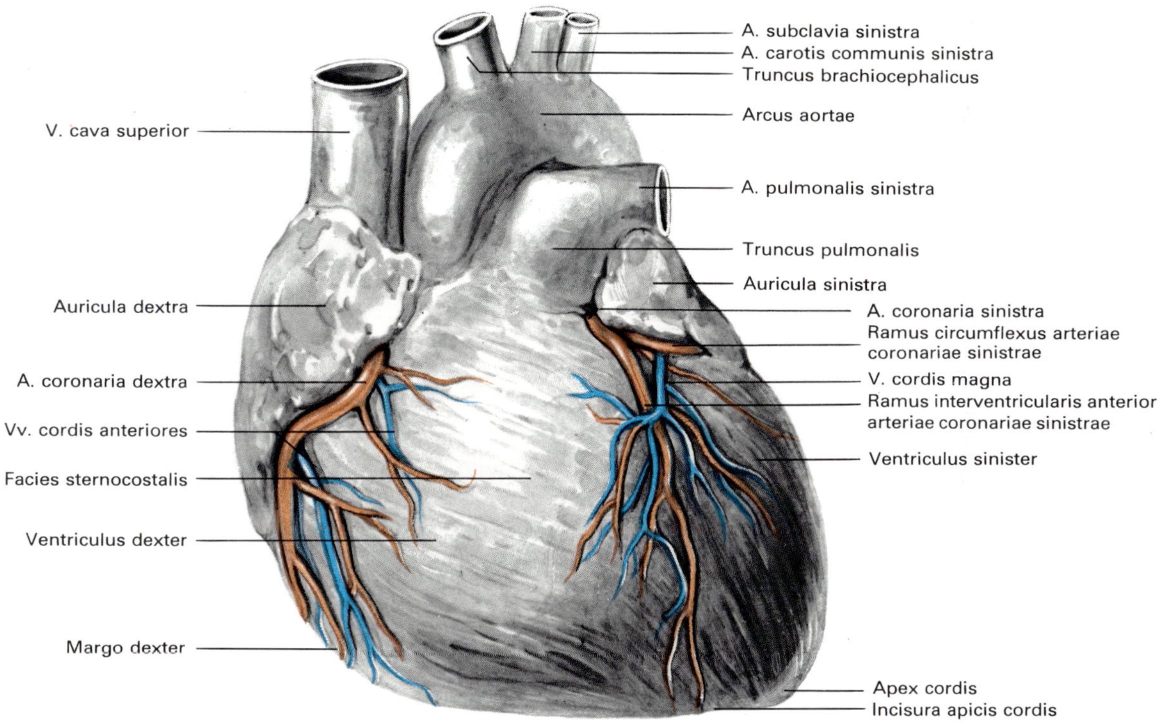


**149**
**Herz, Cor**
von ventral. Zur Darstellung der Blutgefäße des Herzens wurden Epikard und subepikardiales Fettgewebe entfernt

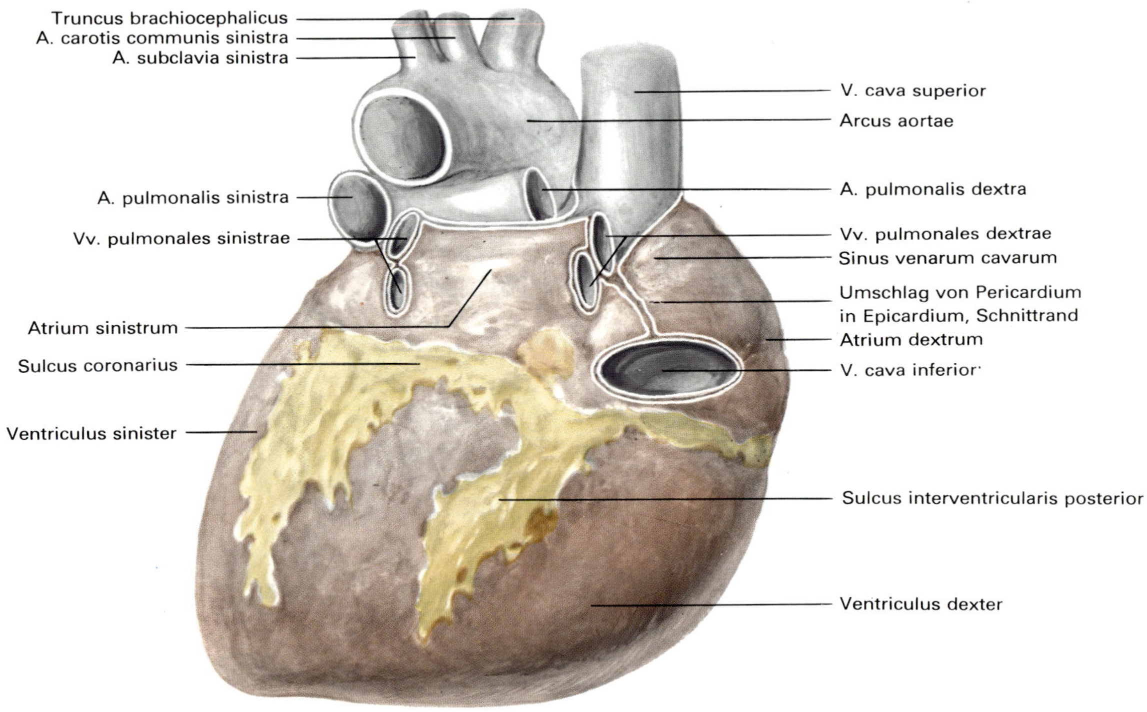


**150**
**Herz, Cor**
von dorsal caudal. Das Epikard bedeckt das subepikardiale Fettgewebe und das Myokard

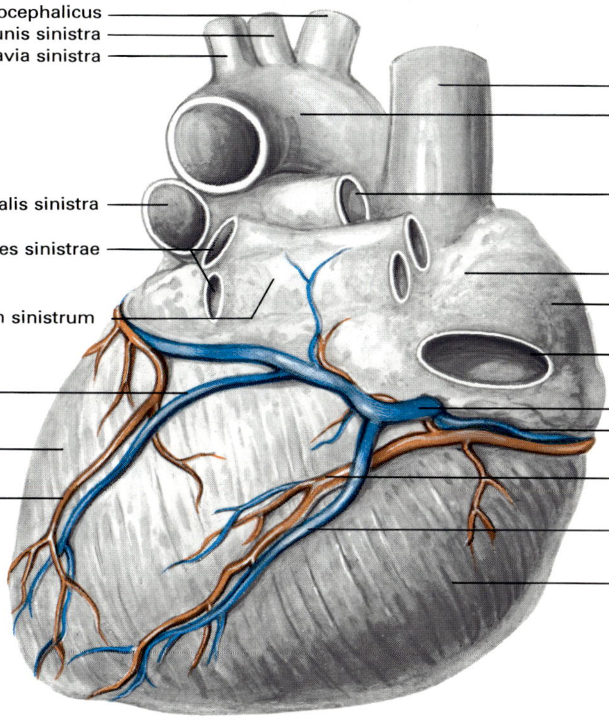


**151**
**Herz, Cor**
von dorsal caudal. Zur Darstellung der Blutgefäße des Herzens wurden Epikard und subepikardiales Fettgewebe entfernt

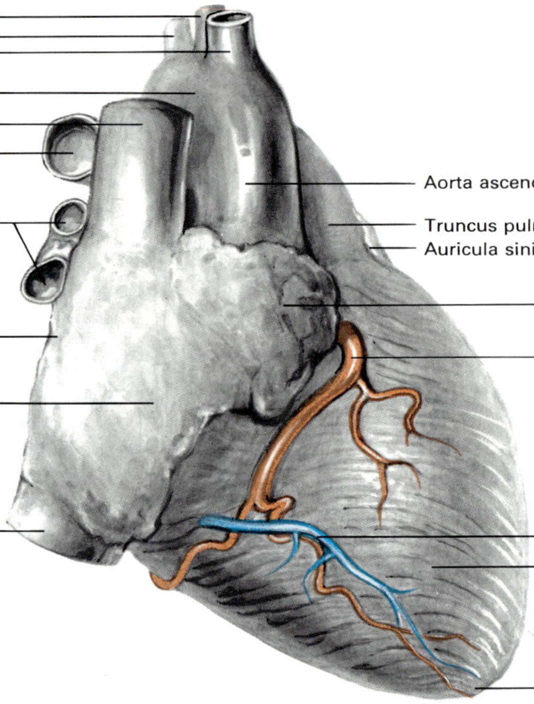


**152**
**Herz, Cor**
von rechts. Zur Darstellung der Blutgefäße des Herzens wurden Epikard und subepikardiales Fettgewebe entfernt

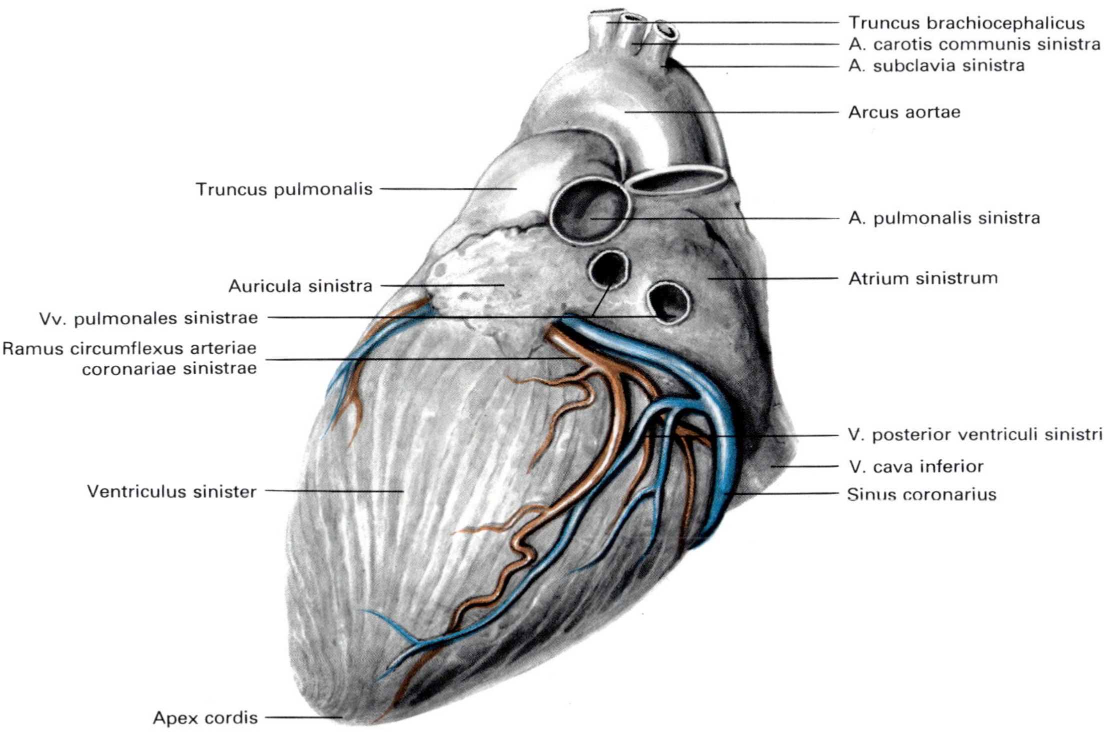


**153**
**Herz, Cor**
von links. Zur Darstellung der Blutgefäße des Herzens wurden Epikard und subepikardiales Fettgewebe entfernt

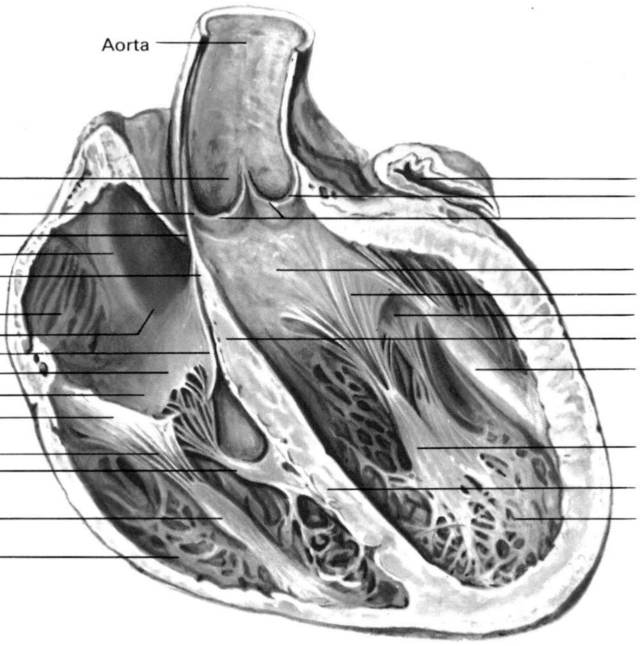


**154**
**Herz, Cor**
von ventral. Zur Darstellung von rechtem Vorhof, Atrium dextrum, rechter Kammer, Ventriculus dexter, linkem Herzohr, Auricula sinistra, und linker Kammer, Ventriculus sinister, wurde der vordere Teil des Herzens abgetragen und die linke Kammerwand nach lateral gezogen

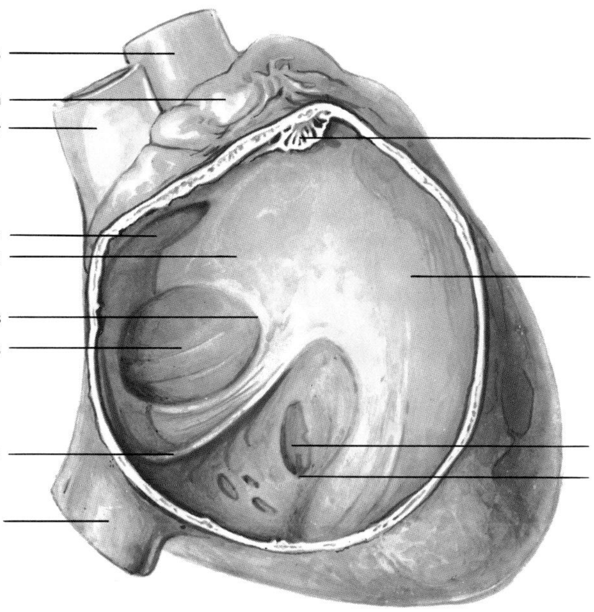


**155**
**Herz, Cor**
von rechts. Zur Darstellung des Septum interatriale wurde der rechte Vorhof breit eröffnet

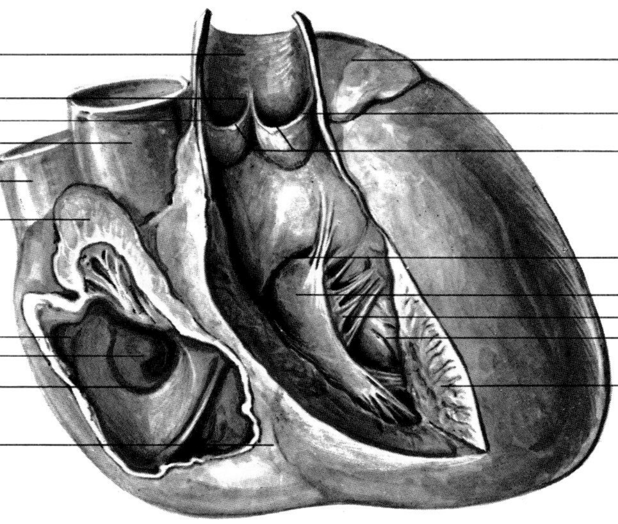


**156**
**Herz, Cor**
von ventral. Rechter Vorhof und rechte Kammer eröffnet

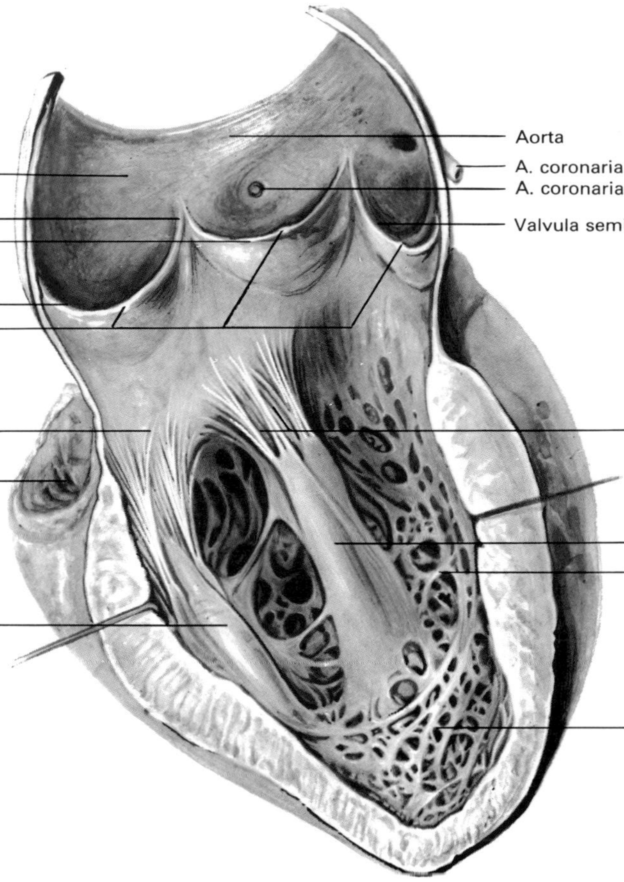


**157**
**Herz, Cor**
von links. Linke Kammer und Aorta ascendens eröffnet; rechter Vorhof, rechte Kammer und linker Vorhof abgetragen. Valva atrioventricularis sinistra (Mitralis) und Valva aortae

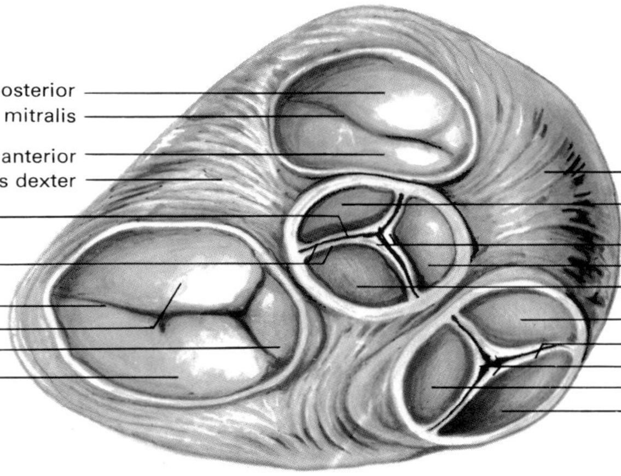


**158**
**Herz, Cor**
von oben bei aufgestelltem Herzen. Valva atrioventricularis dextra (Tricuspidalis), Valva atrioventricularis sinistra (Mitralis), Valva trunci pulmonalis und Valva aortae

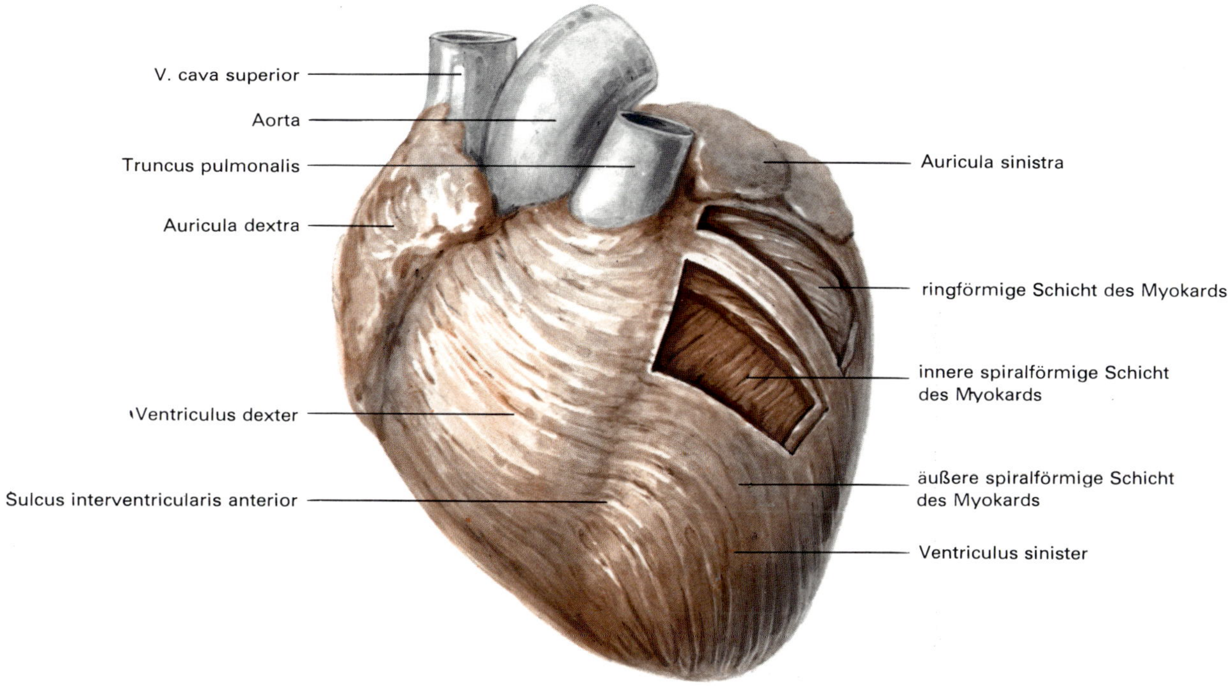


**159**
**Herz, Cor**
von vorn. Schichten des Myokards im Bereich der linken Kammer. Herz leicht nach rechts gedreht

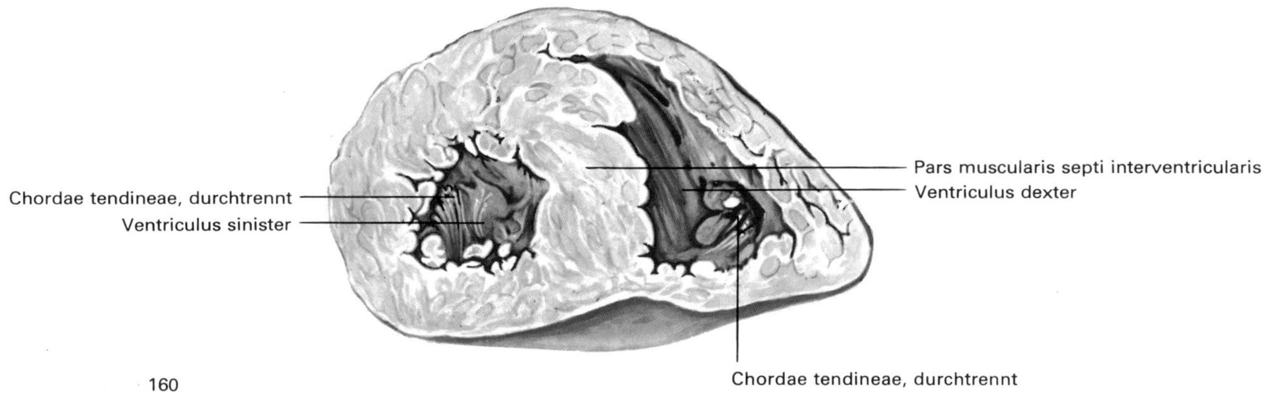


160

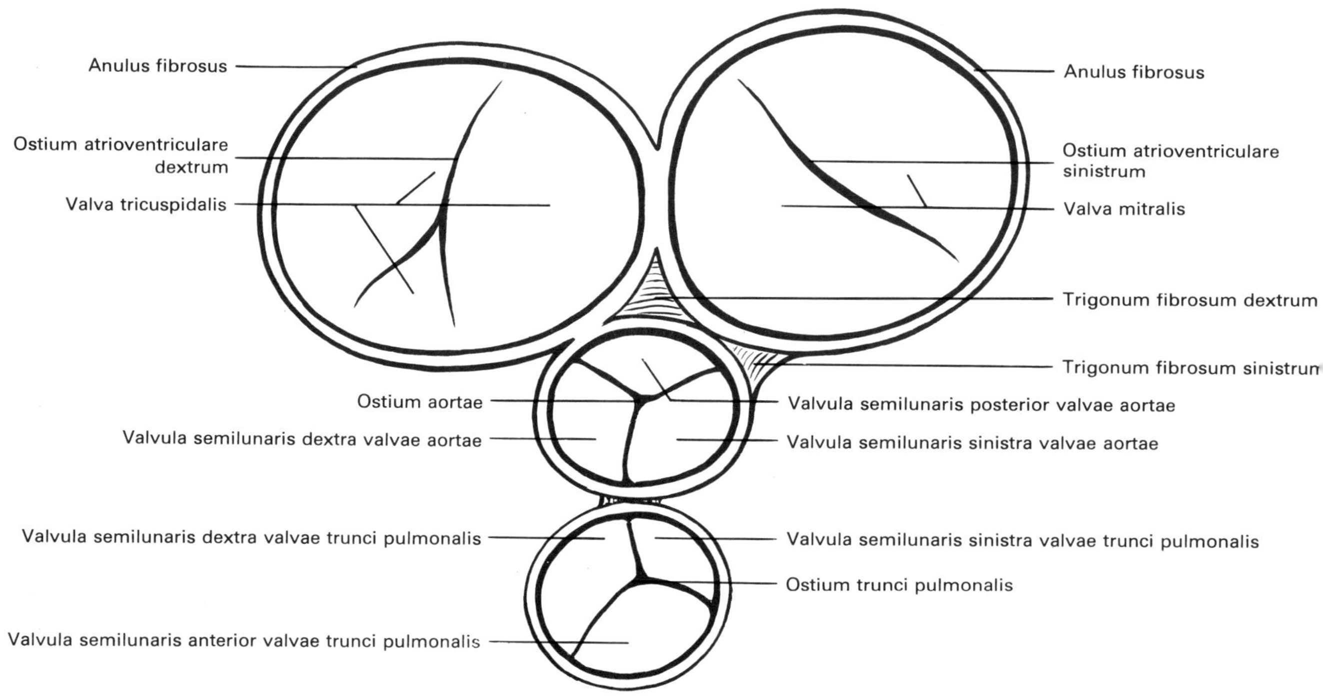


161

**160**
**Herz, Cor**
Querschnitt in Höhe der Kammern dicht unterhalb der Valvae atrioventriculares, Ansicht von oben

**161**
**Herzskelett**

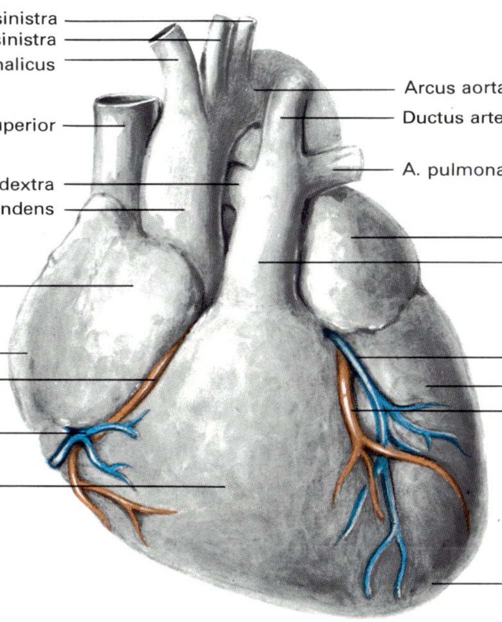


162

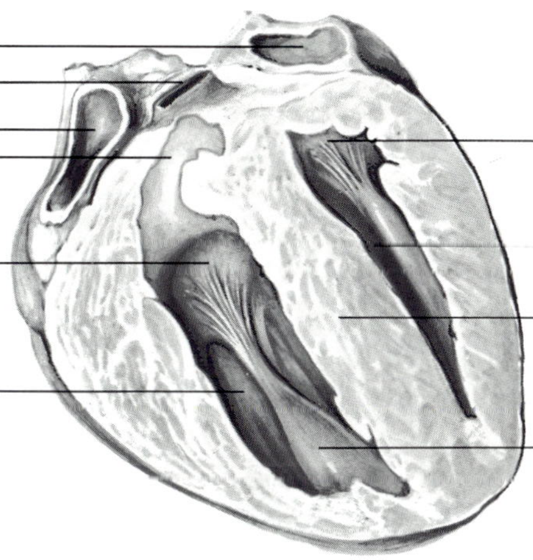


163

**162**
**Herz, Cor**
eines Neugeborenen, von ventral. Darstellung der Blutgefäße des Herzens und des Ductus arteriosus (Botallo). Die Umschlagstellen des Herzbeutels an den großen Blutgefäßen sind nicht dargestellt

**163**
**Herz, Cor**
eines Neugeborenen, von ventral. Ventrales Drittel abgetragen. Die Wanddicke der rechten Kammer übertrifft die der linken Kammer (vgl. Abb.154 , Herz eines Erwachsenen)

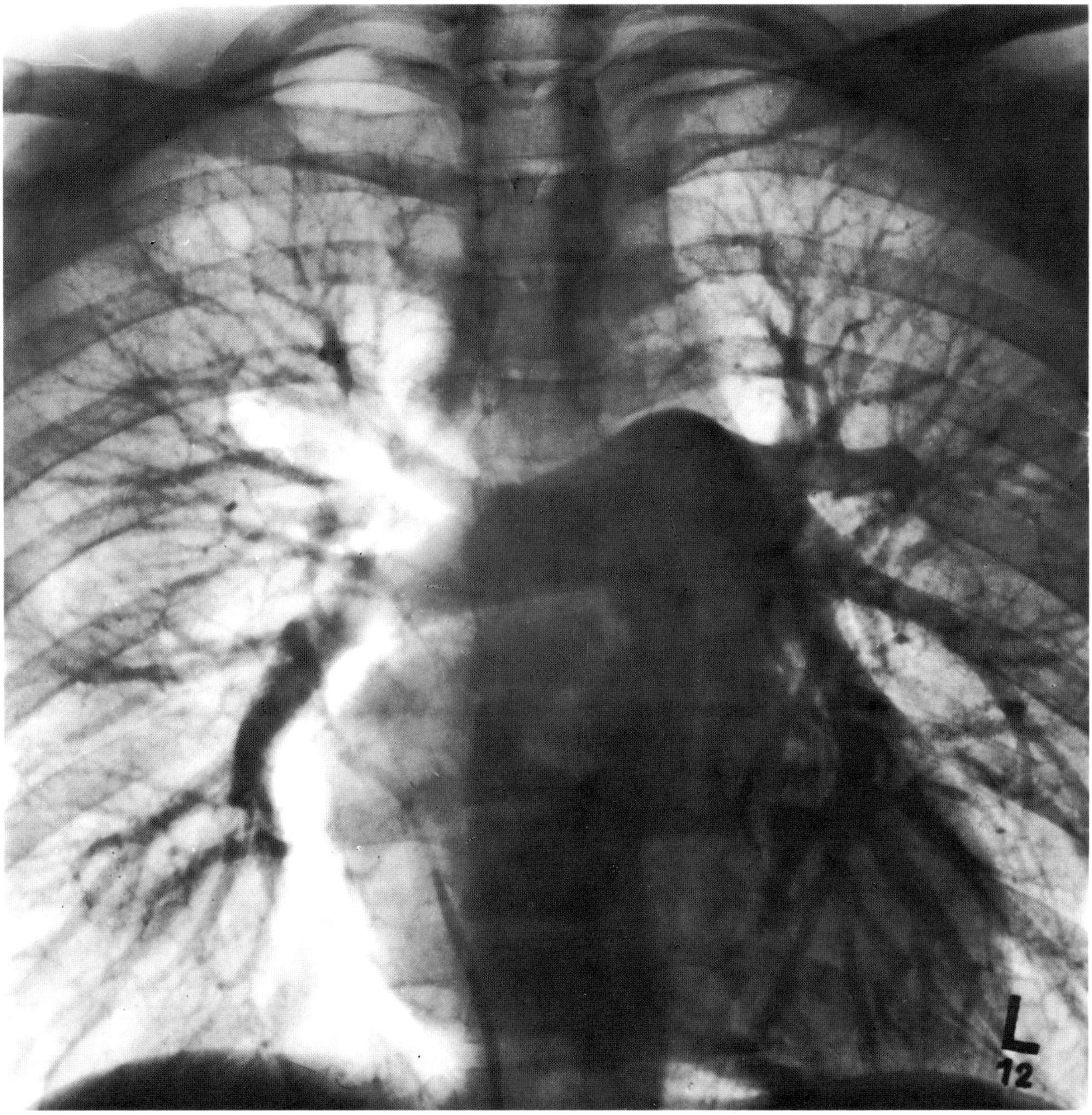


a

**164**
**Venöse Angiocardiographie**
Erwachsenenalter, Strahlengang anterior-posterior.
a Darstellung der Lungenarterien, b Darstellung der Lungenvenen

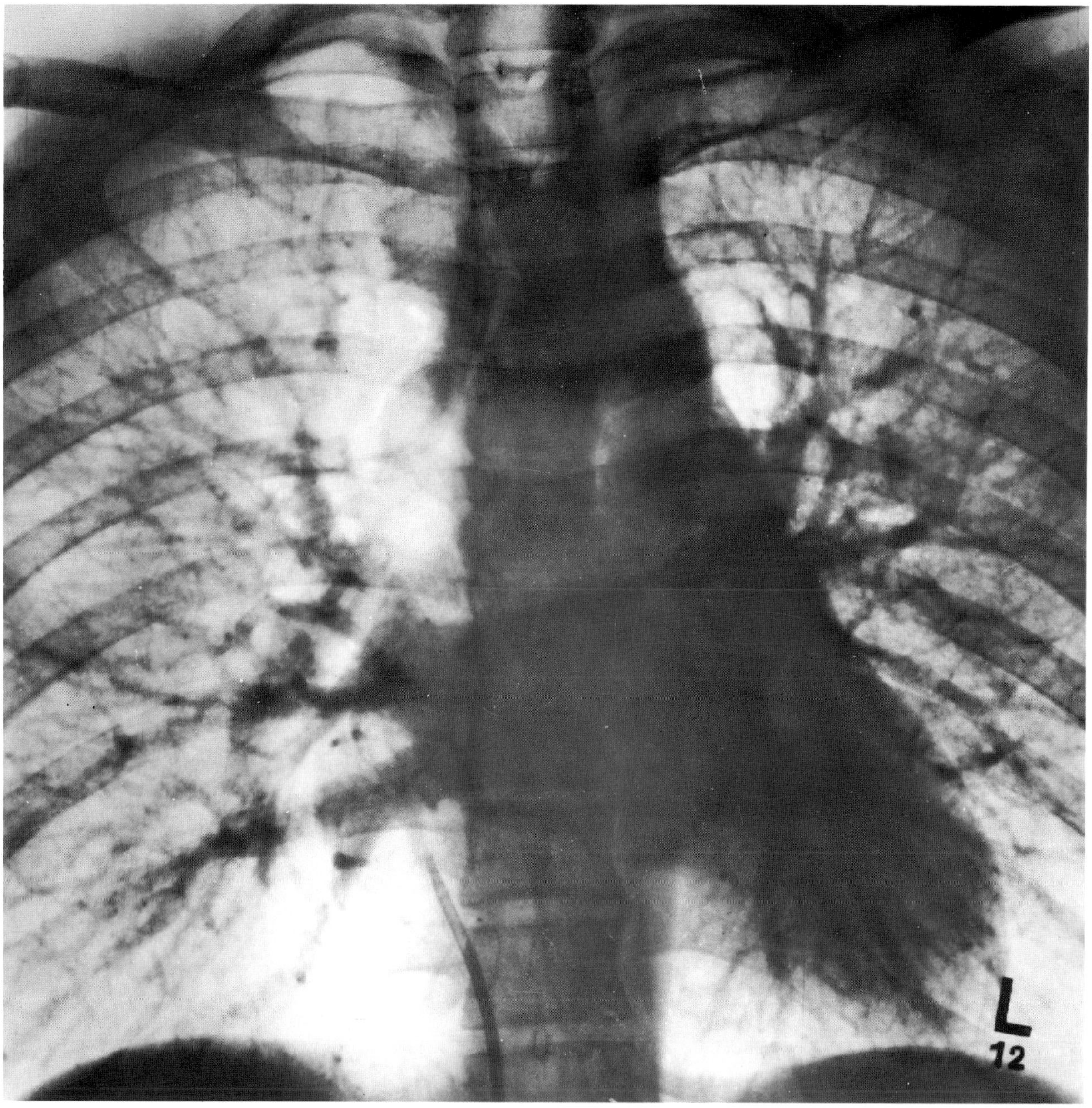


b

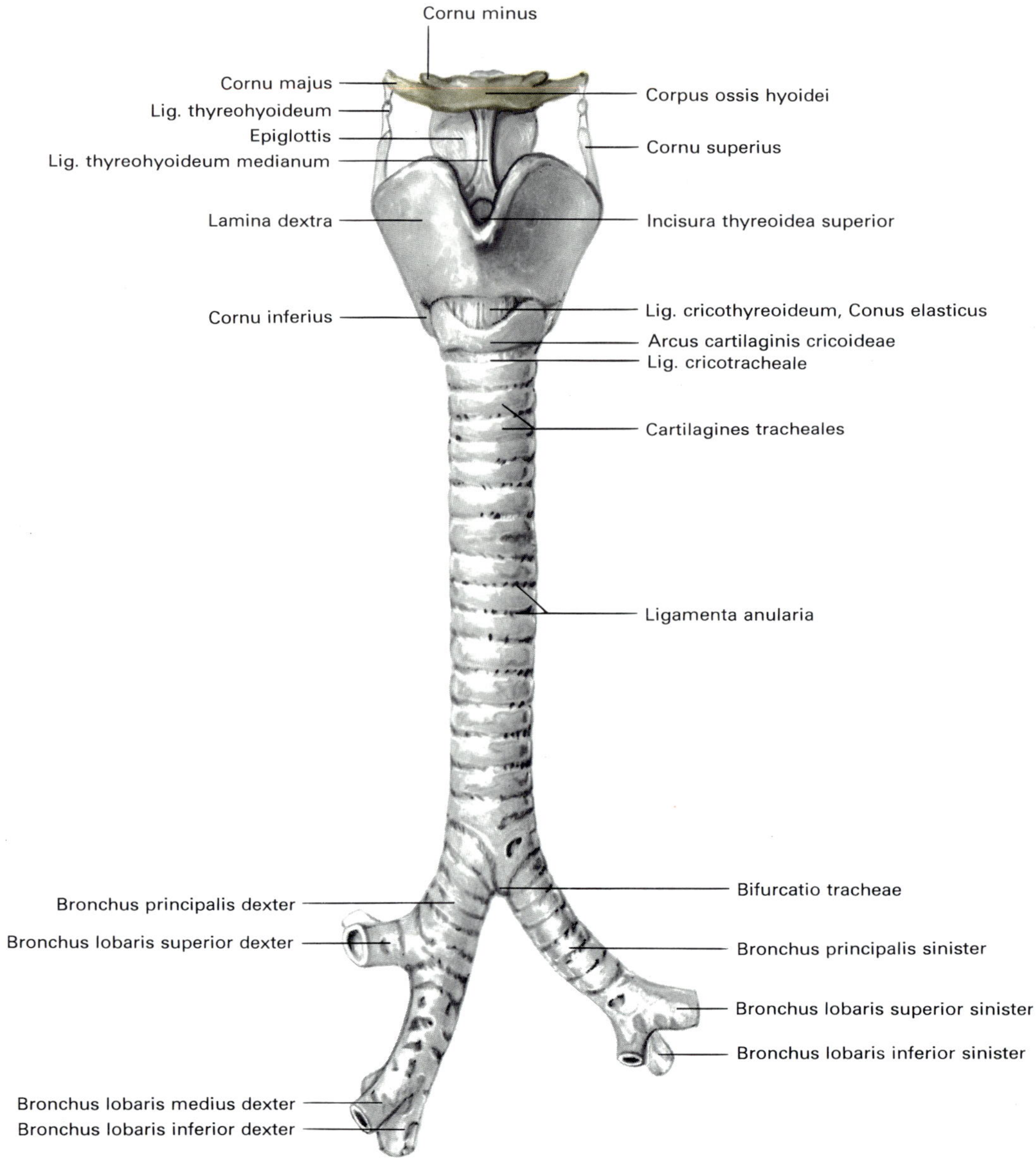


**165**
**Zungenbein, Os hyoideum, Kehlkopf (♂), Larynx, Luftröhre, Trachea und Bronchien, Bronchi**
von ventral. Bifurcatio tracheae

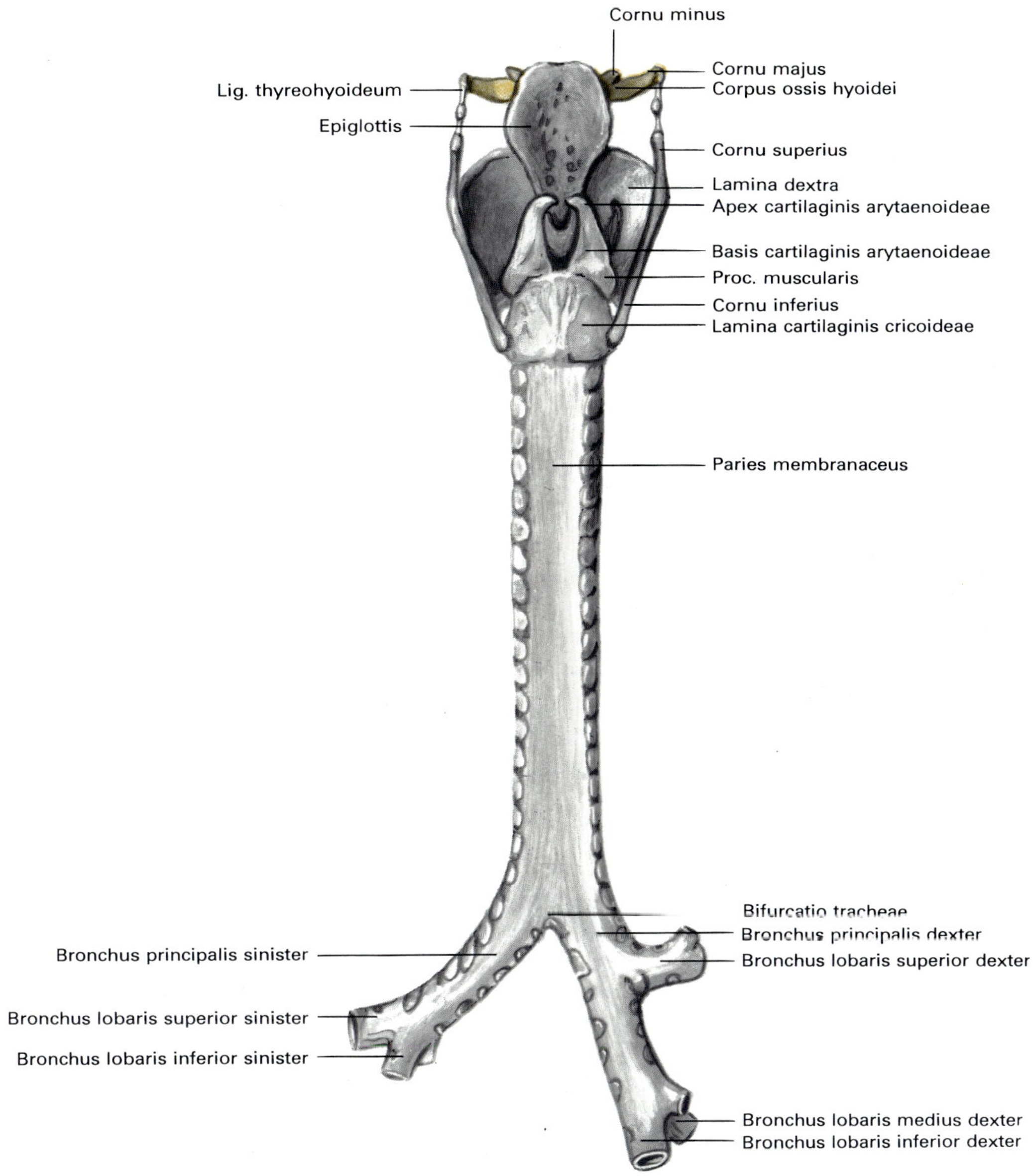


**166**
**Zungenbein, Os hyoideum, Kehlkopf (♂), Larynx, Luftröhre, Trachea und Bronchien, Bronchi**
von dorsal

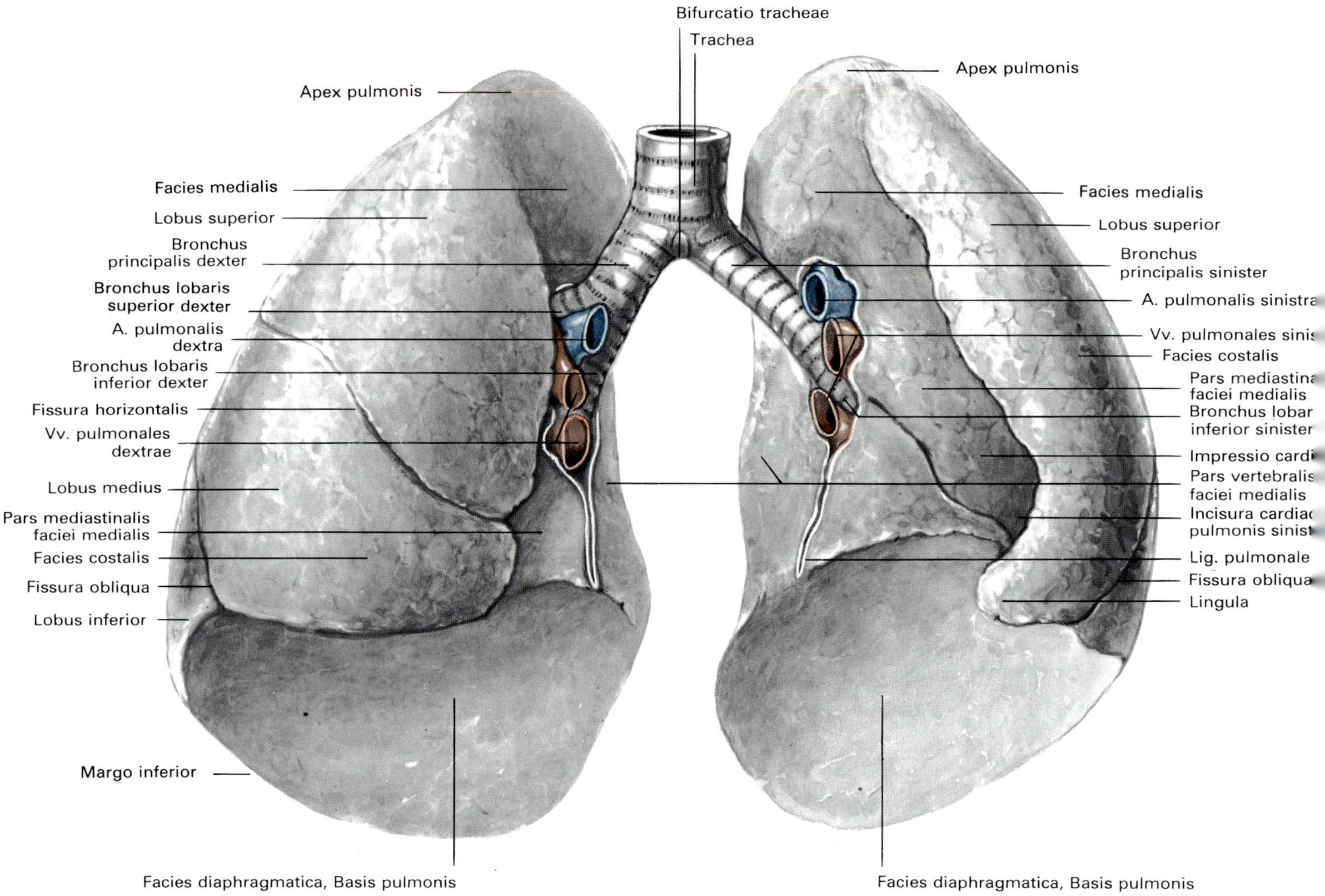


**167**
**Rechte und linke Lunge, Pulmo dexter et sinister**
von ventral. Bifurcatio tracheae. Zur Darstellung des Hilus pulmonis sinistri wurde die linke Lunge nach außen gedreht

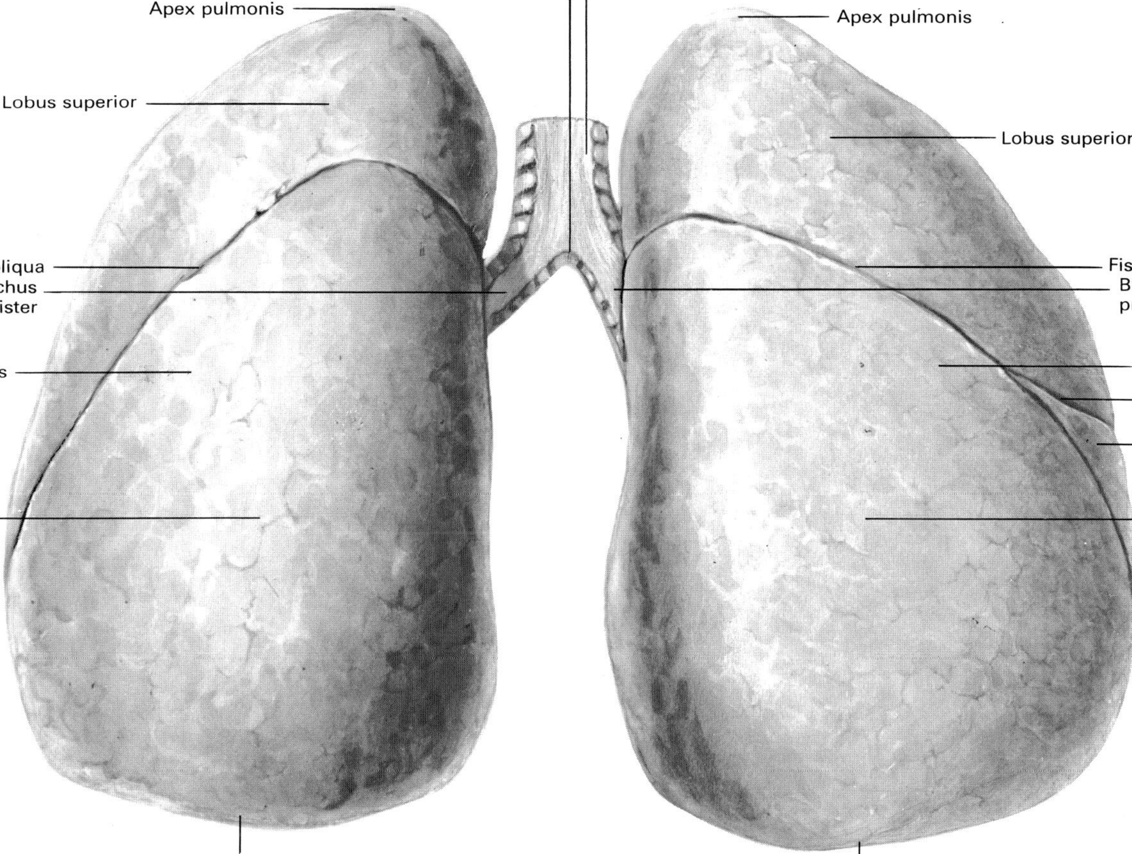


**168**
**Rechte und linke Lunge, Pulmo dexter et sinister**
von dorsal. Paries membranaceus tracheae

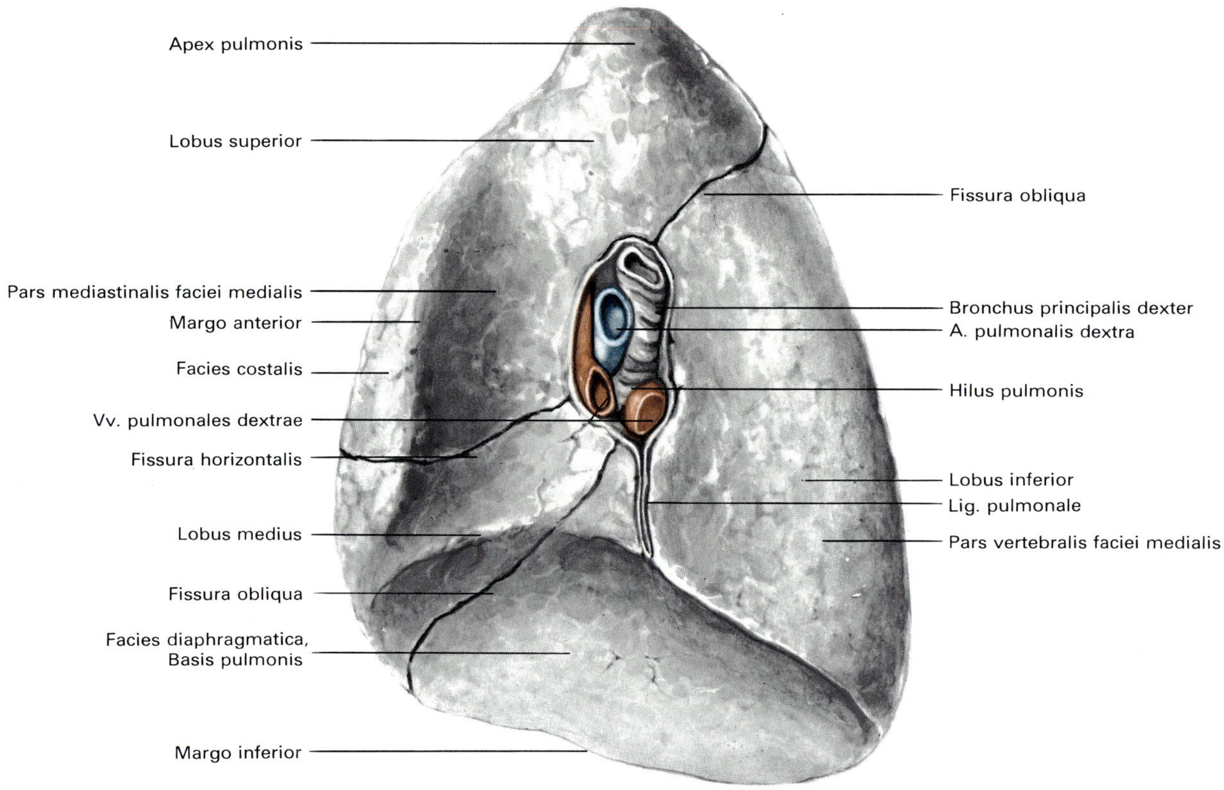


**169**
**Rechte Lunge, Pulmo dexter**
von medial. Hilus pulmonis. Die Lymphknoten wurden entfernt

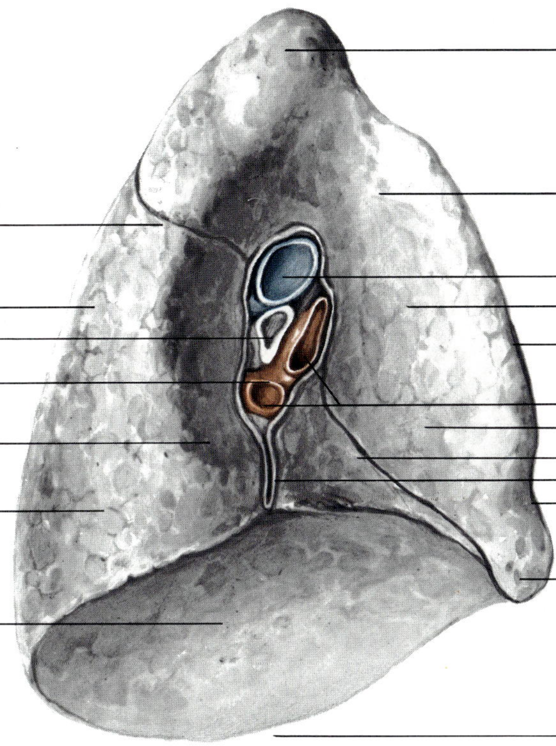


**170**
**Linke Lunge, Pulmo sinister**
von medial. Hilus pulmonis. Die Lymphknoten wurden entfernt

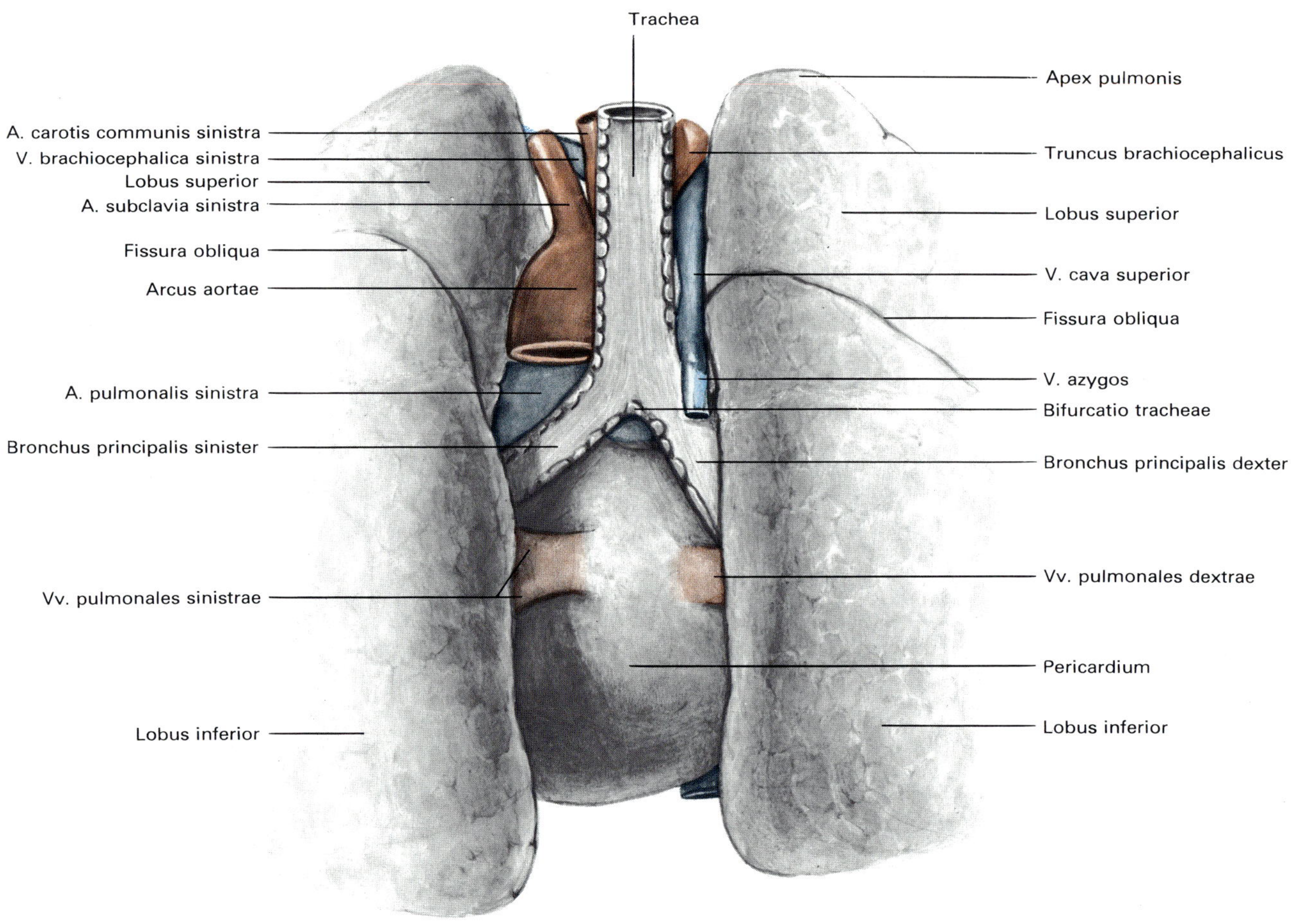


**171**
**Luftröhre, Trachea, und angrenzende Organe des Mediastinum anterius**
von dorsal

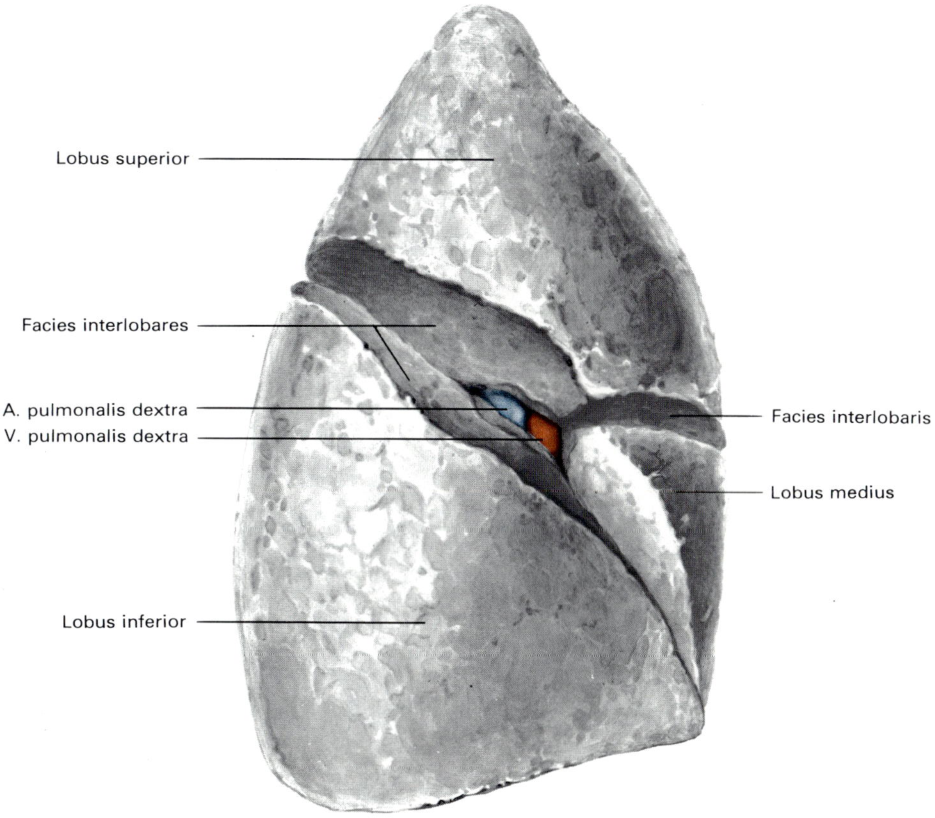


**172**
**Rechte Lunge, Pulmo dexter**
von lateral. Die Lungenlappen wurden zur Darstellung von Fissura obliqua und Fissura horizontalis auseinandergezogen

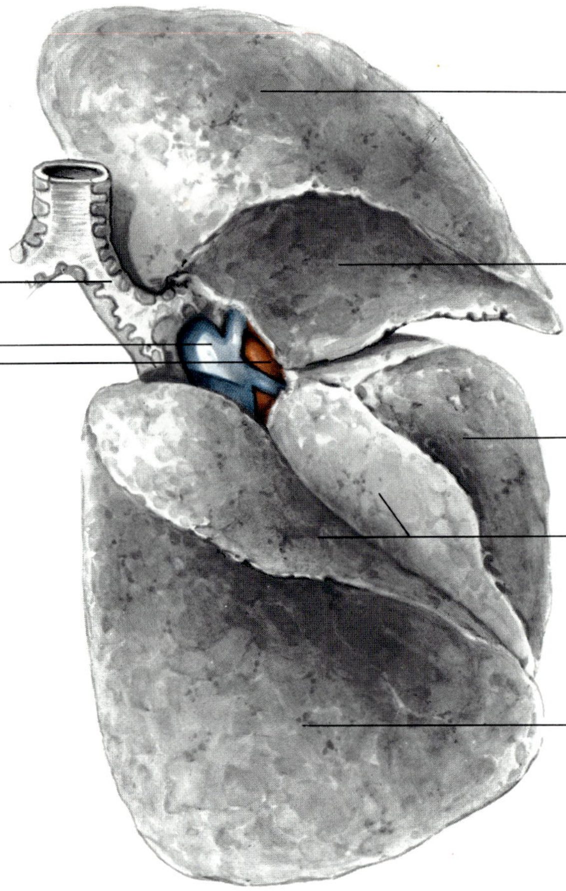


**173**
**Rechte Lunge, Pulmo dexter**
von dorsal. Die Lungenlappen wurden zur Darstellung von Fissura obliqua und Fissura horizontalis auseinandergezogen. Hilus pulmonis

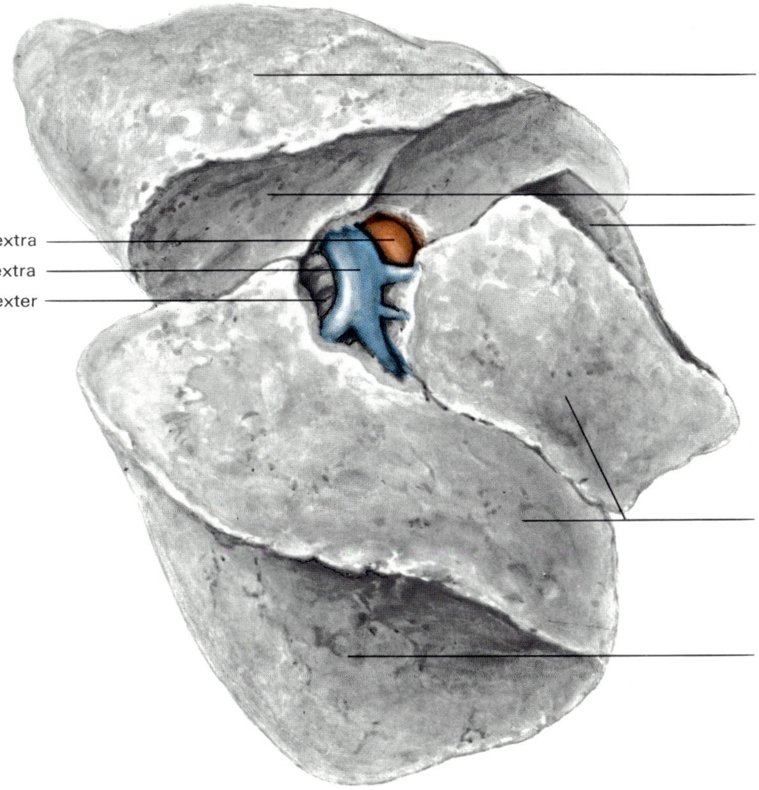


**174**
**Rechte Lunge, Pulmo dexter**
von lateral dorsal. Die Lungenlappen wurden zur Darstellung von Fissura obliqua und Fissura horizontalis auseinandergezogen

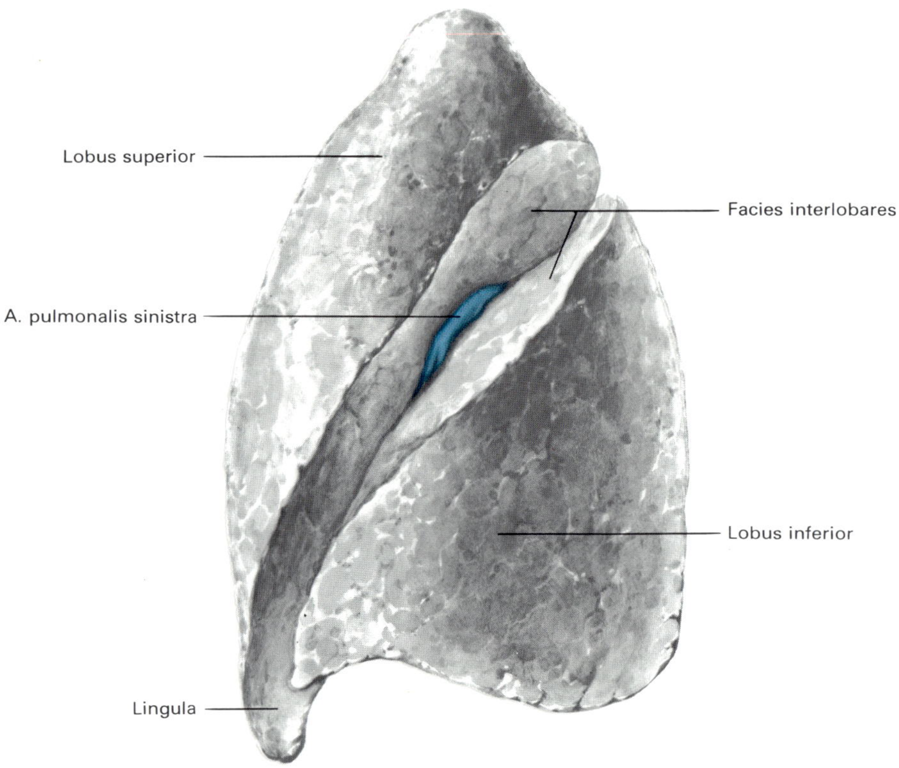


**175**
**Linke Lunge, Pulmo sinister**
von lateral. Die Lungenlappen wurden zur Darstellung der Fissura obliqua auseinandergezogen

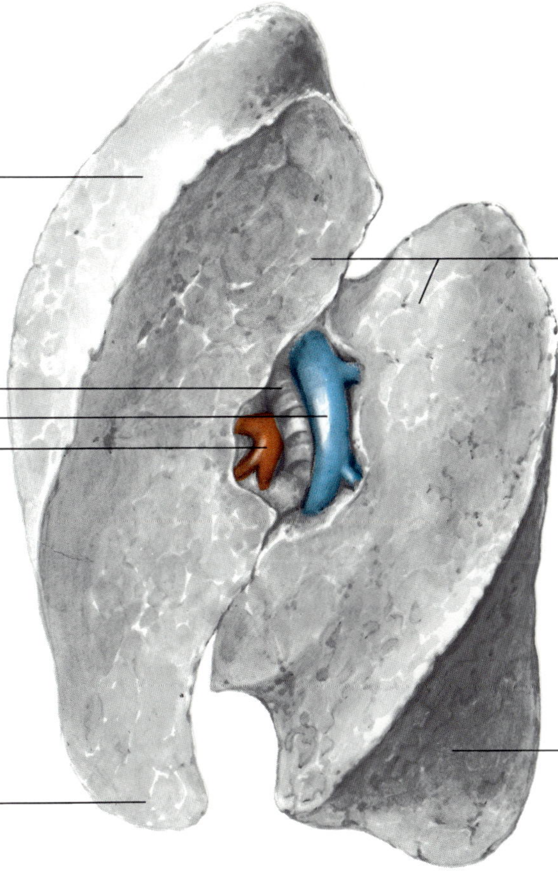


**176**
**Linke Lunge, Pulmo sinister**
von lateral. Die Lungenlappen wurden zur Darstellung von Fissura obliqua und Hilus pulmonis auseinandergezogen

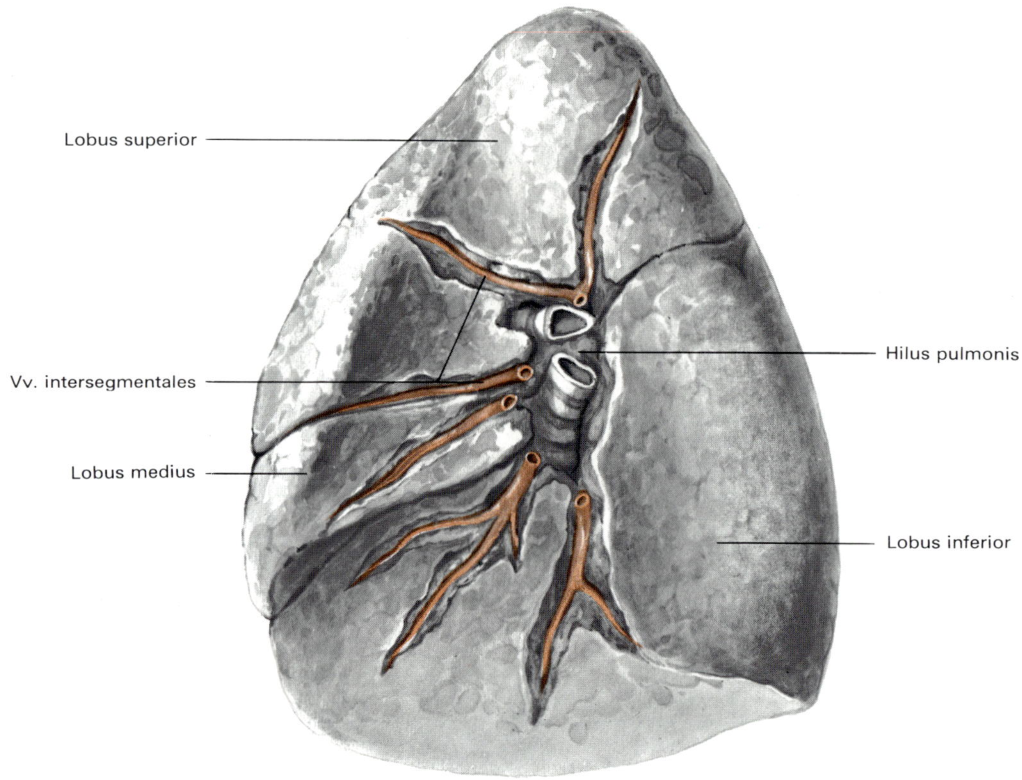


**177**
**Rechte Lunge, Pulmo dexter**
von medial. Venae intersegmentales pulmonis. Die Verbindung der Intersegmentalvenen zu den Venae pulmonales dextrae wurde nicht dargestellt

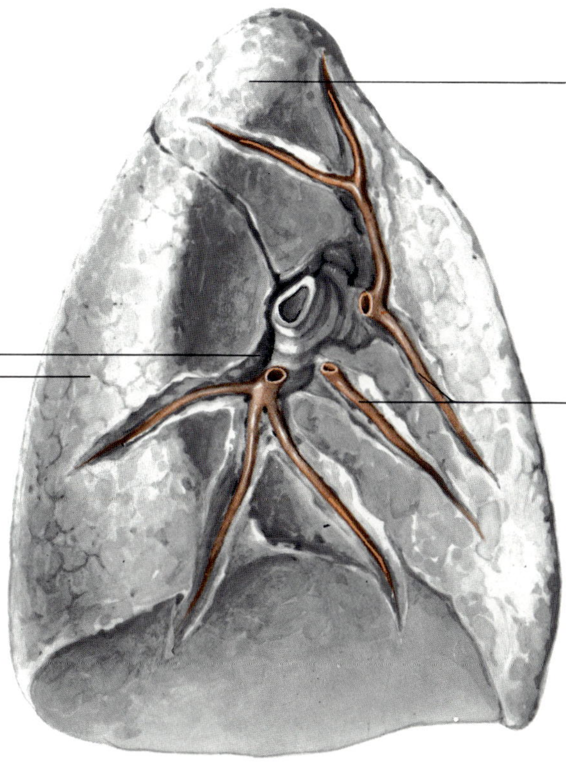


**178**
**Linke Lunge, Pulmo sinister**
von medial. Venae intersegmentales pulmonis. Die Verbindung der Intersegmentalvenen zu den Venae pulmonales sinistrae wurde nicht dargestellt

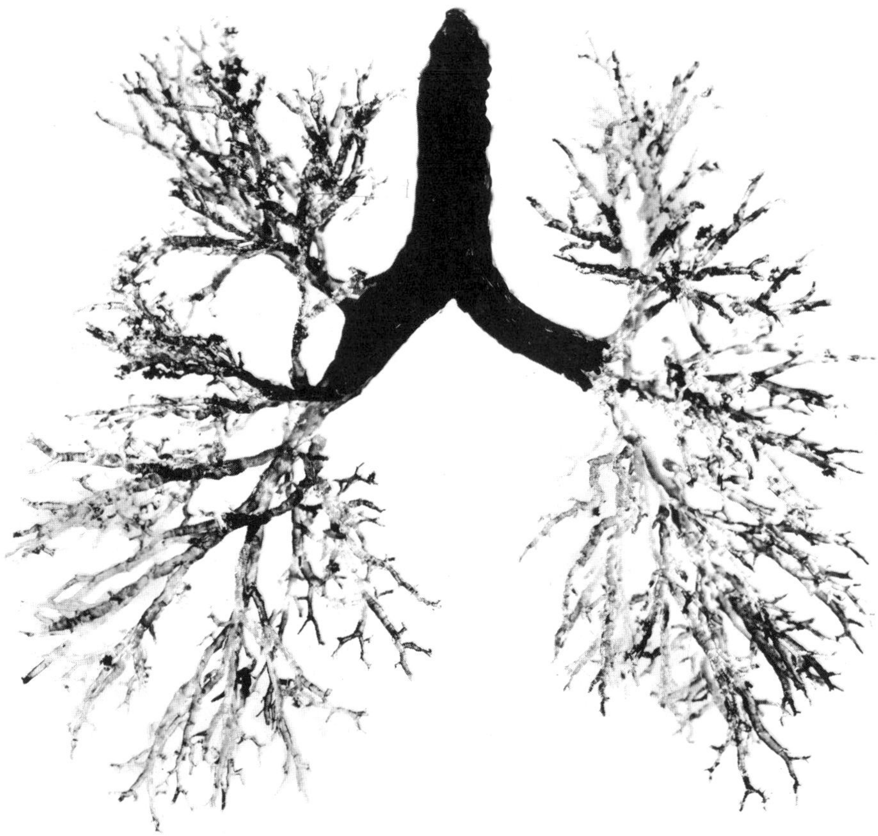

179
**Luftröhre und Bronchien, Trachea et Bronchi**
von ventral. Füllung des Bronchialbaumes mit Methacrylat und anschließende Korrosion

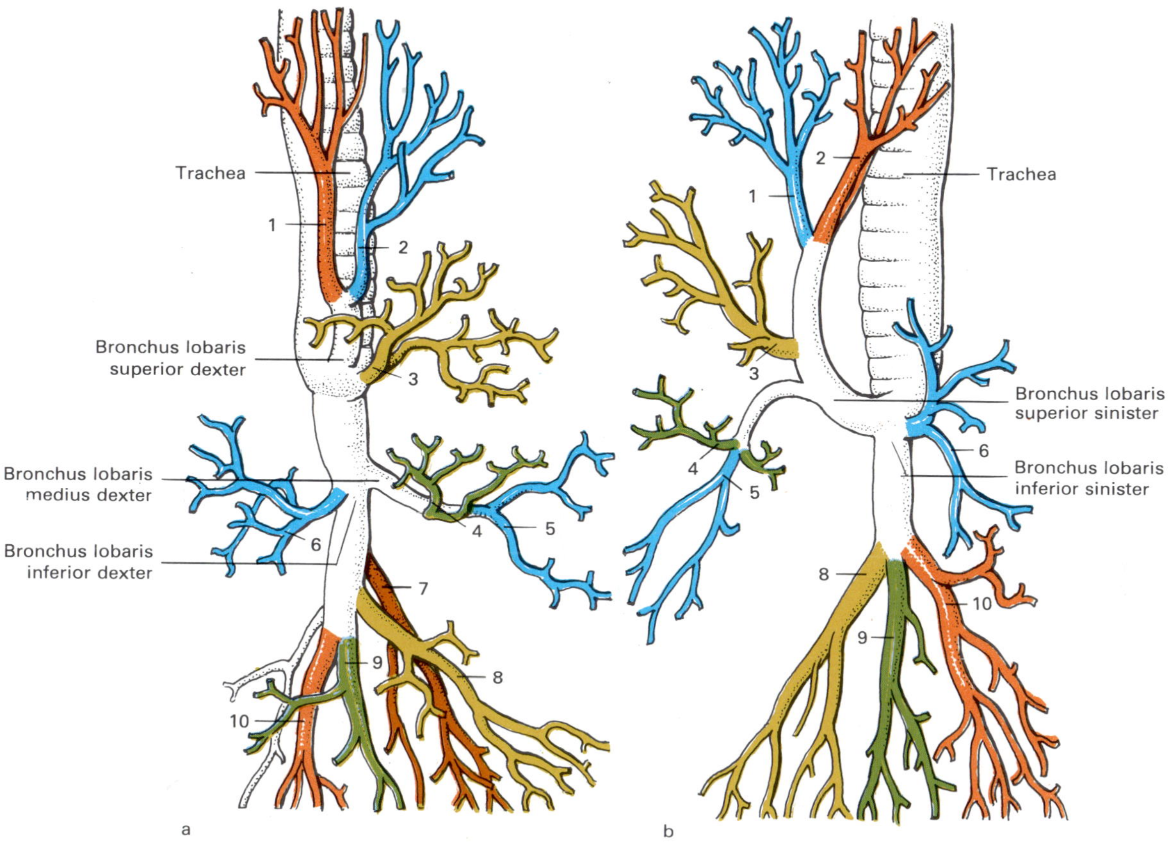


**180**
**Segmentbronchien**
a der rechten Lunge, Ansicht von rechts, b der linken Lunge, Ansicht von links. Die Nummern entsprechen dem zugehörigen Segment. Der in Abb. a ohne Nummer angegebene Bronchus ist ein zusätzlicher Segmentbronchus des rechten Unterlappens. Zur Ergänzung der Zeichnungen nach Präparaten wurde eine Abbildung von Hafferl herangezogen

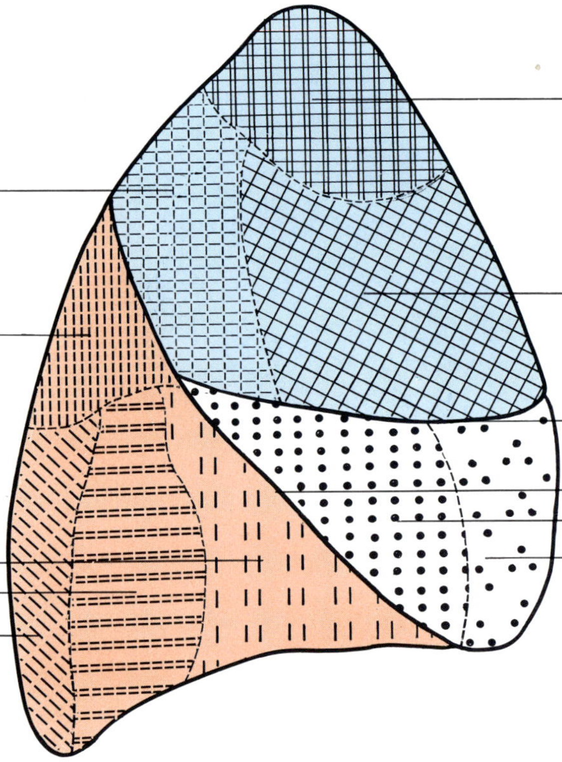


**181**
**Segmente der rechten Lunge, Segmenta bronchopulmonalia dextra**
von lateral. Die Nummer des jeweiligen Segmentes ist in Klammern gesetzt

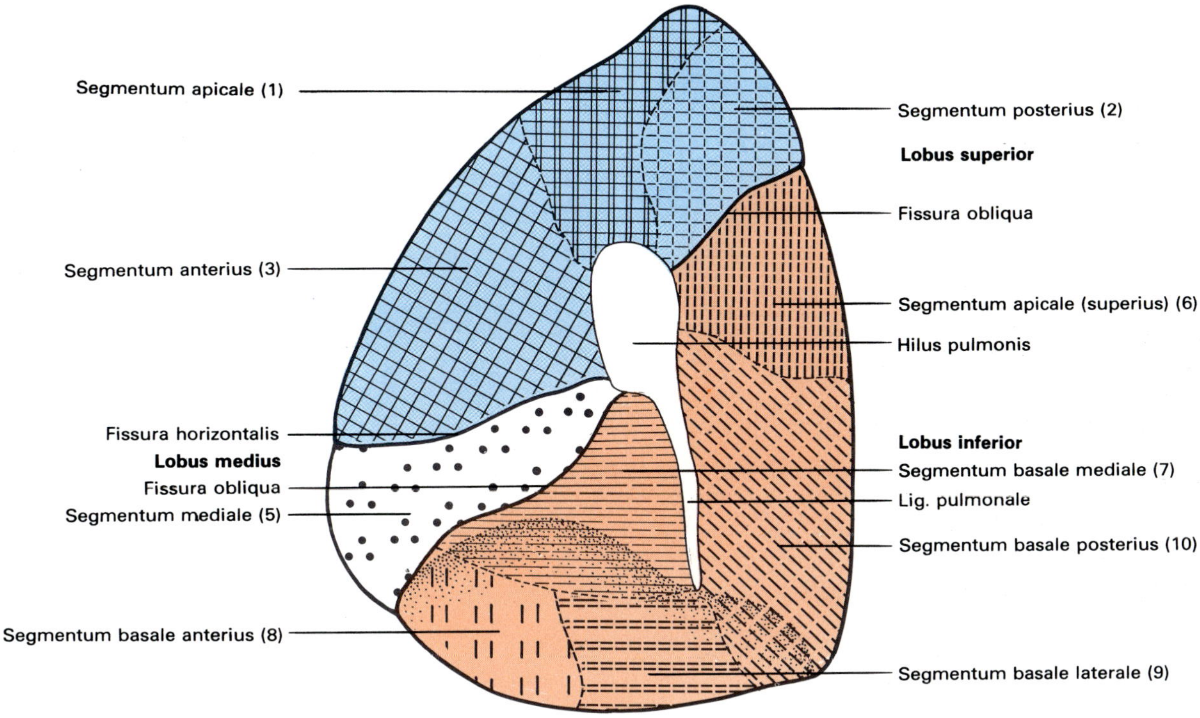


**182**
**Segmente der rechten Lunge, Segmenta bronchopulmonalia dextra**
von medial. Die Nummer des jeweiligen Segmentes ist in Klammern gesetzt

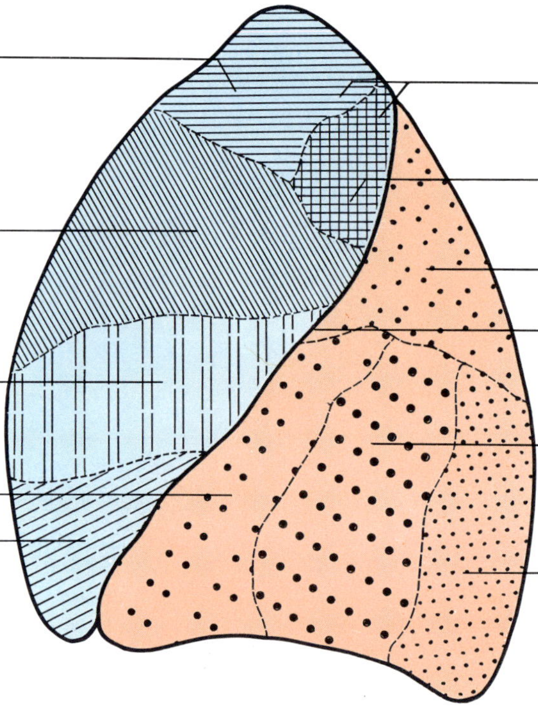


**183**
**Segmente der linken Lunge, Segmenta bronchopulmonalia sinistra**
von lateral. Die Nummer des jeweiligen Segmentes ist in Klammern gesetzt

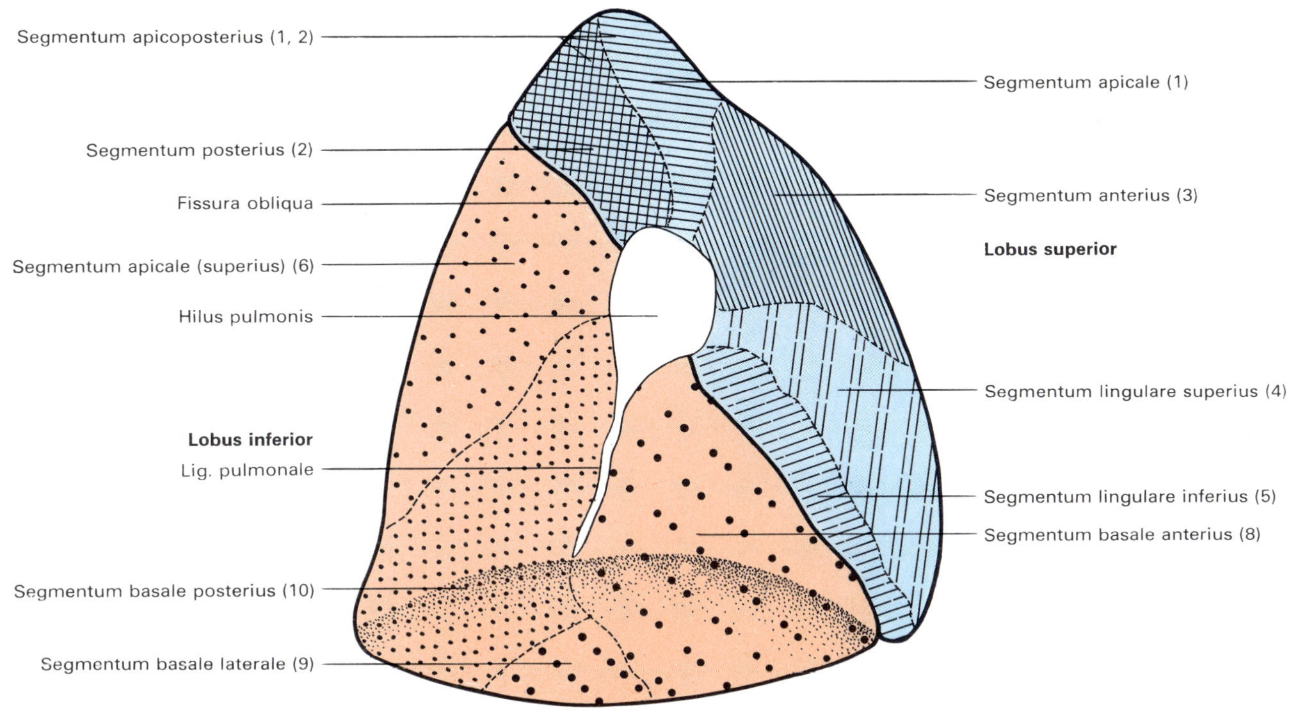


**184**
**Segmente der linken Lunge, Segmenta bronchopulmonalia sinistra**
von medial. Die Nummer des jeweiligen Segmentes ist in Klammern gesetzt

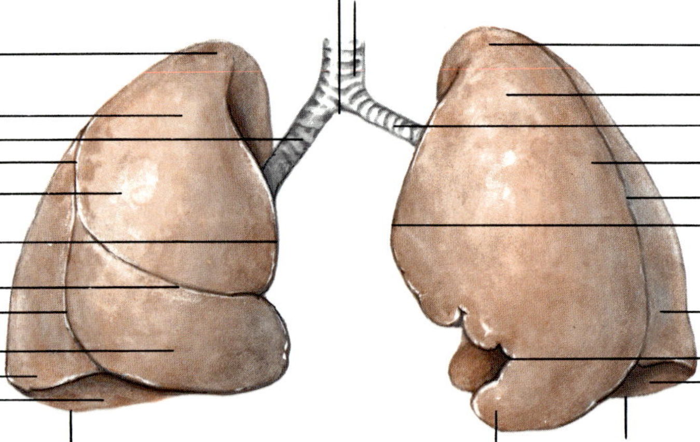


185

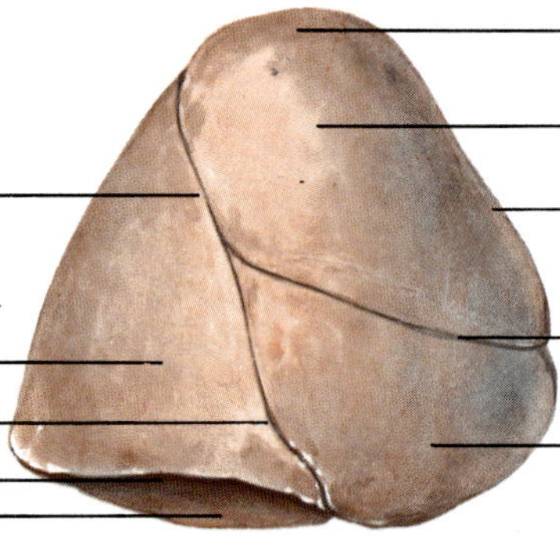


186

**185**
**Lungen, Pulmones**
eines Neugeborenen, von ventral. Die Bronchi principales sind in den hilusnahen Abschnitten von dem jeweiligen Oberlappen bedeckt

**186**
**Rechte Lunge, Pulmo dexter**
eines Neugeborenen, von lateral

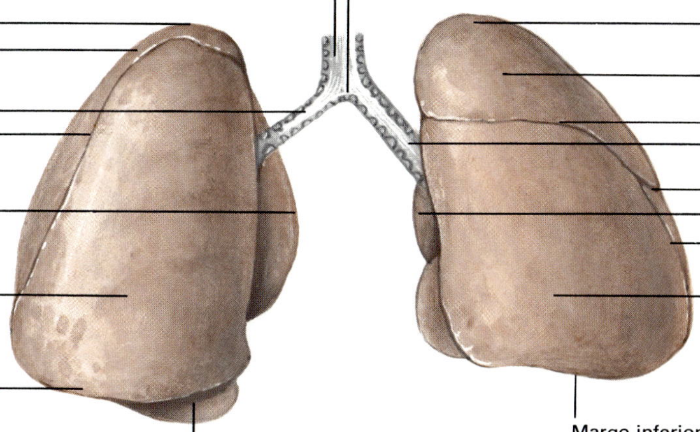


**187**
**Lungen, Pulmones**
eines Neugeborenen, von dorsal. Die Bronchi principales sind in den hilusnahen Abschnitten von dem jeweiligen Oberlappen bedeckt

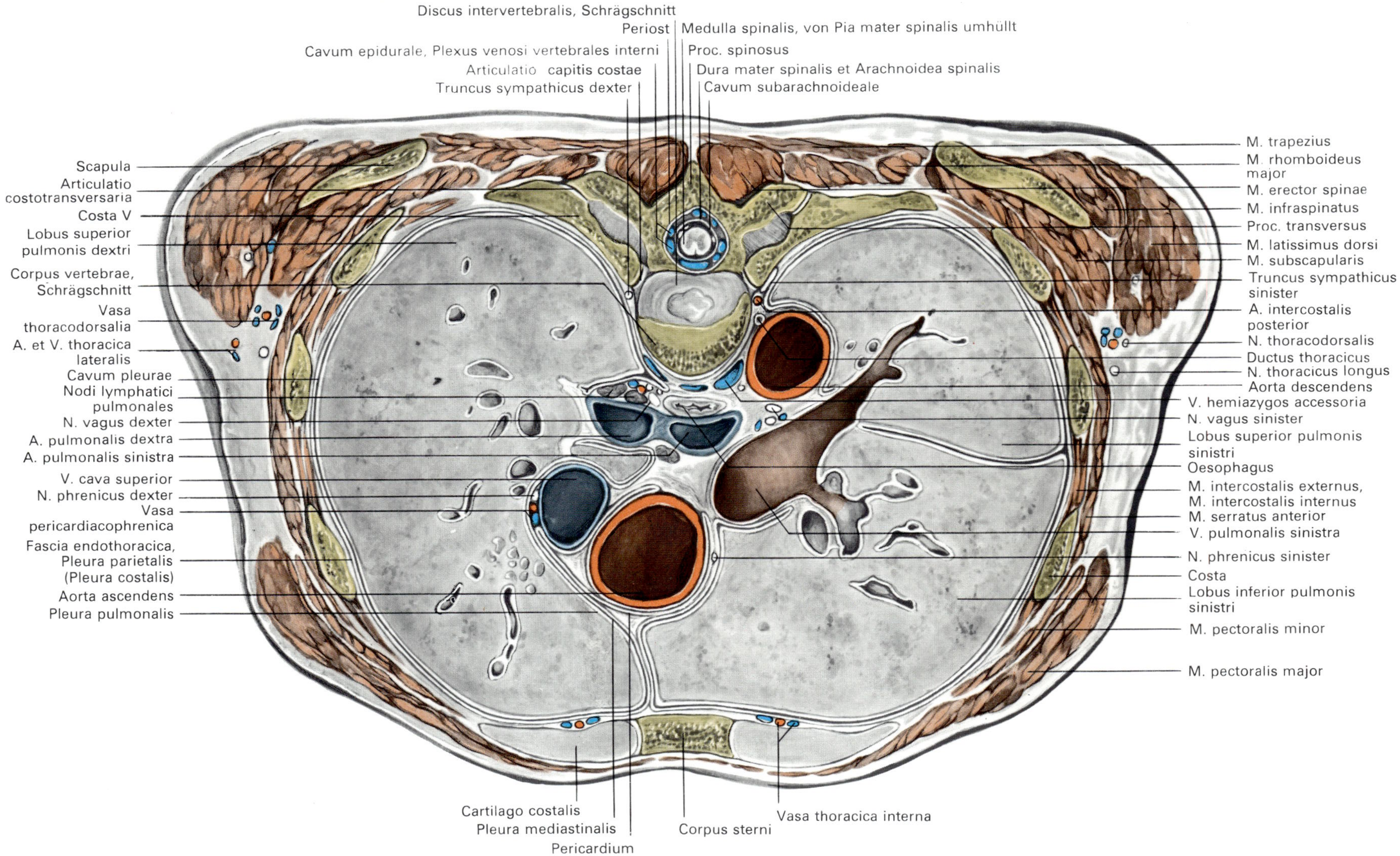


**188**
**Brusteingeweide in situ**
Querschnitt in Höhe des 5. Brustwirbels. Ansicht von oben

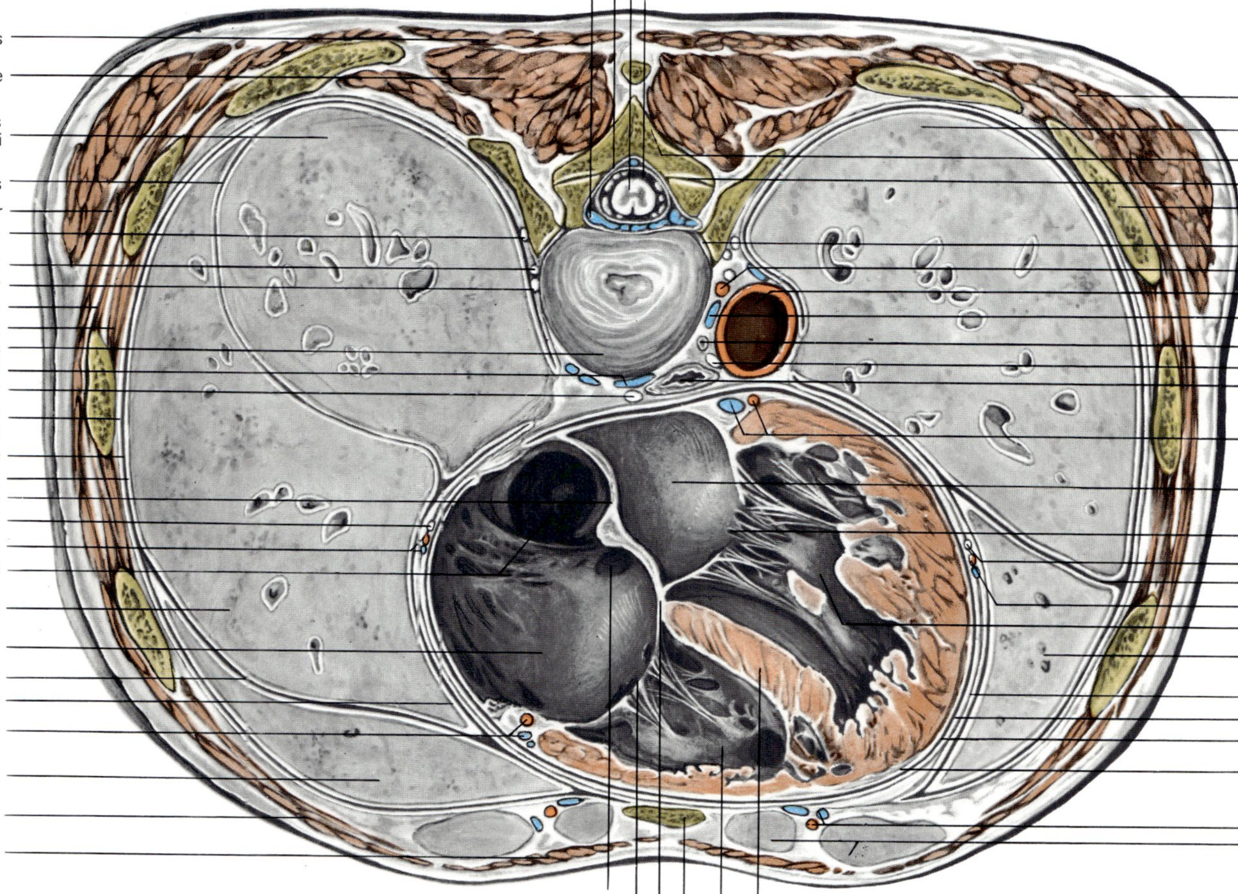


**189**

**Brusteingeweide in situ**

Querschnitt in Höhe des 8. Brustwirbels. Ansicht von oben

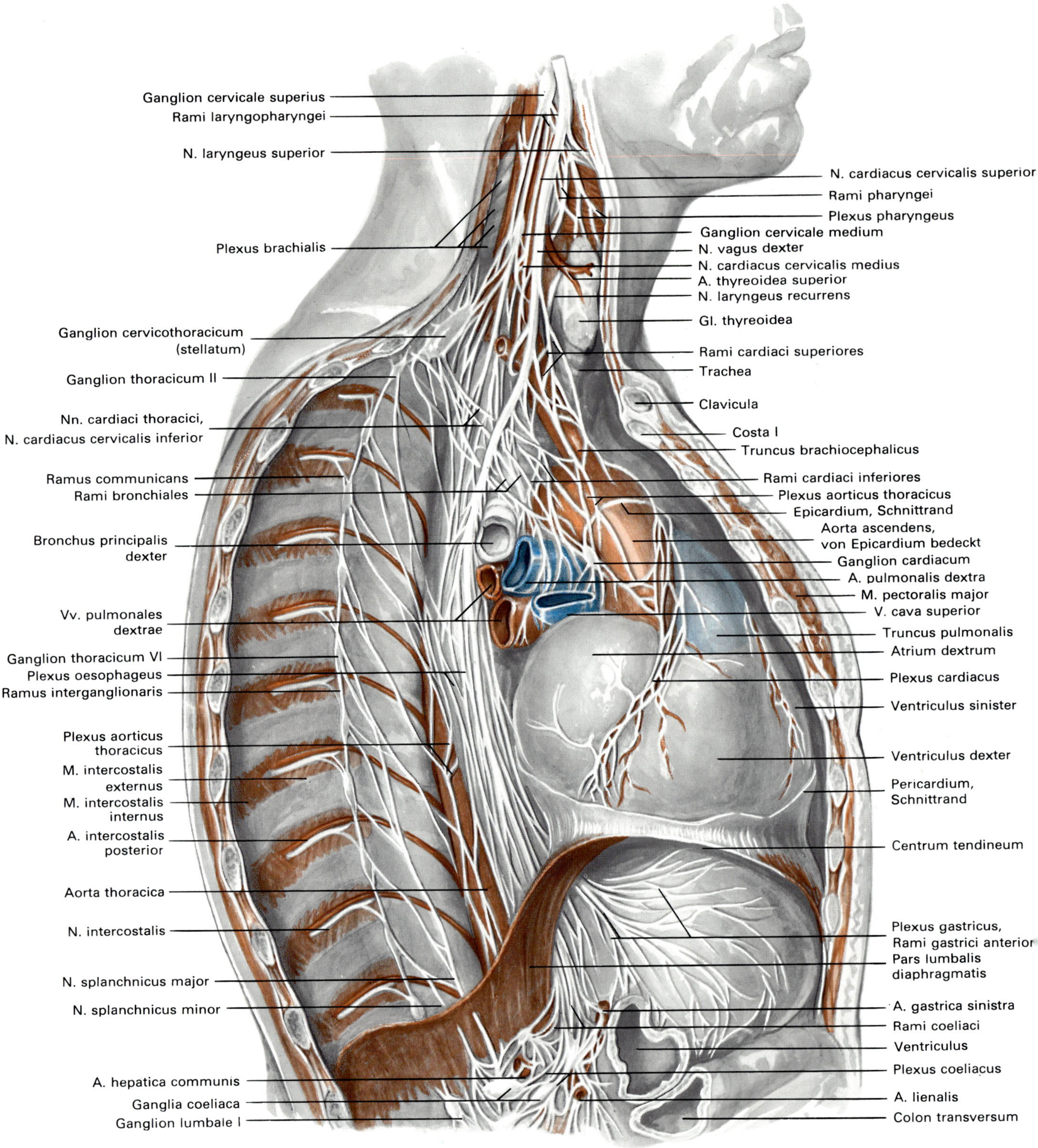


**190**
**Rechter Grenzstrang, Truncus sympathicus, und N. vagus dexter in situ**
von rechts. Äste zu den Eingeweiden des Halses, der Brusthöhle und der oberen Bauchhöhle. Zur Ergänzung der Zeichnung nach Präparaten wurde eine Abbildung von Hirschfeld und Leveillé herangezogen

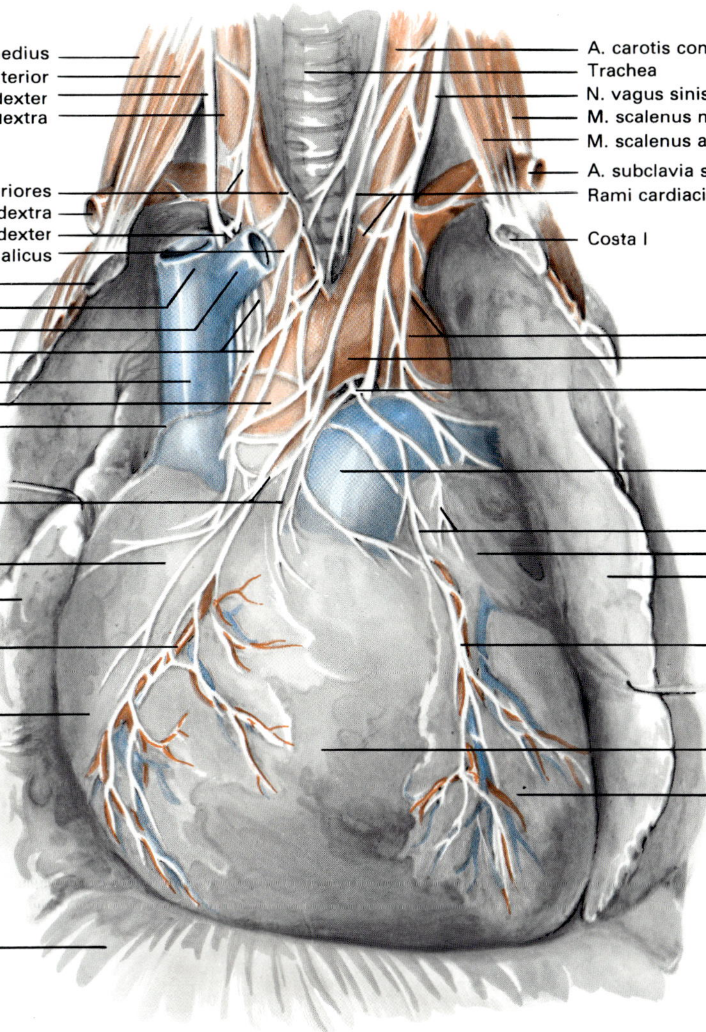


**191**
**Rami cardiaci beider Nervi vagi**
von vorn. Der Herzbeutel wurde eröffnet und abgetragen

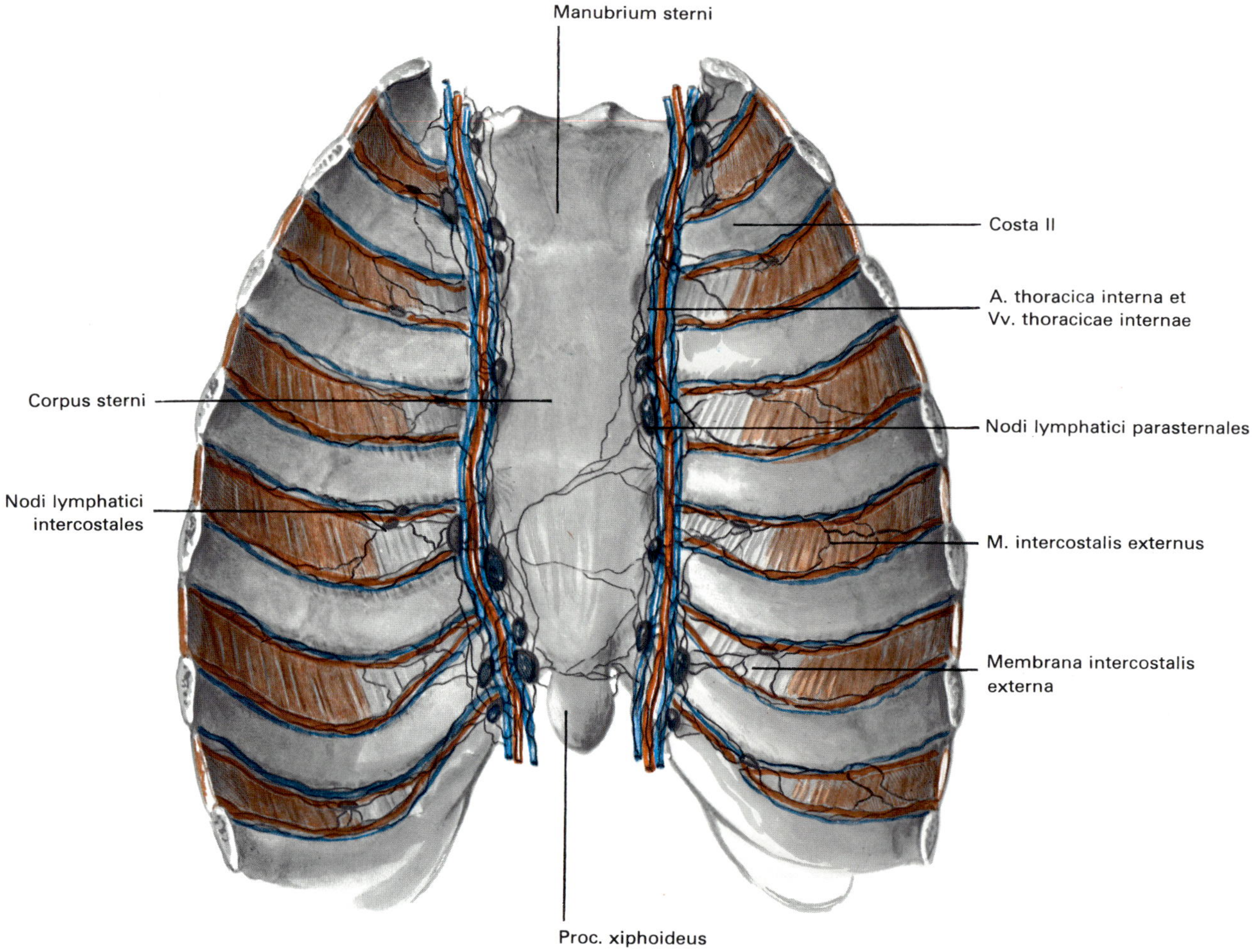


**192**
**Lymphknoten, Nodi lymphatici, und Lymphgefäße, Vasa lymphatica der vorderen Brustwand**
von innen

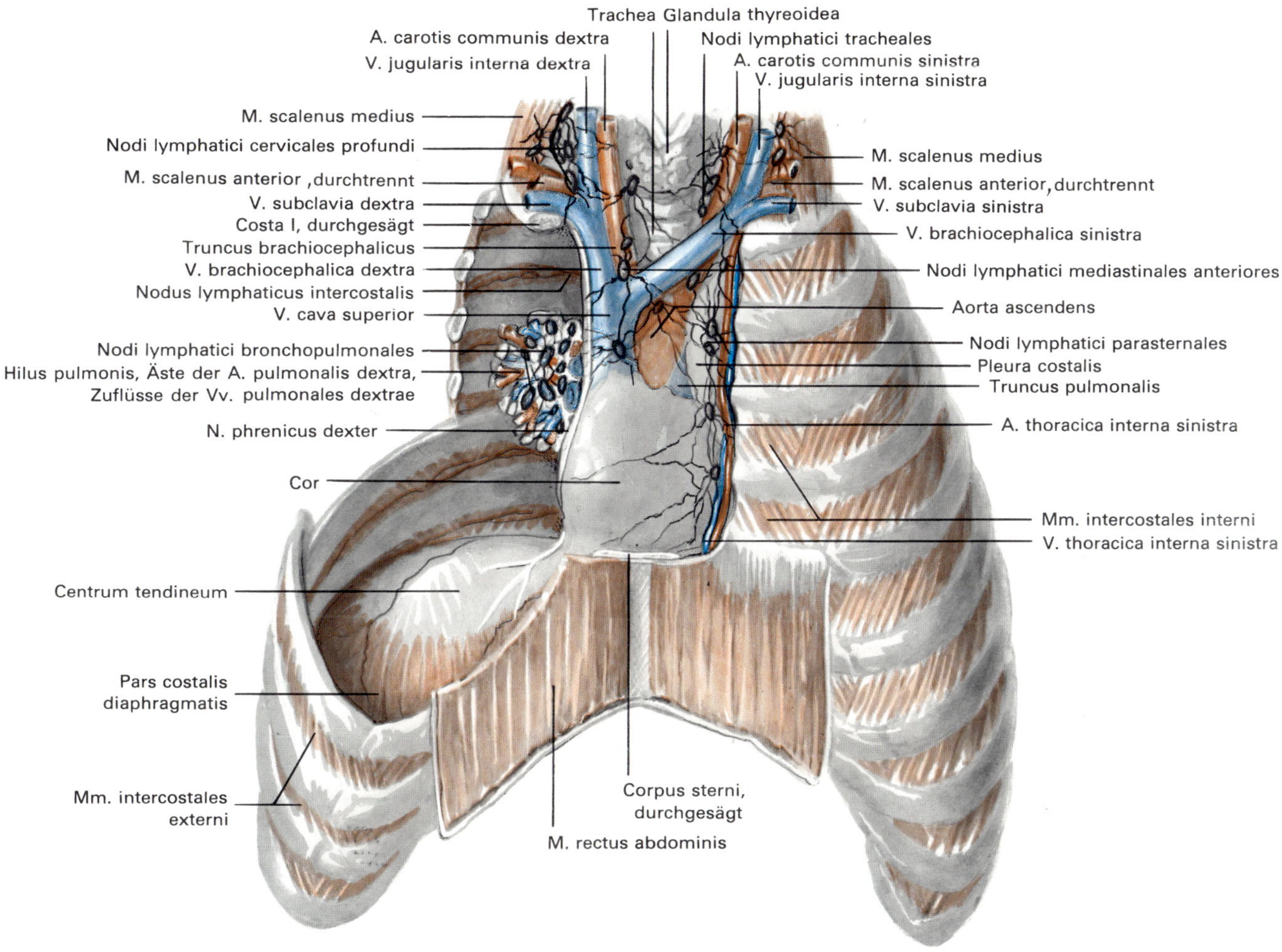


**193**
**Lymphknoten, Nodi lymphatici, und Lymphgefäße, Vasa lymphatica, der Brusthöhle und des unteren Halsgebietes**
von vorn. Teile des Thorax und rechte Lunge entfernt

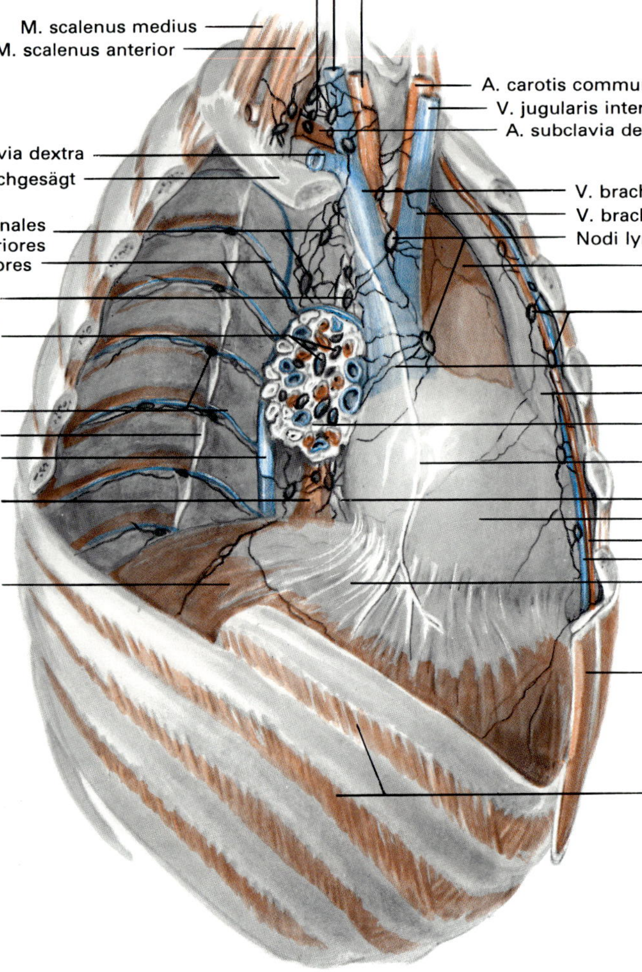


**194**
**Lymphknoten, Nodi lymphatici, und Lymphgefäße, Vasa lymphatica, der Brusthöhle und des unteren Halsgebietes**
von rechts. Teile des Thorax und rechte Lunge entfernt

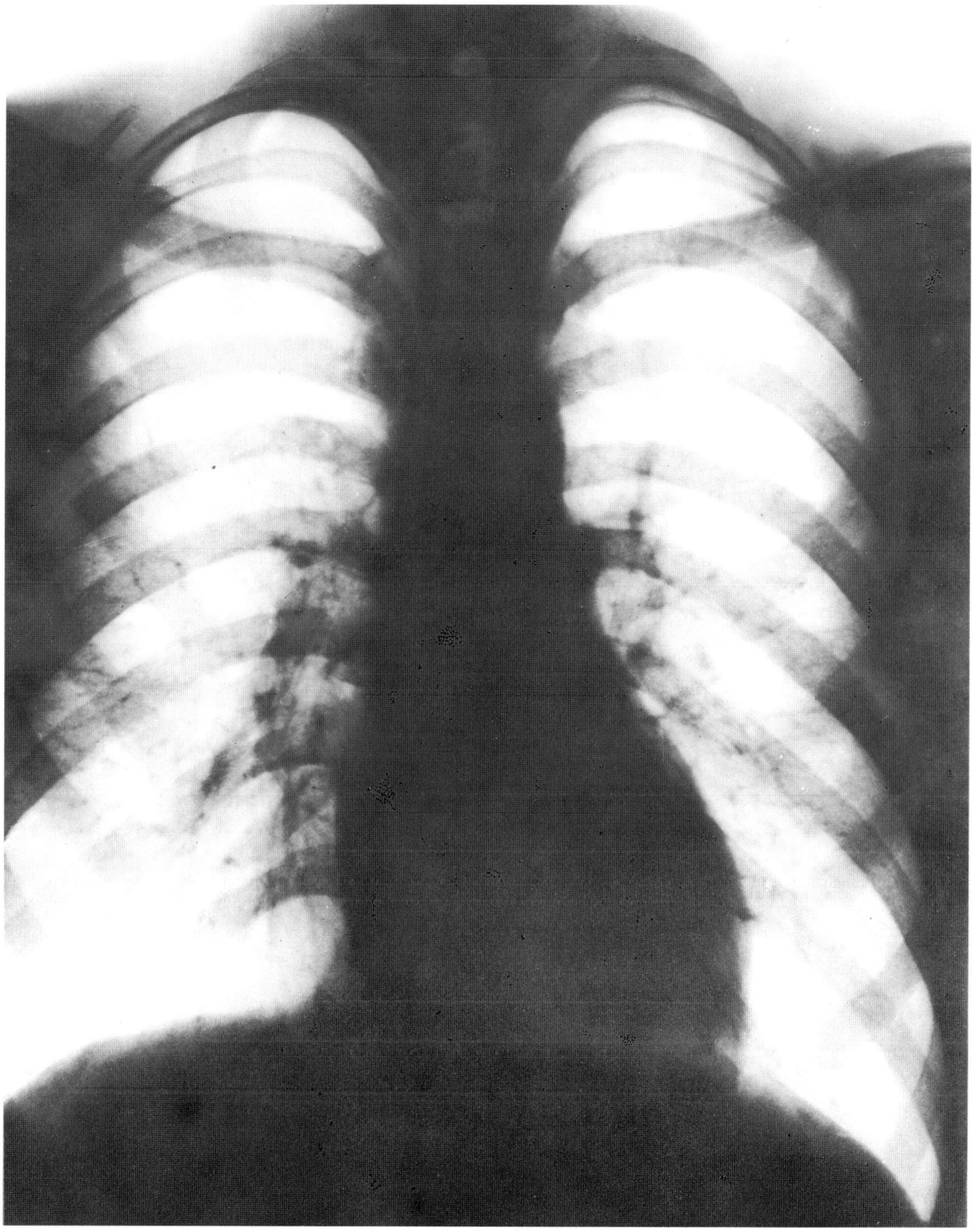

**195**
**Röntgenbild des Thorax**
Erwachsenenalter, Normalbrust, Strahlengang posterior-anterior

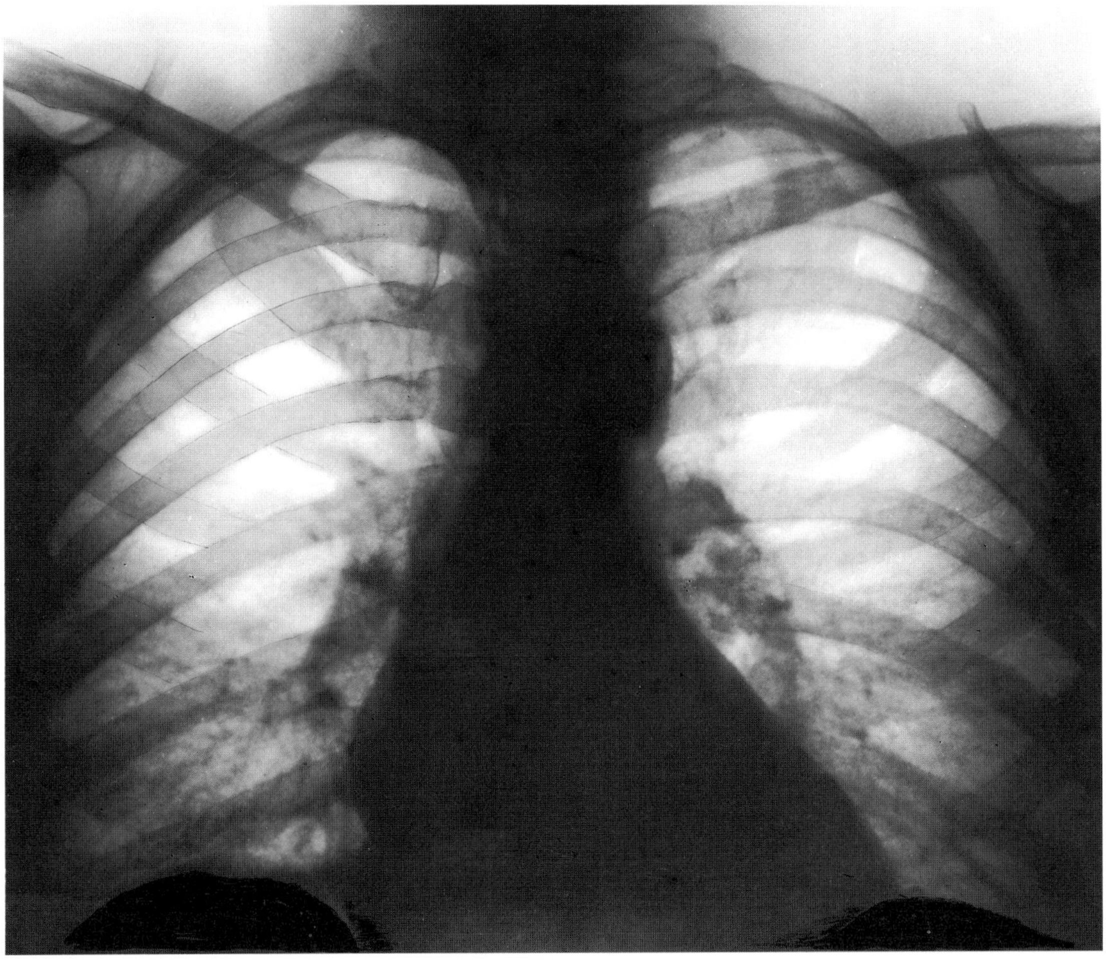

**196**
**Röntgenbild des Thorax**
Erwachsenenalter, Weitbrust, Strahlengang posterior-anterior

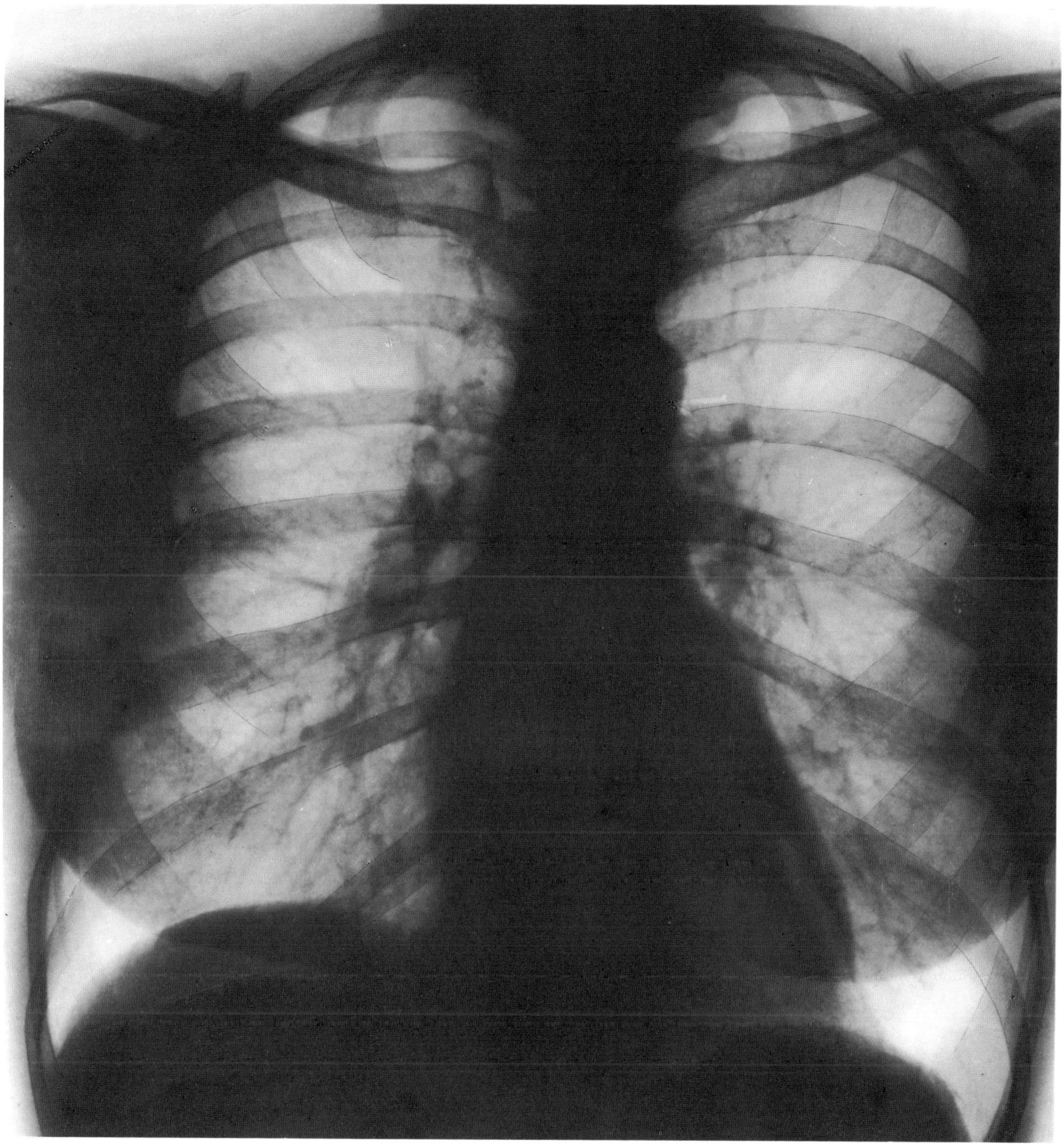

**197**
**Röntgenbild des Thorax**
Erwachsenenalter, Schmalbrust, Strahlengang posterior-anterior

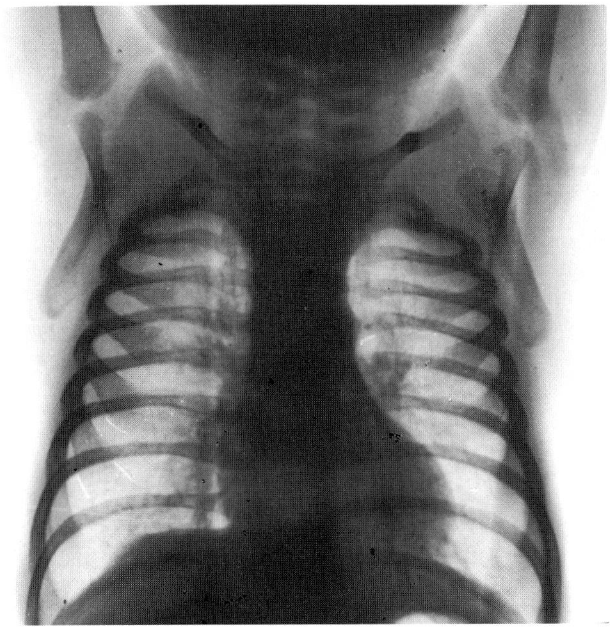

a

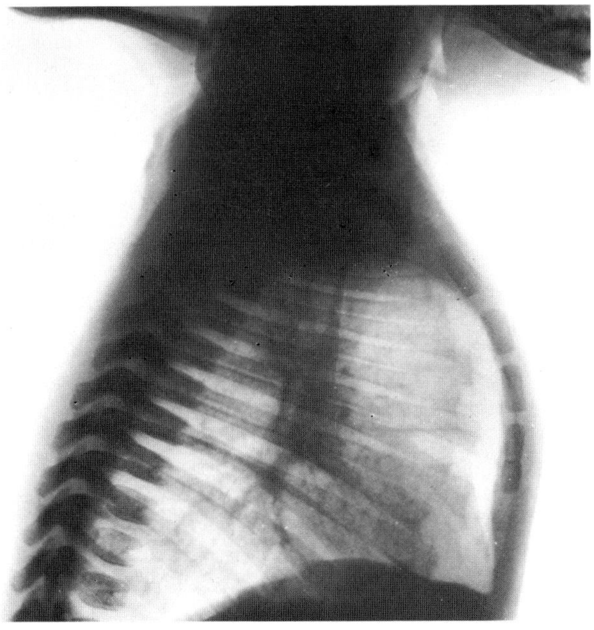

b

**198**
**Röntgenbild des Thorax**
1 Monat alter Knabe. a Strahlengang posterior-anterior, b Strahlengang frontal

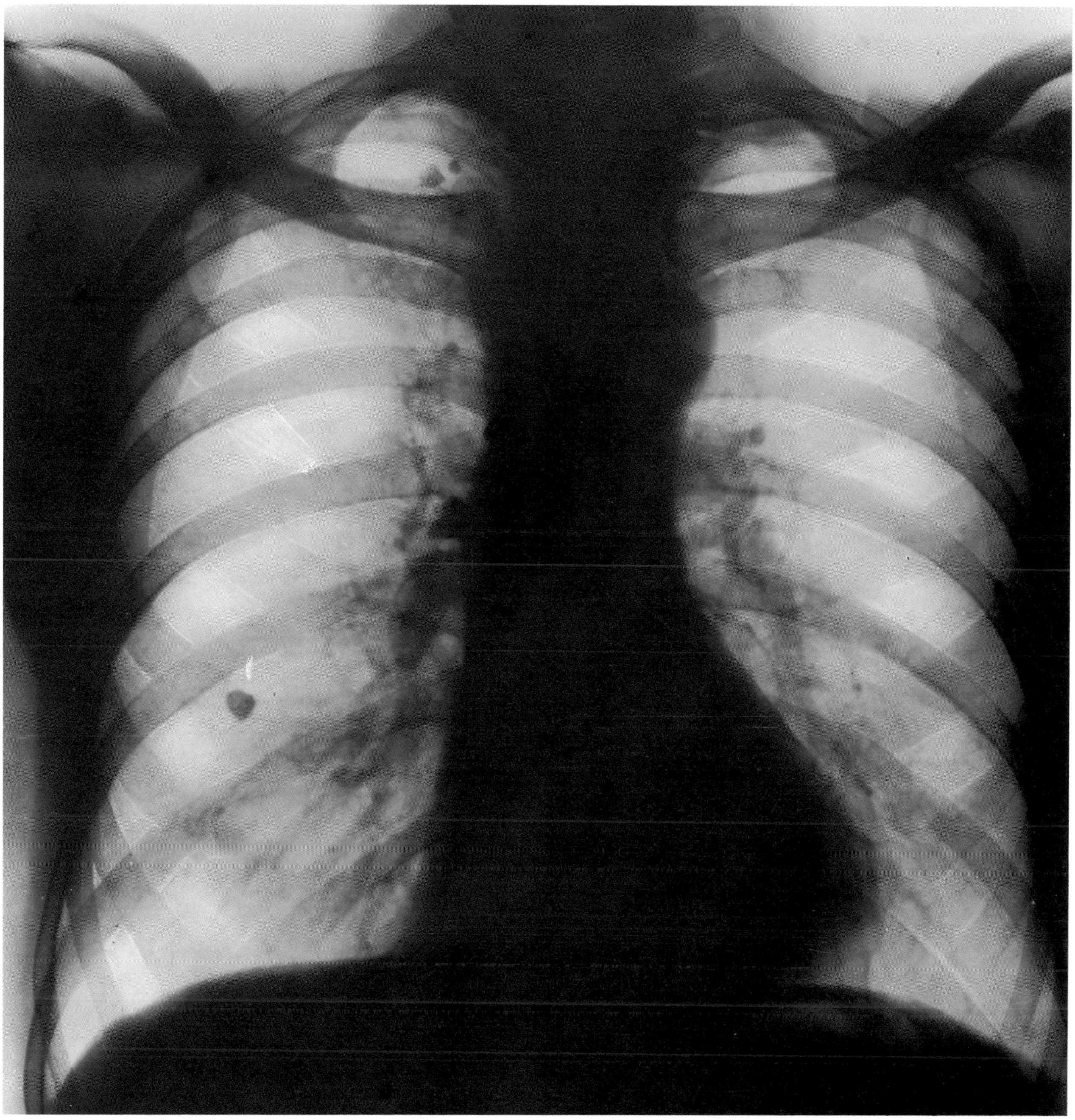

199
**Röntgenbild des Thorax**
Greisenalter, Strahlengang posterior-anterior

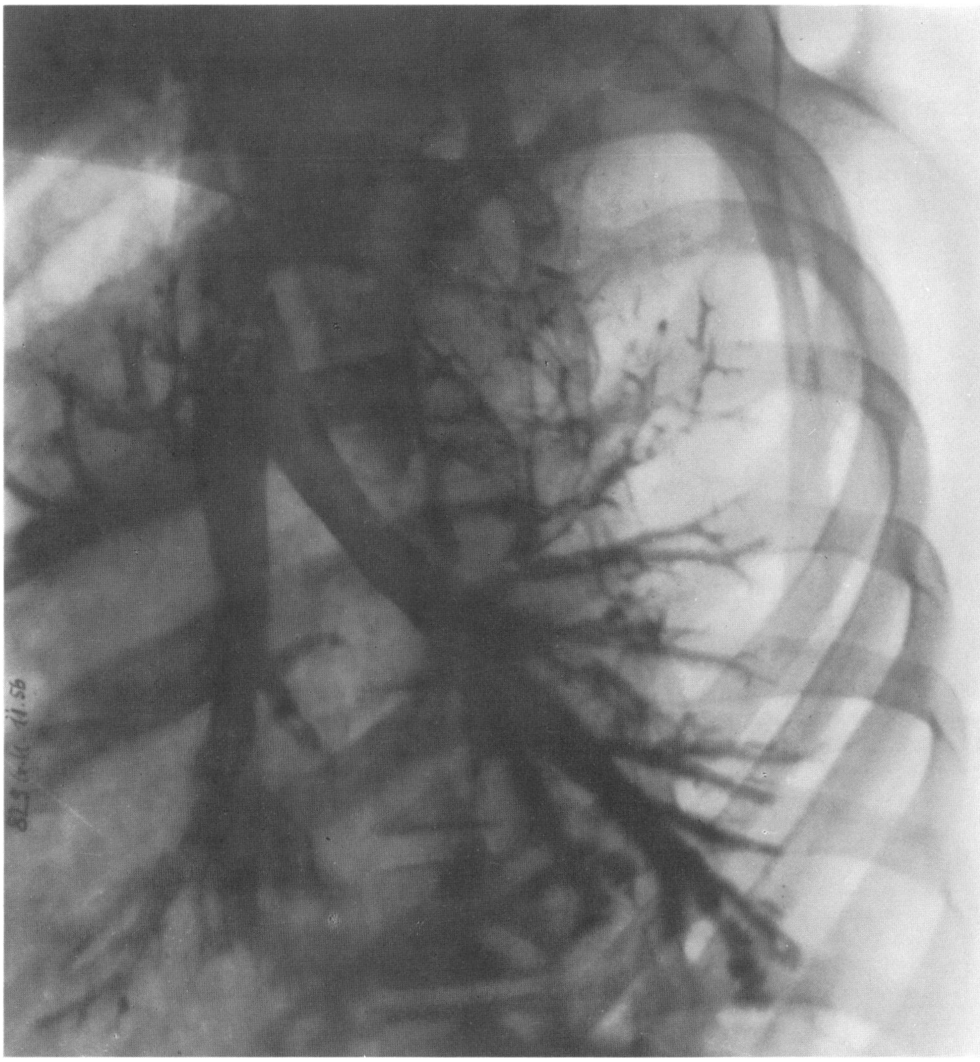

**200**
**Bronchographie**
Erwachsenenalter, Strahlengang schräg. Darstellung der Bifurcatio tracheae

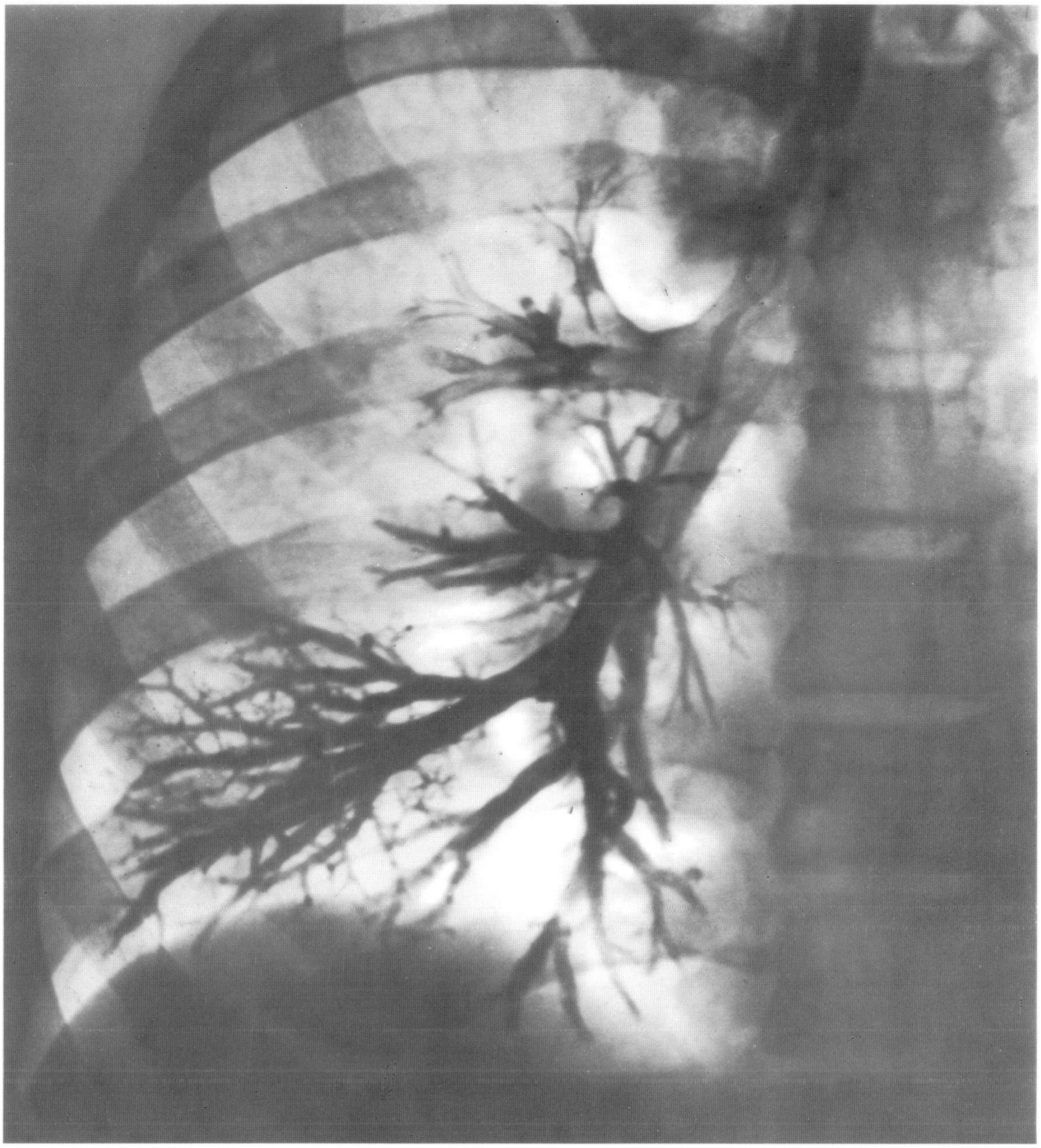

**201**
**Bronchographie**
Erwachsenenalter, Strahlengang posterior-anterior. Darstellung des Bronchialbaumes der rechten Seite

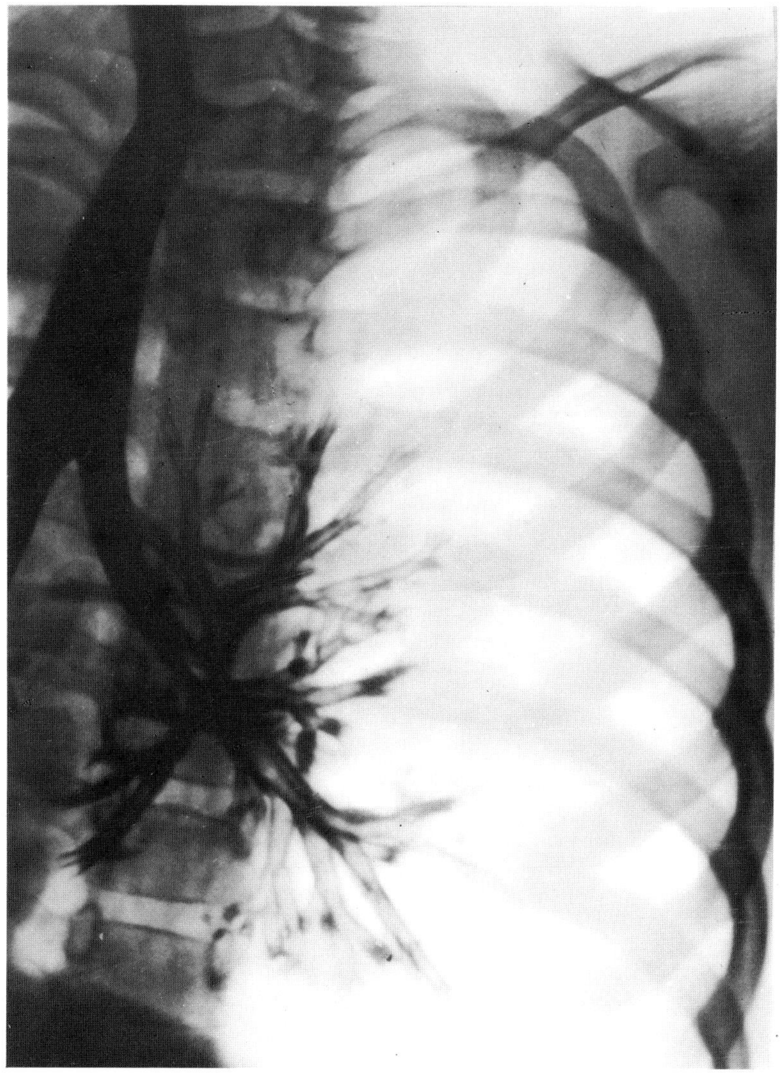

**202**
**Bronchographie**
Erwachsenenalter, Strahlengang posterior-anterior. Darstellung des Bronchialbaumes der linken Seite

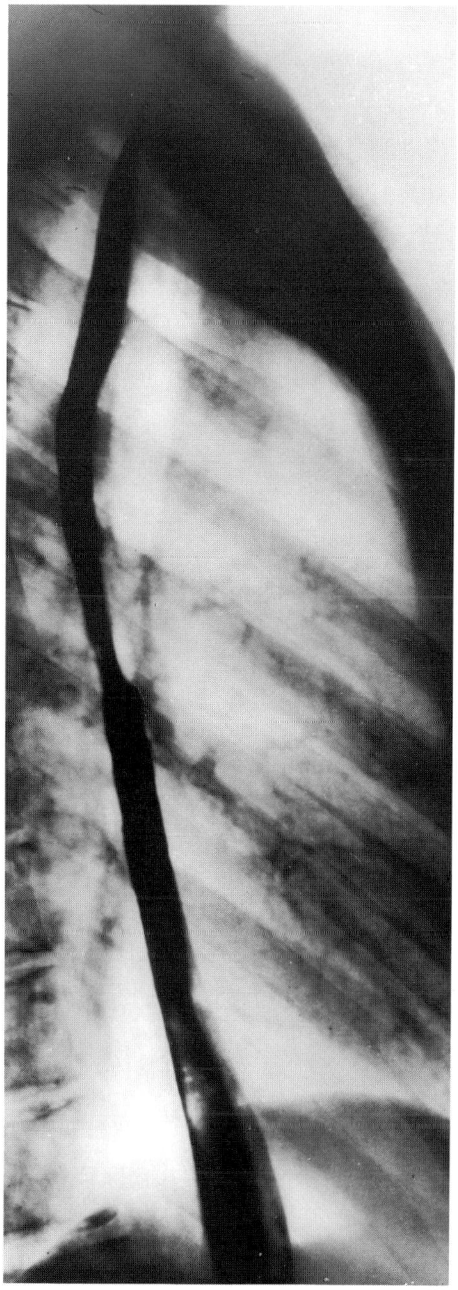

203
**Röntgenbild der Speiseröhre, Kontrastdarstellung**
Erwachsenenalter, Strahlengang im 2. schrägen Durchmesser

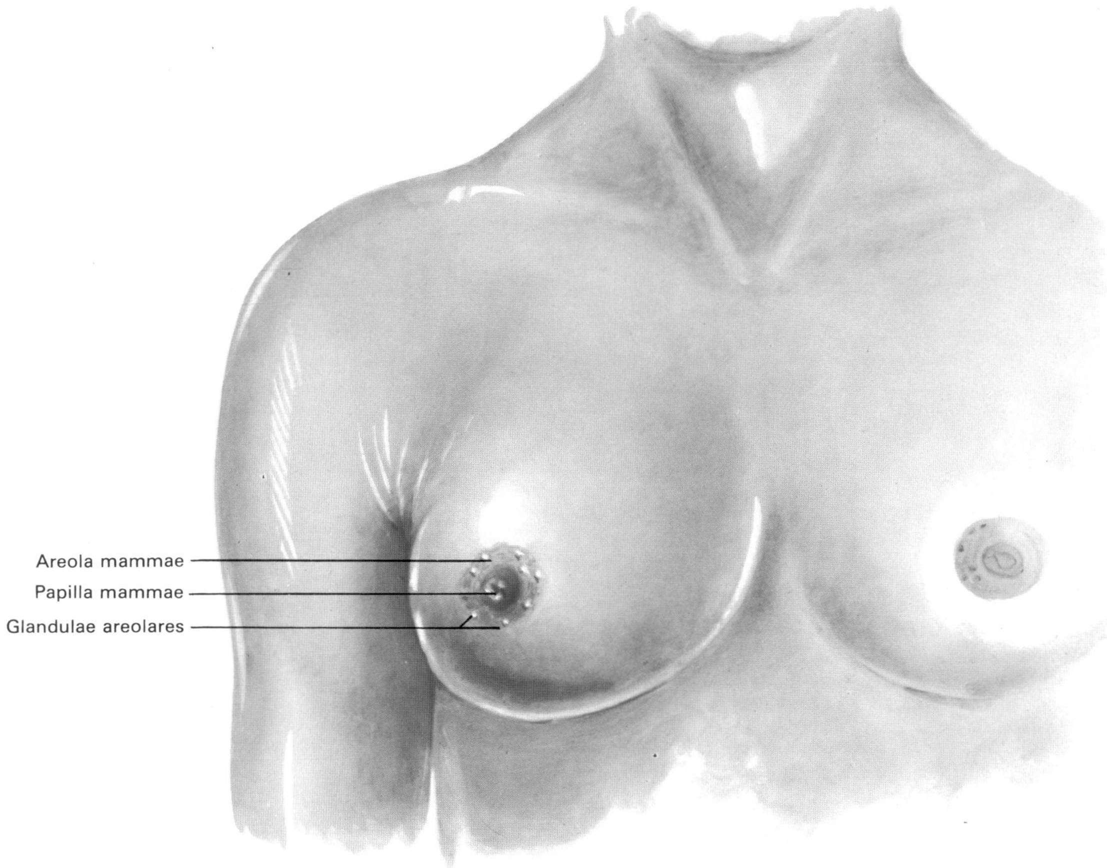


**204**
**Weibliche Brustdrüse, Mamma**
von vorn

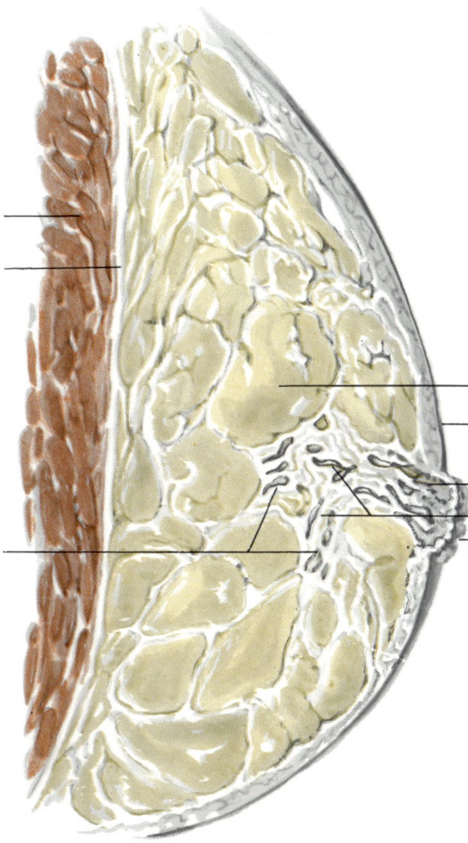


**205**
**Weibliche Brustdrüse, Mamma**
Sagittalschnitt

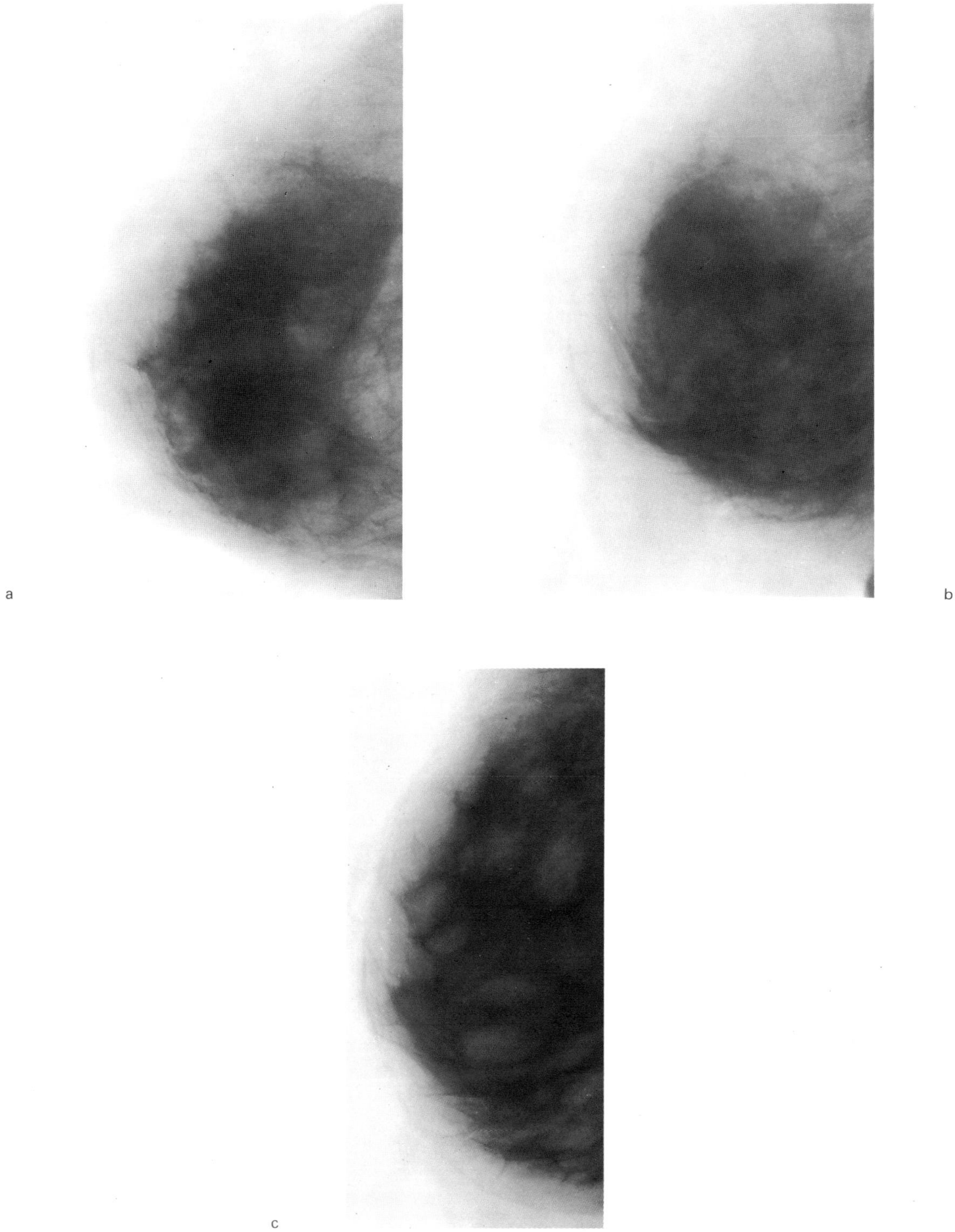


**206**
**Mammographie**
Erwachsenenalter. a Strahlengang craniocaudal, b Strahlengang mediolateral, c Strahlengang mediolateral, Involution des Drüsenkörpers

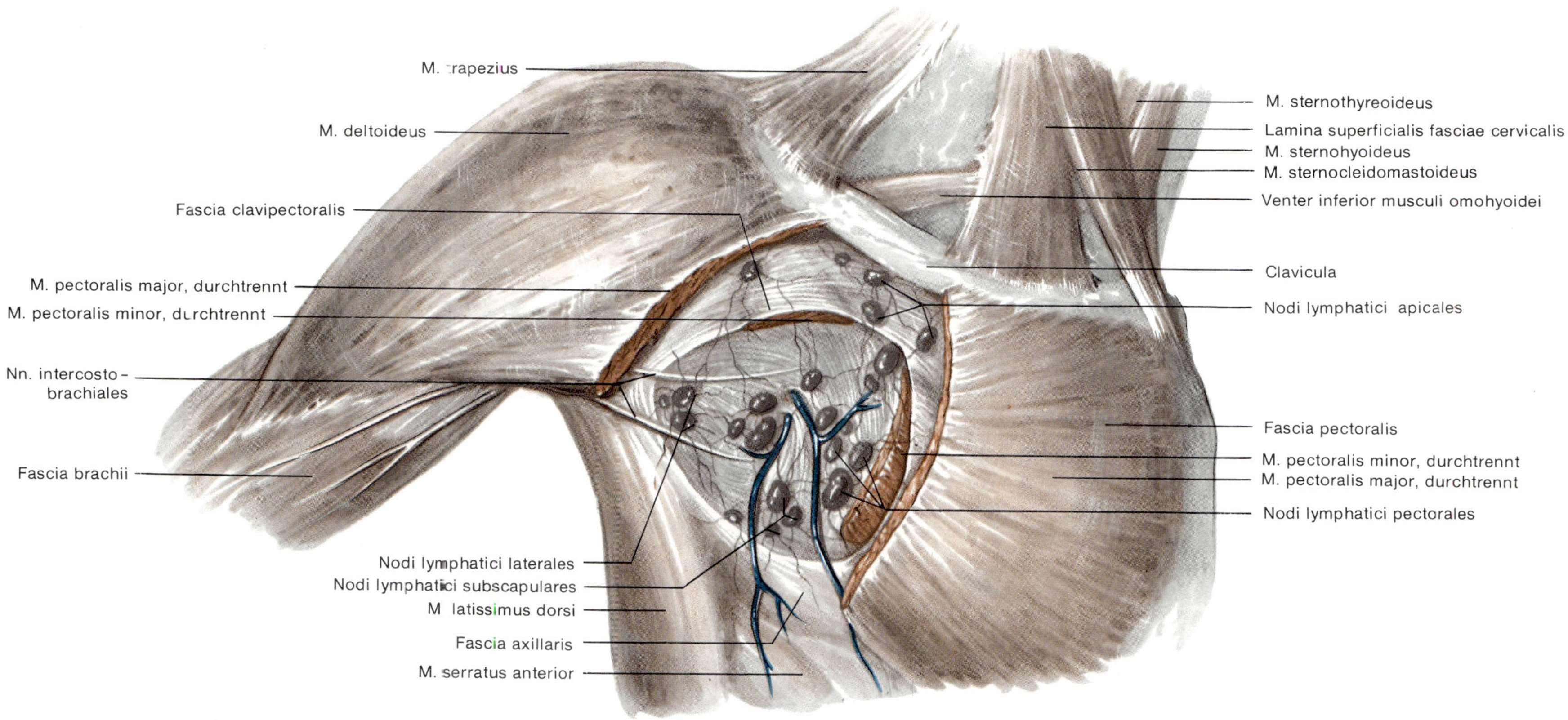


**207**
**Lymphknoten der rechten Achselhöhle, Nodi lymphatici axillares**
von ventral lateral. M. pectoralis major, M. pectoralis minor und Fascia clavipectoralis teilweise entfernt. Faszien erhalten

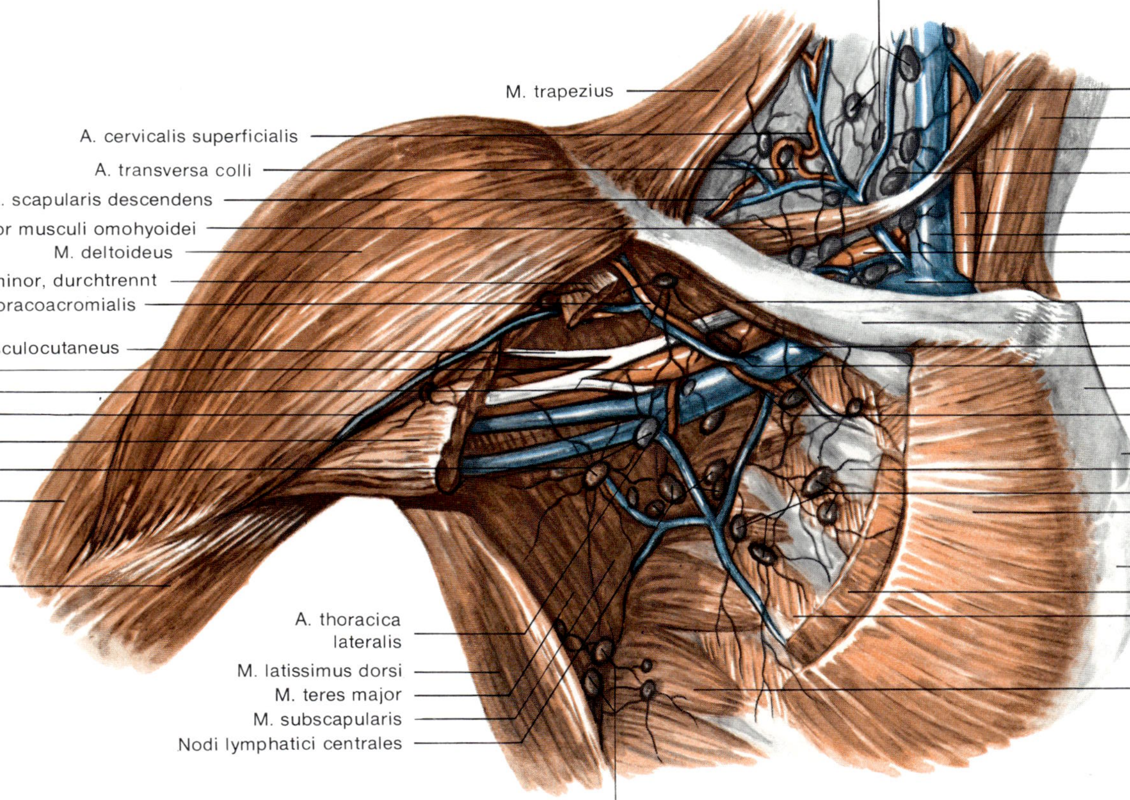


**208**

**Lymphknoten der rechten Achselhöhle, Nodi lymphatici axillares, tiefe Halslymphknoten, Nodi lymphatici cervicales profundi**

M. pectoralis major und M. pectoralis minor durchtrennt, mehrere Blutgefäße und Nerven sowie M. sternocleidomastoideus entfernt. Mm. scaleni nicht dargestellt

# RUMPFEINGEWEIDE

## Baucheingeweide

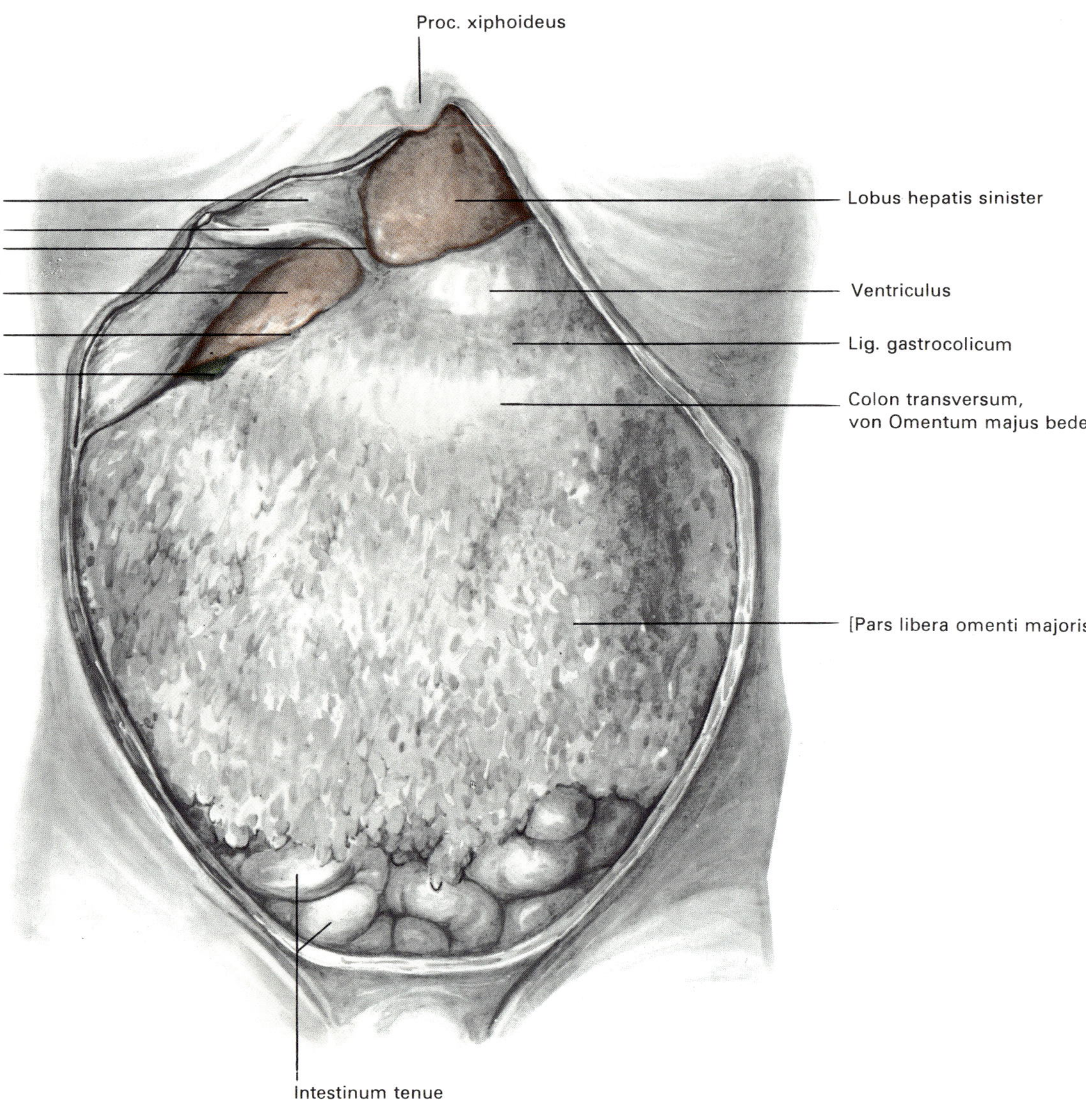


**209**
**Baucheingeweide in situ**
von vorn. Das große Netz, Omentum majus, bedeckt den Darm. Lig. falciforme hepatis nach rechts oben geschlagen

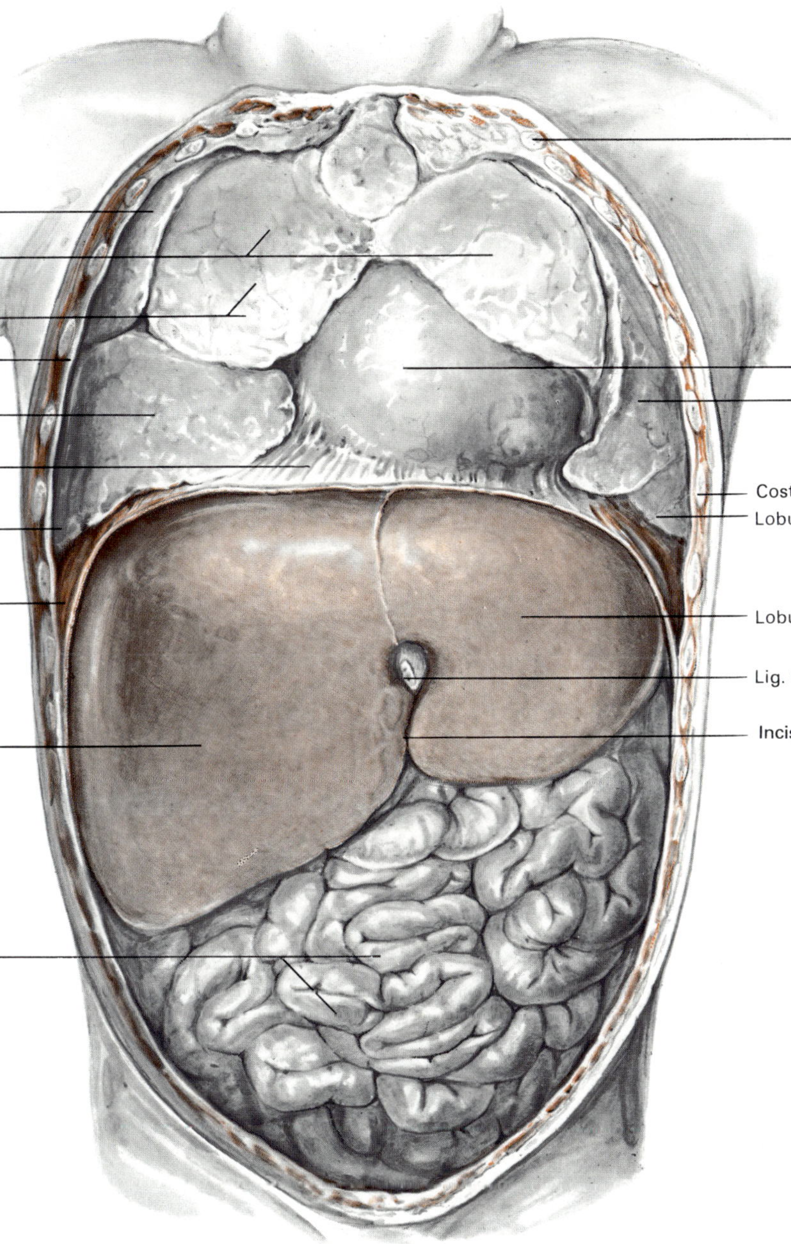


**210**
**Brust- und Baucheingeweide in situ**
eines Neugeborenen, von vorn. Ventrale Brust- und Bauchwand, vordere Teile des Zwerchfells und Pars libera omenti majoris entfernt. Den oberen Teil des Mediastinum anterius füllt der Thymus aus, den oberen Bauchsitus die Leber

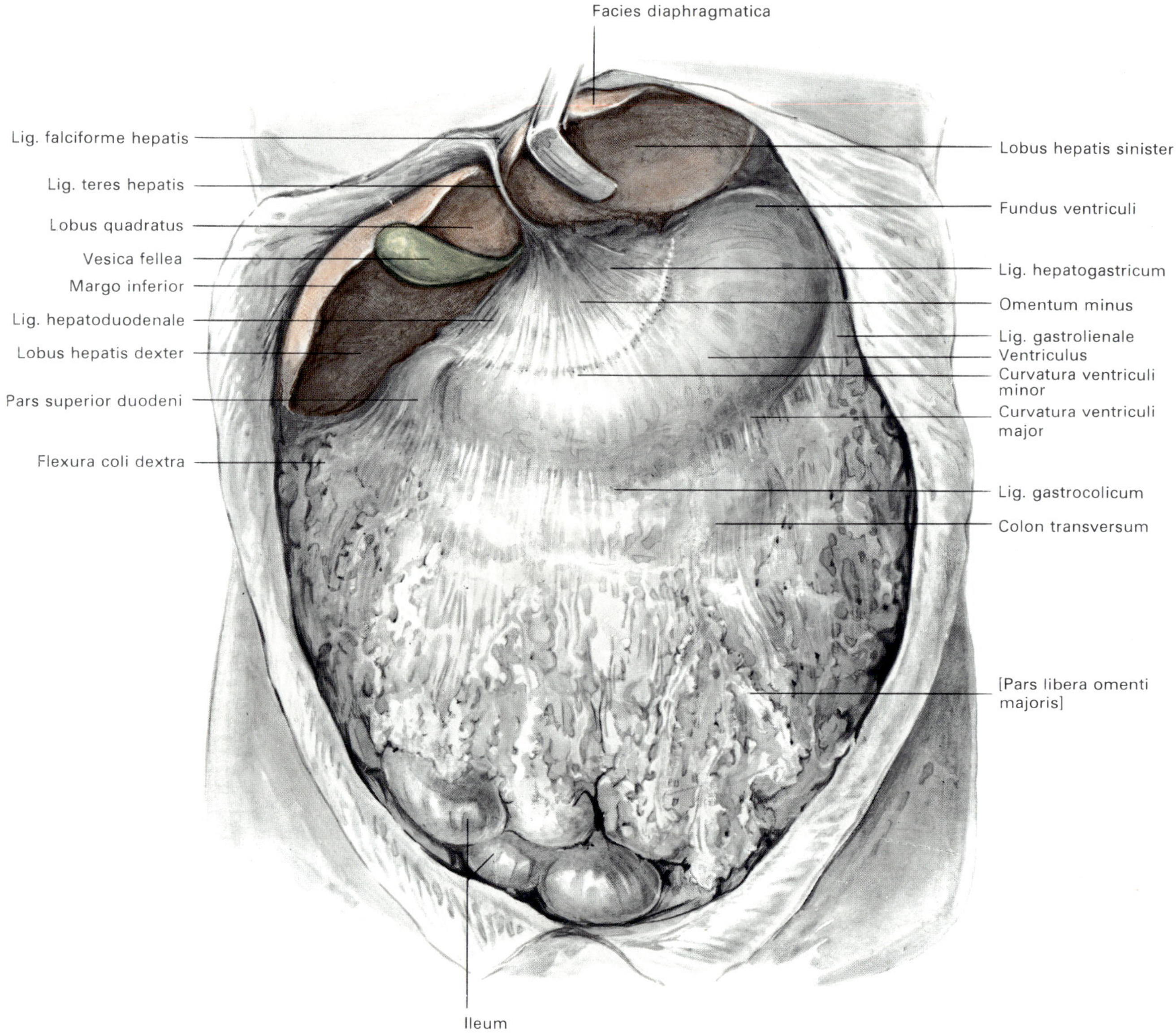


**211**
**Baucheingeweide**
von vorn. Leber, Hepar, nach rechts oben gezogen, Teile der Facies visceralis sichtbar. Kleines Netz, Omentum minus, großes Netz, Omentum majus

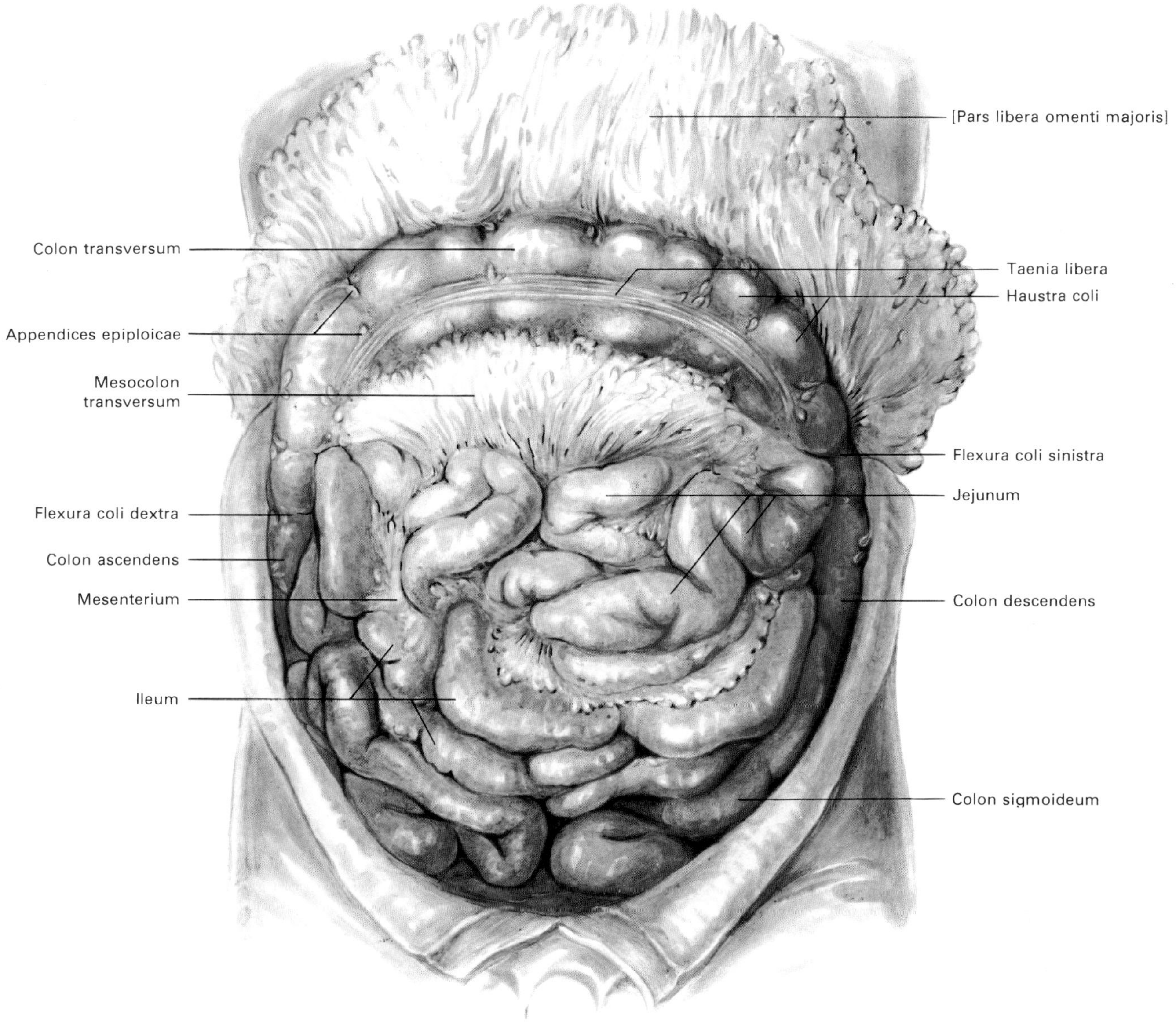


**212**
**Baucheingeweide**
von vorn. Unterer Bauchsitus. Querverlaufender Dickdarm, Colon transversum, mit Mesocolon transversum und Pars libera omenti majoris nach oben geschlagen

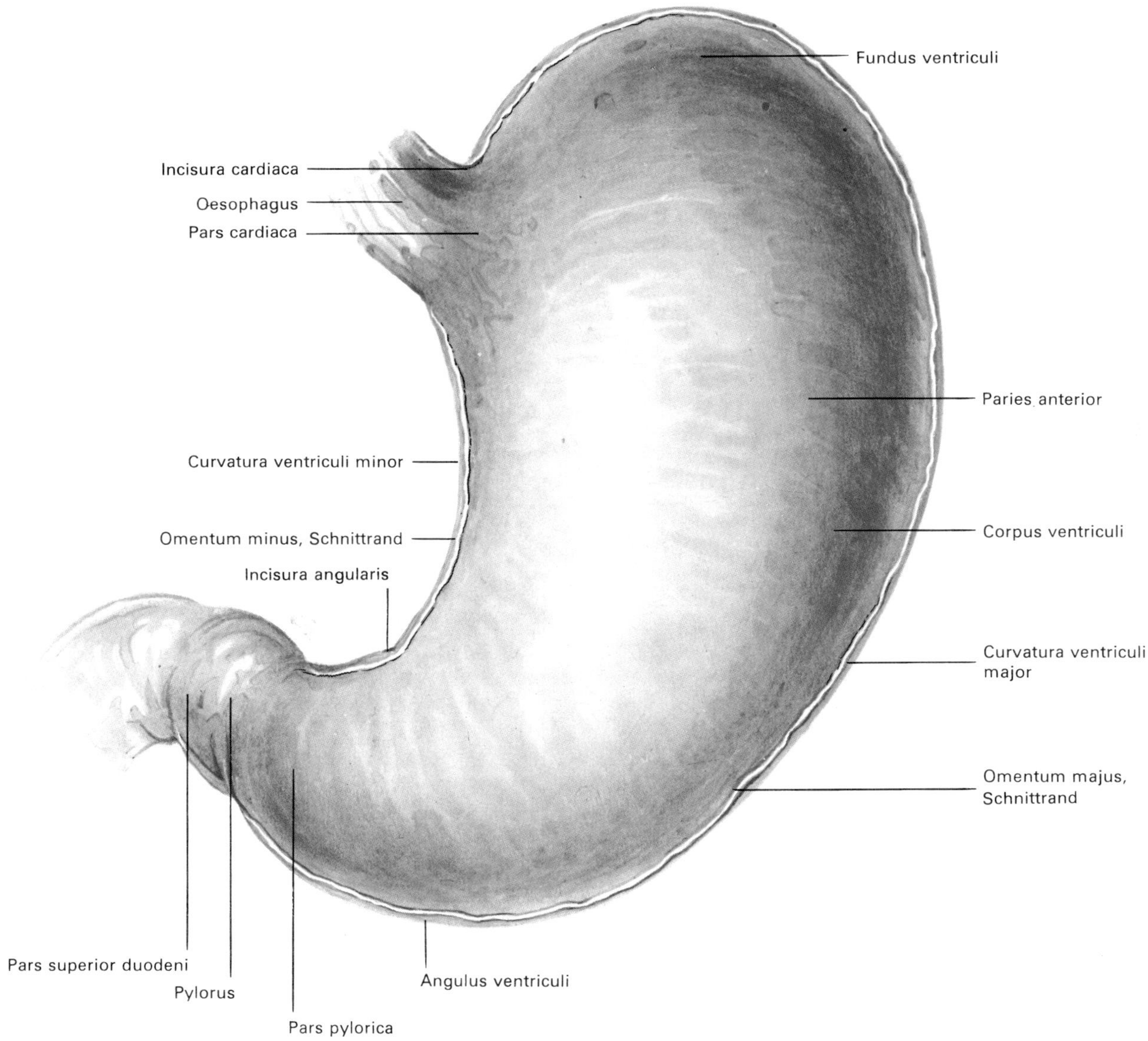


**213**
**Magen, Ventriculus, Gaster**
von ventral. Kleines Netz, Omentum minus, an der Curvatura ventriculi minor, großes Netz, Omentum majus, an der Curvatura ventriculi major abgetrennt

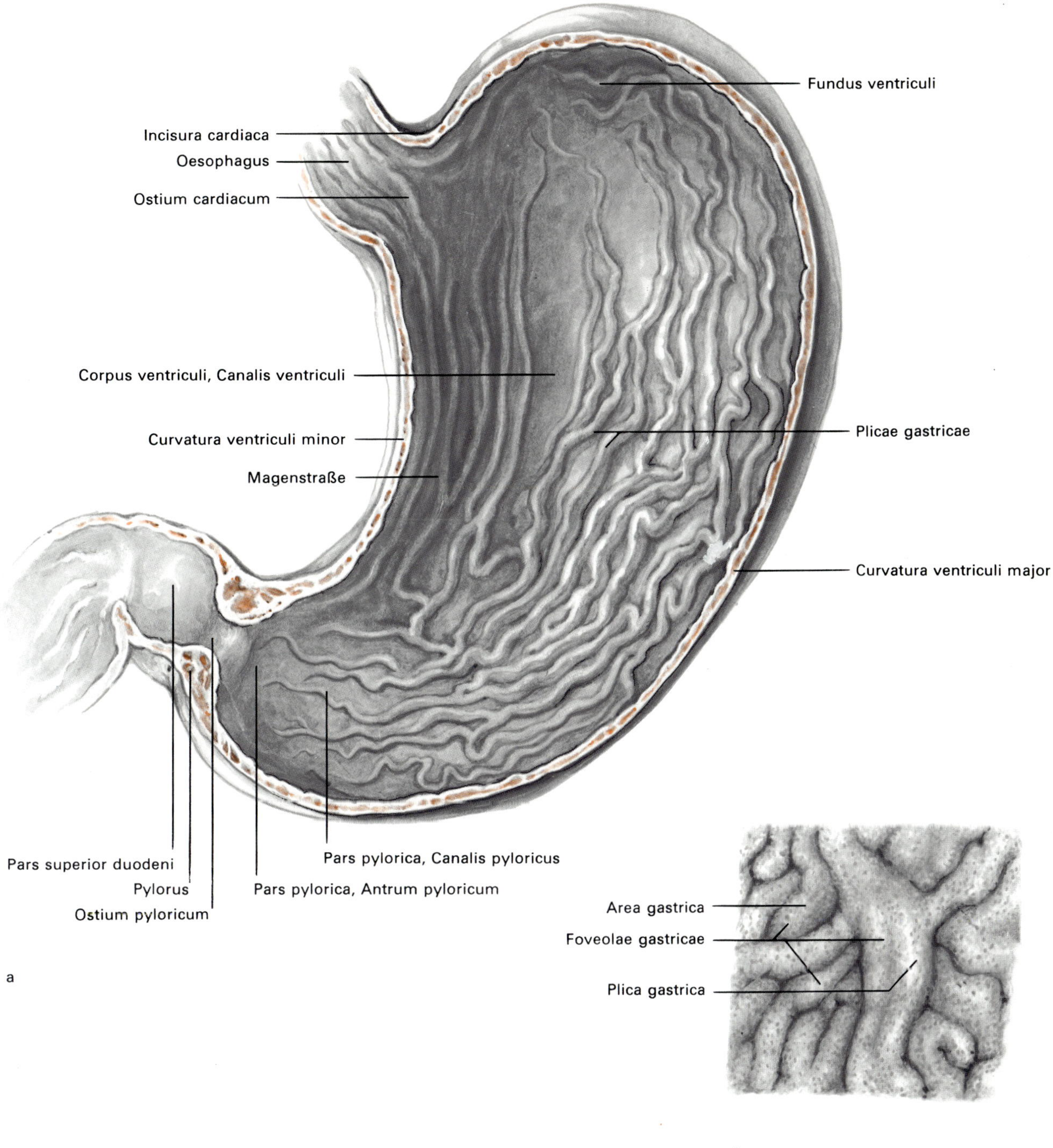


**214**
**Magen, Ventriculus, Gaster**
a von ventral, eröffnet. Schleimhautrelief. b Schleimhaut des Corpus ventriculi bei Lupenvergrößerung. Die Foveolae gastricae entsprechen den Mündungen der Glandulae gastricae

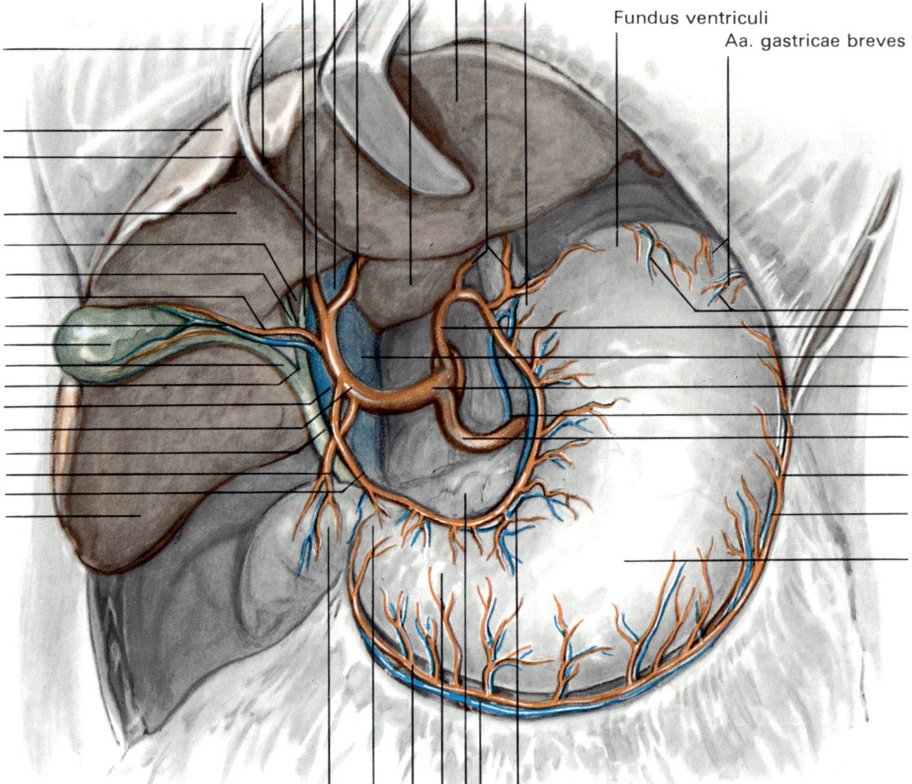


**215**

**Oberer Bauchsitus**

von vorn. Leber nach oben gezogen, Omentum minus entfernt, vorderes Blatt des Omentum majus an der Curvatura ventriculi major zur Darstellung der Blutgefäße aufgeschnitten. Äste des Truncus coeliacus. »Leberstrang«: Ductus choledochus, V. portae, A. hepatica propria. Facies visceralis der Leber mit Porta hepatis

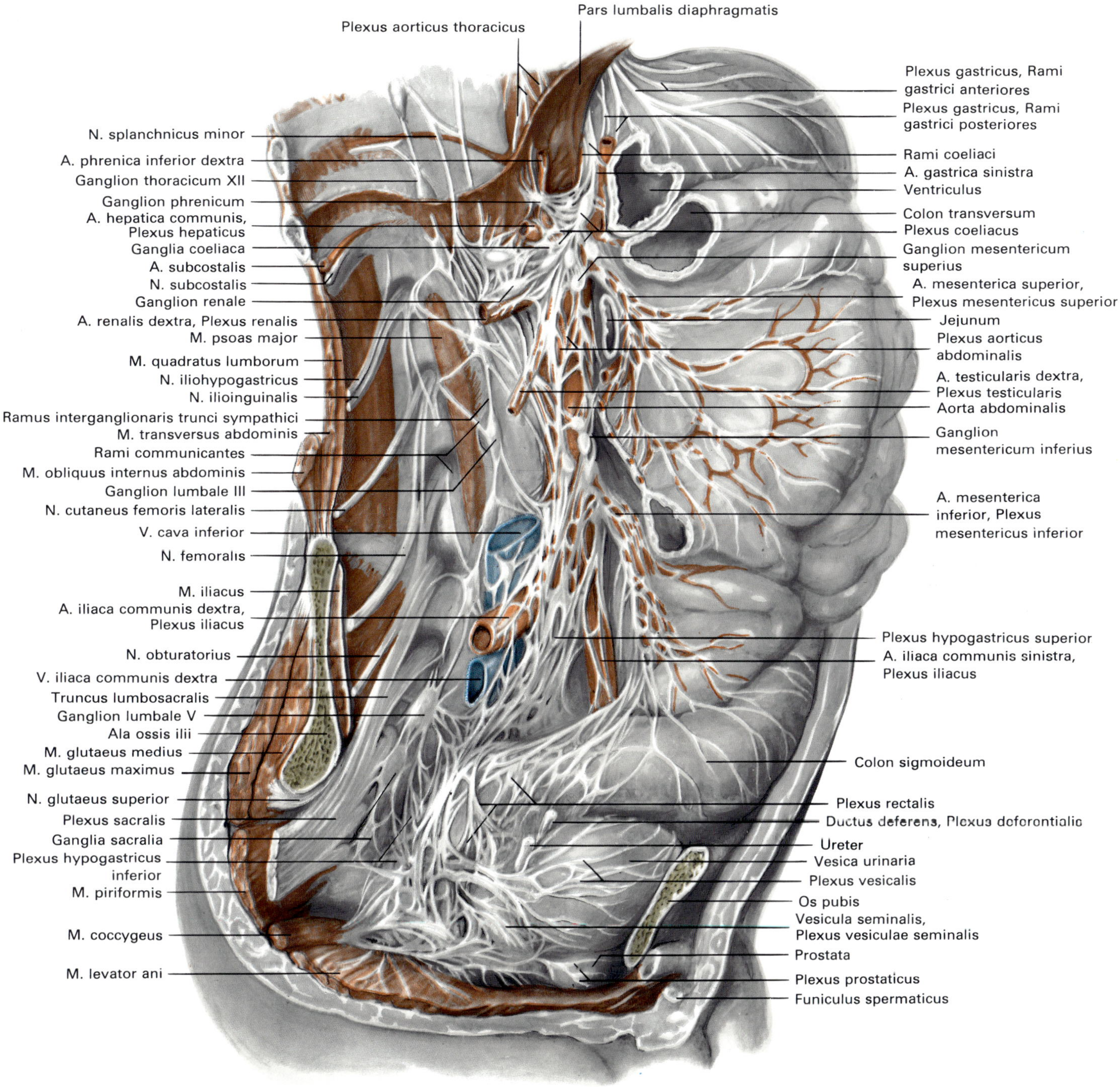


**216**
**Rechter Grenzstrang, Truncus sympathicus, und Bauchteil der Nervi vagi**
von rechts. Äste zu den Bauch- und Beckeneingeweiden. Nach Hirschfeld und Leveillé, verändert

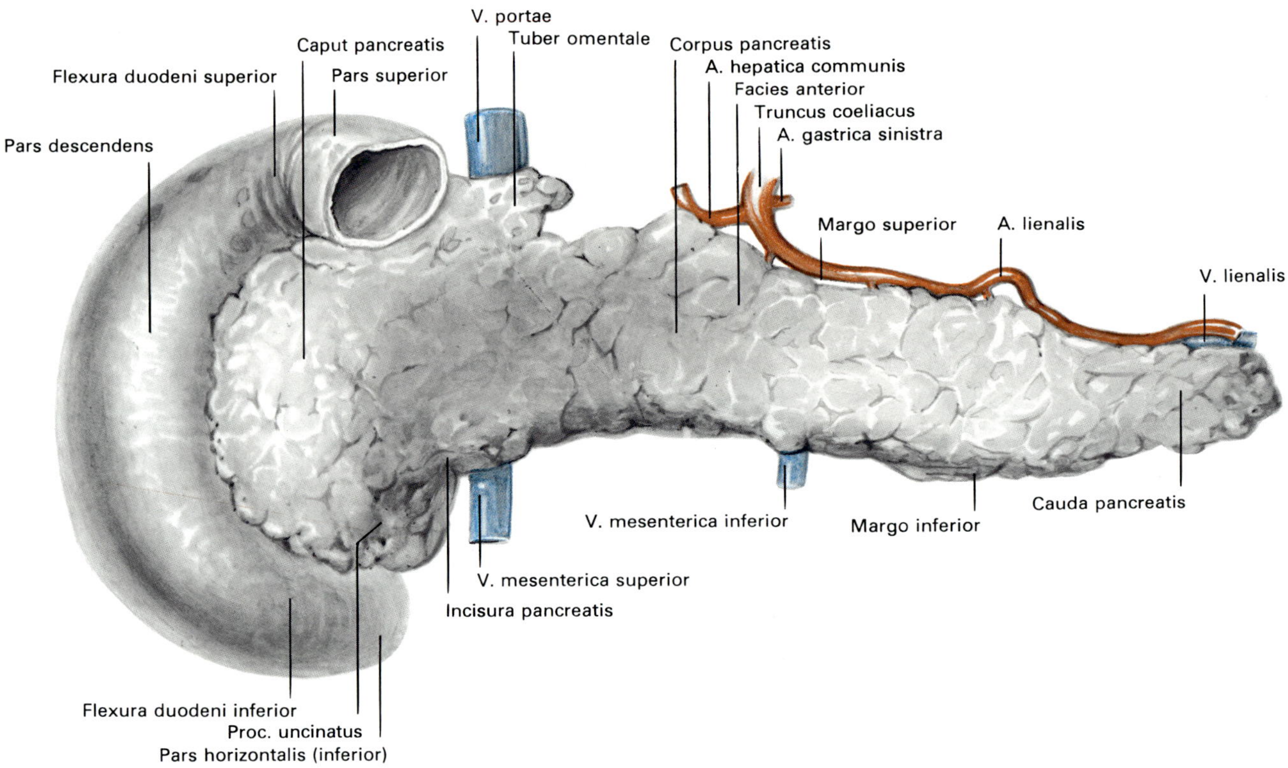


**217**
**Zwölffingerdarm, Duodenum, und Bauchspeicheldrüse, Pancreas**
von ventral. V. portae, A. lienalis

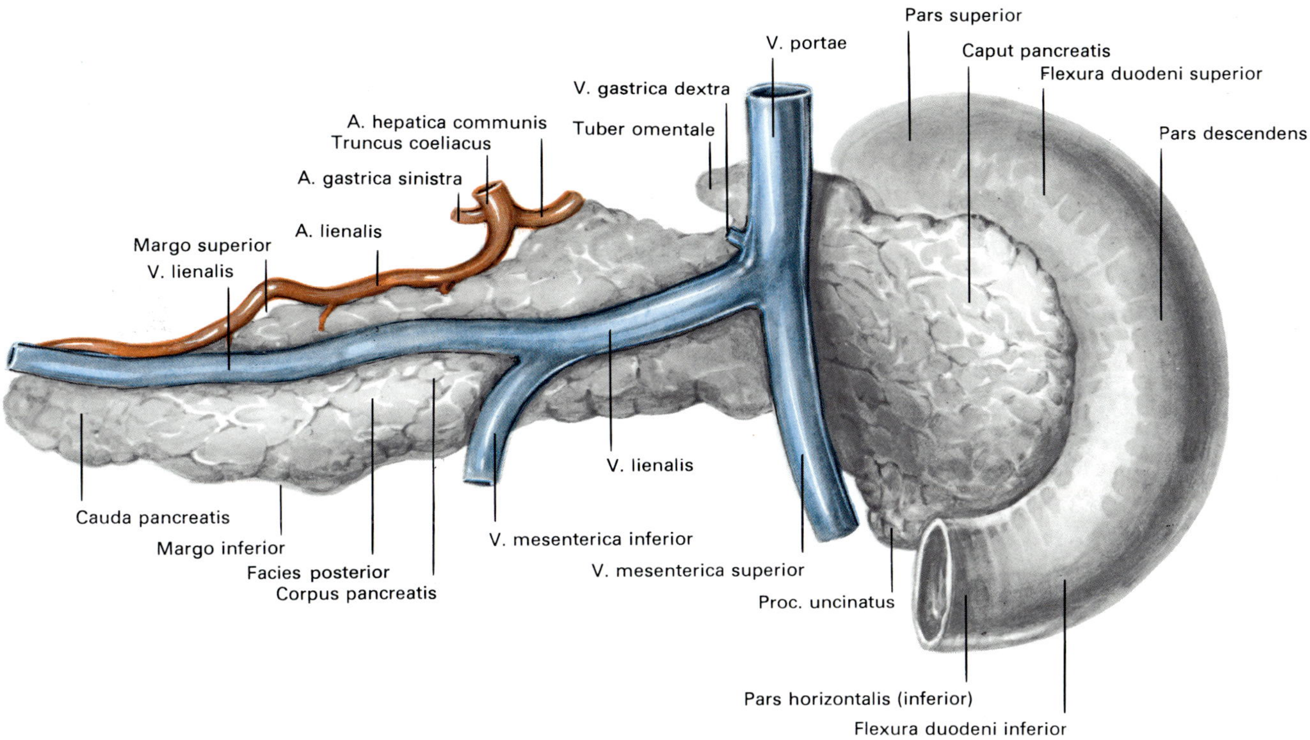


**218**
**Zwölffingerdarm, Duodenum, und Bauchspeicheldrüse, Pancreas**
von dorsal. V. portae mit Zuflüssen, A. lienalis

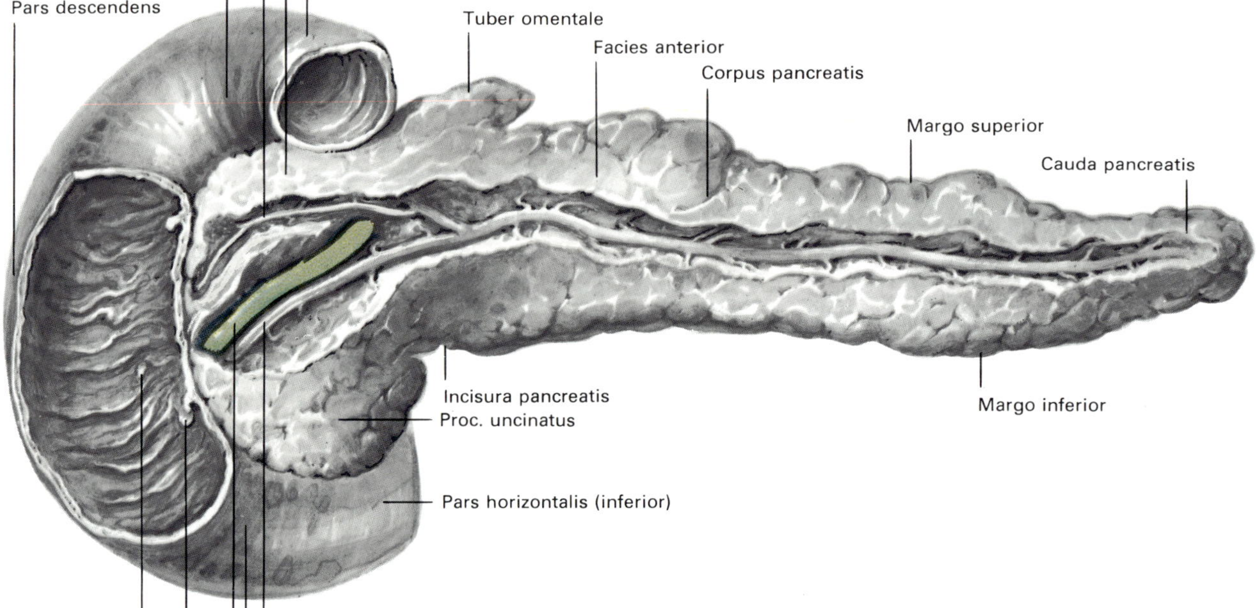


219

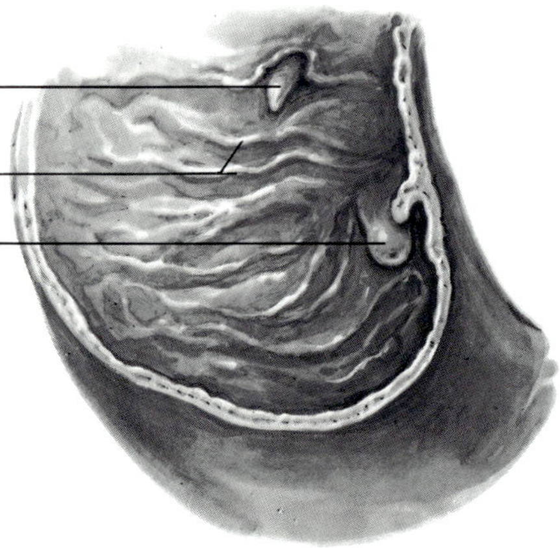


220

**219**
**Zwölffingerdarm, Duodenum, und Bauchspeicheldrüse, Pancreas**
von ventral. Pars descendens duodeni eröffnet. Ductus choledochus, Ductus pancreaticus und Ductus pancreaticus accessorius präpariert

**220**
**Teil der Pars descendens duodeni**
von ventral eröffnet. Papilla duodeni major, Papilla duodeni minor, Plicae circulares

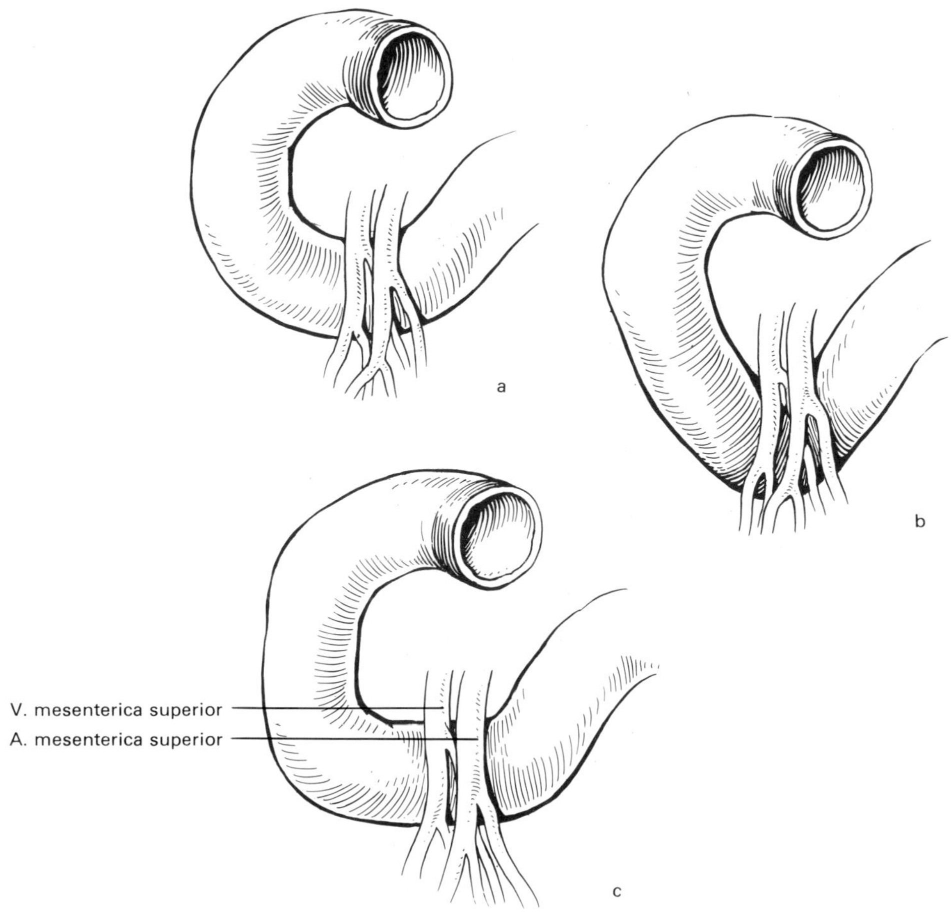


**221**
**Zwölffingerdarm, Duodenum**
von ventral. Verschiedene Formen. a C-förmig, b V-förmig und c U-förmig. Lagebeziehungen der Vasa mesenterica superiora zu der Vorderfläche des Zwölffingerdarmes

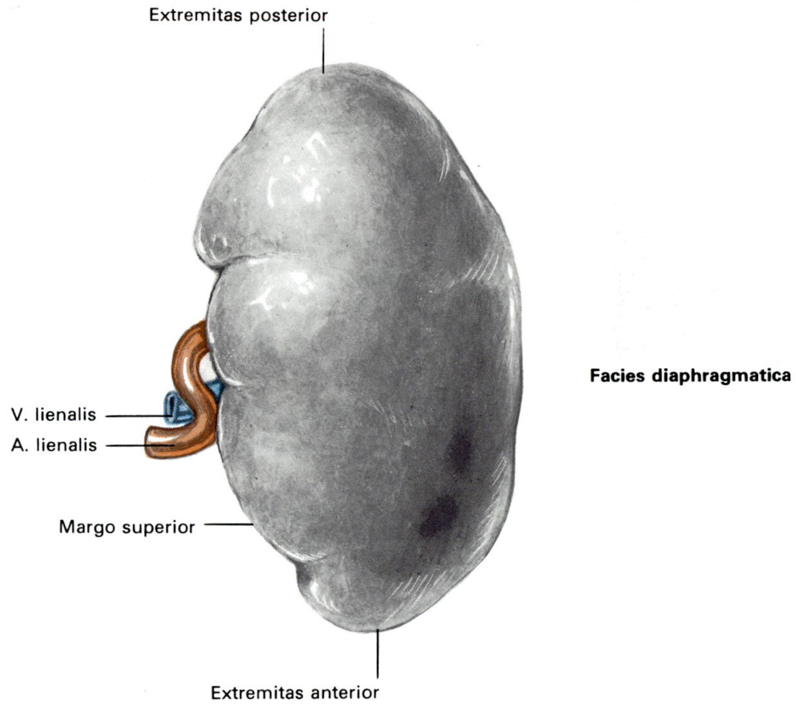


**222**
**Milz, Lien**
Zur Darstellung der Facies diaphragmatica wurde die Milz nach vorn und unten gedreht

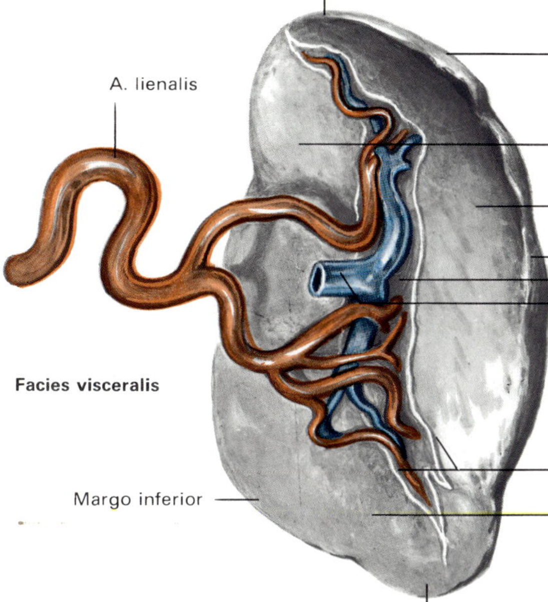


**223**
**Milz, Lien**
Zur Darstellung von Facies visceralis und Hilus wurde die Milz etwas nach hinten gedreht

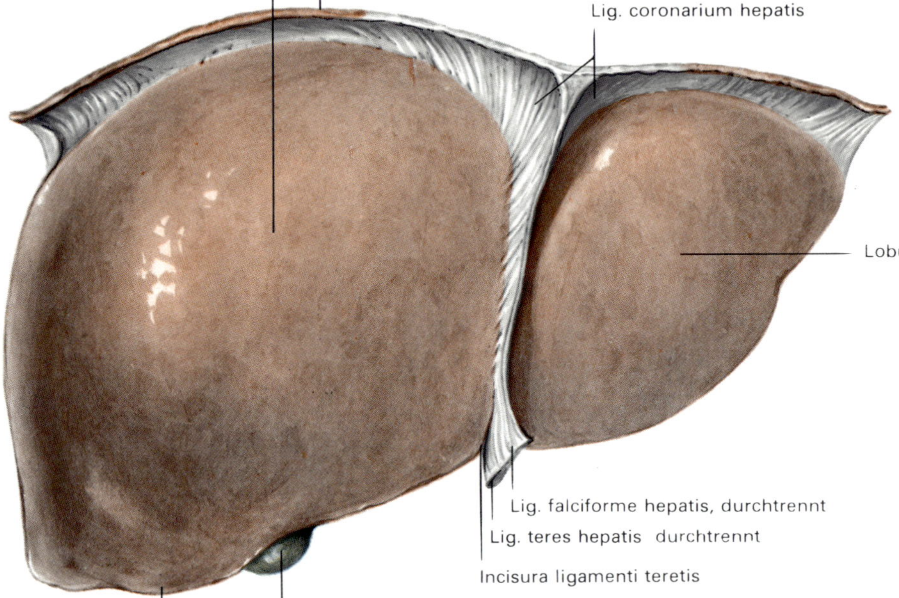


**224**
**Leber, Hepar**
von ventral. Facies diaphragmatica, Lig. falciforme hepatis

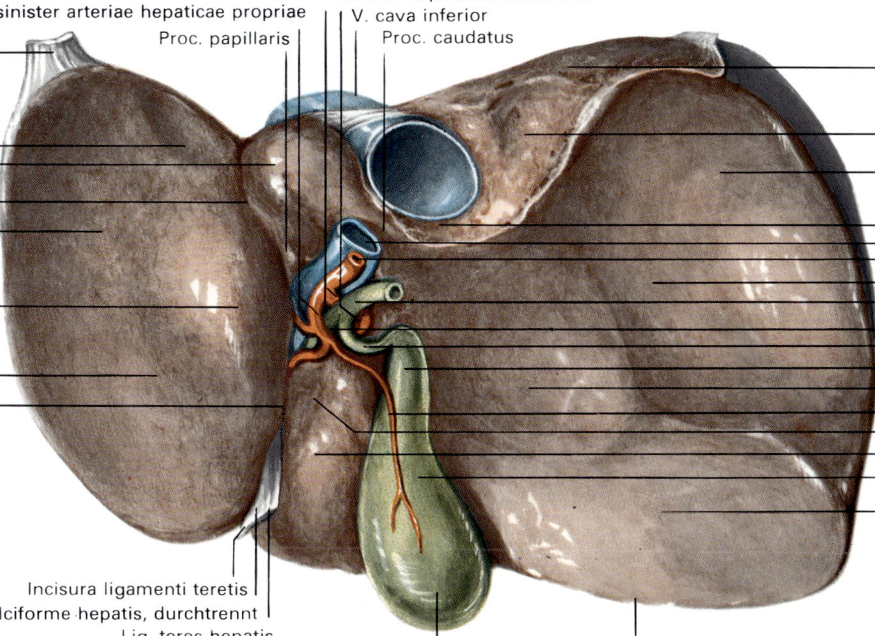


**225**
**Leber, Hepar, und Gallenblase, Vesica fellea**
von dorsal. Facies visceralis, Leberpforte, Porta hepatis; V. cava inferior. Teile der Area nuda

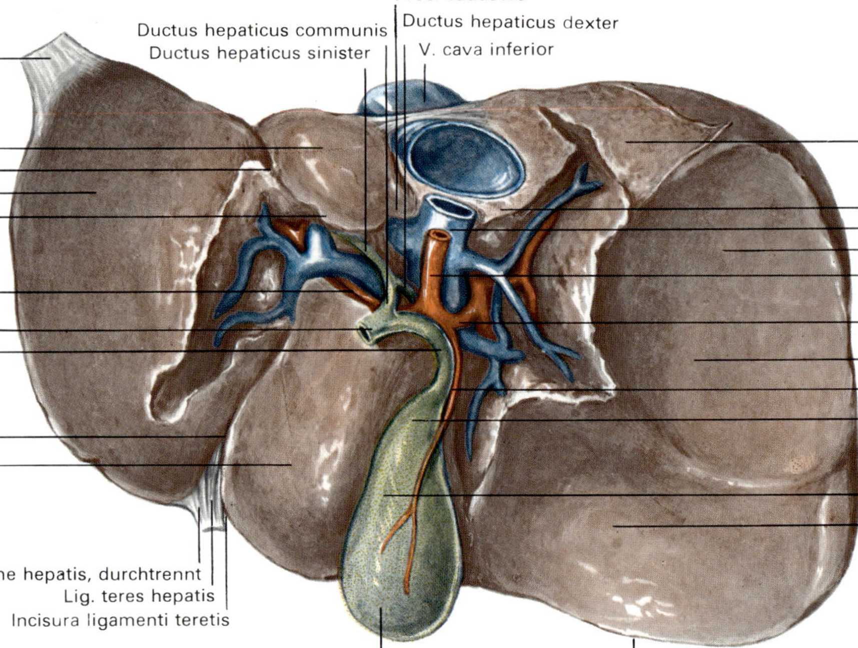


**226**

**Leber, Hepar, und Gallenblase, Vesica fellea**

von dorsal. Facies visceralis, Leberpforte, Porta hepatis. Präparation der Aufteilung von V. portae, A. hepatica propria. Extrahepatische Gallengänge

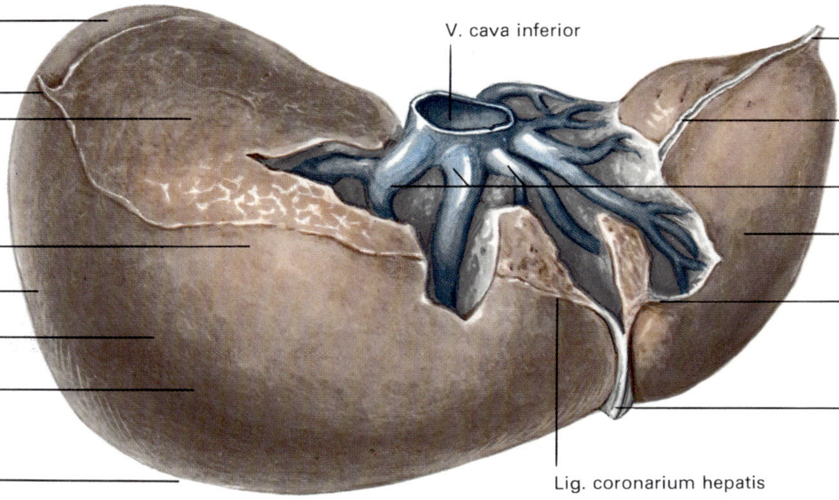


**227**
**Leber, Hepar**
von oben. Facies diaphragmatica. Präparation der Venae hepaticae

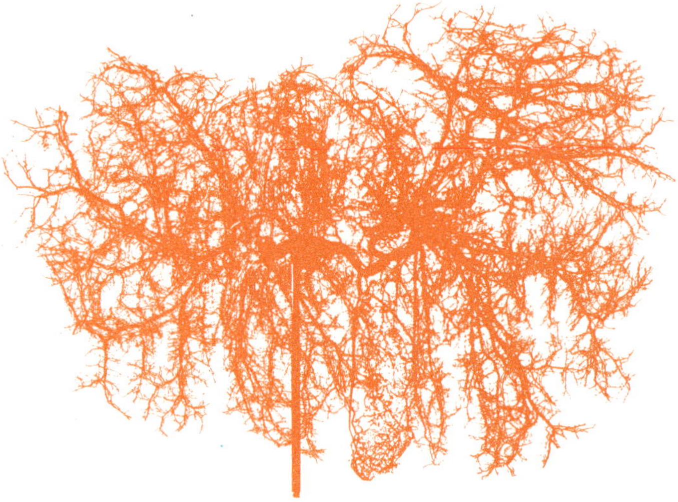

a

b

c

**228**
**Leber, Hepar**
Füllung mit Methacrylat und anschließende Korrosion a der A. hepatica propria, b der V. portae, c der Gallenwege

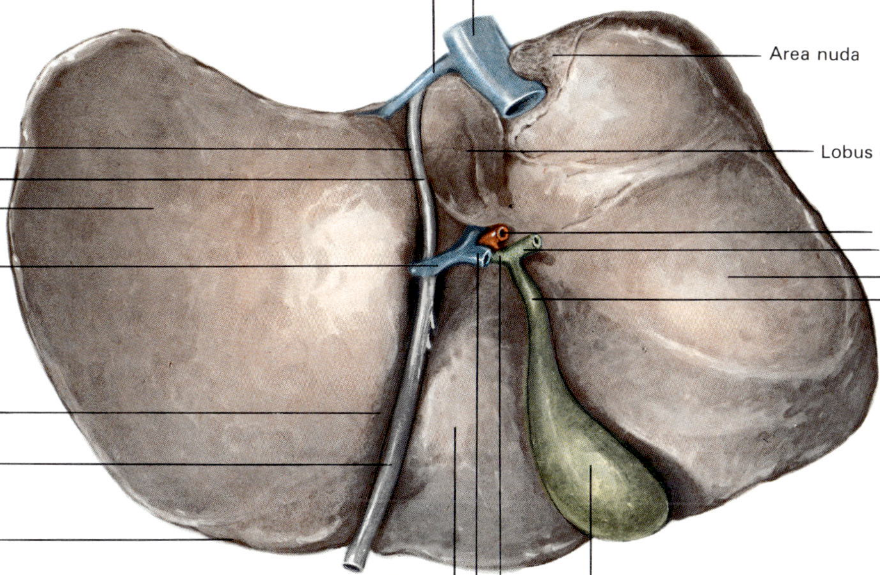


**229**
**Leber, Hepar**
eines Neugeborenen, von dorsal. Facies visceralis. V. umbilicalis, Ductus venosus

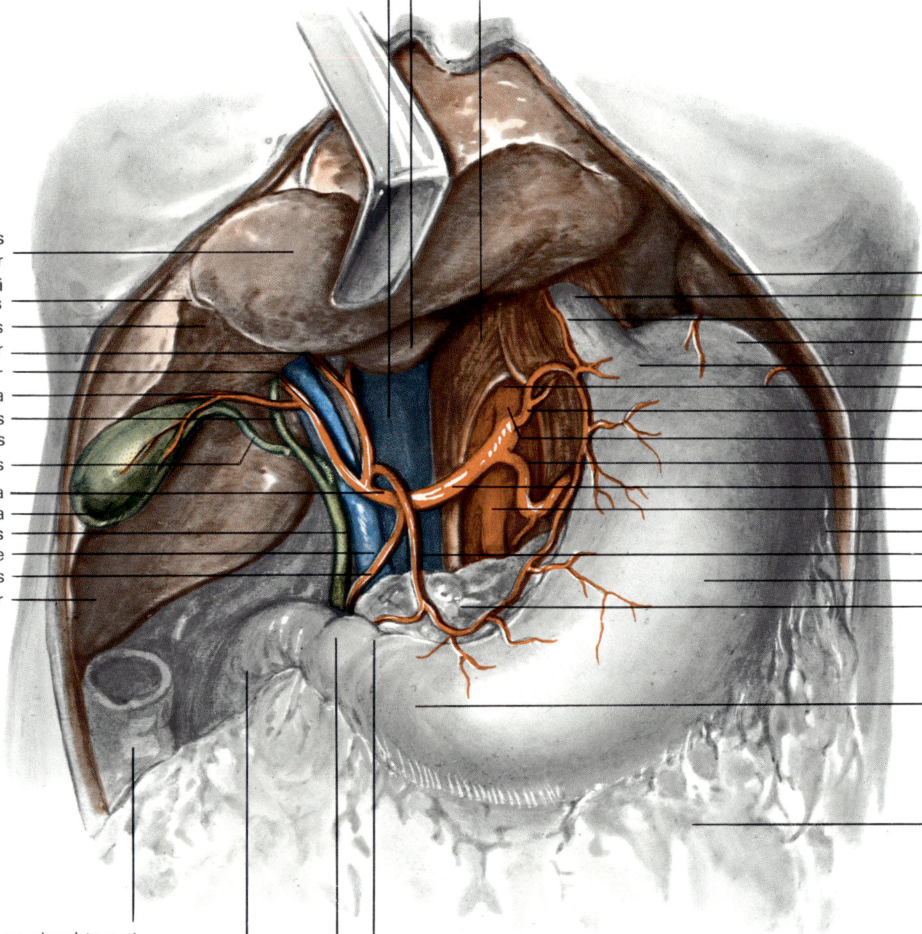


**230**
**Oberer Bauchsitus**
von vorn. Leber nach oben gezogen, Omentum minus entfernt. Truncus coeliacus. Kurze A. hepatica propria, Ursprung der A. gastrica dextra aus dem Ramus sinister arteriae hepaticae propriae, Kreuzung von Ductus cysticus und Ductus hepaticus communis. Vergleiche den »Leberstrang« mit dem auf Abb. 215

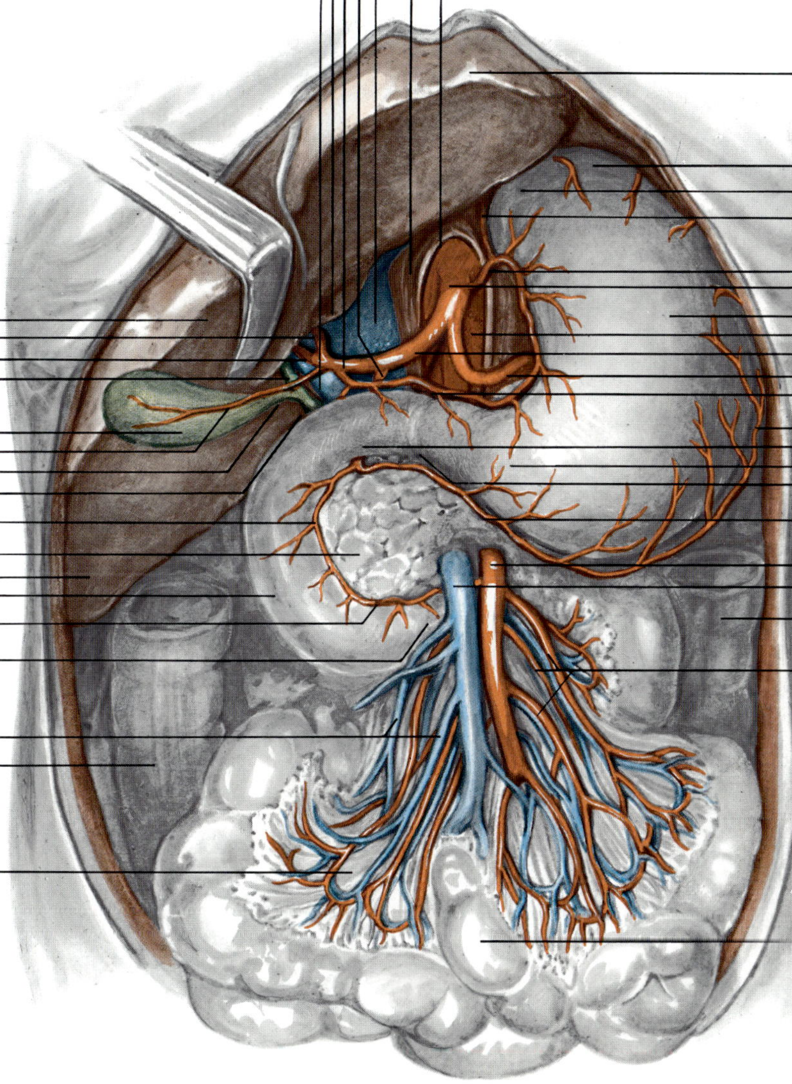


**231**
**Baucheingeweide**
von vorn. Leber nach oben gezogen, Teile von Mesenterium und Dünndarm ausgebreitet. Entfernt wurden: Omentum minus, Omentum majus und Colon transversum mit Mesocolon transversum. Zur Darstellung der Blutgefäße wurde das Peritonaeum entfernt

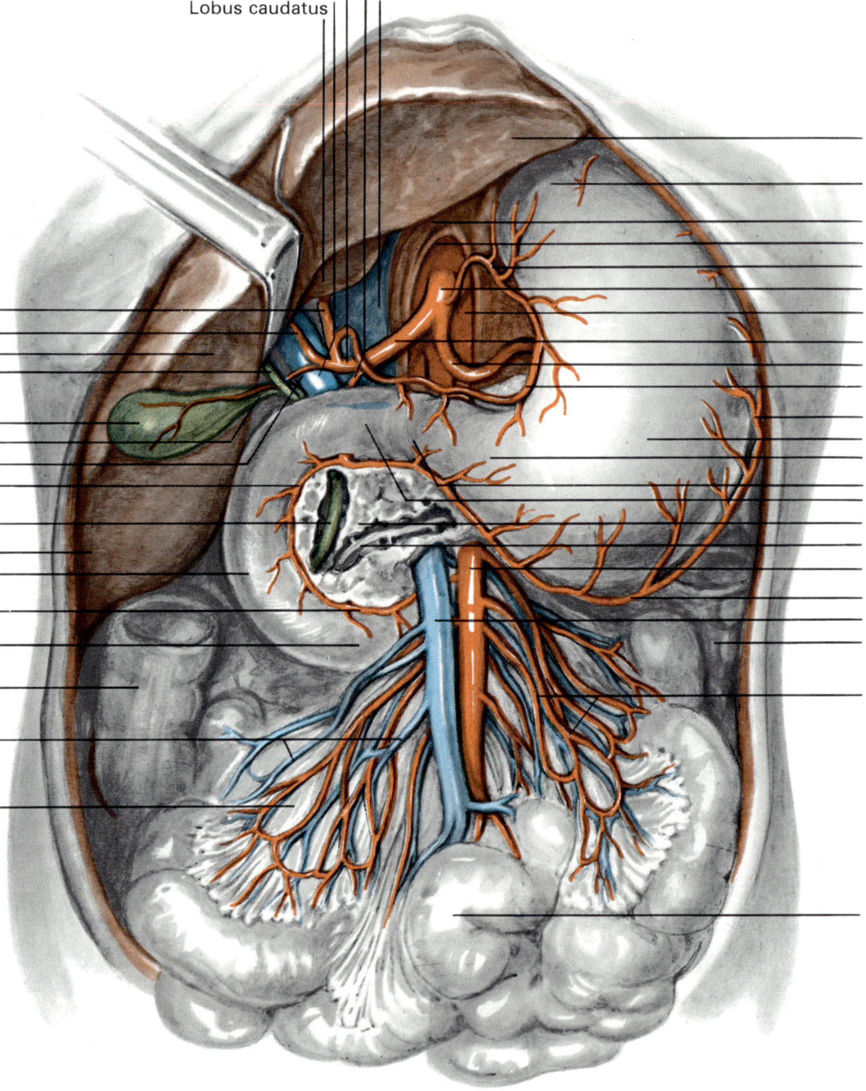


**232**
**Baucheingeweide**
von vorn. Leber nach oben gezogen, Teile von Mesenterium und Dünndarm ausgebreitet. Entfernt wurden: Omentum minus, Omentum majus und Colon transversum mit Mesocolon transversum. Ductus choledochus und Ductus prancreaticus präpariert

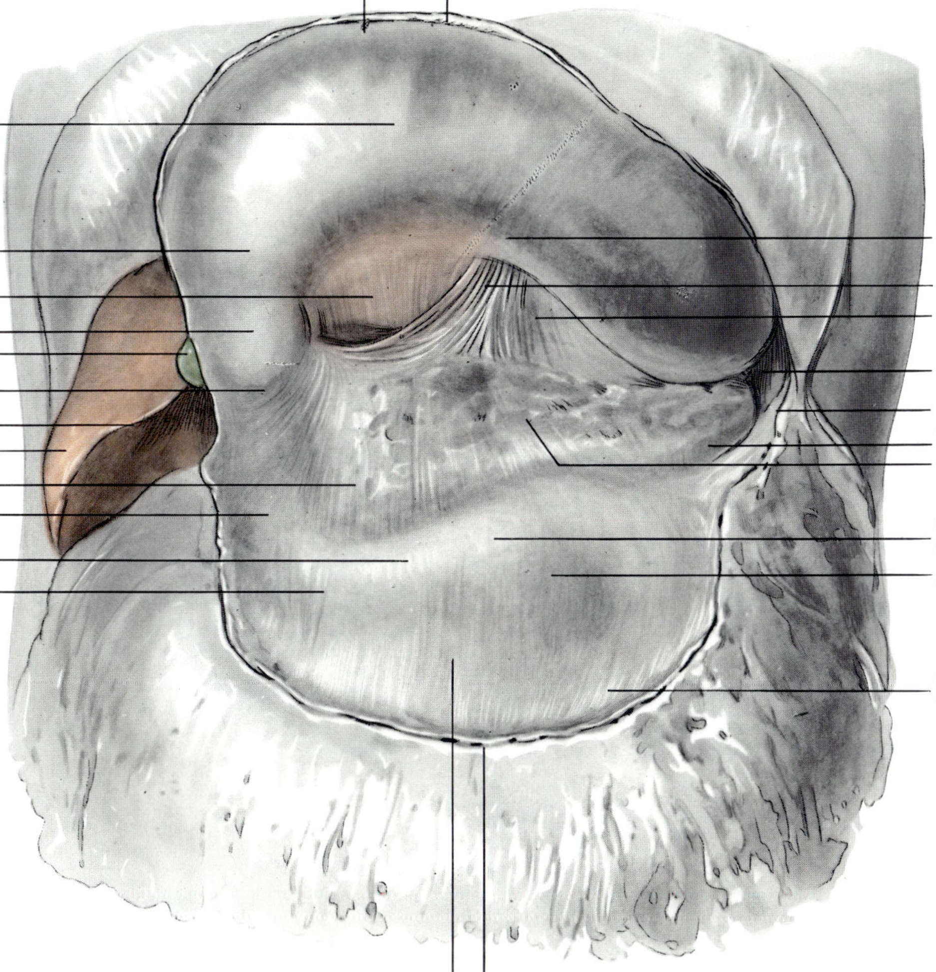


**233**
**Baucheingeweide**
von vorn. Zur Darstellung der Hinterwand des Netzbeutels, Bursa omentalis, wurden das Lig. gastrocolicum und Teile des angrenzenden Lig. gastrolienale durchtrennt und der Magen nach oben geschlagen

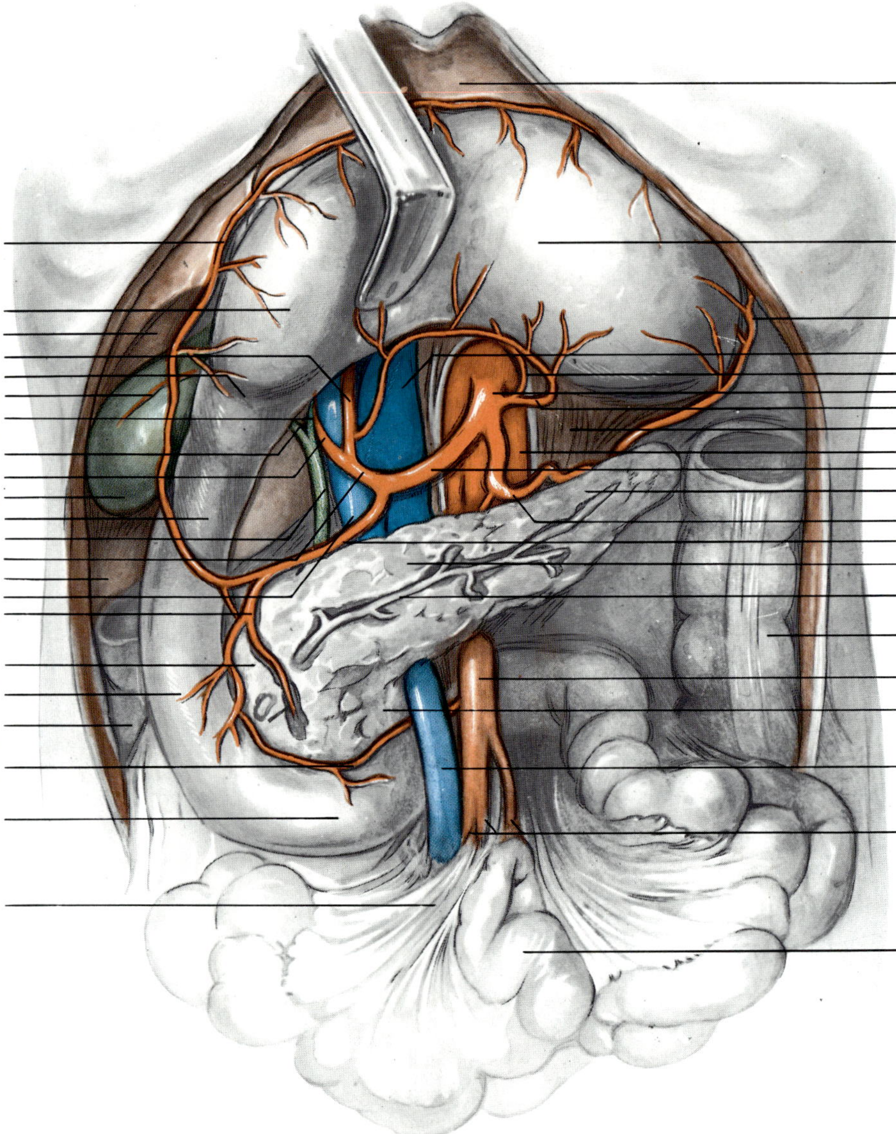


**234**
**Baucheingeweide**
von vorn. Entfernt wurden: Omentum minus, Omentum majus und Colon transversum mit Mesocolon transversum. Der Magen wurde nach oben geschlagen. Präparation von Ductus pancreaticus und Blutgefäßen. Abgang der A. gastrica dextra aus dem Ramus sinister arteriae hepaticae propriae

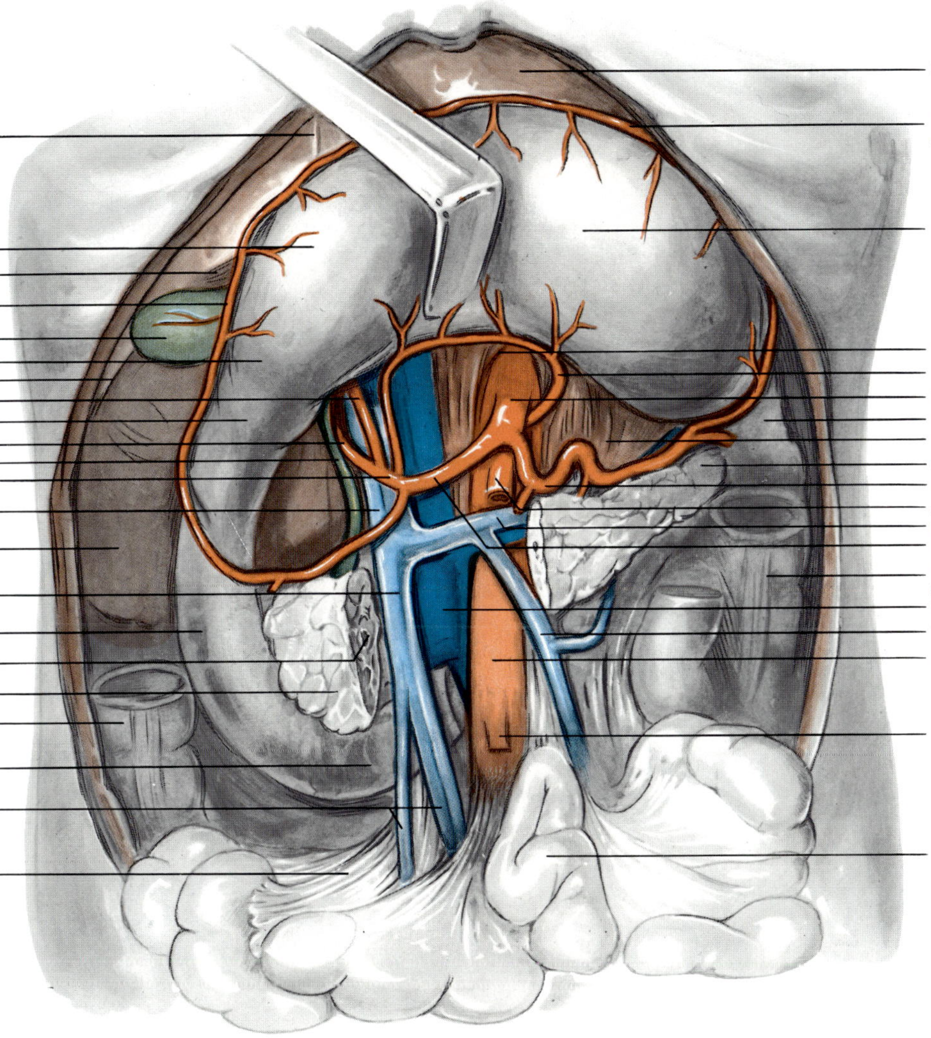


**235**

**Baucheingeweide**

von vorn. Entfernt wurden: Omentum minus, Omentum majus, Colon transversum mit Mesocolon transversum, Teile des Pancreas und Flexura duodenojejunalis. Der Magen wurde nach oben geschlagen. Isolierte Darstellung der Magenarterien und des Zusammenflusses von V. mesenterica superior und V. lienalis

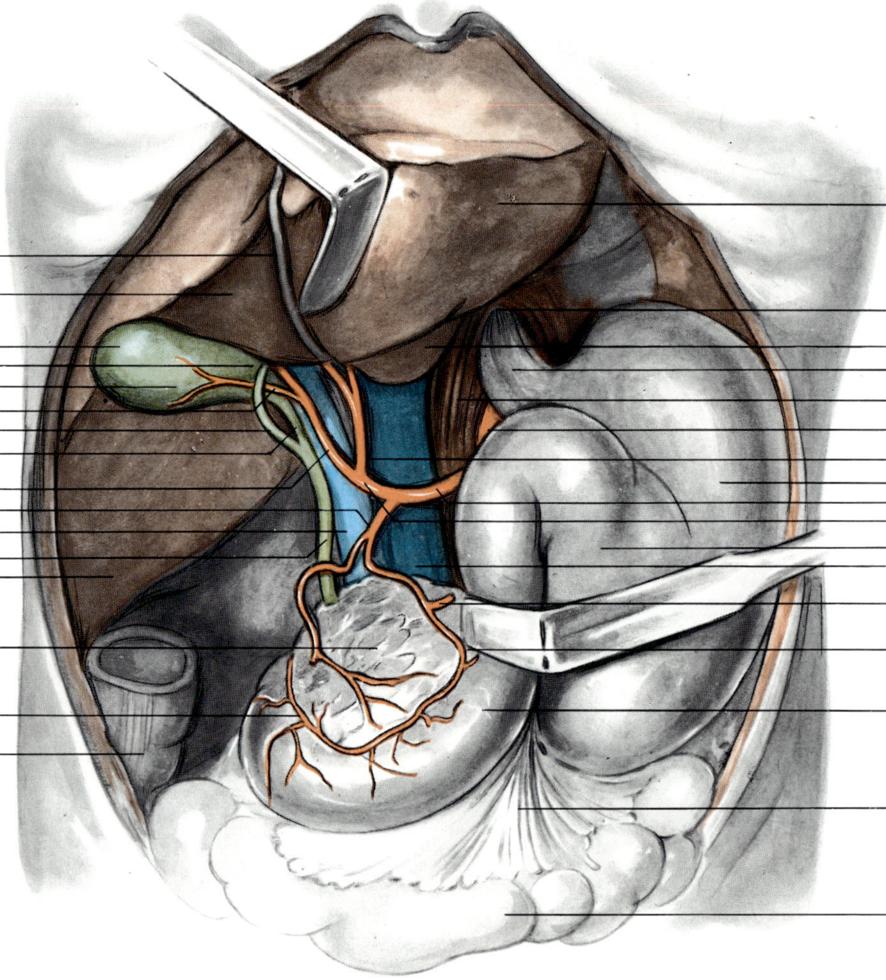


**236**
**Baucheingeweide**
von vorn. Leber nach oben gezogen; Omentum minus, Colon transversum mit Mesocolon transversum entfernt, Duodenum und Caput pancreatis von der hinteren Bauchwand abgelöst und nach unten geschlagen. Der Ductus hepaticus communis kreuzt das Collum vesicae felleae. Magenarterien nicht dargestellt

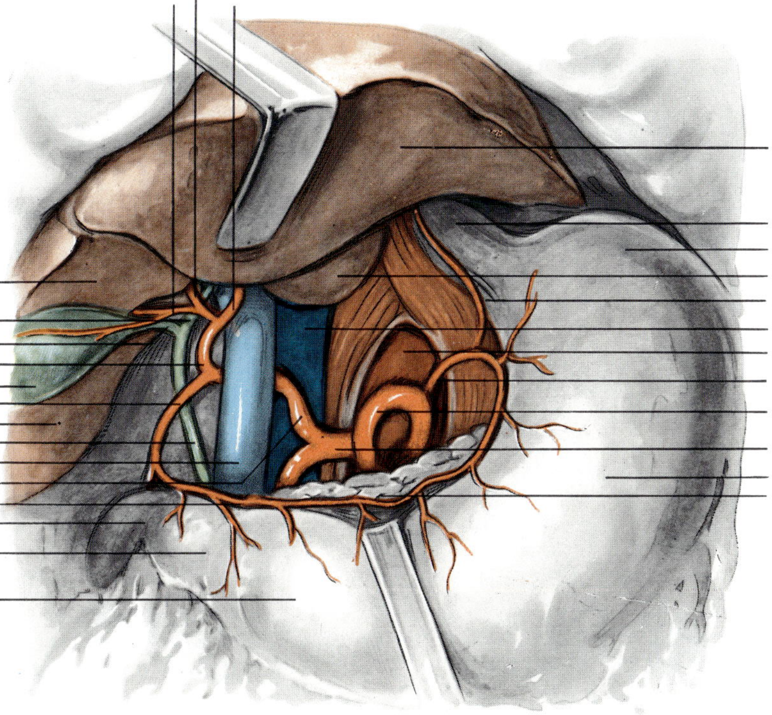


a

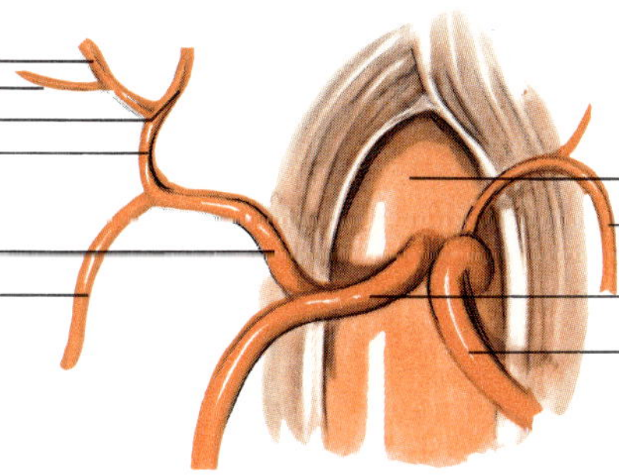


b

**237**

**Oberer Bauchsitus**

a von vorn. Leber nach oben gezogen, Omentum minus entfernt. Getrennter Ursprung von A. lienalis und A. gastrica sinistra aus der Aorta abdominalis. In gleicher Höhe entspringt die A. mesenterica superior, aus der die A. hepatica communis abgeht. Diese wird von der V. portae ventral gekreuzt. b Ausschnitt von Abb. 237a. A. lienalis etwas nach links gezogen

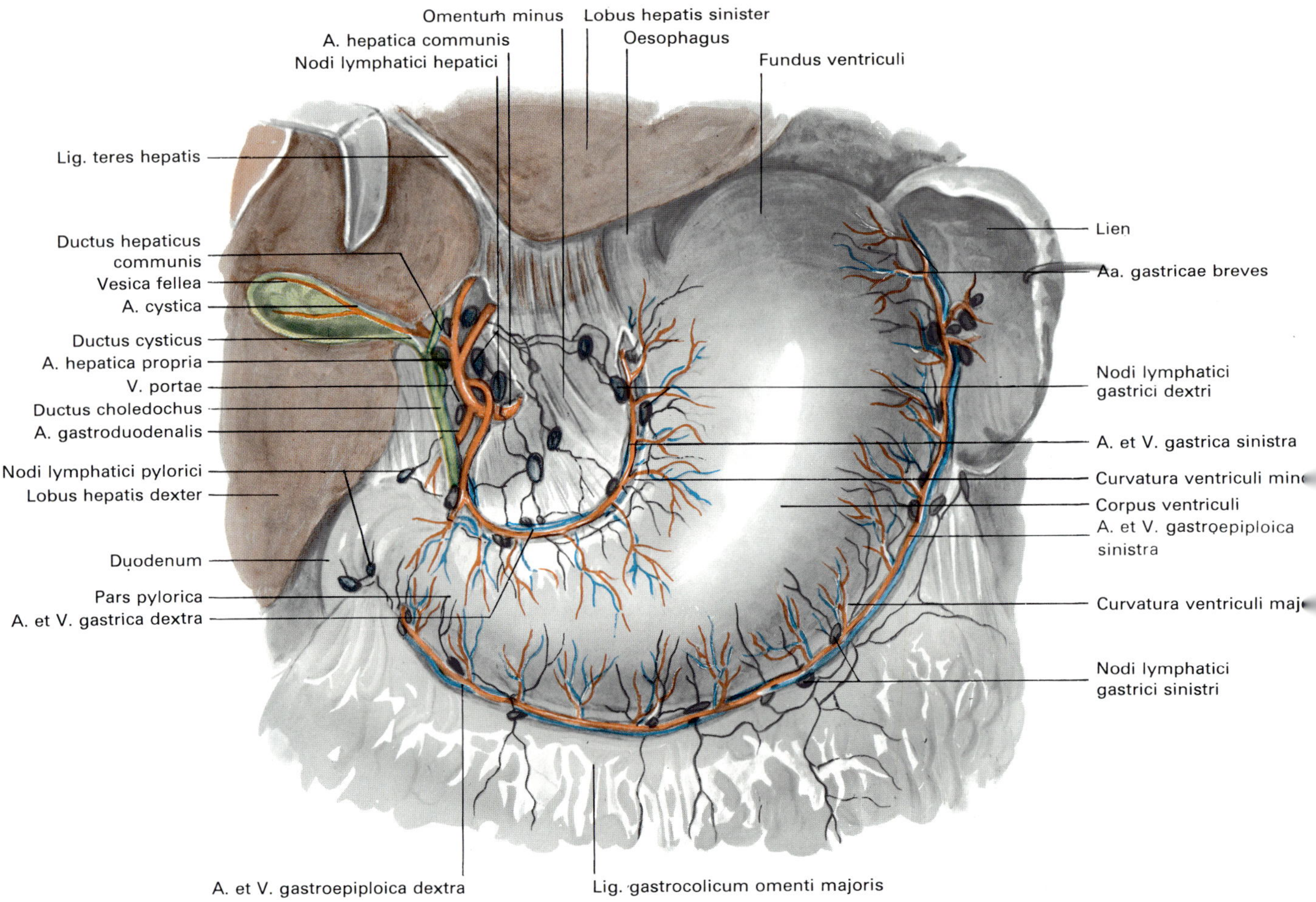


**238**
**Oberer Bauchsitus**
von vorn. Lymphknoten und Lymphgefäße von Magen und Leber

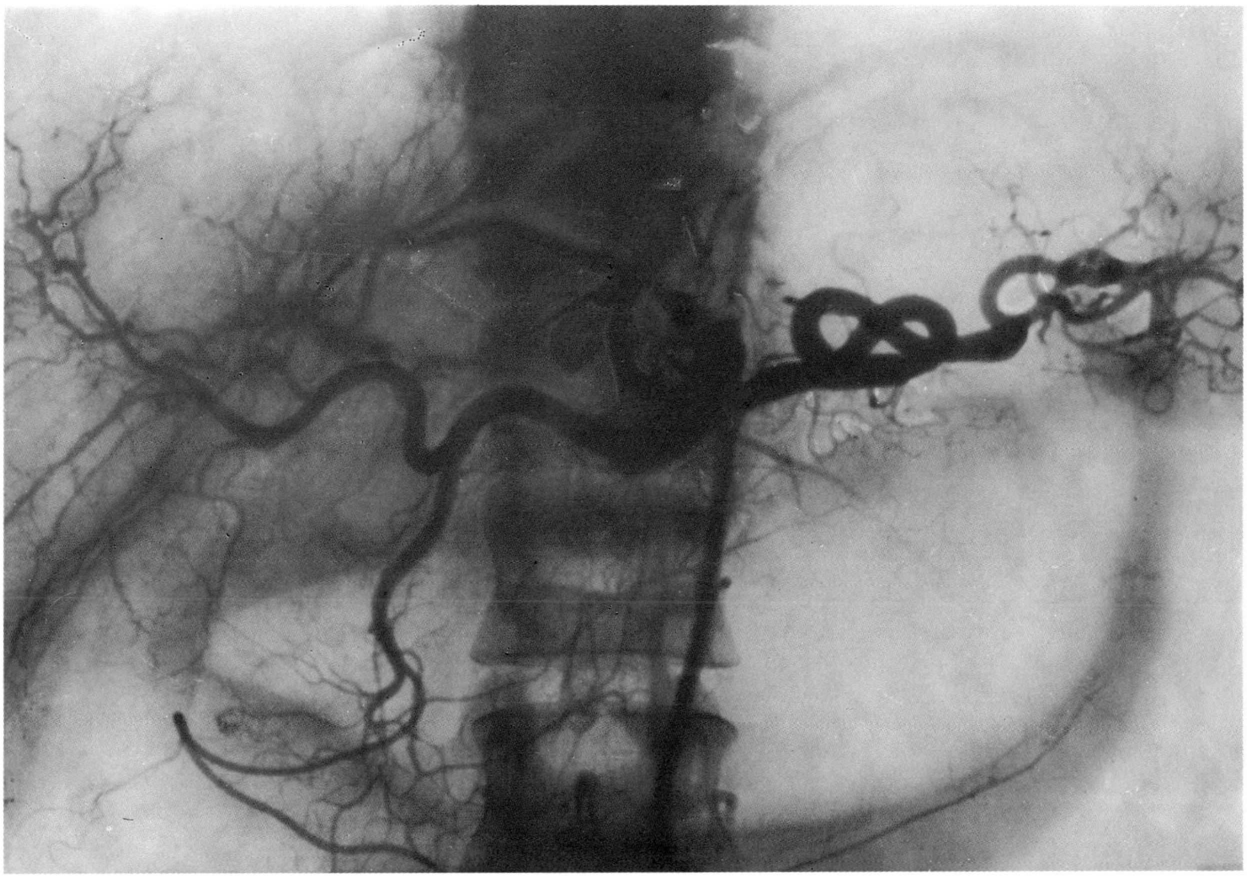

**239**
**Selektive Coeliacographie**
Erwachsenenalter, Strahlengang anterior-posterior. Darstellung der stark gewundenen A. lienalis (Verlauf nach dem rechten Bildrand), der A. hepatica communis mit Aufteilung in die A. hepatica propria (Verlauf nach dem linken Bildrand) und die A. gastroduodenalis (nach unten), Verlauf der A. gastrica sinistra nach cranial mit spitzwinkliger Abbiegung nach rechts unten, Anastomose zu den Leberarterien. Große Kurvatur des Magens durch geringe Kontrastfüllung der Aa. gastroepiploicae erkennbar

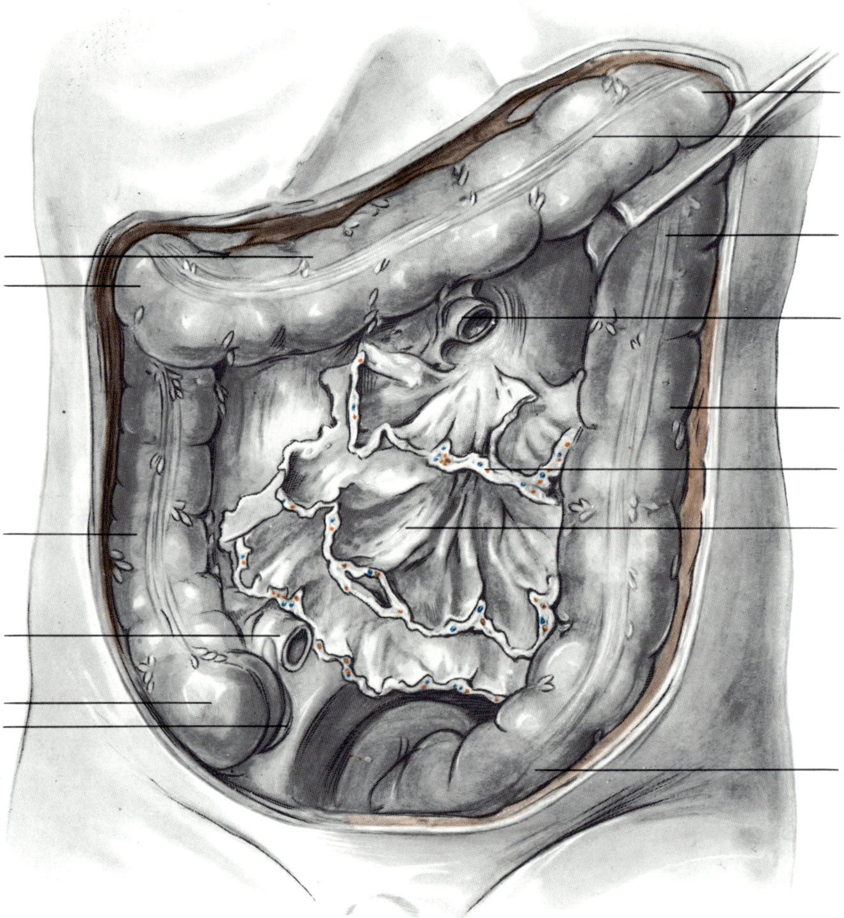


**240**
**Unterer Bauchsitus**
von vorn. Der Dünndarm wurde am Übergang zu dem Mesenterium abgetrennt; Pars libera omenti majoris entfernt. Abschnitte des Dickdarms, Colon

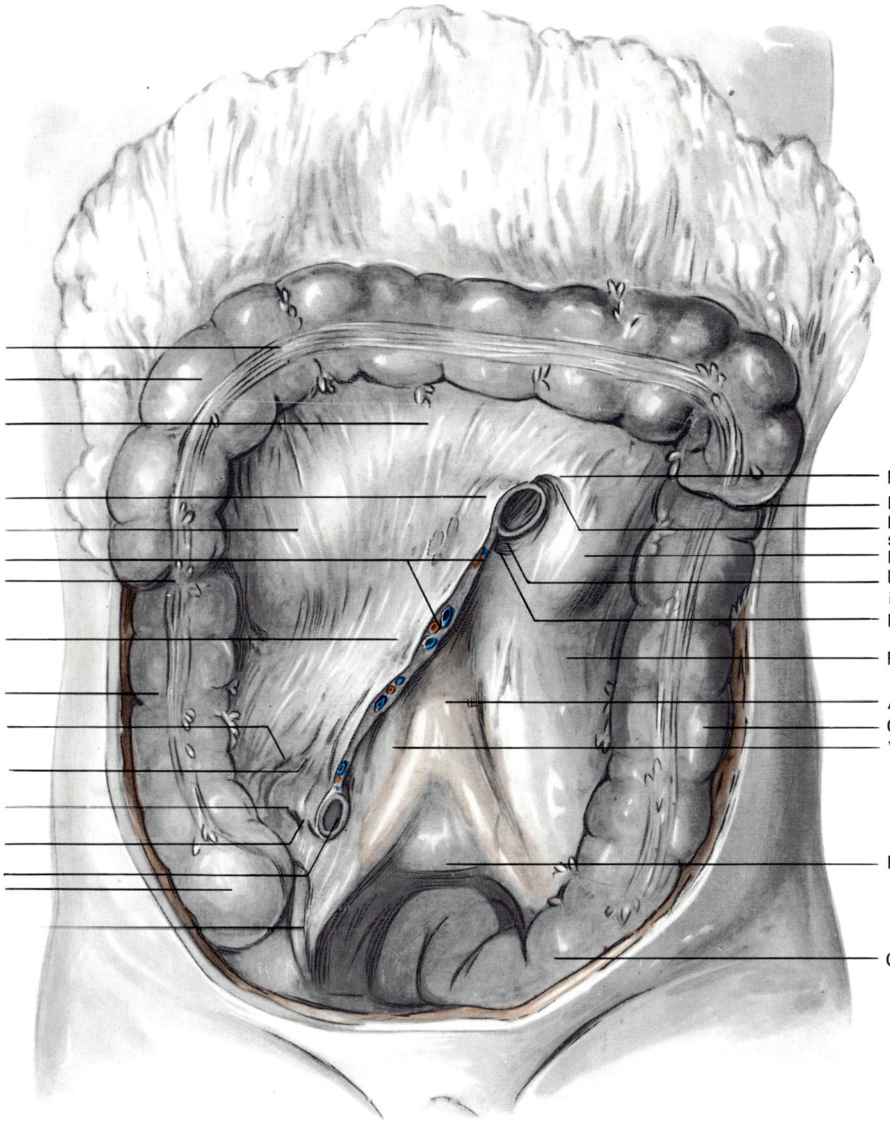


**241**
**Unterer Bauchsitus**
von vorn. Colon transversum mit Mesocolon transversum und Pars libera omenti majoris nach oben geschlagen. Dünndarm und Mesenterium wurden entfernt

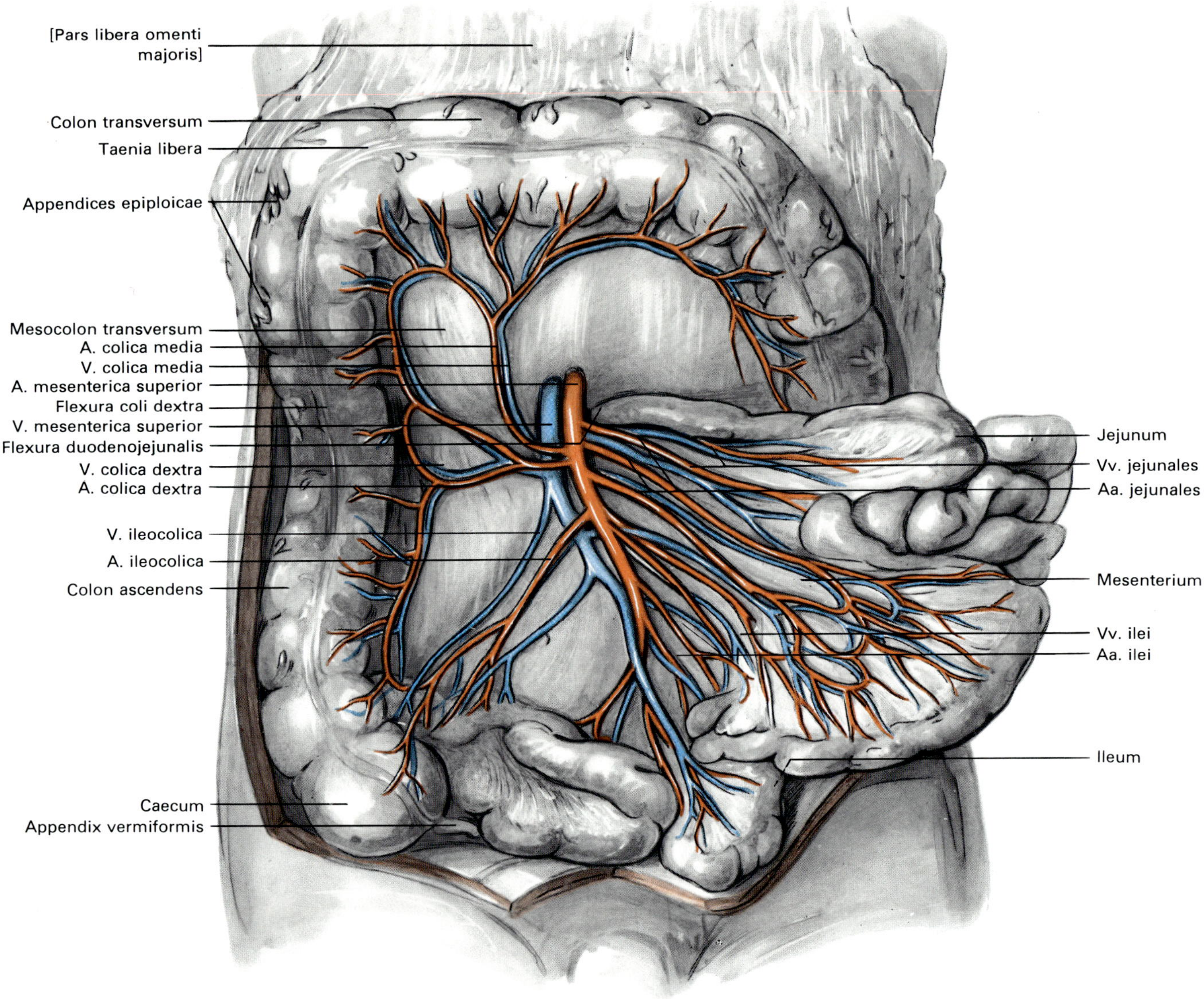


**242**
**Unterer Bauchsitus**
von vorn. Colon transversum mit Mesocolon transversum und Pars libera omenti majoris nach oben geschlagen. Dünndarm nach links gezogen. Zur Darstellung der Vasa mesenterica superiora und deren Äste wurde ein Blatt des Bauchfells teilweise entfernt

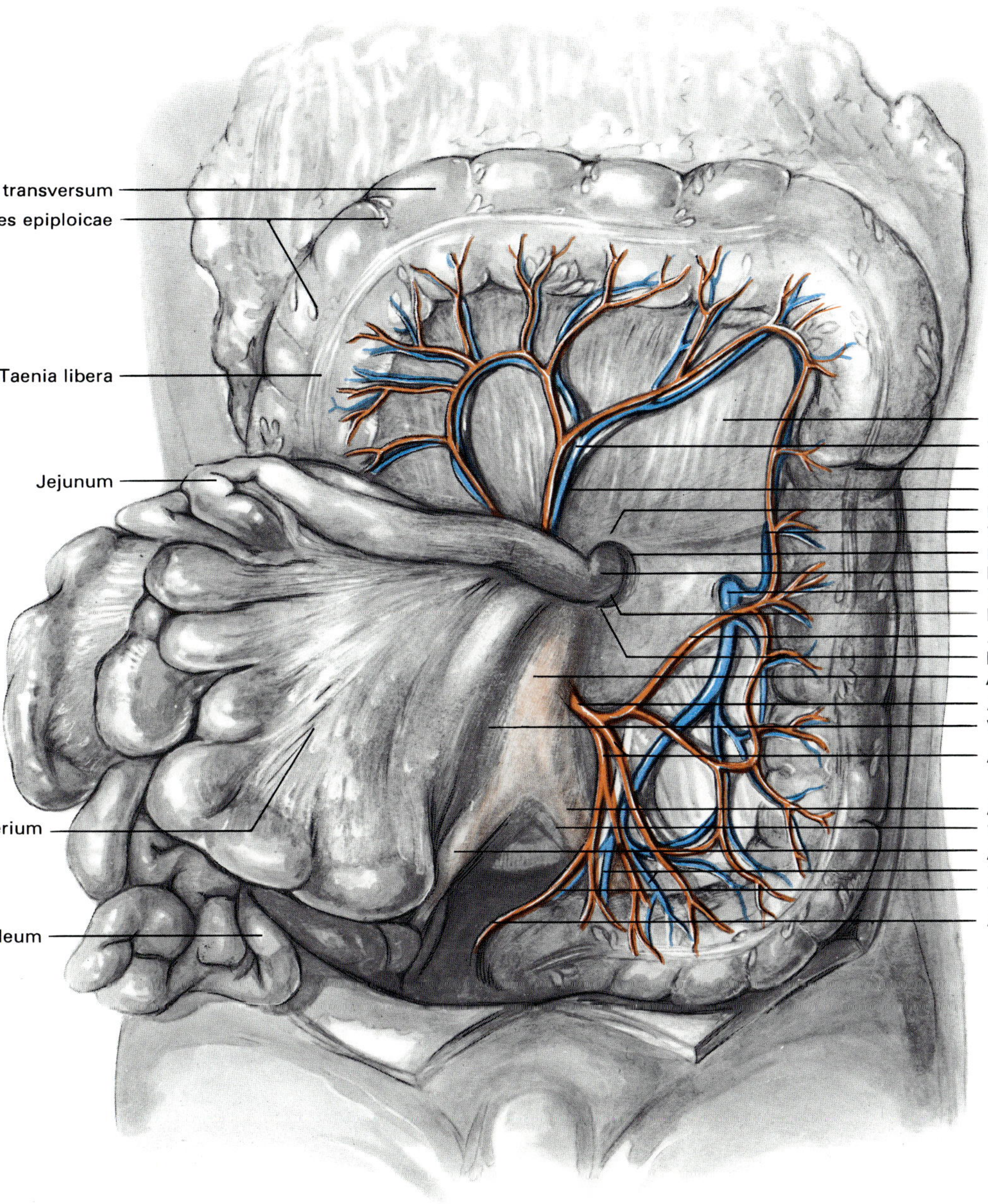


**243**
**Unterer Bauchsitus**
von vorn. Colon transversum mit Mesocolon transversum und Pars libera omenti majoris nach oben geschlagen. Dünndarm nach rechts gezogen. Zur Darstellung der Vasa mesenterica inferiora und deren Äste sowie der Anastomosen mit den Vasa colica media wurde ein Blatt des Bauchfells teilweise entfernt

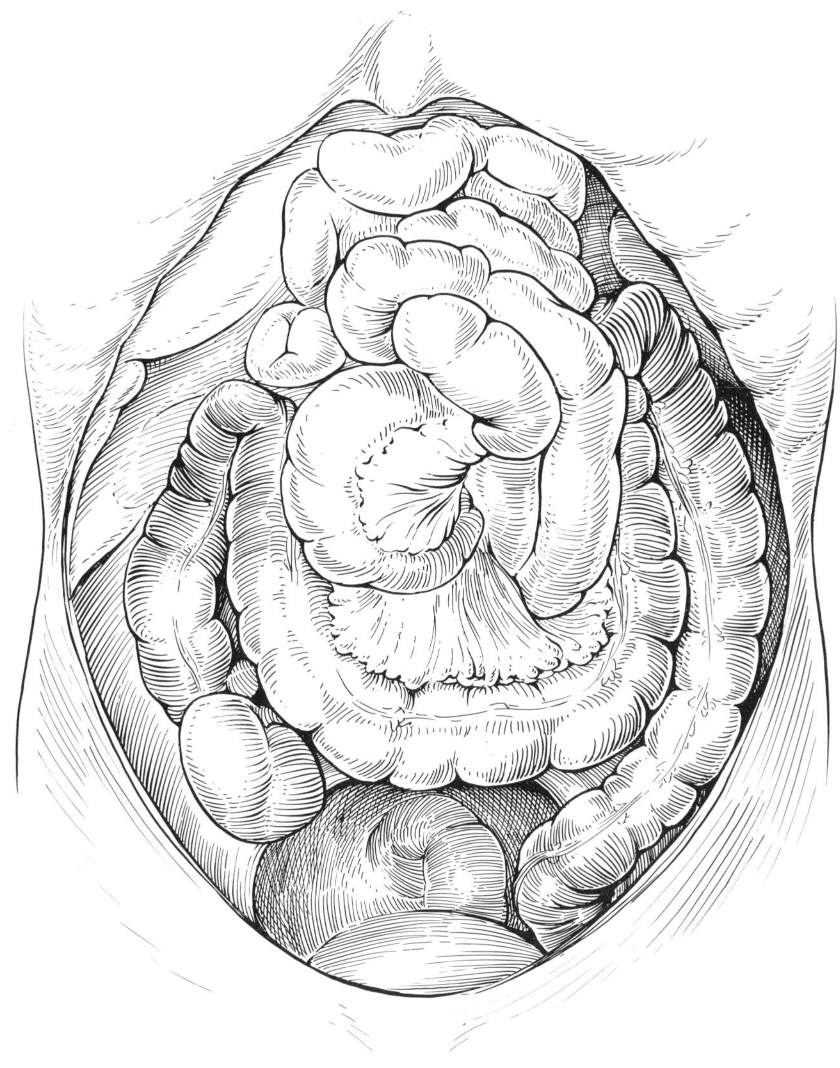

a

**244**
**Dystopie des Darmkanals**
von vorn. Durch Entwicklungsstörung bedingte Lage des Dünndarms oberhalb von Colon transversum und Mesocolon transversum a in situ, b Colon transversum und Mesocolon transversum nach oben geschlagen. Mündung des Dünndarms in den Dickdarm

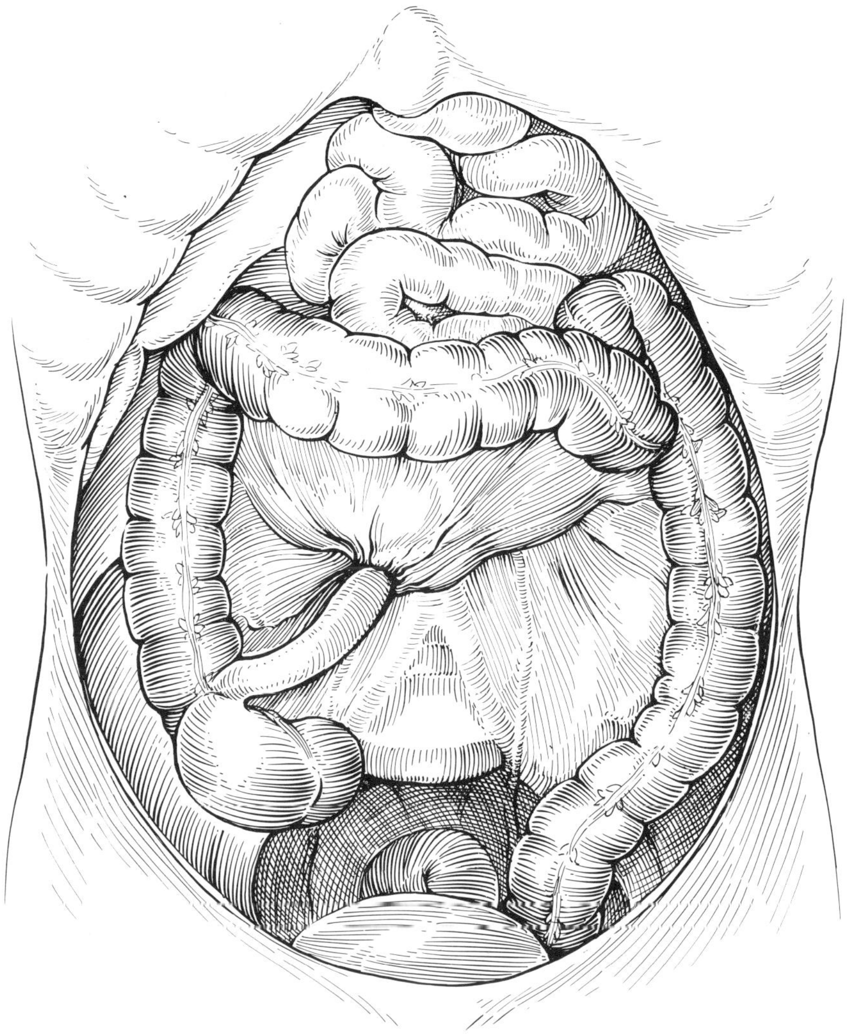

b

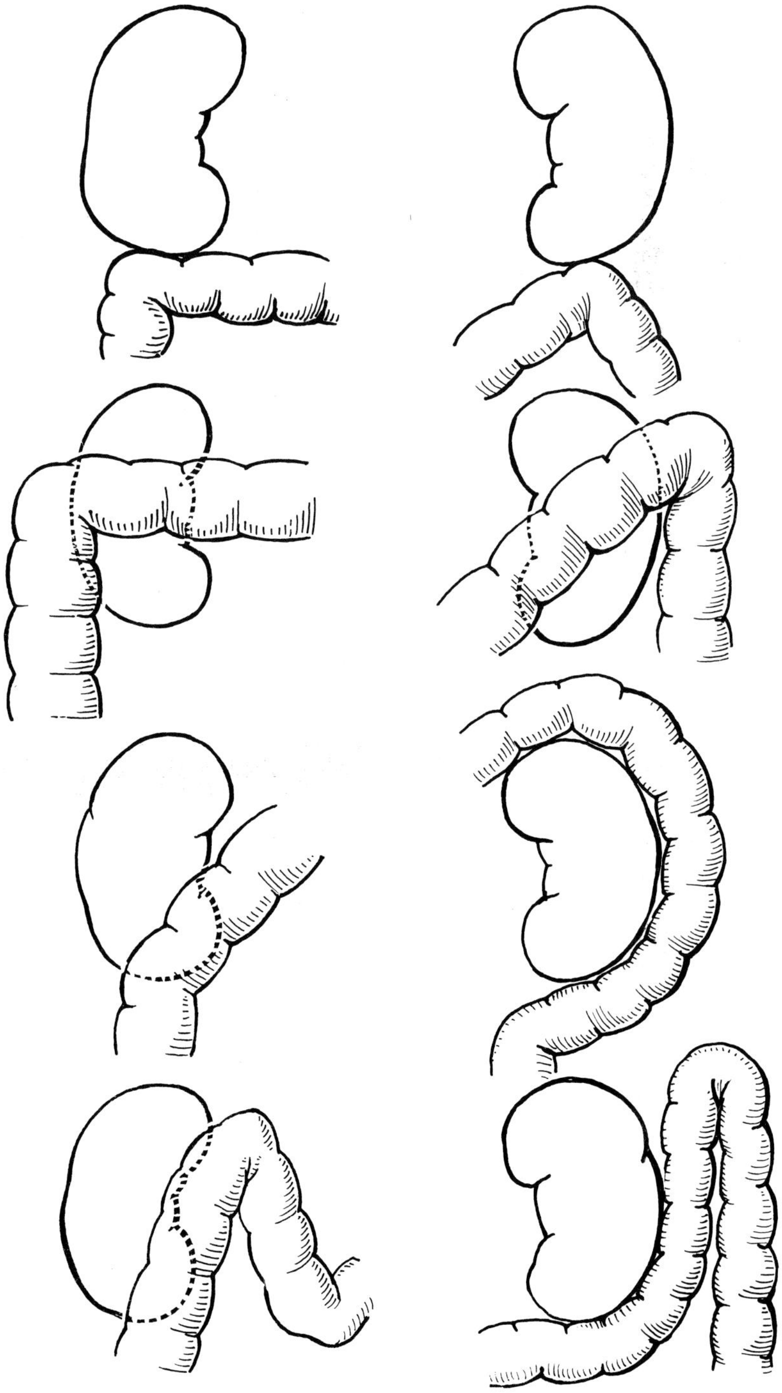

**245**
**Flexura coli dextra et sinistra**
Unterschiedliche Formen und Lagen (aus Töndury, Angewandte und topographische Anatomie, 2. Aufl.)

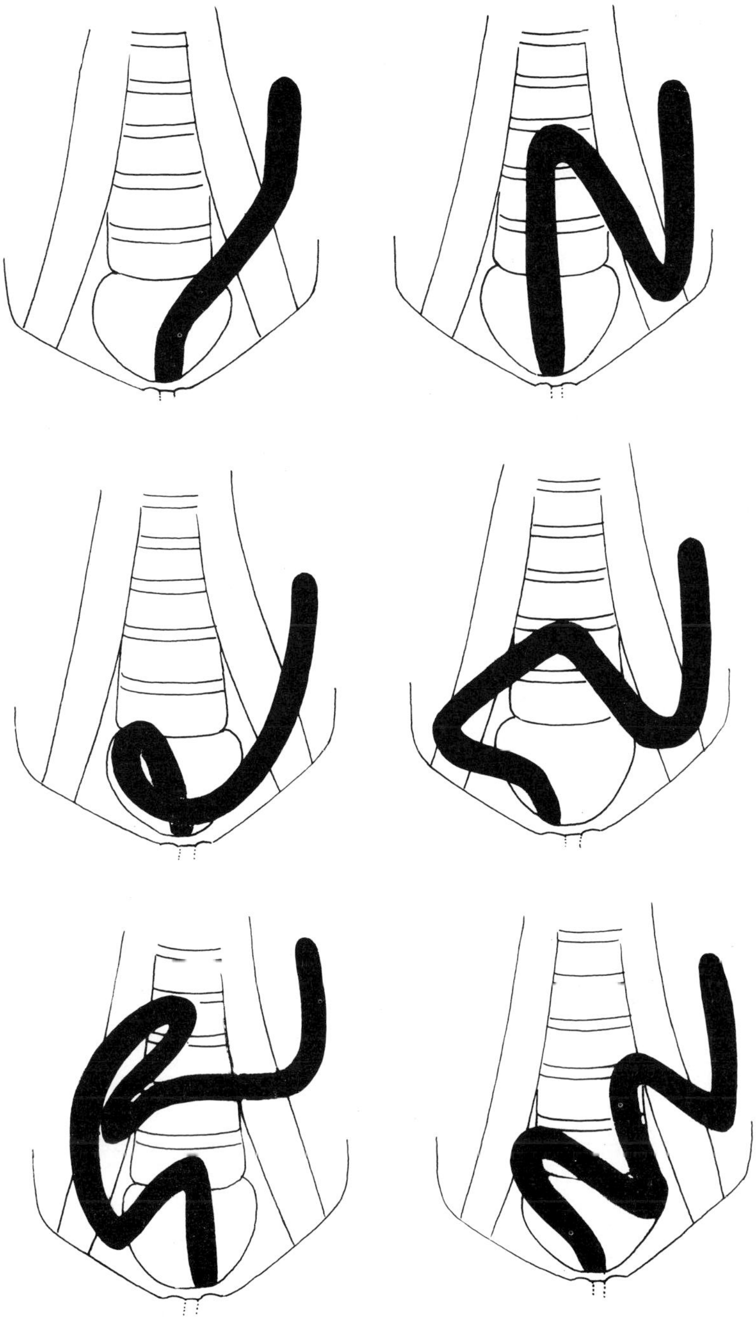

**246**
**Colon sigmoideum**
Unterschiedliche Formen und Lagen (nach Töndury)

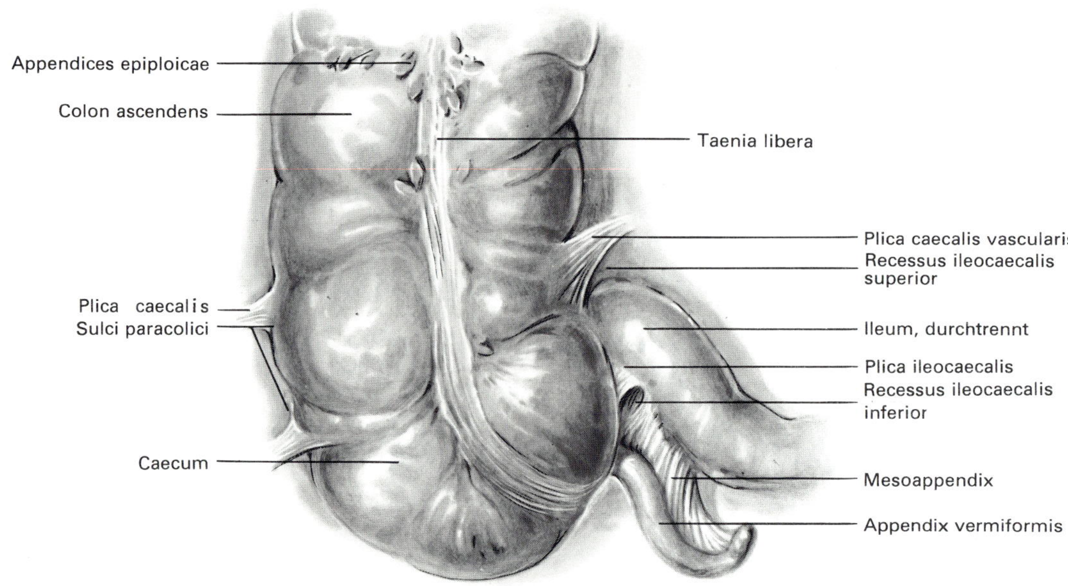


247

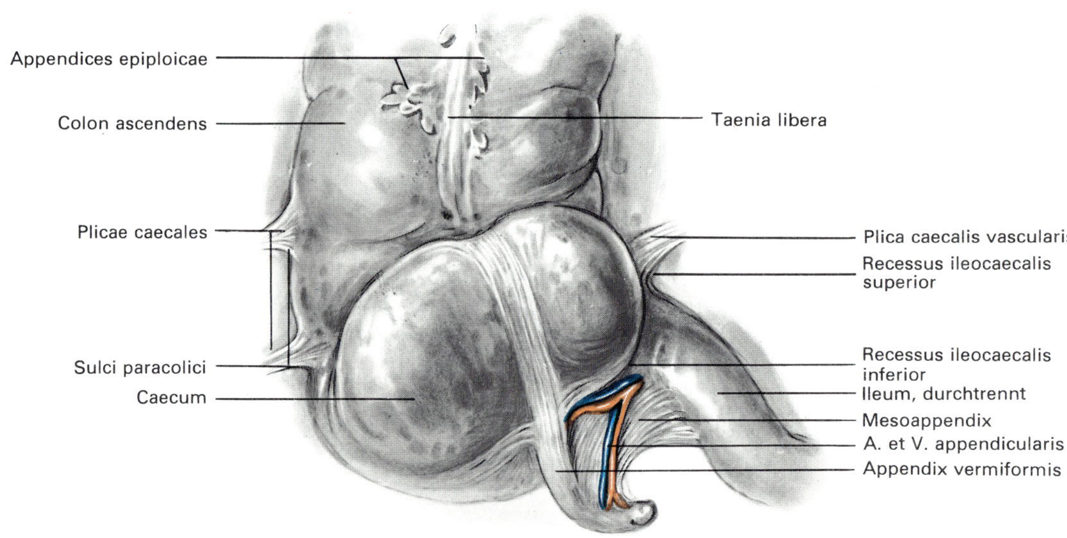


248

**247**
**Blinddarm, Caecum, und Wurmfortsatz, Appendix vermiformis**
von ventral

**248**
**Blinddarm, Caecum, und Wurmfortsatz, Appendix vermiformis**
von ventral. Das Caecum wurde angehoben

249
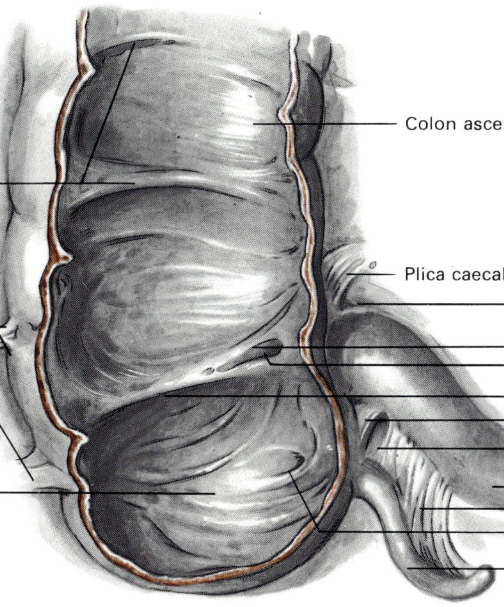


250
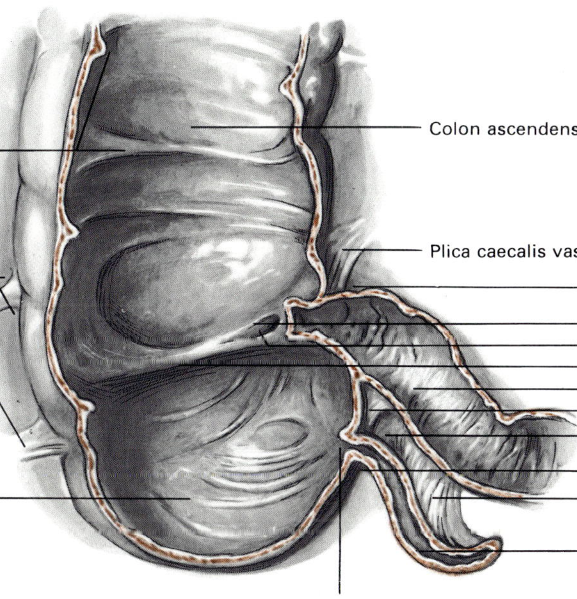


**249**
**Blinddarm, Caecum, und Wurmfortsatz, Appendix vermiformis**
von ventral. Caecum und Colon ascendens eröffnet

**250**
**Krummdarm, Ileum, Blinddarm, Caecum, Wurmfortsatz, Appendix vermiformis, und aufsteigender Dickdarm, Colon ascendens**
von ventral, eröffnet

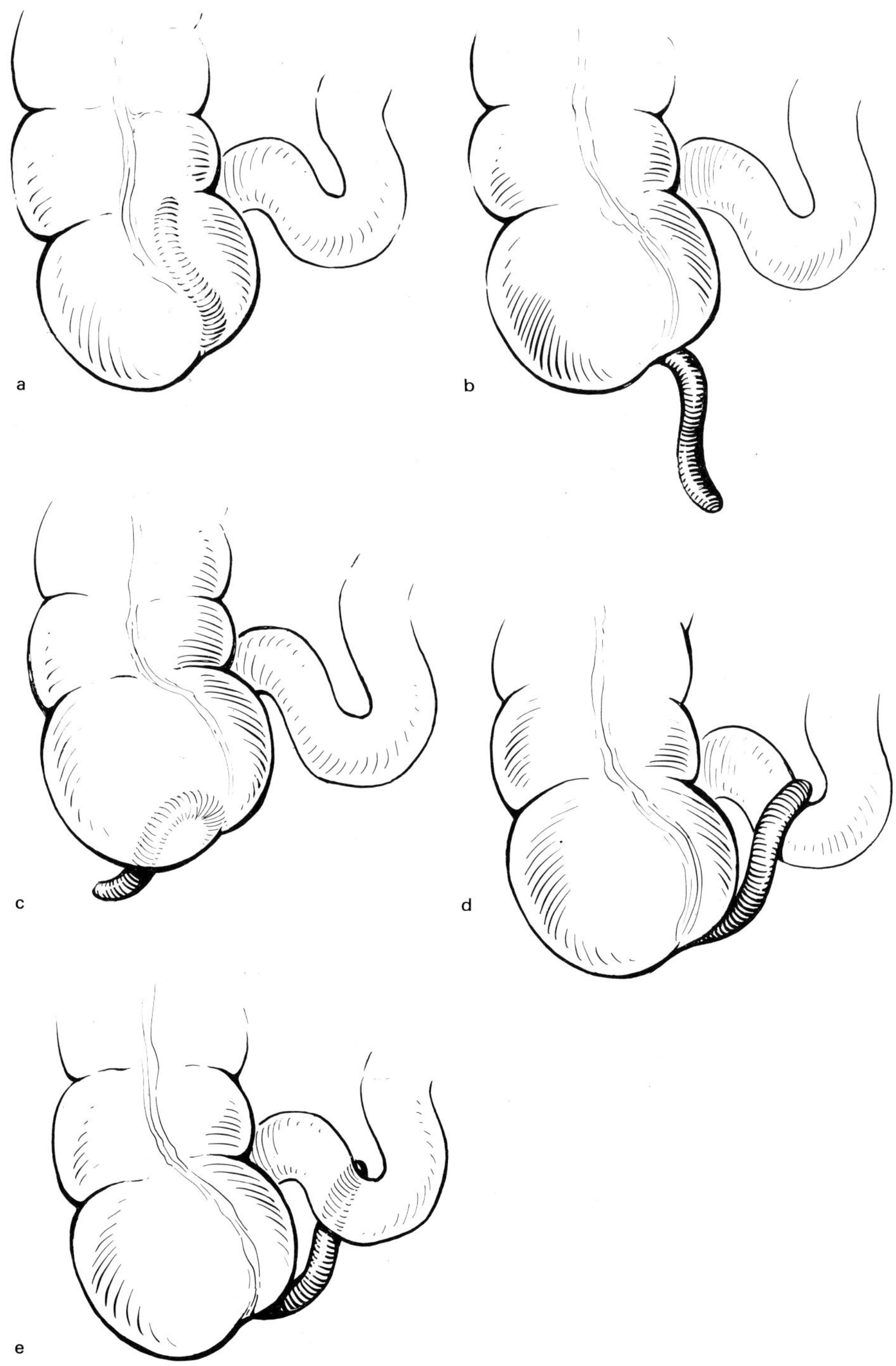

**251**
**a bis e Lagevariationen der Appendix vermiformis**

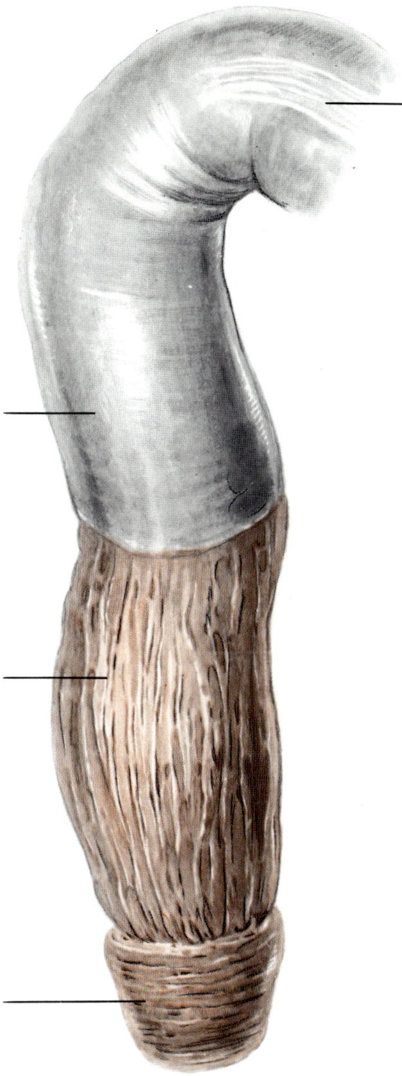


**252**
**Mastdarm, Rectum, und Canalis analis**
von ventral. M. sphincter ani externus

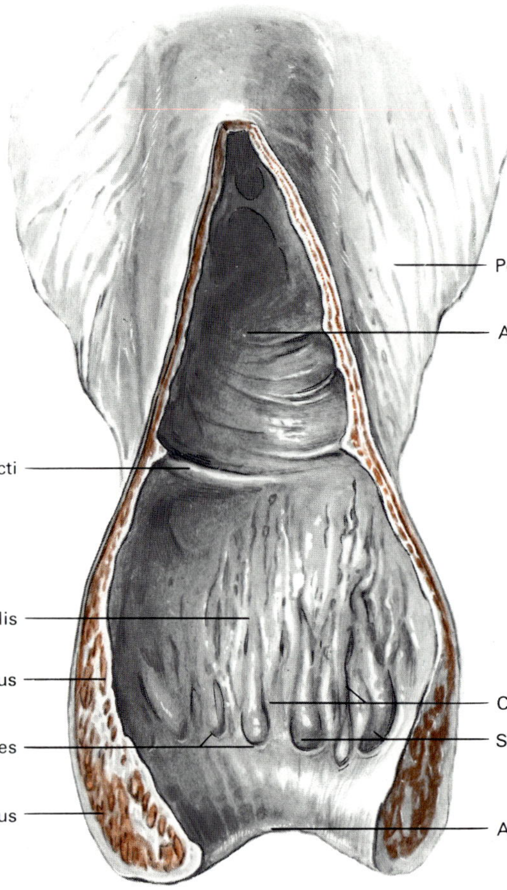


**253**
**Mastdarm, Rectum, und Canalis analis**
von ventral, eröffnet und aufgeklappt

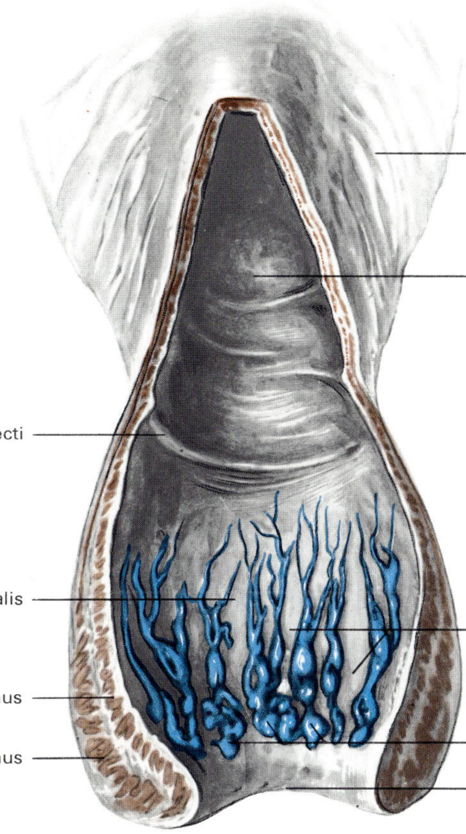


**254**
**Mastdarm, Rectum, und Canalis analis**
von ventral, eröffnet und aufgeklappt. Zona haemorrhoidalis, Plexus venosus rectalis

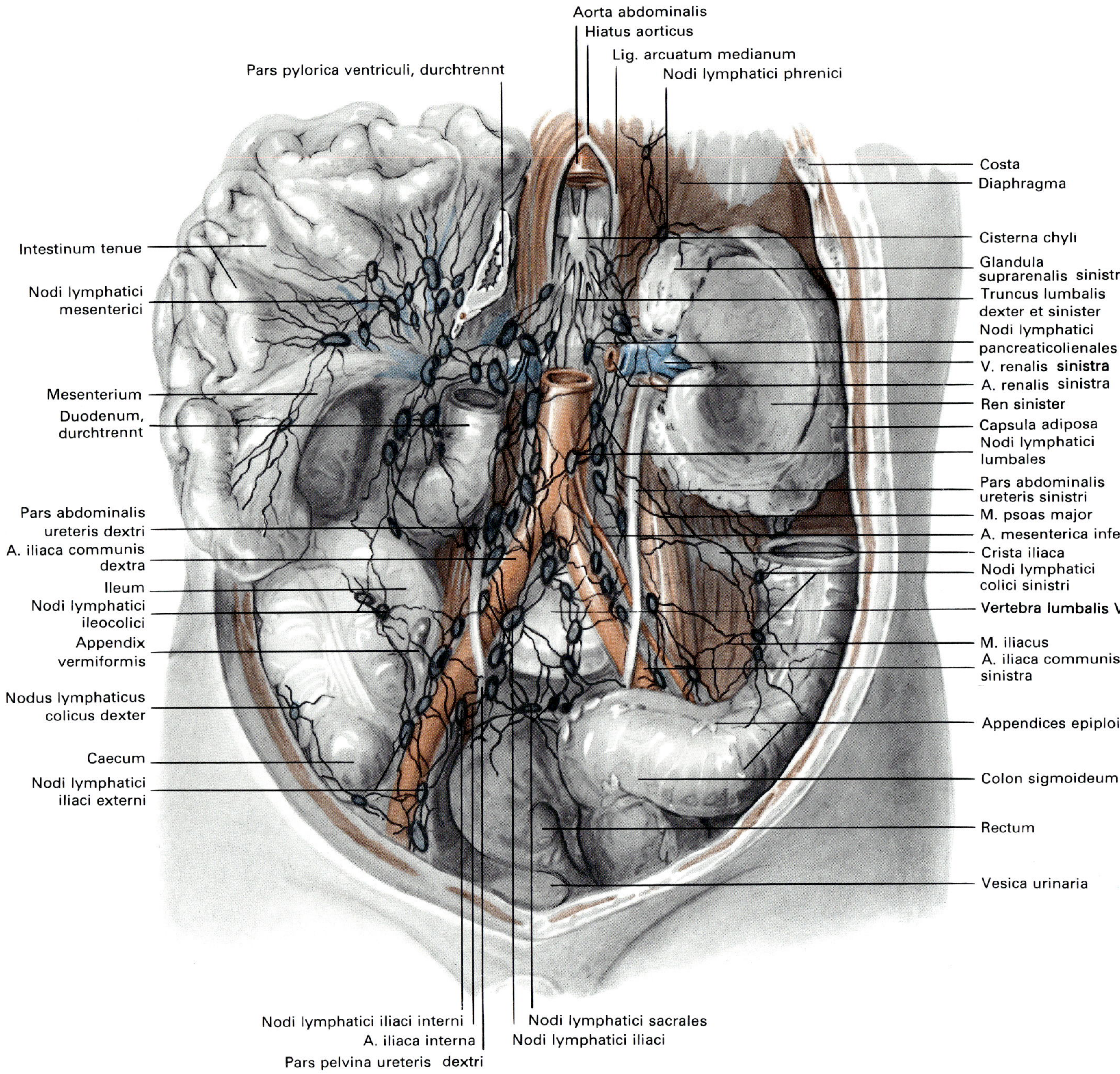


**255**

**Lymphknoten, Nodi lymphatici, Lymphgefäße, Vasa lymphatica, des Becken- und Bauchraumes und Cisterna chyli**

von vorn. Entfernt wurden: Magen und Bauchspeicheldrüse sowie Teile von Dünndarm, Dickdarm und Aorta. Capsula adiposa an der Vorderfläche der linken Niere abgetragen

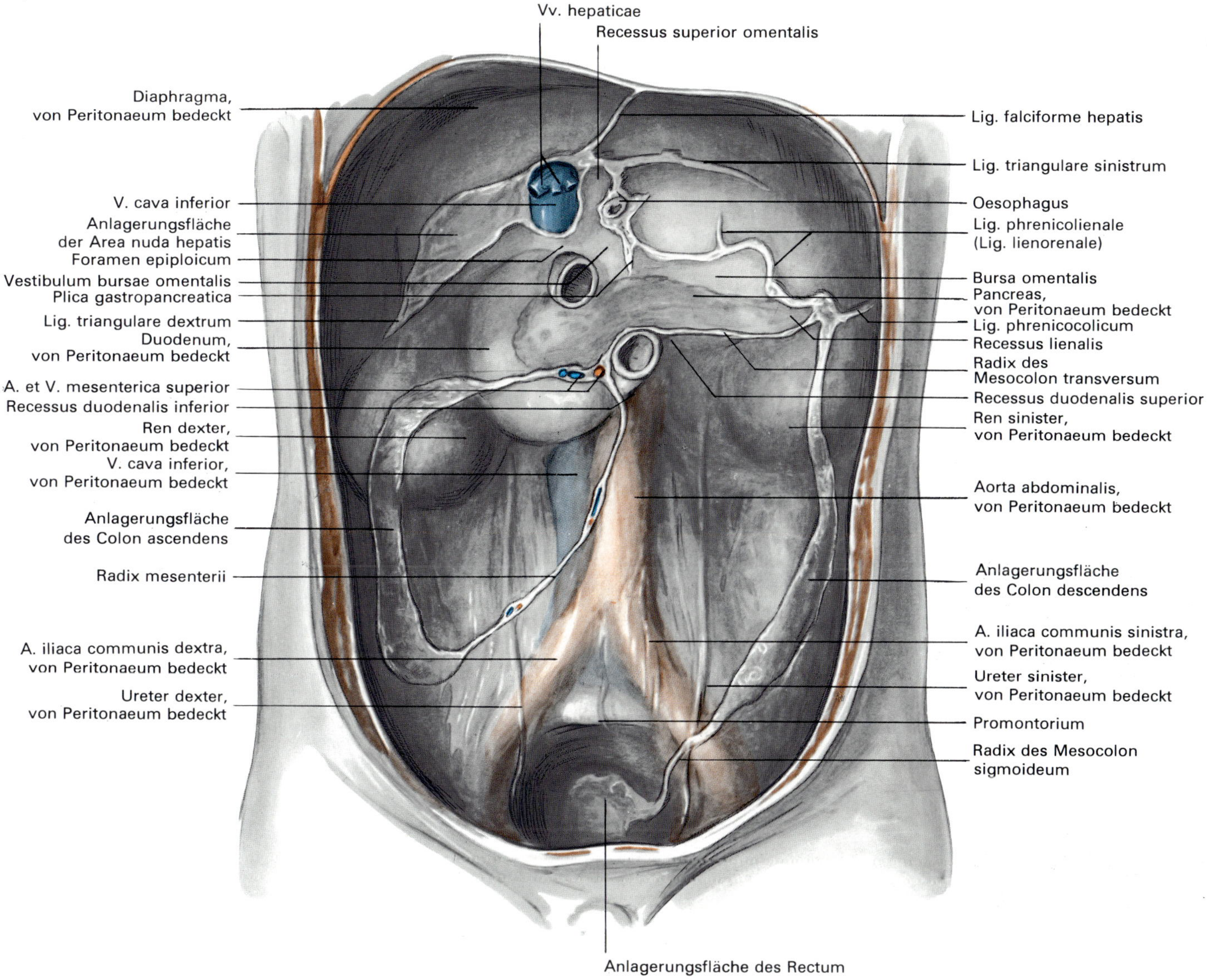


**256**
**Dorsale Bauchwand**
von vorn. Parietales Blatt des Bauchfells, Peritonaeum parietale. Anheftung der Bauchorgane. Hinterwand der Bursa omentalis

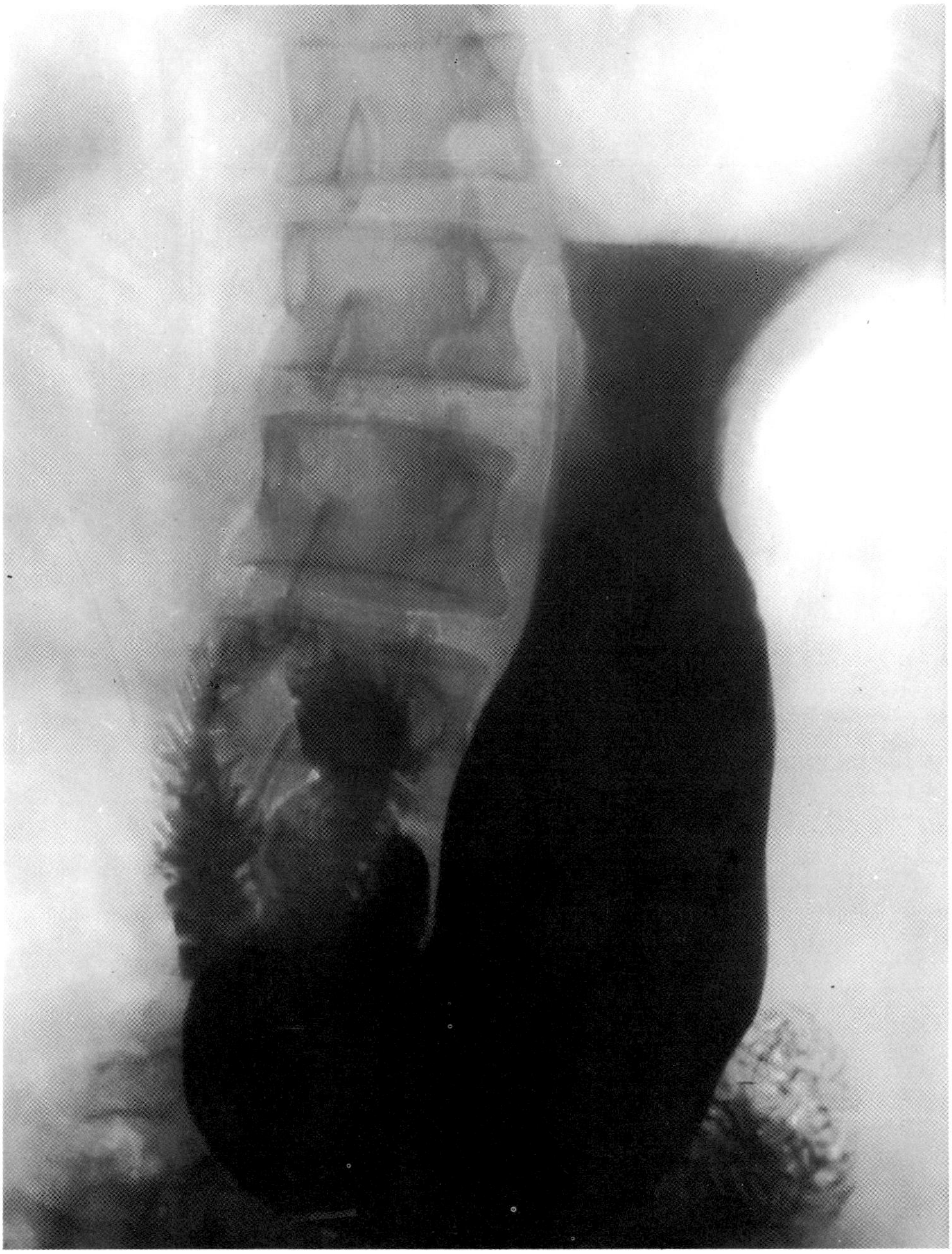

**257**
**Röntgenbild des Magens, Kontrastdarstellung**
Erwachsenenalter, Strahlengang posterior-anterior. Untersuchung am stehenden Patienten, Angelhakenform, Luftblase im Fundus ventriculi

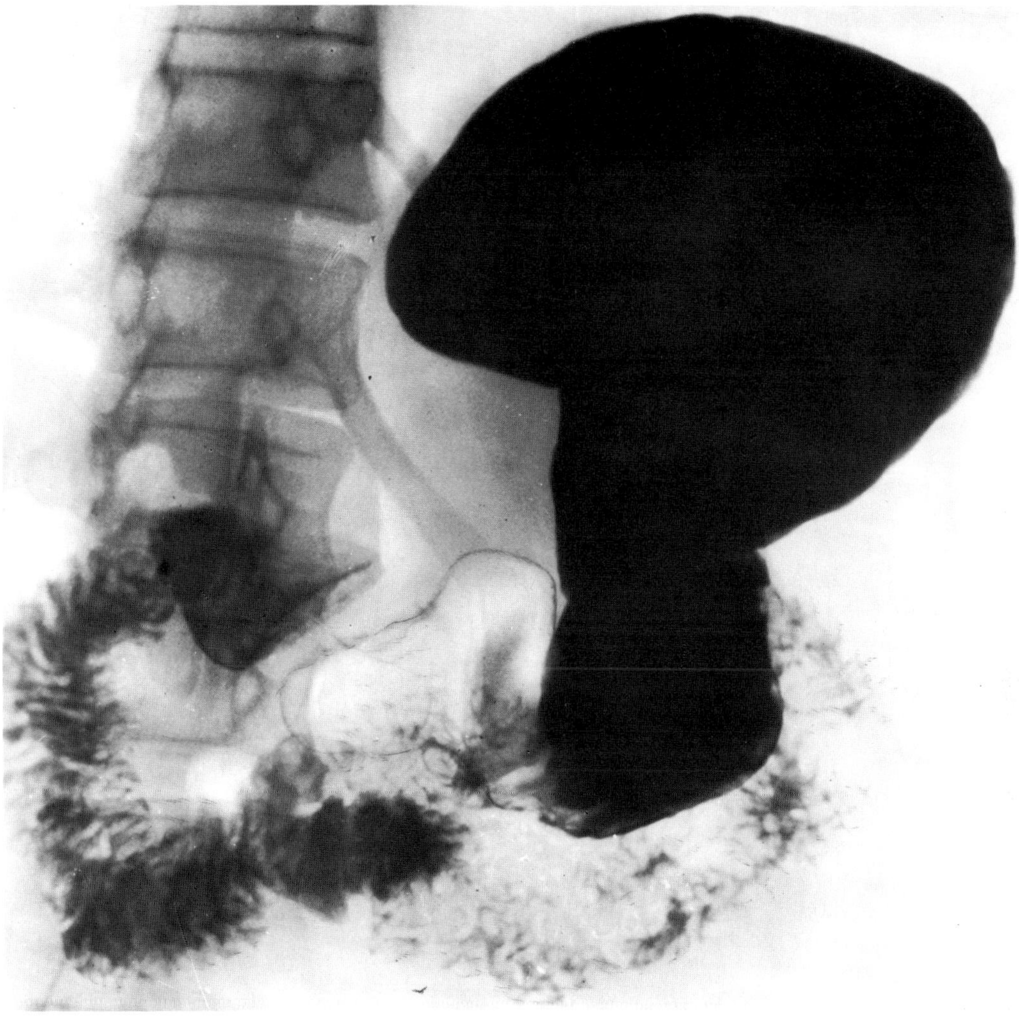

**258**
**Röntgenbild des Magens, Kontrastdarstellung**
Erwachsenenalter, Strahlengang posterior-anterior. Untersuchung am liegenden Patienten, Kontrastarmut in der Pars pylorica, starke Einziehung durch den Pylorus, dreieckige Form des Bulbus duodeni, Schleimhautrelief von Duodenum und Anfangsteil des Jejunum

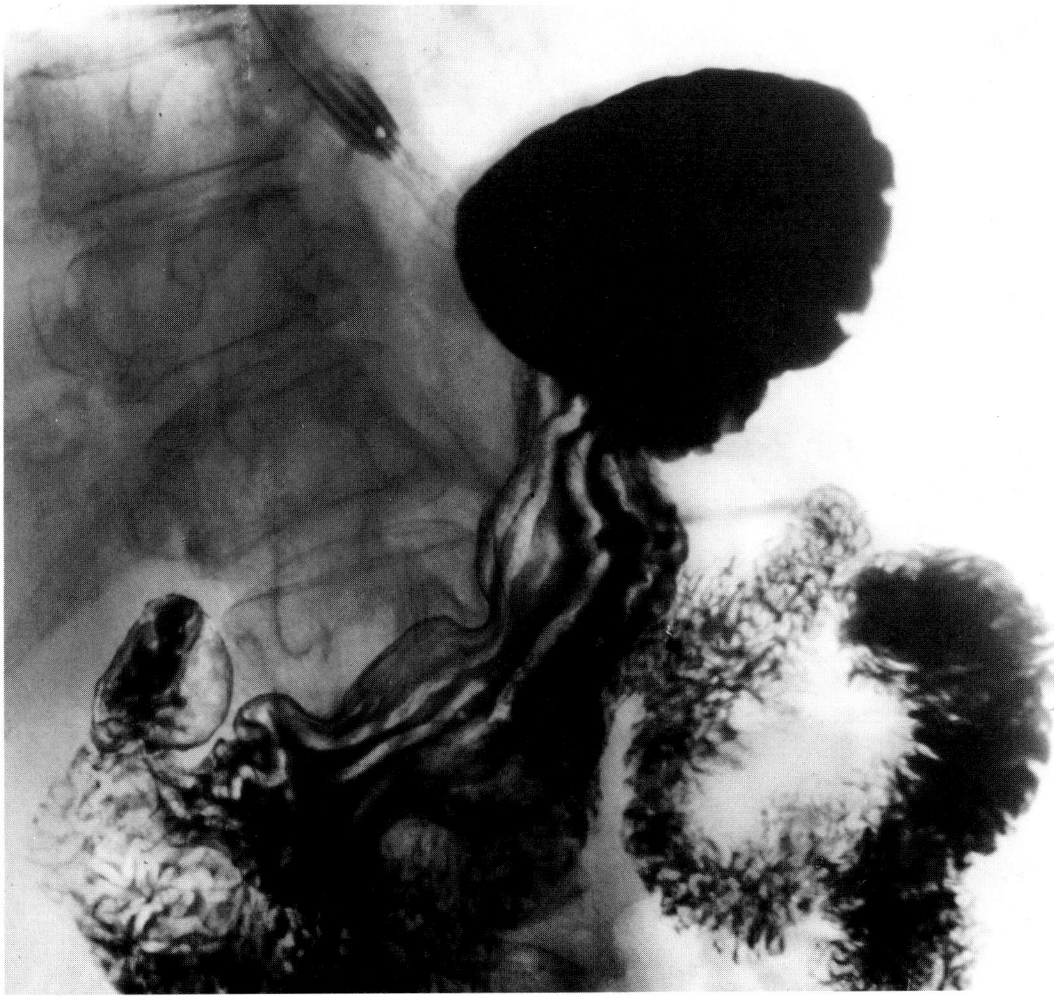

**259**
**Röntgenbild des Magens, Kontrastdarstellung**
Erwachsenenalter, Strahlengang posterior-anterior. Untersuchung am liegenden Patienten, Schleimhautrelief von Magen (»Magenstraße«), Zwölffingerdarm und Teilen des Leerdarms

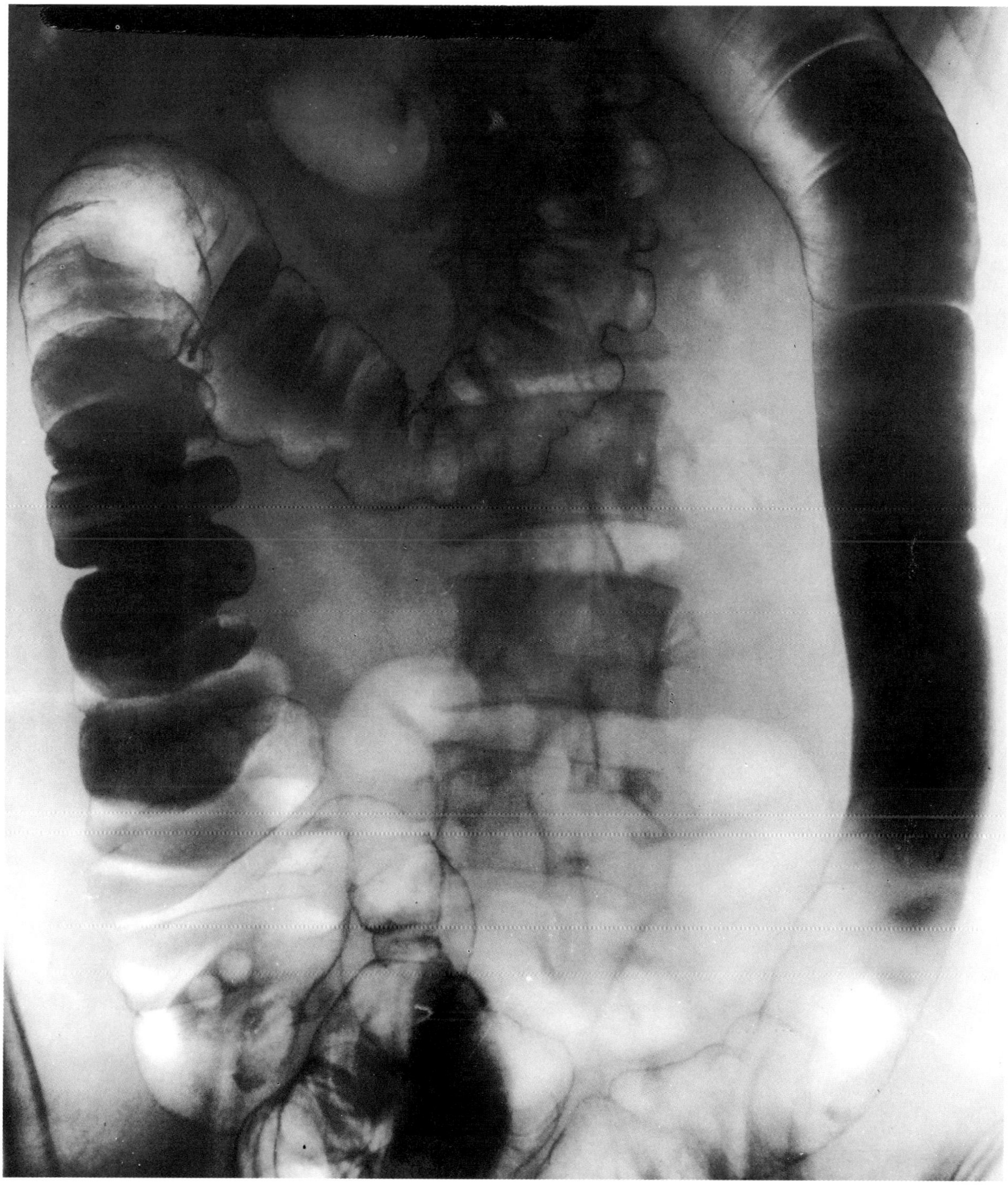

260
**Röntgenbild des Dickdarms, Kontrastdarstellung**
Erwachsenenalter, Strahlengang posterior-anterior

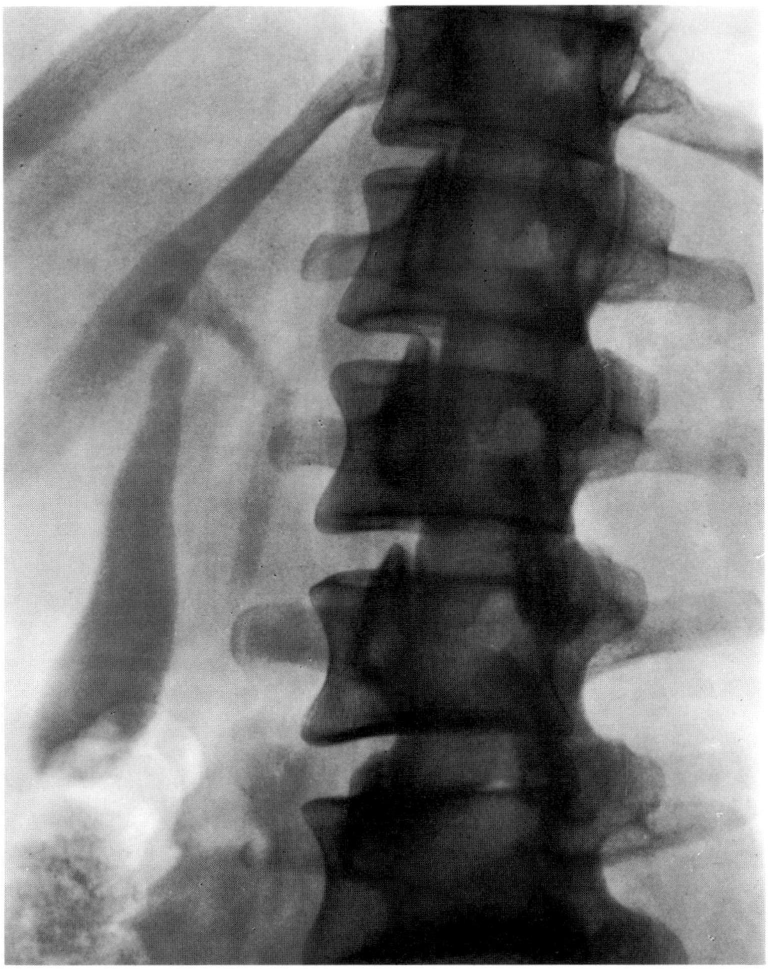

**261**
**Röntgenbild der Gallenblase, des Ductus hepaticus communis, des Ductus cysticus und des Ductus choledochus, Kontrastdarstellung**
Erwachsenenalter, Strahlengang posterior-anterior

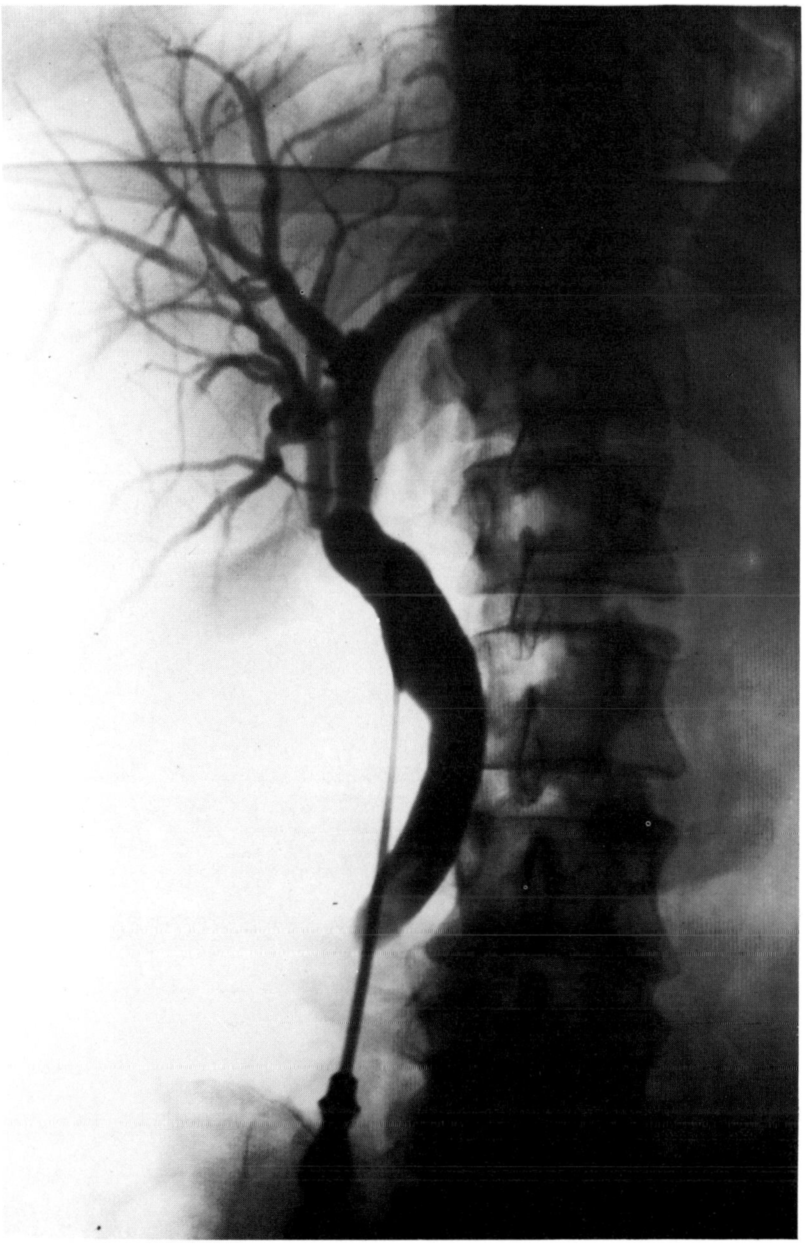

262
**Intraoperative Kontrastdarstellung der extra- und intrahepatischen Gallenwege**
Erwachsenenalter, Strahlengang anterior-posterior

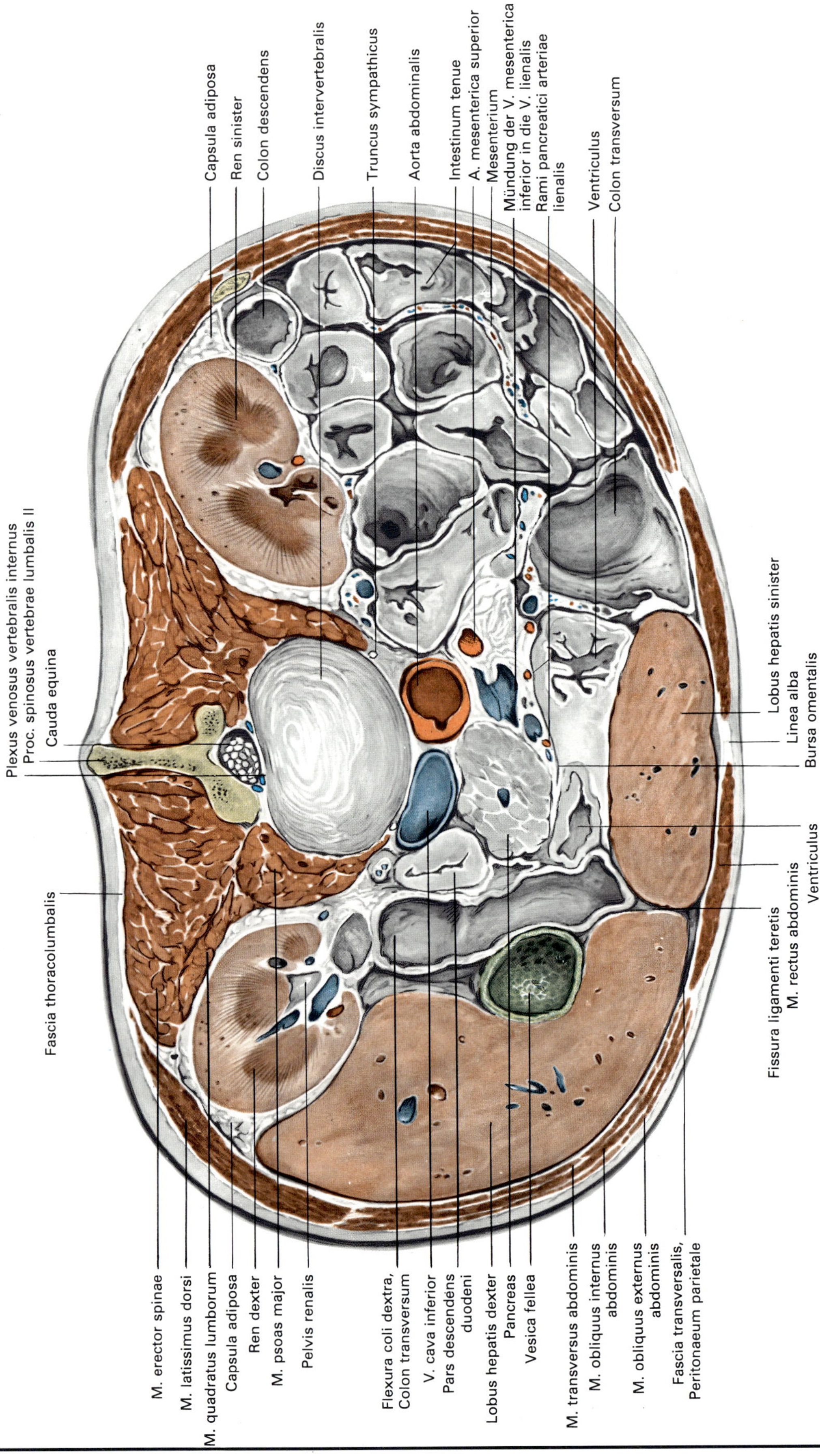


**263**
**Baucheingeweide in situ**
Querschnitt in Höhe des Discus intervertebralis zwischen 2. und 3. Lendenwirbel. Ansicht von oben

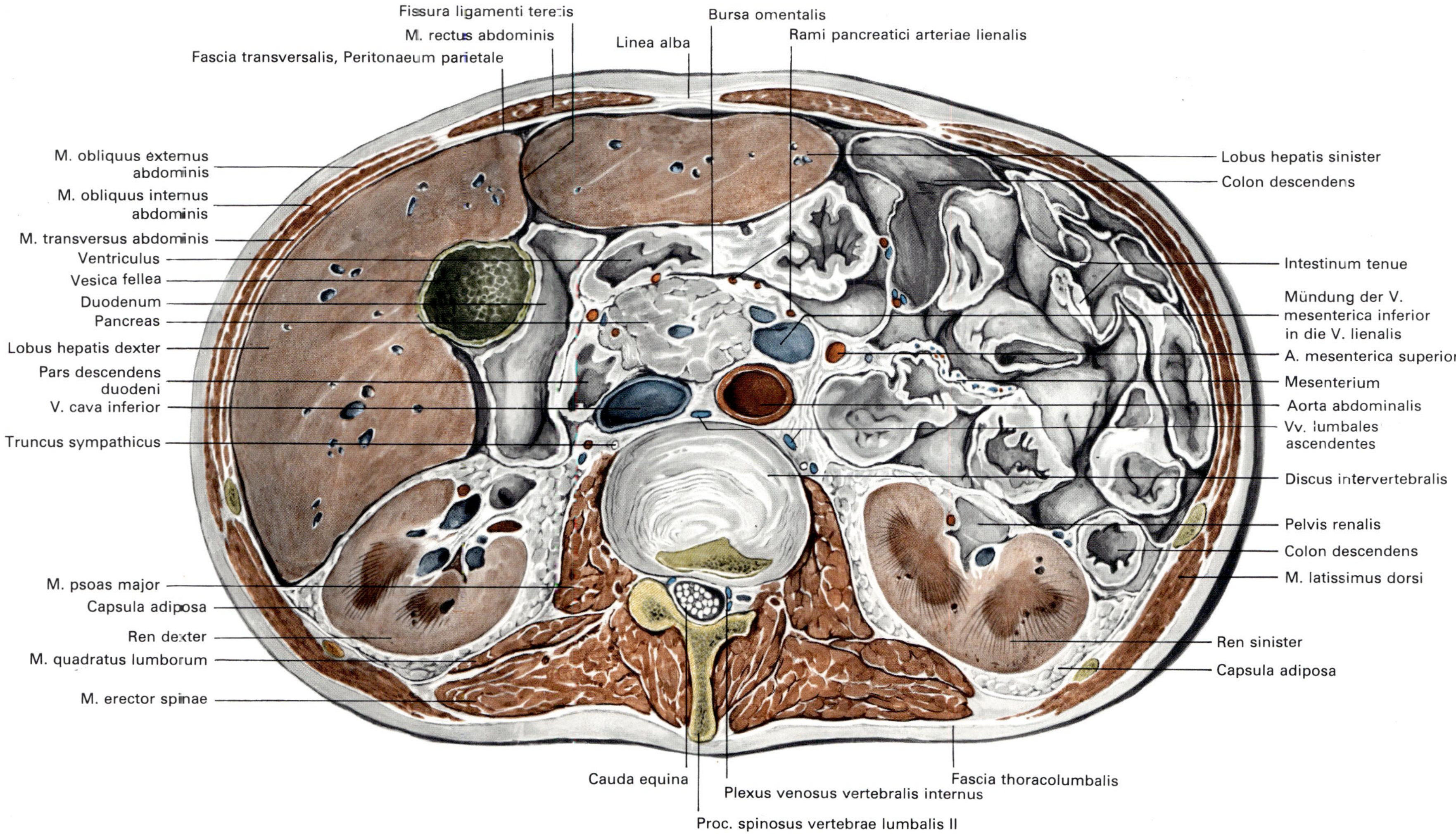


**264**
**Baucheingeweide in situ**
Querschnitt in Höhe des Discus intervertebralis zwischen 2. und 3. Lendenwirbel. Ansicht von unten

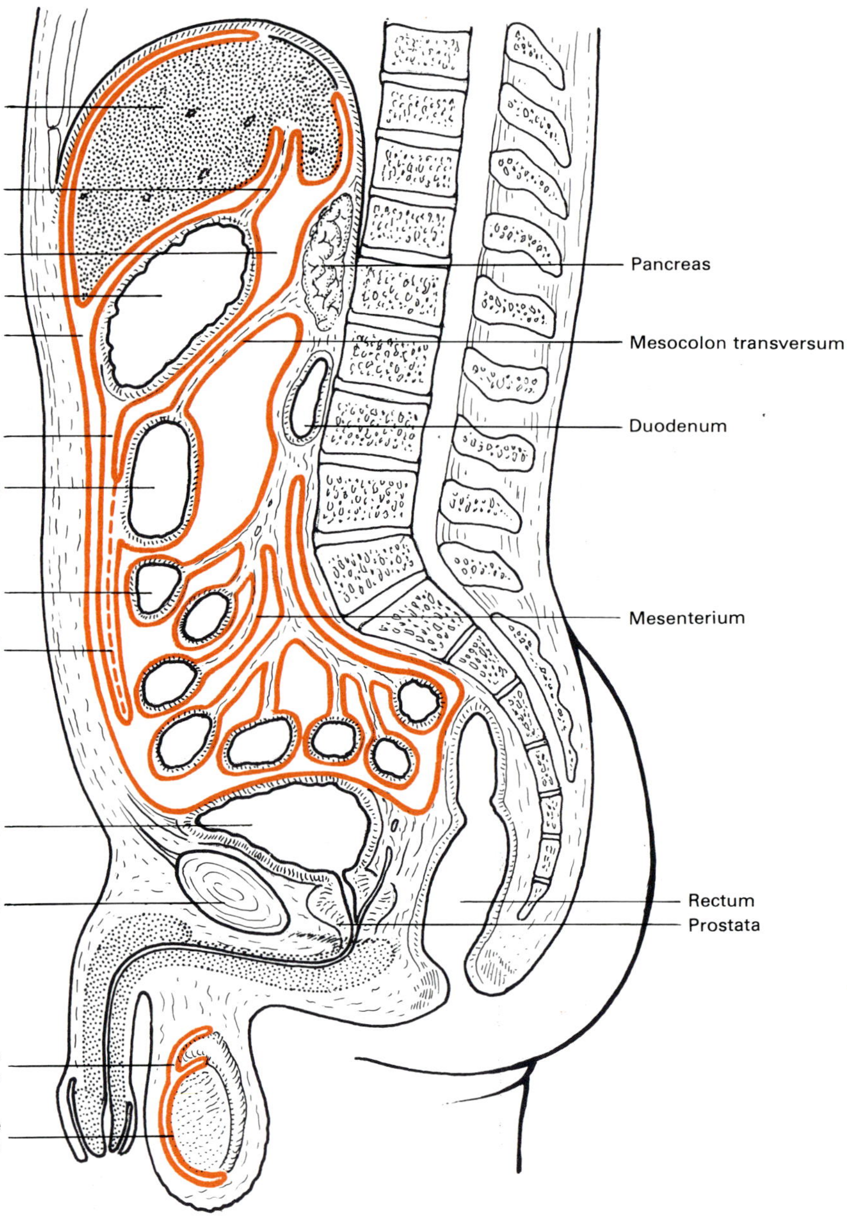


**265**

**Bauch- und Beckeneingeweide des Mannes**

Sagittalschnitt, Ansicht von links. Halbschematische Darstellung des Bauchfells, Peritonaeum parietale und Peritonaeum viscerale. Tunica vaginalis testis (nach W. Braune, verändert)

# RUMPFEINGEWEIDE

## Eingeweide des Spatium retroperitonaeale

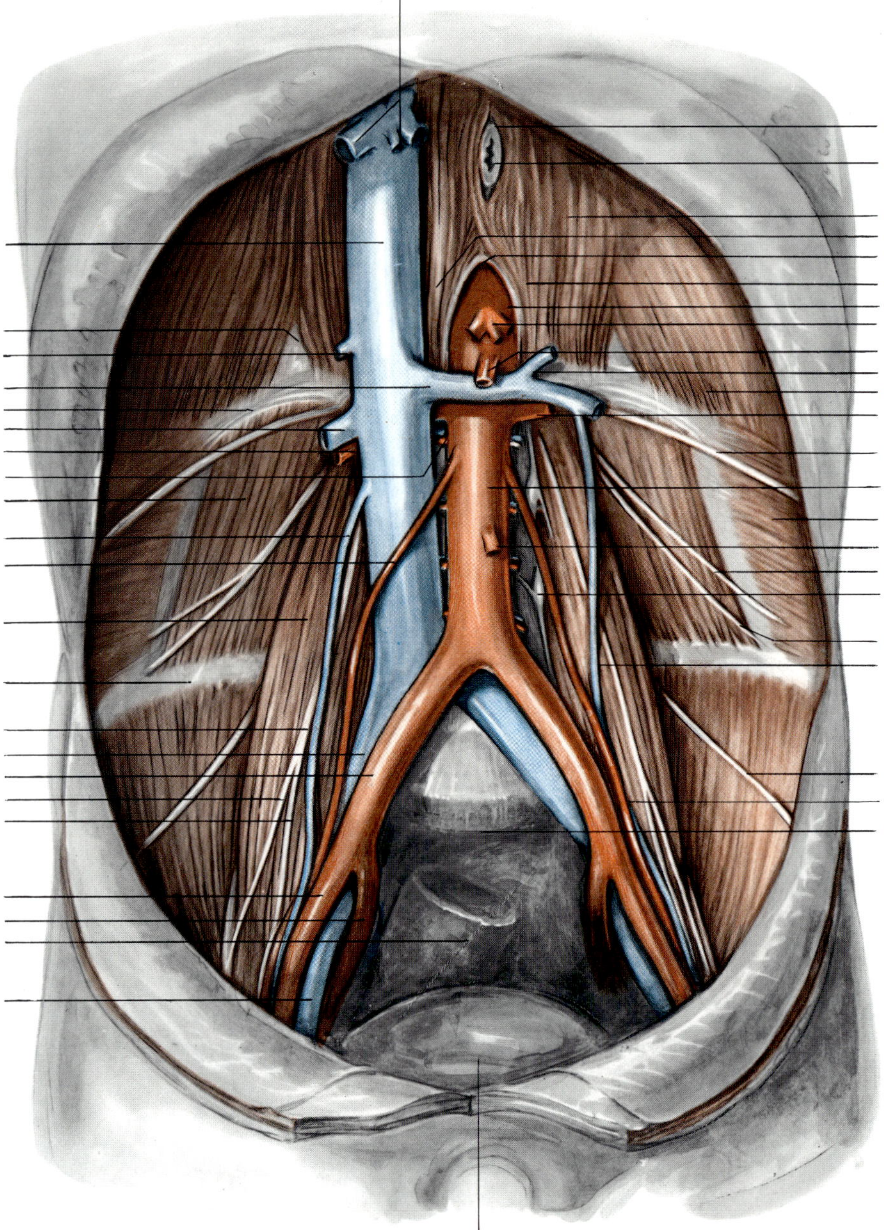


**266**
**Dorsale Bauchwand**
von vorn. Aorta abdominalis und deren Äste, V. cava inferior mit Zuflüssen, Äste des Plexus lumbalis und Pars abdominalis trunci sympathici

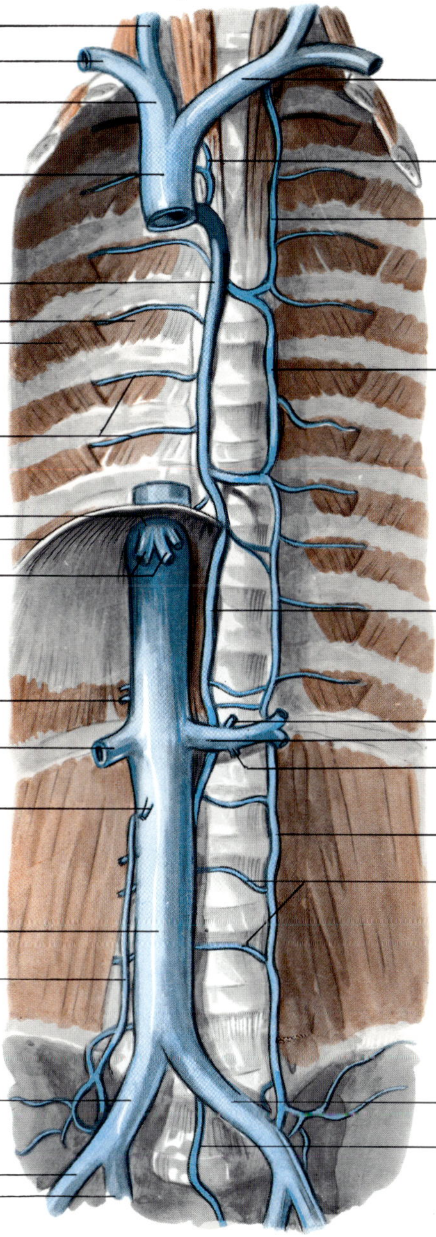


**267**
**Dorsale Bauchwand und dorsale Brustwand mit Venen**
von vorn. V. cava superior, V. cava inferior

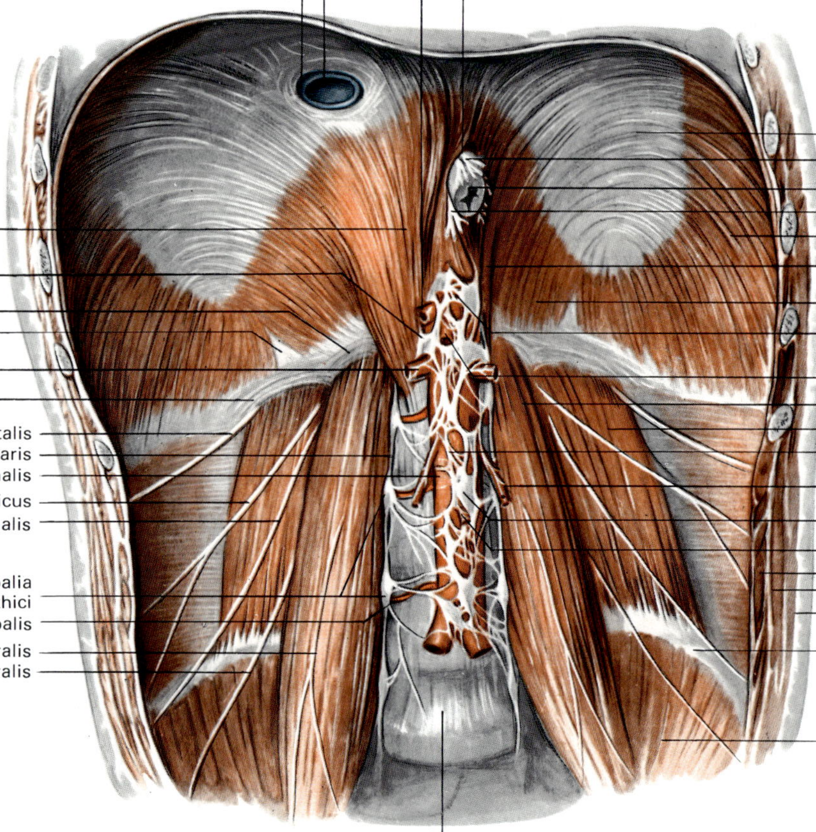


**268**
**Dorsale Bauchwand**
von vorn. Plexus aorticus abdominalis, Pars abdominalis trunci sympathici und Äste des Plexus lumbalis

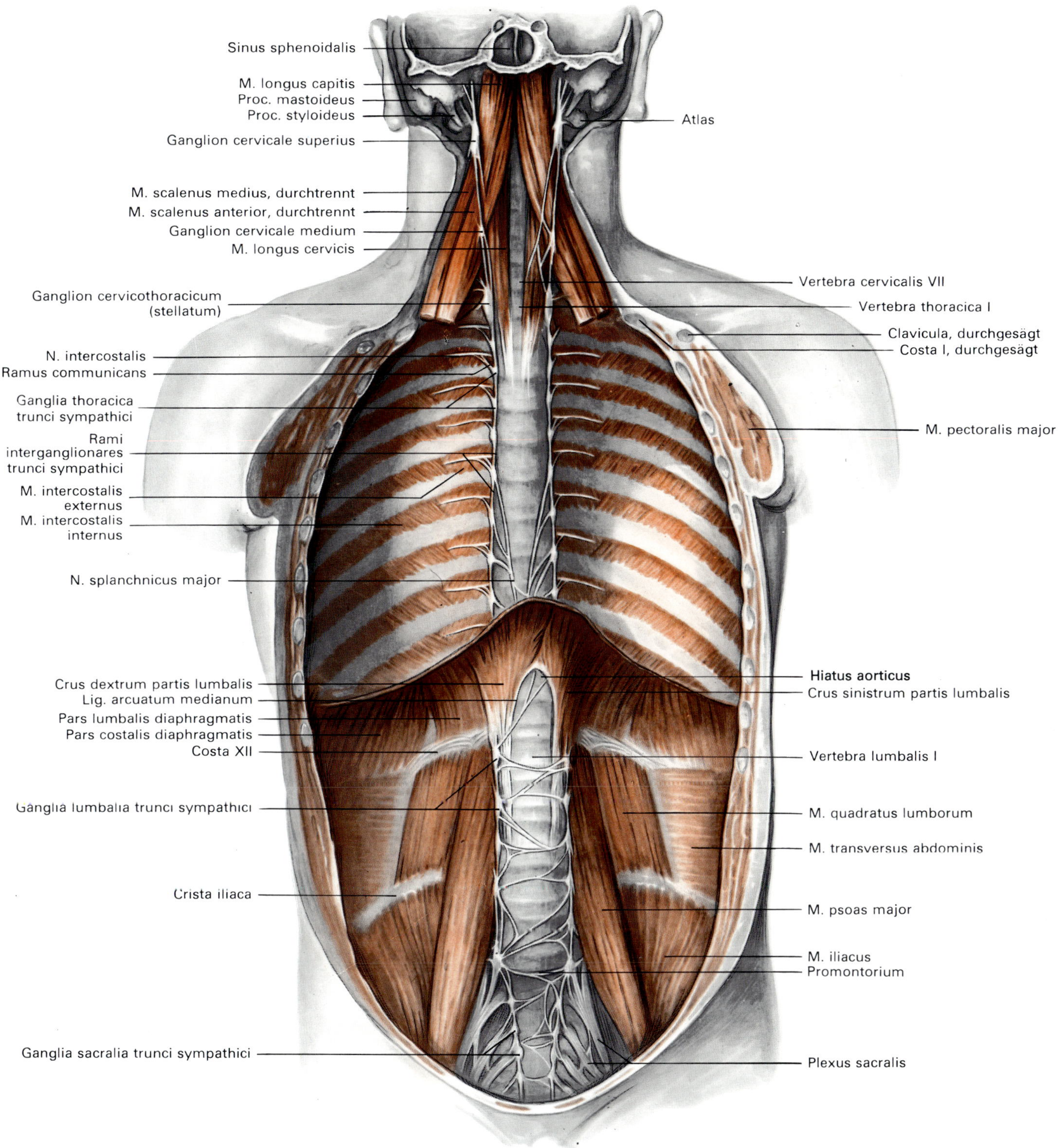


**269**
**Dorsale Rumpfwand und tiefe Halsregion**
von vorn. Grenzstrang, Truncus sympathicus

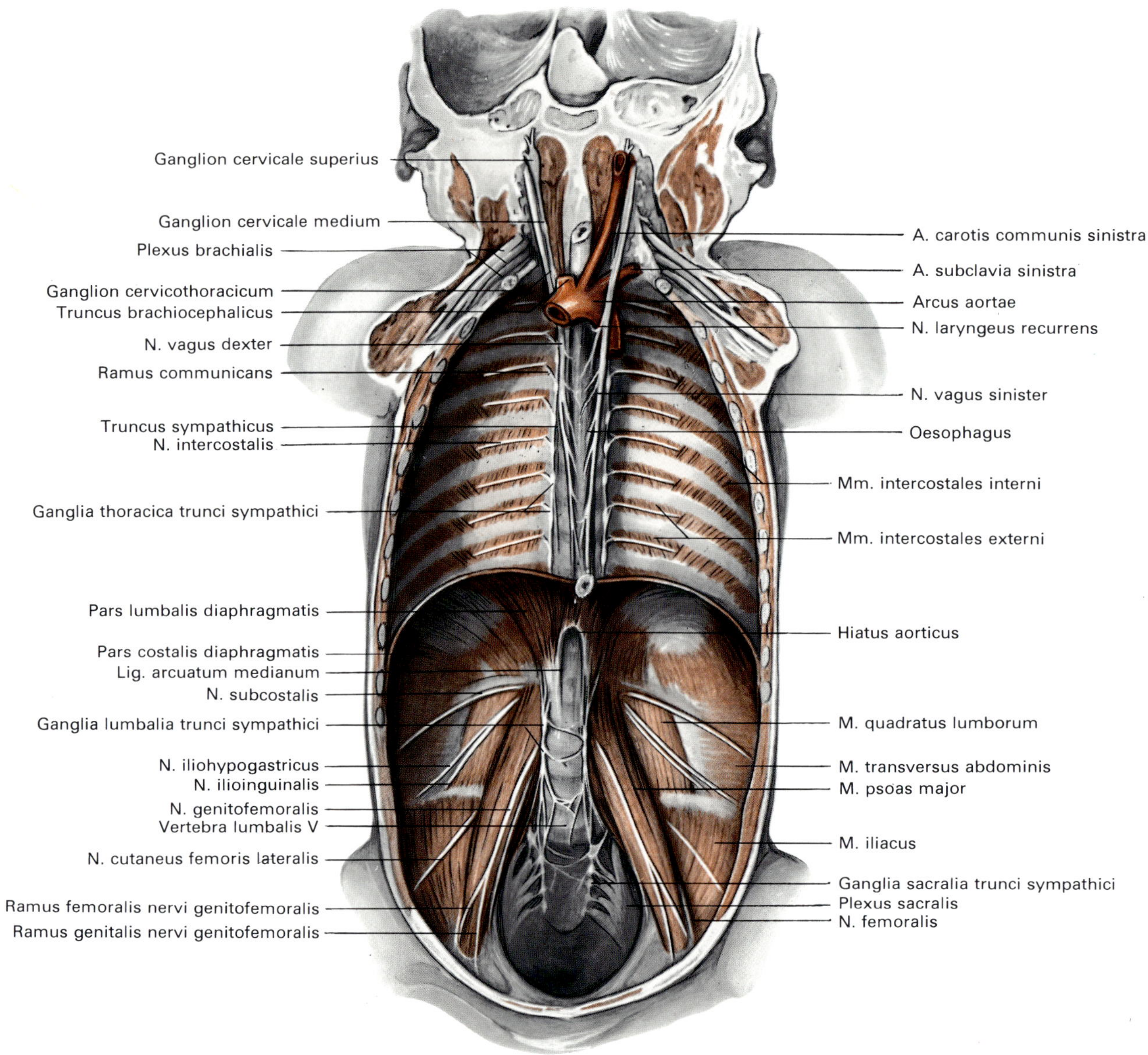


**270**
**Dorsale Rumpfwand und tiefe Halsregion**
eines Neugeborenen, von vorn. Nervi vagi, Truncus sympathicus und Äste des Plexus lumbalis

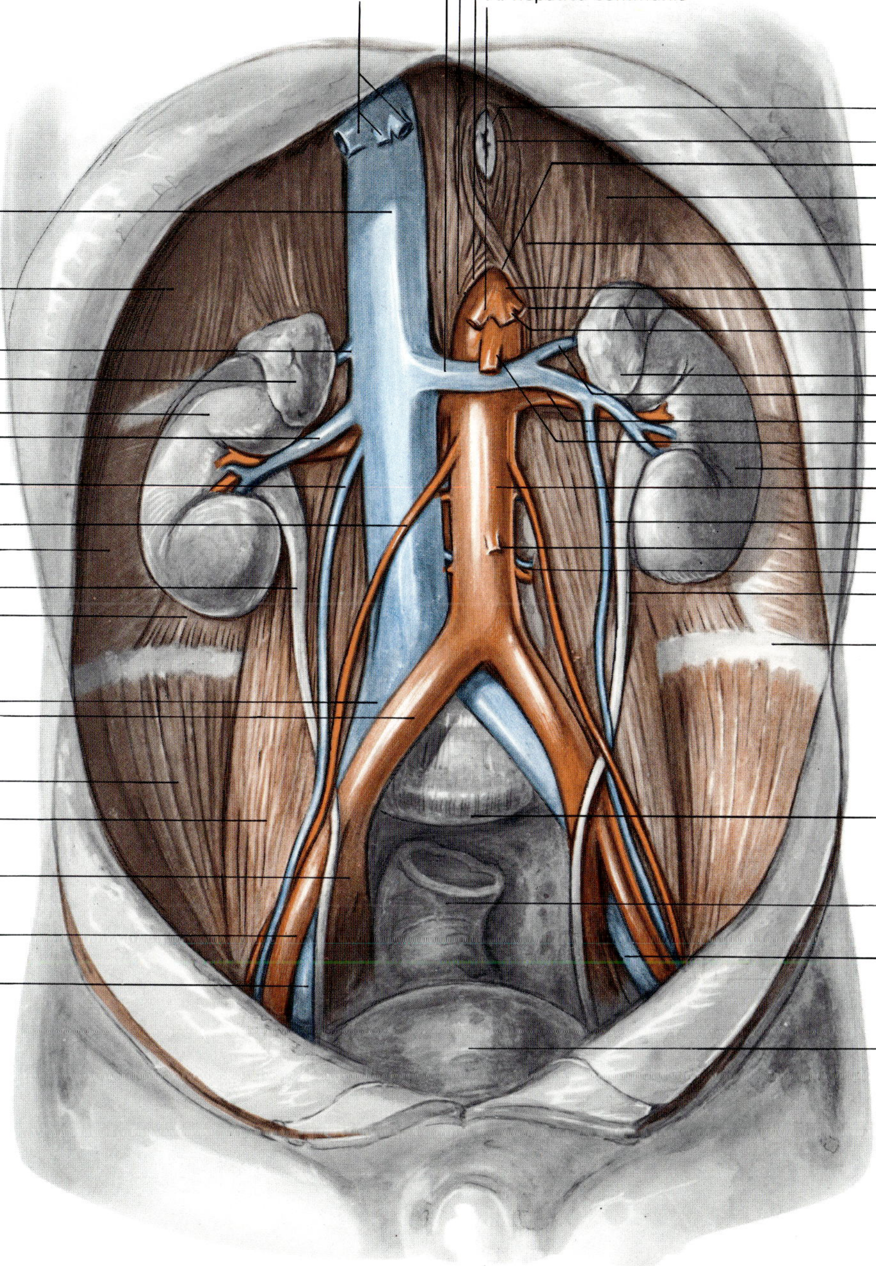


**271**

**Dorsale Bauchwand**

von vorn. Nieren, Renes, Nebennieren, Glandulae suprarenales und Harnleiter, Ureteres. Die Äste des Plexus lumbalis (Abb. 266) wurden entfernt

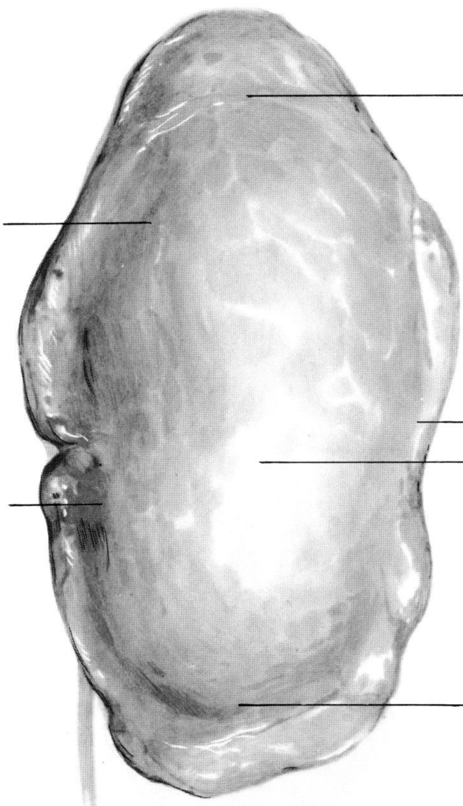


**272**
**Rechte Niere, Ren**
von ventral. Das Organ ist vollständig von der Fettkapsel, Capsula adiposa, umhüllt

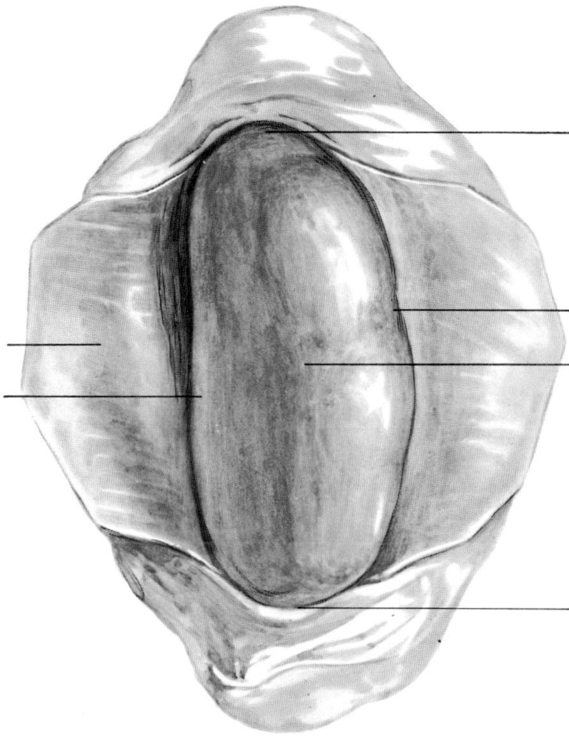


**273**
**Rechte Niere, Ren**
von lateral. Capsula adiposa eröffnet

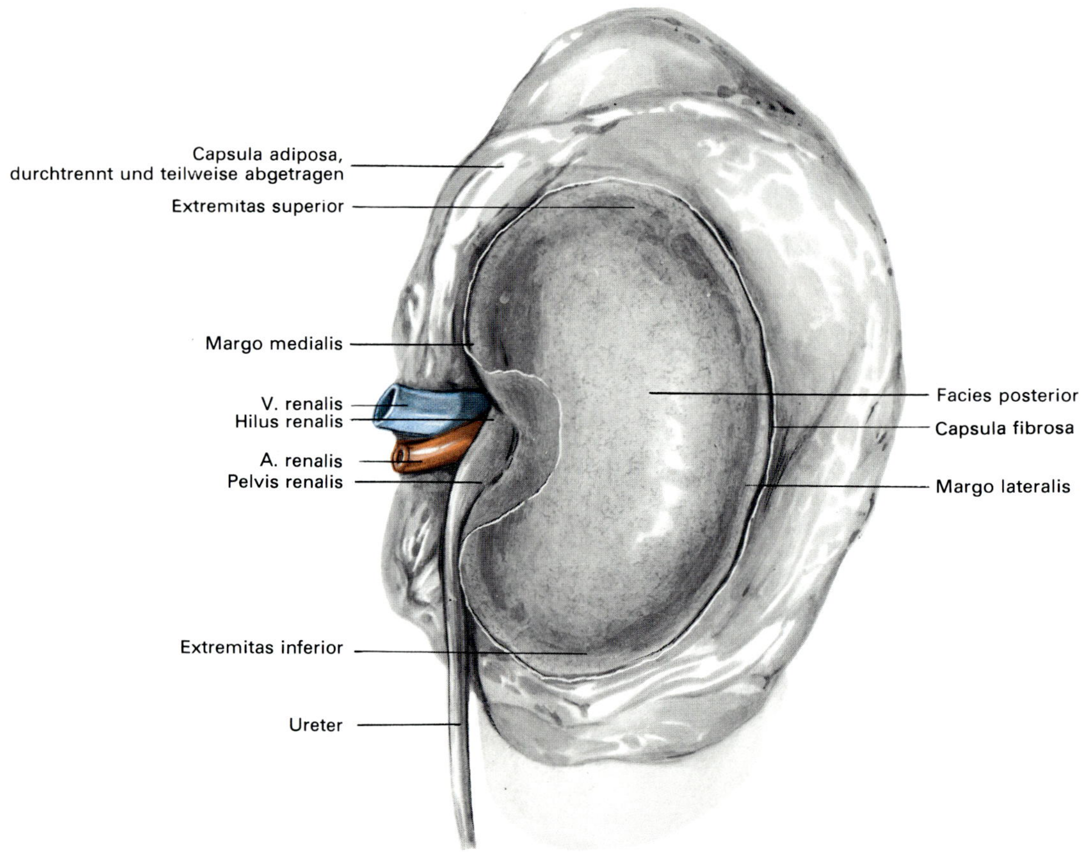


**274**
**Rechte Niere, Ren**
von dorsal. Capsula adiposa und Capsula fibrosa eröffnet und auf der Hinterseite abgetragen

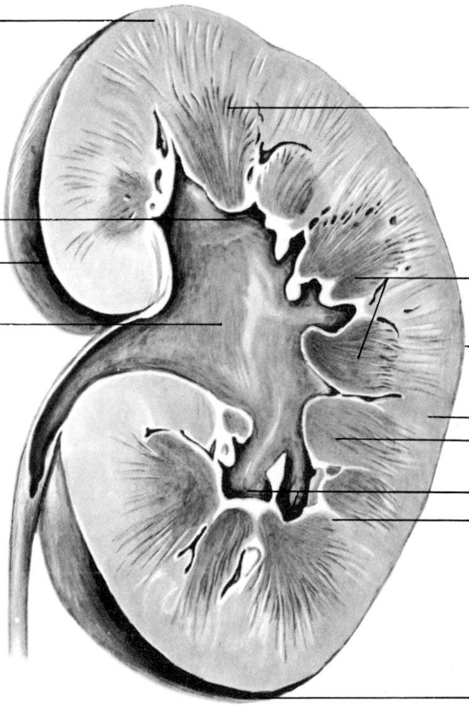


**275**
**Rechte Niere, Ren**
Frontalschnitt, Ansicht von vorn. Nierenrinde, Cortex renis, Nierenmark, Medulla renis, Nierenbecken, Pelvis renalis

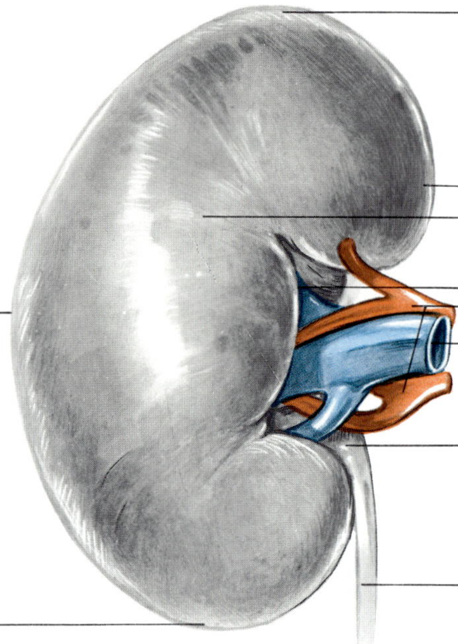


**276**
**Rechte Niere, Ren**
von ventral. V. renalis, Aufzweigung der A. renalis und Pelvis renalis

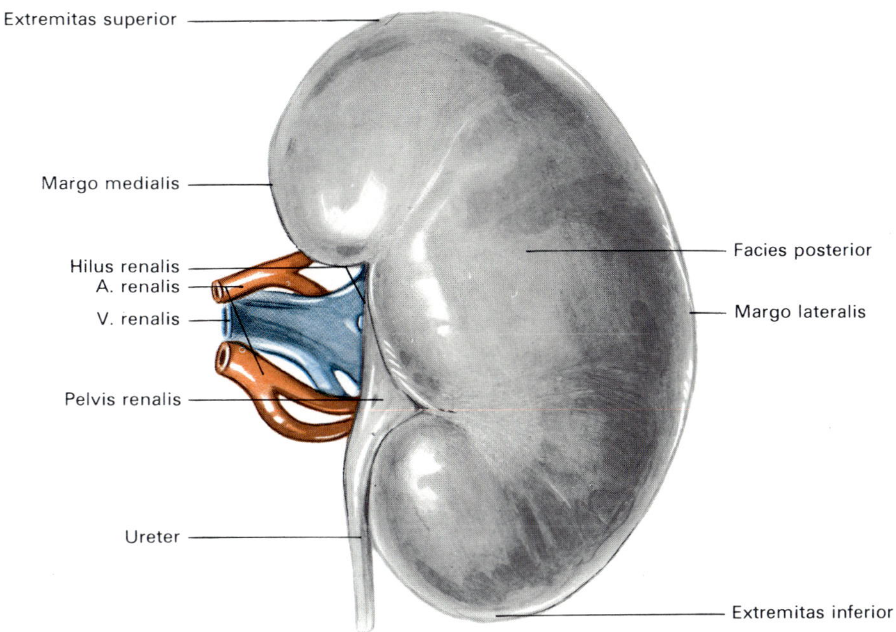


**277**
**Rechte Niere, Ren**
von dorsal. Pelvis renalis, Aufzweigung der A. renalis, V. renalis

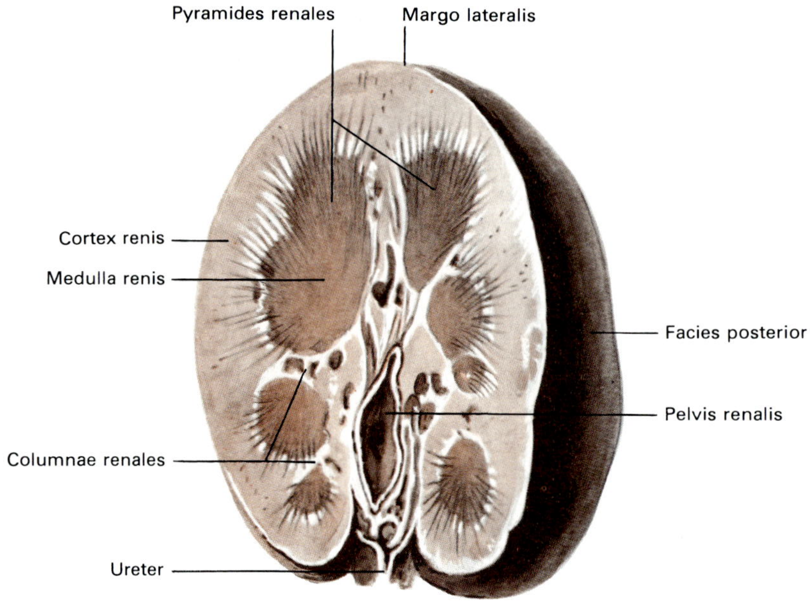


a

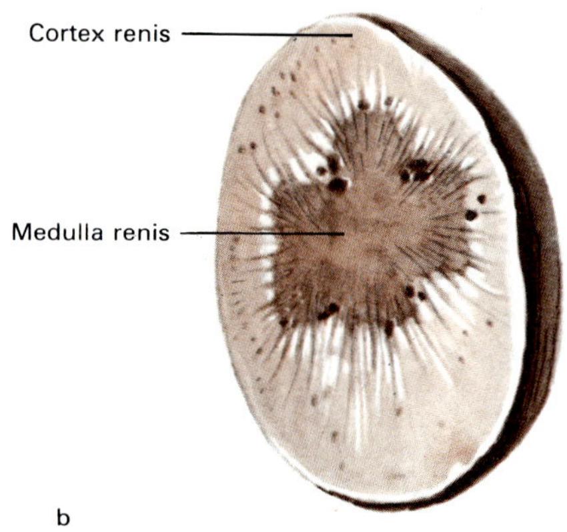


b

**278**
**Rechte Niere, Ren**
Querschnitte, Ansicht von oben. a durch den mittleren Abschnitt des Organs, b oberhalb des unteren Poles

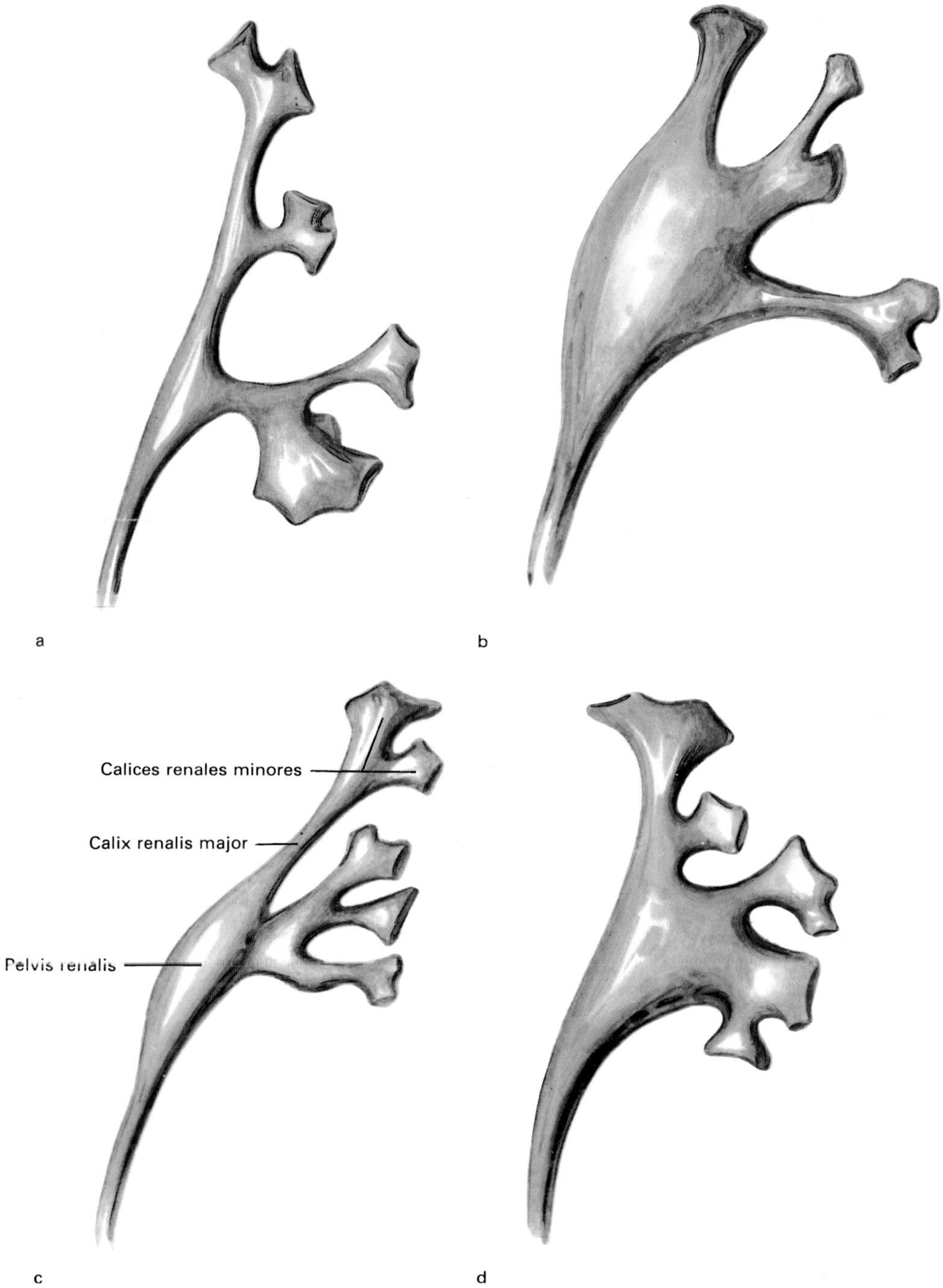


**279**
**Nierenbecken, Pelves renales**
isoliert, von vorn. a dendritischer Typ, b ampullärer Typ, c und d Übergangsformen

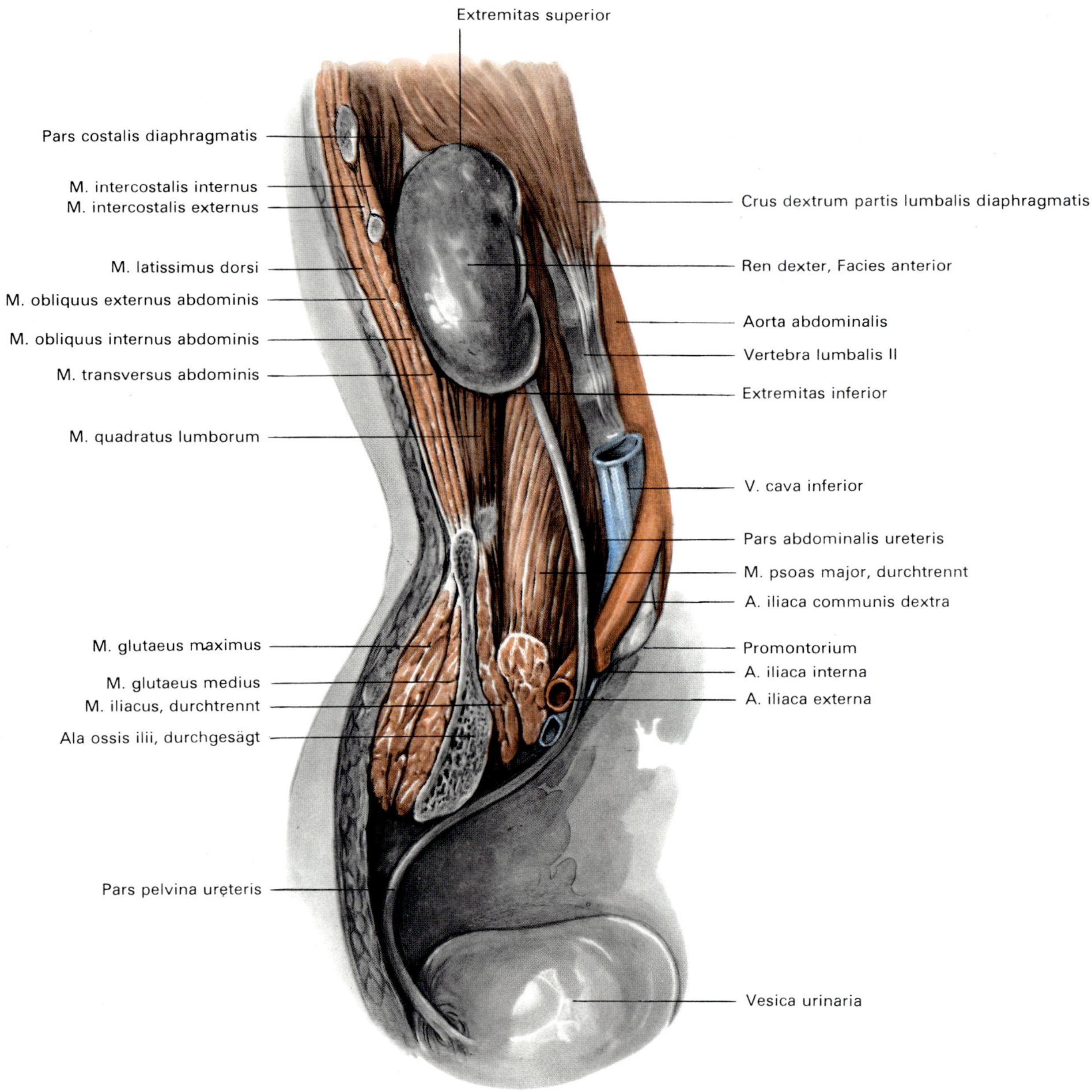


**280**
**Rechte Niere, Ren, und rechter Harnleiter, Ureter**
von rechts. Verlauf des Harnleiters

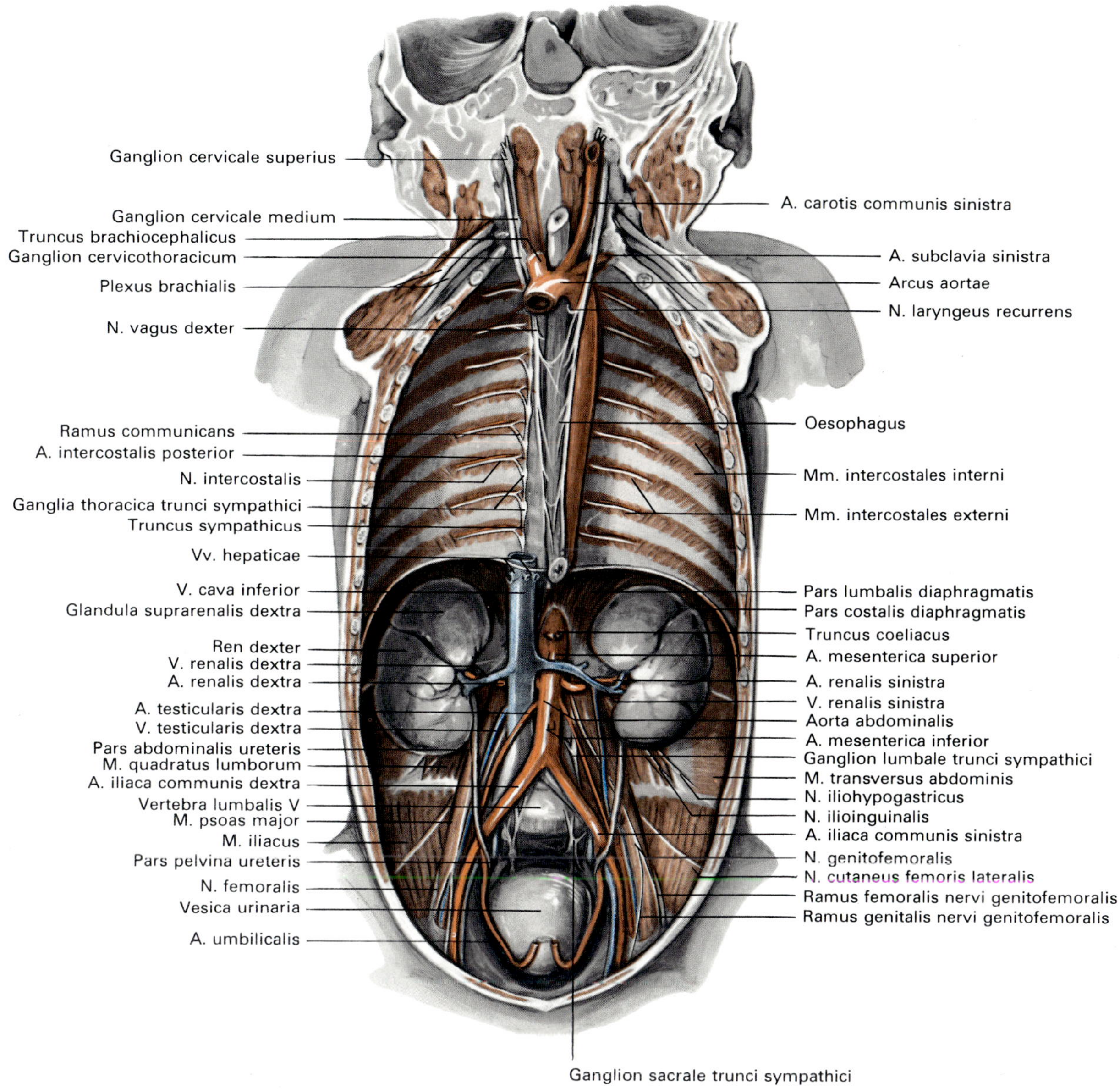


**281**
**Dorsale Rumpfwand und tiefe Halsregion**
eines Neugeborenen, von vorn. Nieren, Nebennieren, Arteriae umbilicales

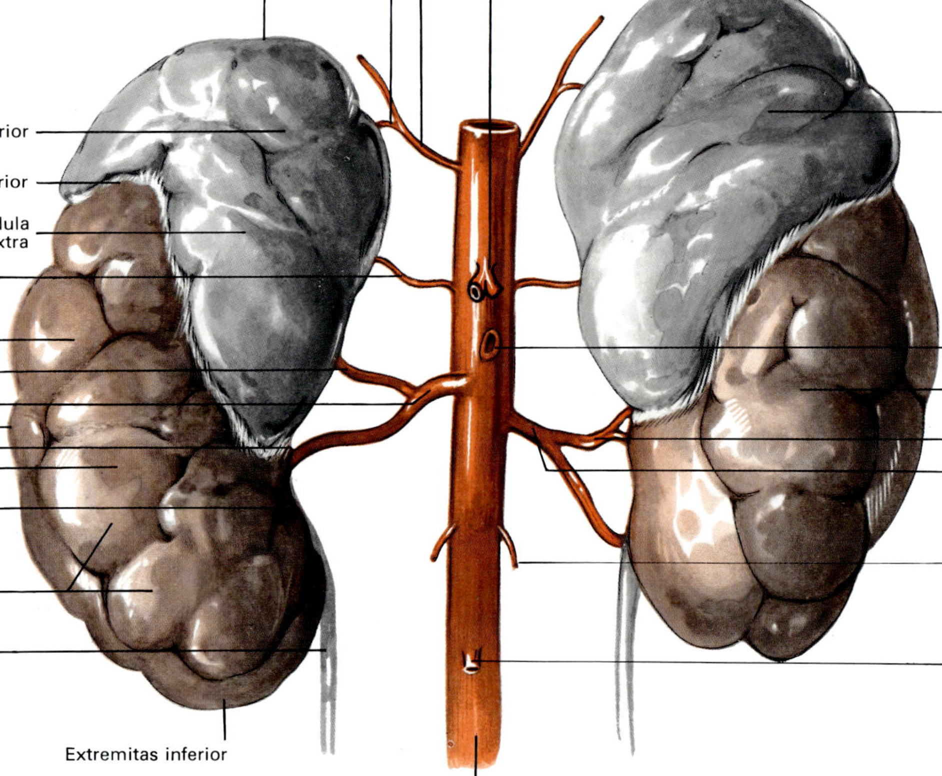


**282**
**Nieren, Renes, und Nebennieren, Glandulae suprarenales**
eines Neugeborenen, von vorn

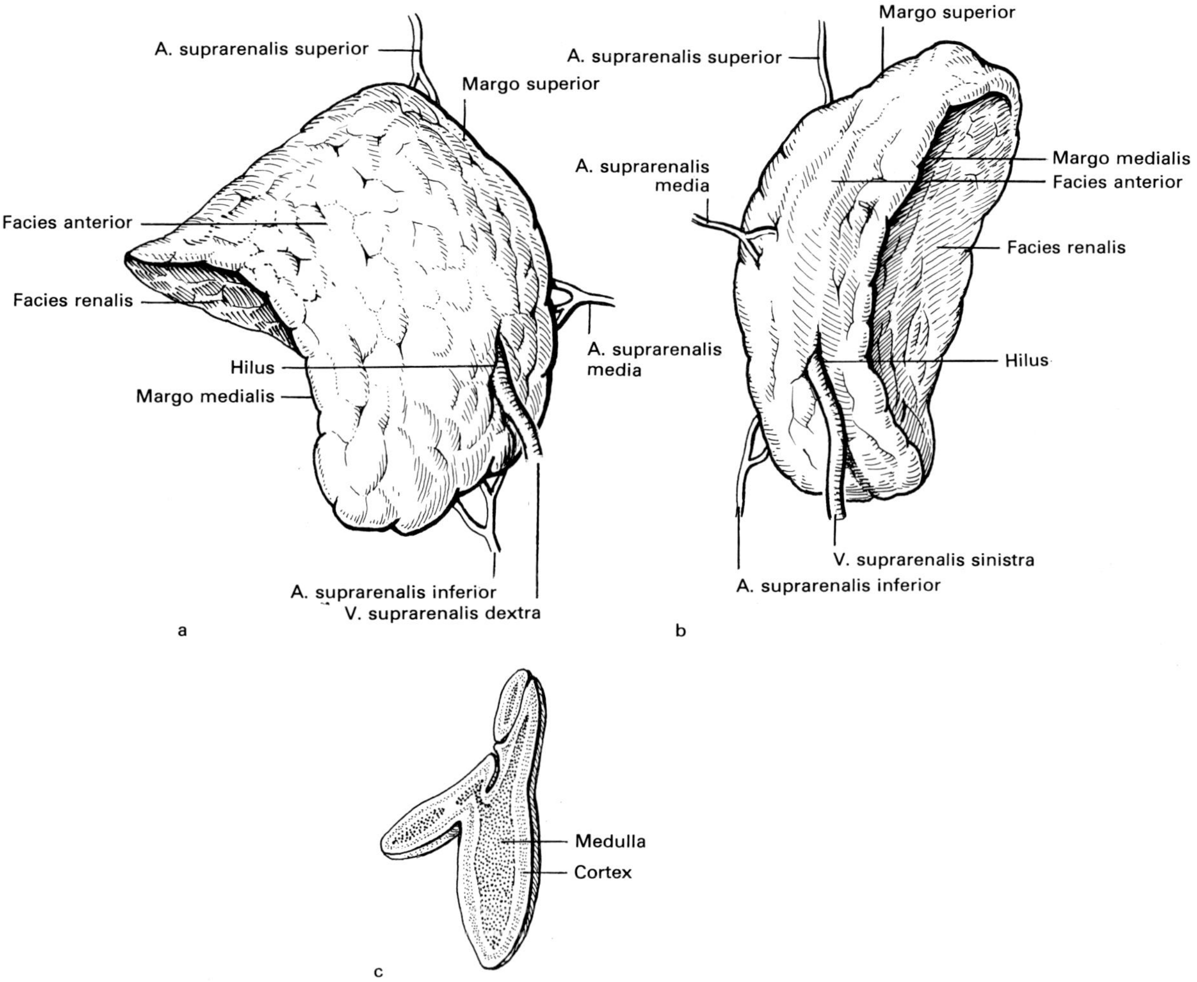


**283**
**Nebennieren, Glandulae suprarenales**
von ventral. a rechte, b linke Nebenniere, c Querschnitt

# RUMPFEINGEWEIDE

## Beckeneingeweide

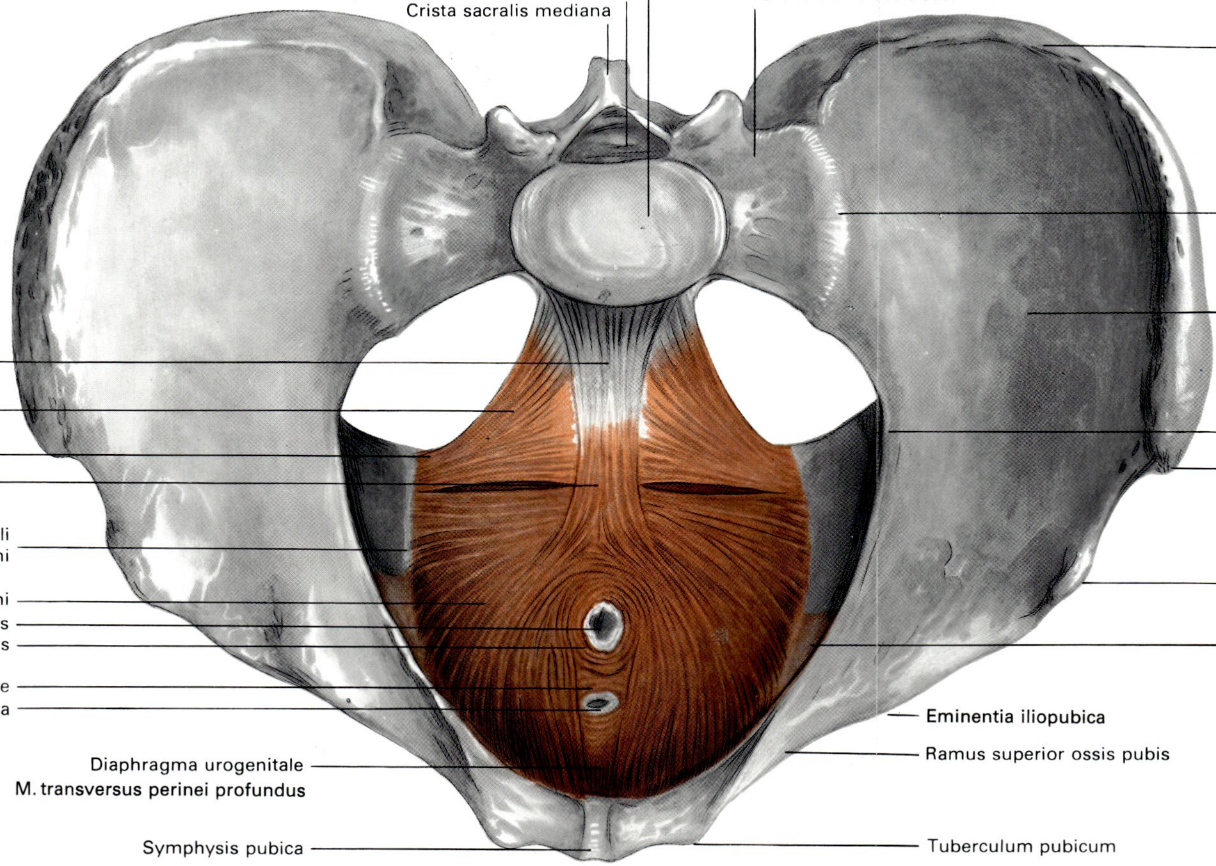


**284**
**Beckenbodenmuskeln des Mannes**
von oben. Faszien und Beckeneingeweide entfernt

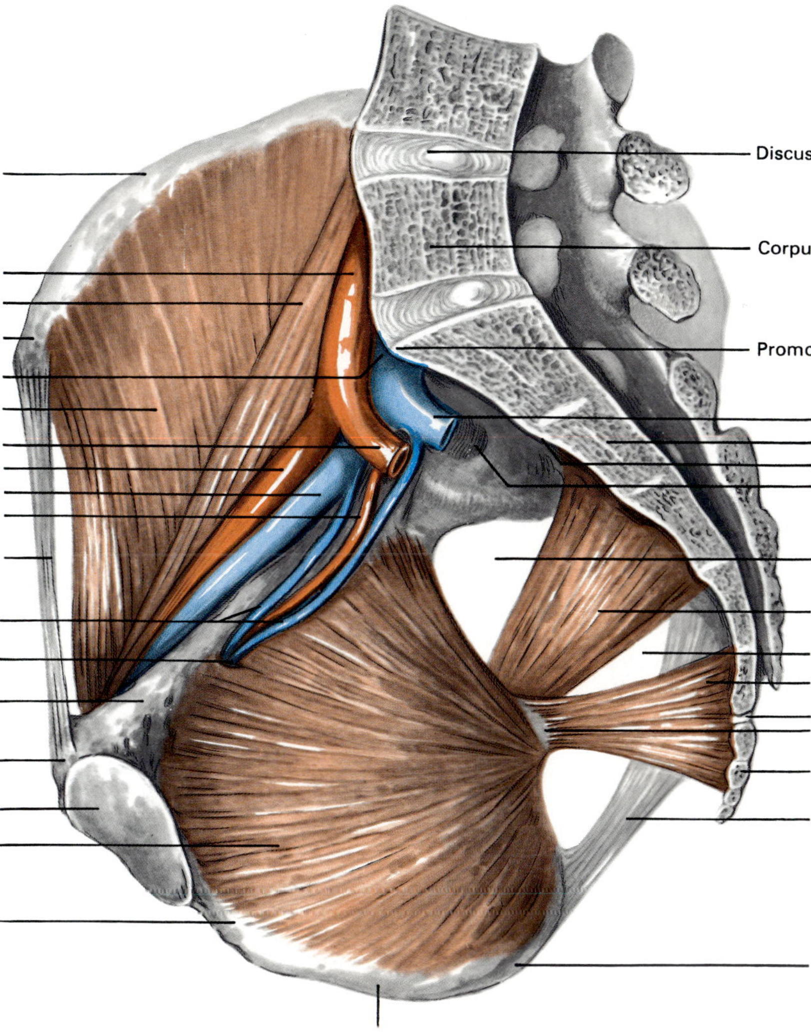


**285**
**Muskeln der seitlichen Beckenwand**
von innen. Die Faszien wurden entfernt

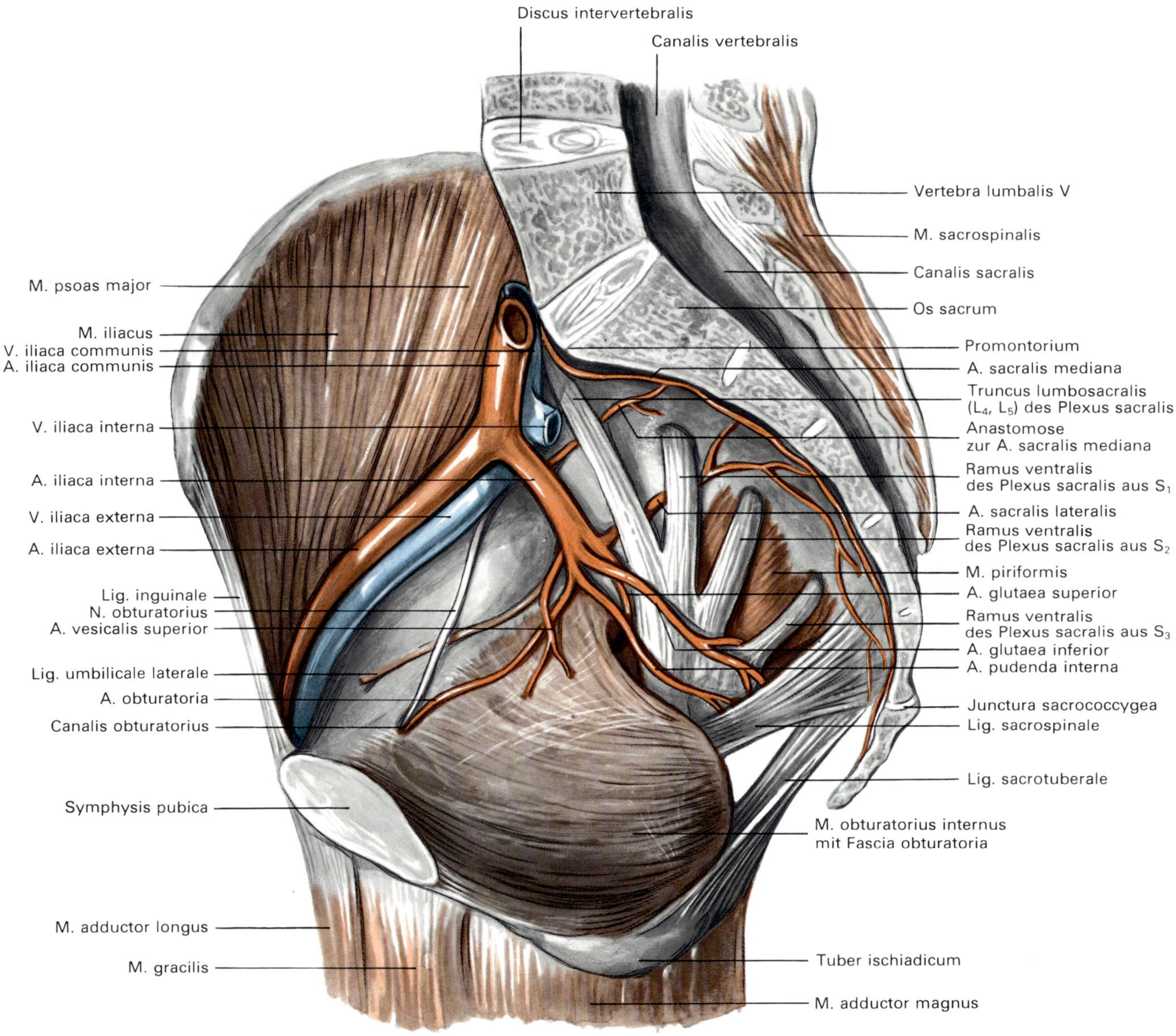


**286**

**Gefäße und Nerven der rechten Beckenwand**

von innen. Äste der A. iliaca interna, Plexus sacralis, N. obturatorius

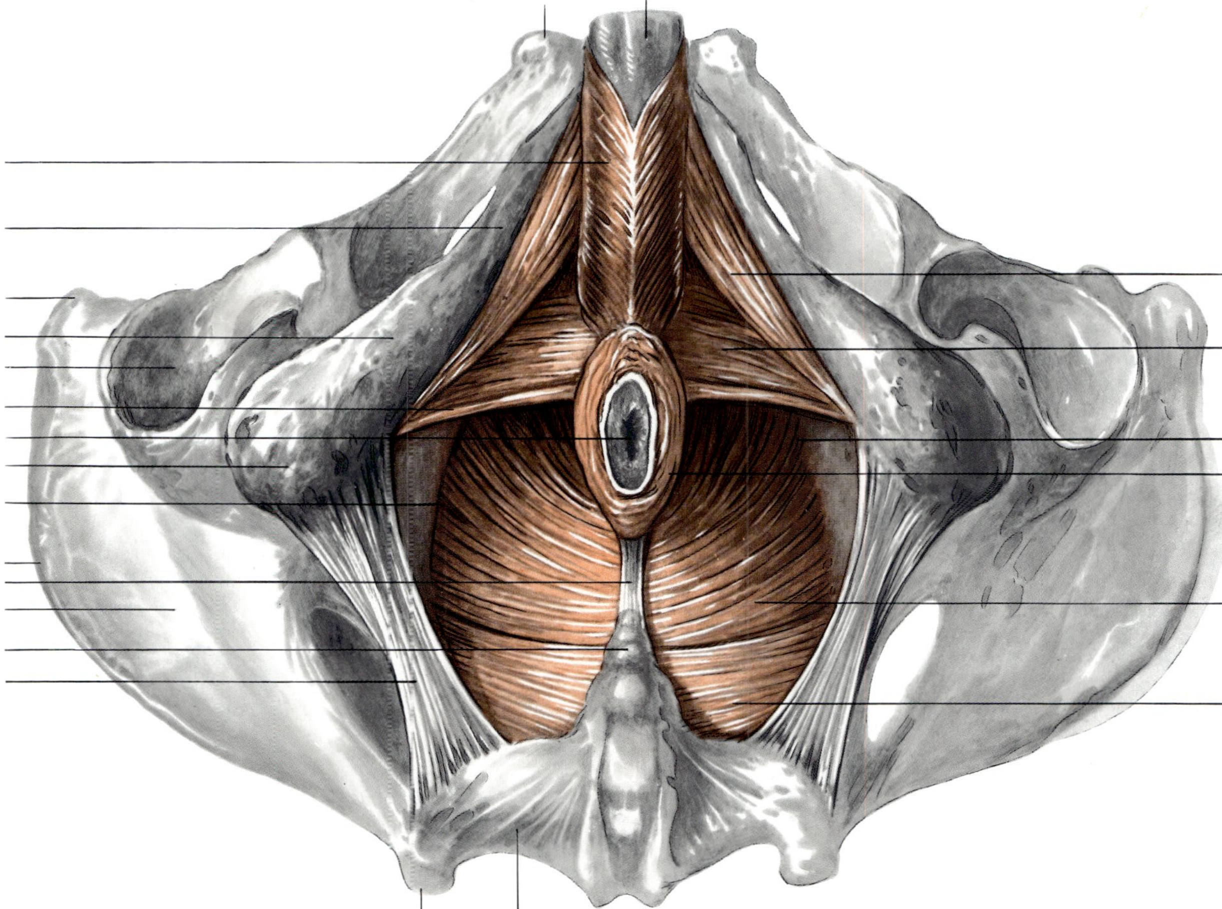


**287**
**Beckenbodenmuskeln des Mannes**
von caudal. Faszien und Inhalt der Fossa ischiorectalis entfernt

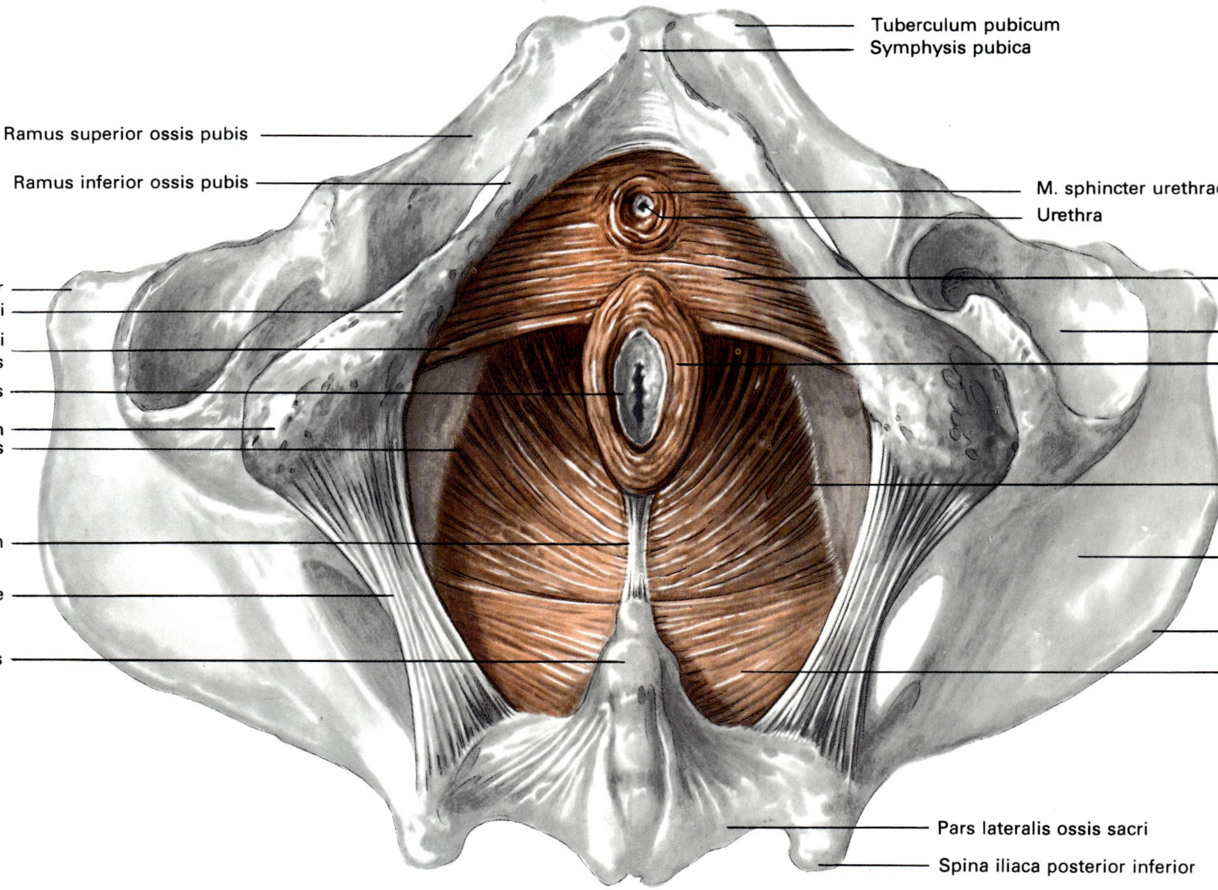


**288**
**Beckenbodenmuskeln des Mannes**
von caudal. Faszien und Inhalt der Fossa ischiorectalis sowie M. bulbospongiosus, M. ischiocavernosus und Penis entfernt

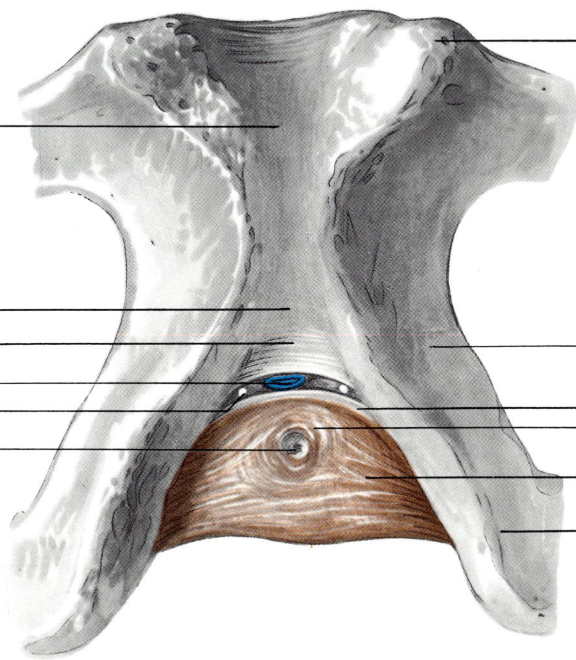


**289**
**Diaphragma urogenitale des Mannes**
von vorn unten

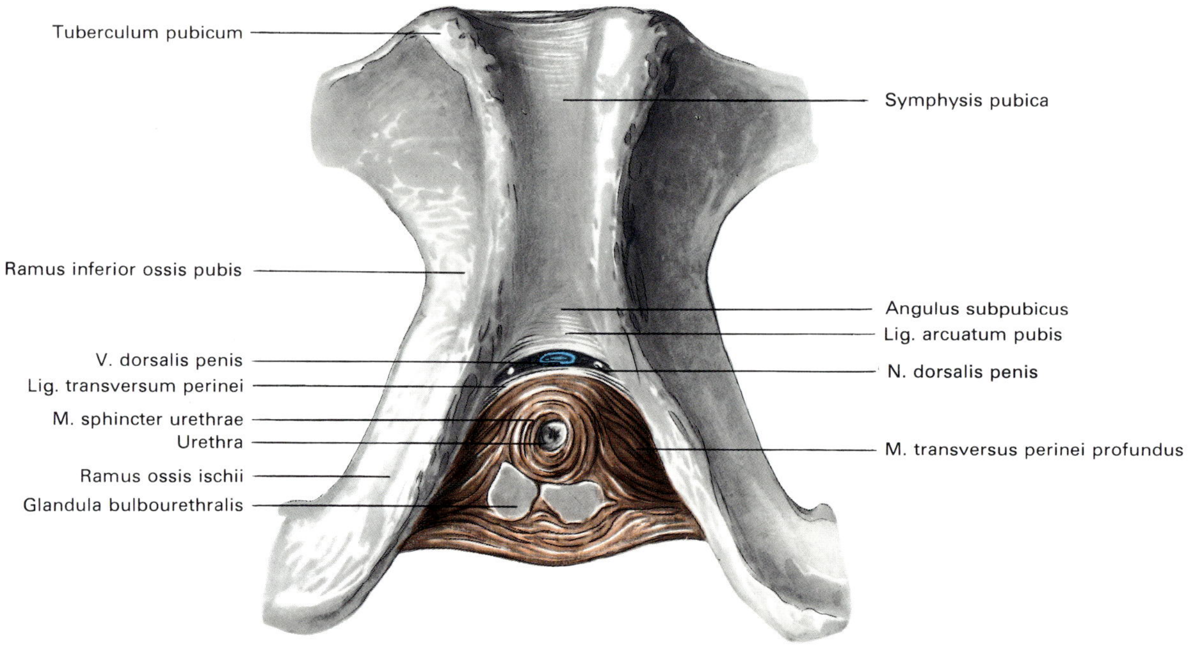


**290**
**Muskeln des Diaphragma urogenitale des Mannes**
von vorn unten

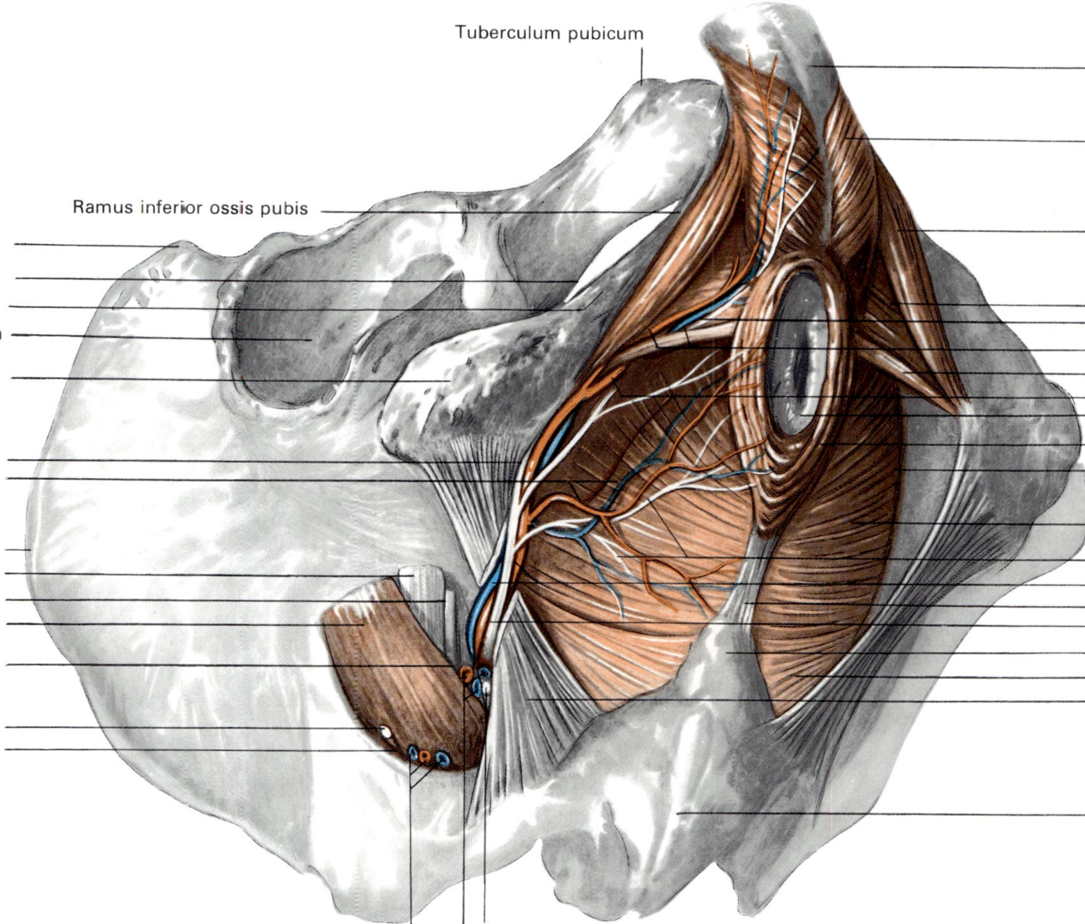


**291**
**Blutgefäße und Nerven des Beckenbodens des Mannes**
von unten hinten und rechts

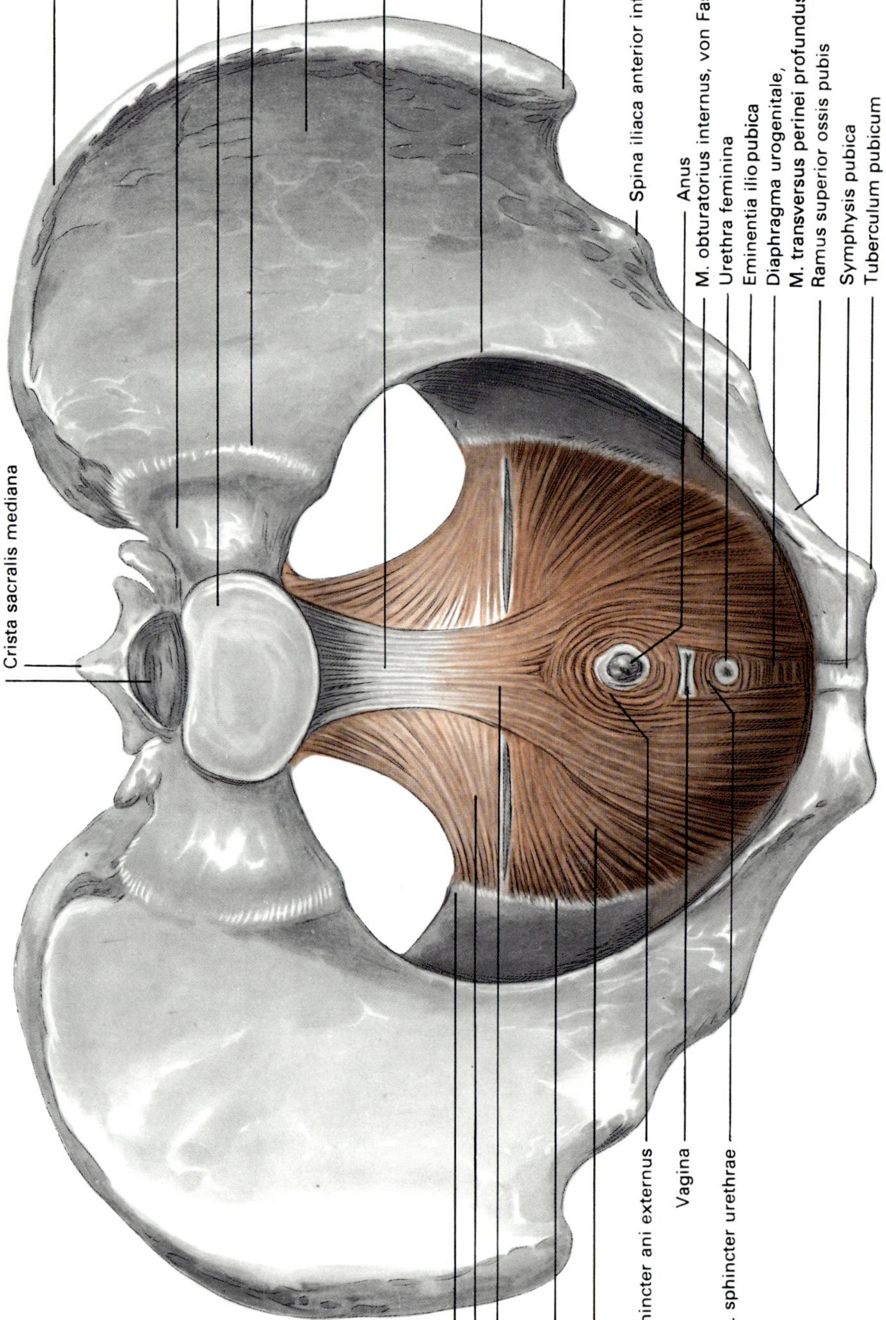


**292**
**Beckenbodenmuskeln der Frau**
von oben. Faszien und Beckeneingeweide entfernt

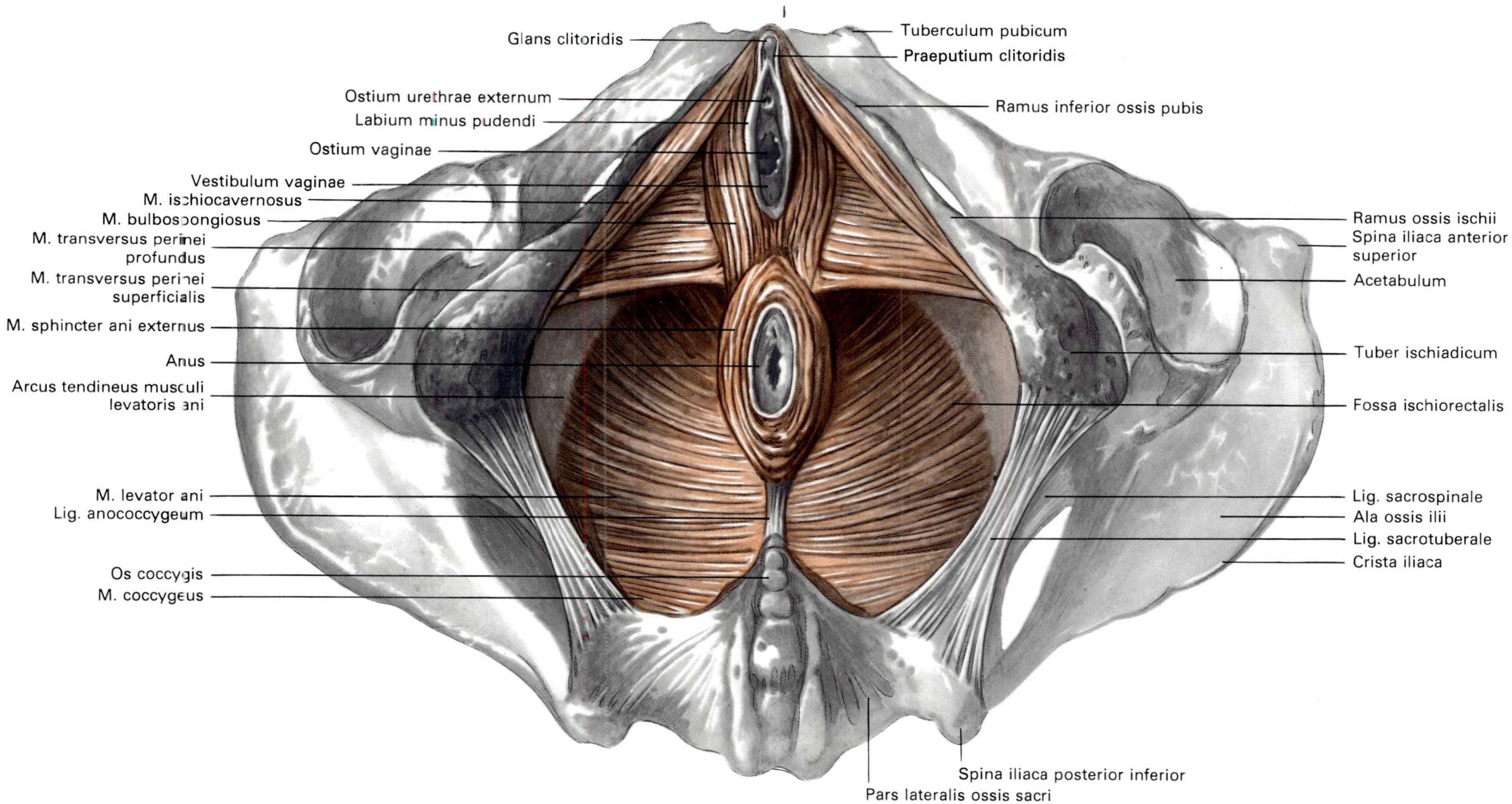


**293**
**Beckenbodenmuskeln der Frau**
von caudal. Faszien und Inhalt der Fossa ischiorectalis entfernt

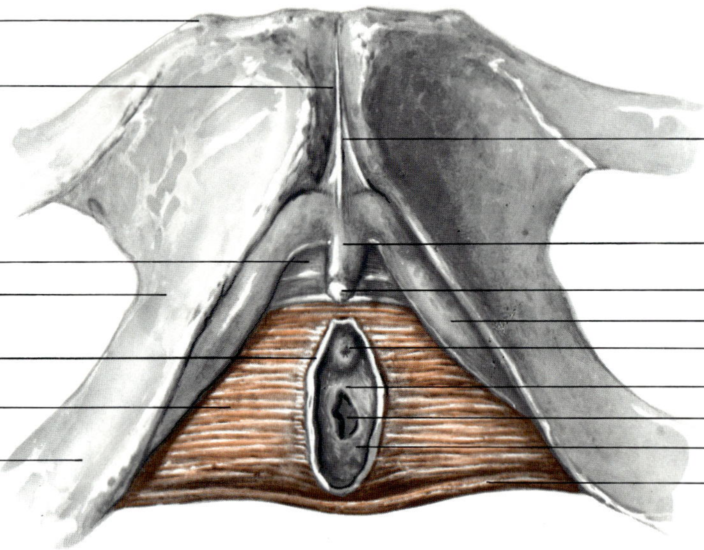


**294**
**M. transversus perinei profundus der Frau; Kitzler, Clitoris**
von vorn unten

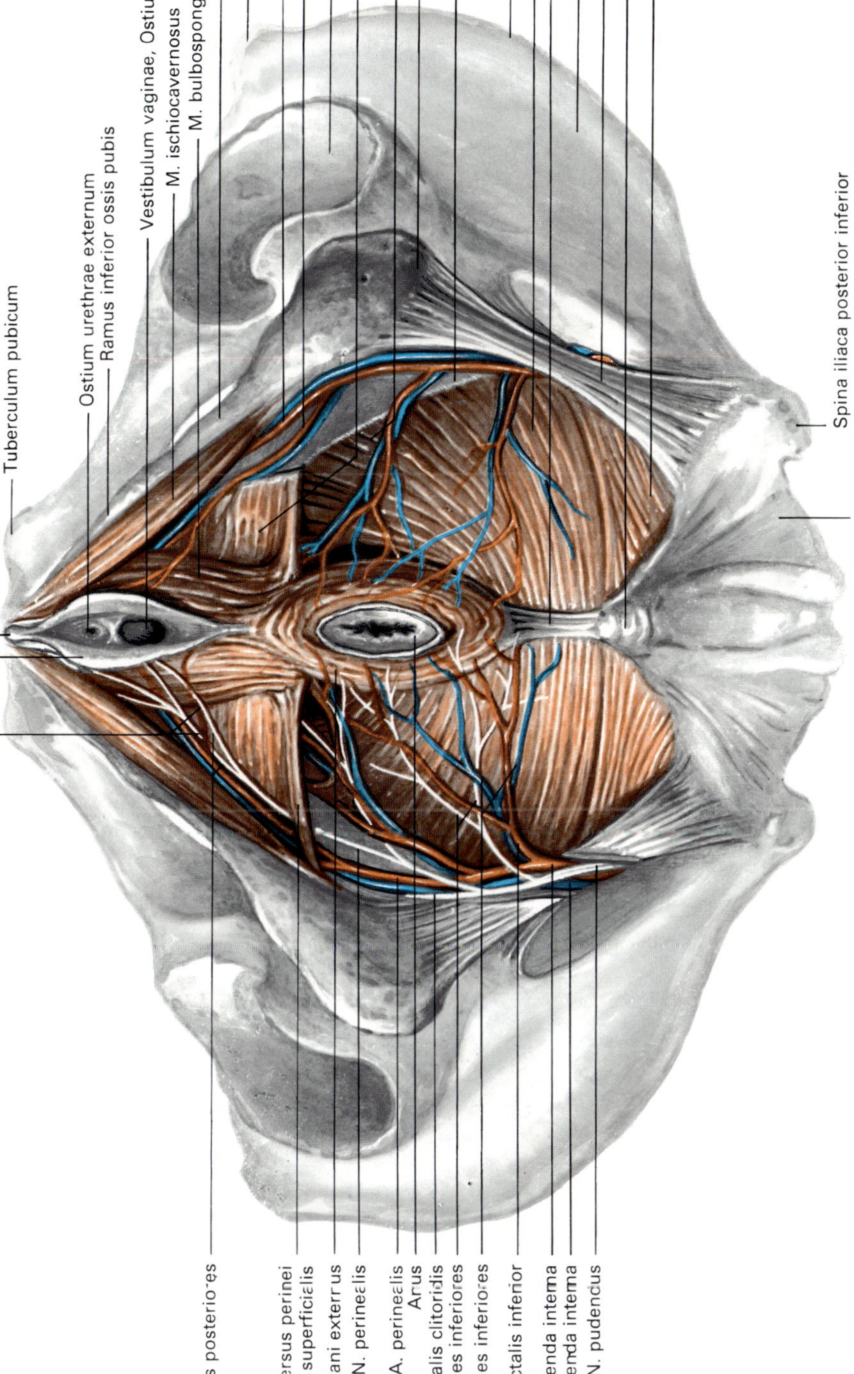


**295**
**Blutgefäße und Nerven des Beckenbodens der Frau**
von caudal

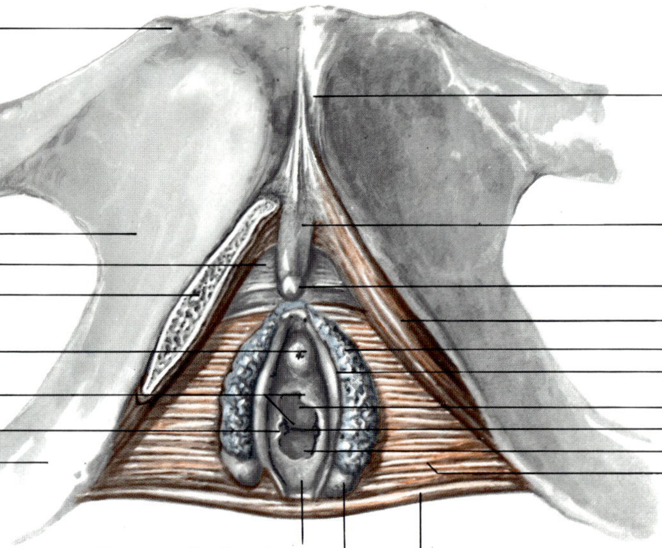


**296**
**Diaphragma urogenitale, Clitoris und Bulbus vestibuli**
von vorn unten. Crus dextrum clitoridis angeschnitten

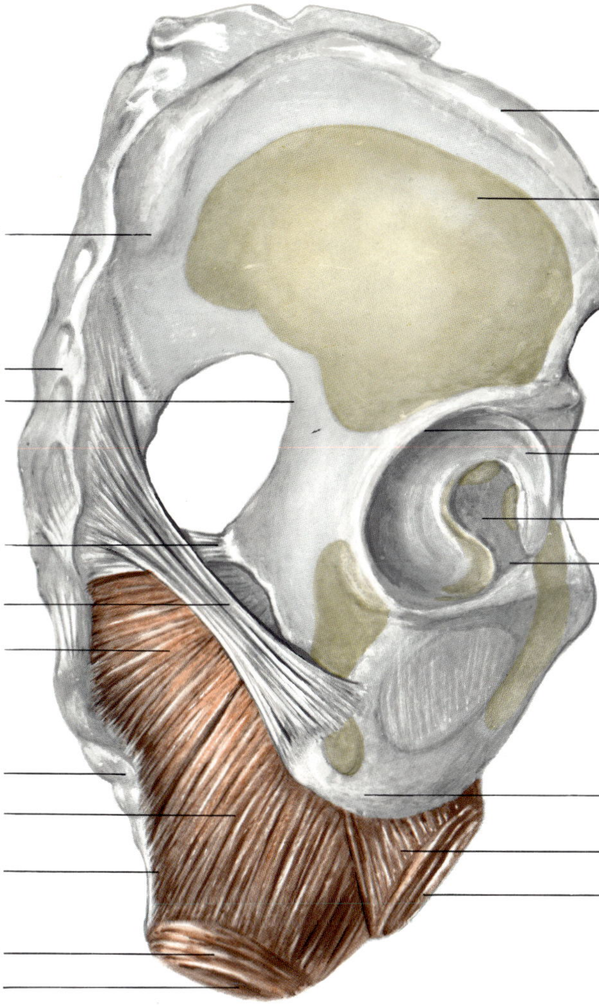


**297**
**Becken und Beckenbodenmuskeln eines weiblichen Neugeborenen**
von rechts. M. levator ani und M. transversus perinei profundus erstrecken sich über das Beckenskelett nach caudal

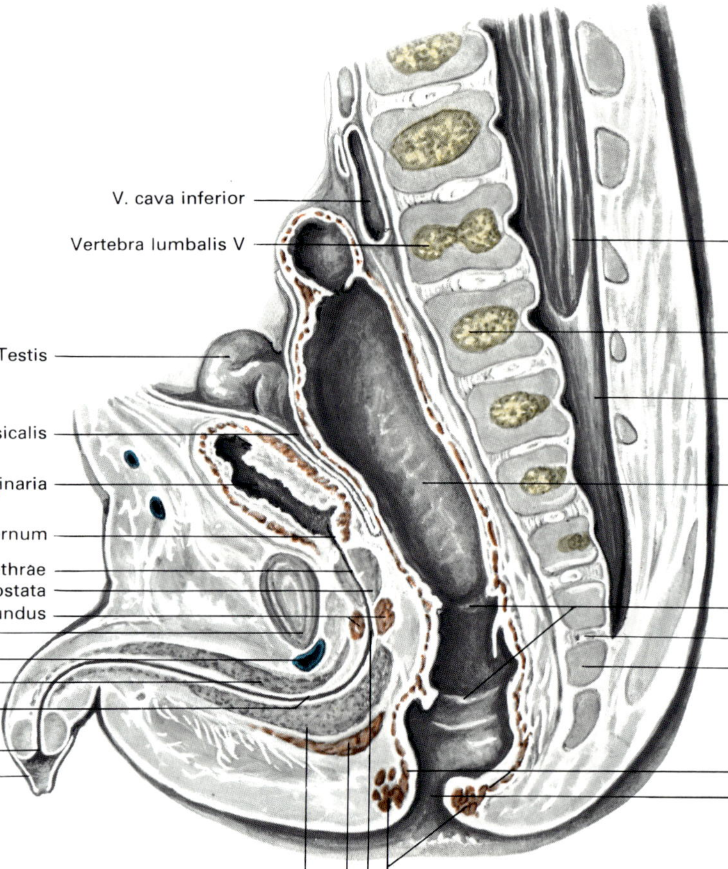


**298**
**Beckeneingeweide**
eines 7 Monate alten männlichen Feten. Medianschnitt, Ansicht von links. Die Harnblase liegt oberhalb der Symphysis pubica; der Beckenboden und das Rectum reichen weit nach caudal.
Descensus testium, rechter Hoden vor Eintritt in den Leistenkanal

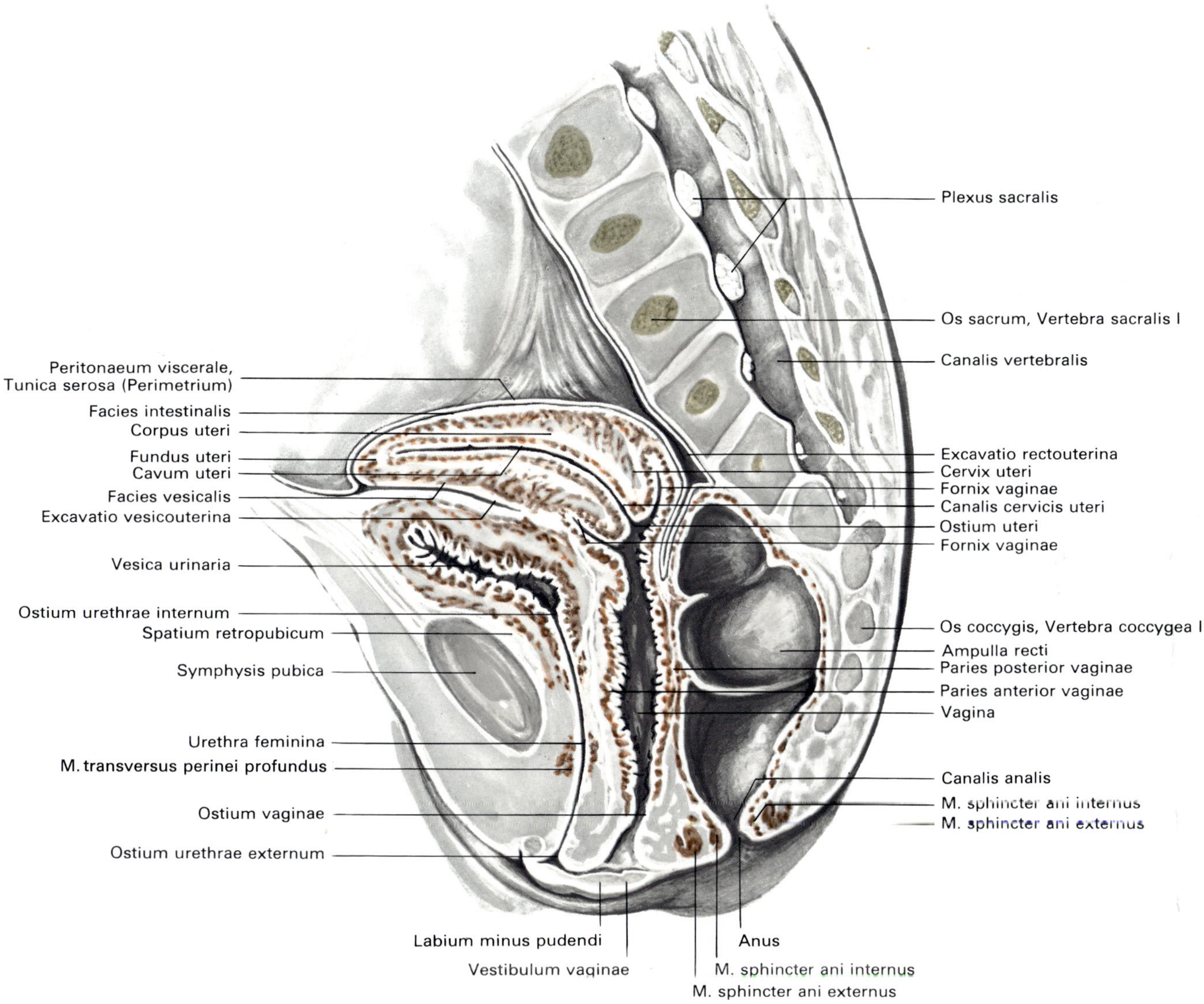


**299**
**Beckeneingeweide**
eines 8 Monate alten weiblichen Feten. Medianschnitt, Ansicht von links. Harnblase und Uterus liegen oberhalb der Symphysis pubica, Beckenboden, Harnröhre, Vagina und Rectum reichen weit nach caudal

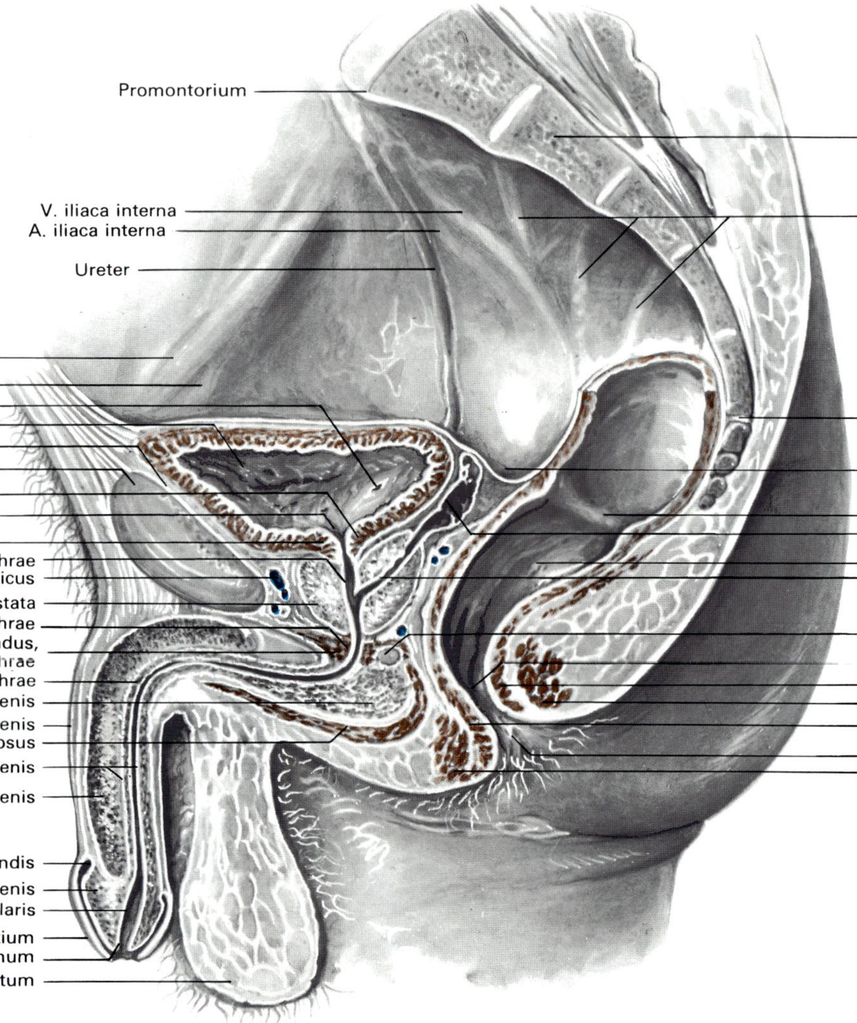


**300**
**Beckeneingeweide des Mannes**
Medianschnitt, Ansicht von links

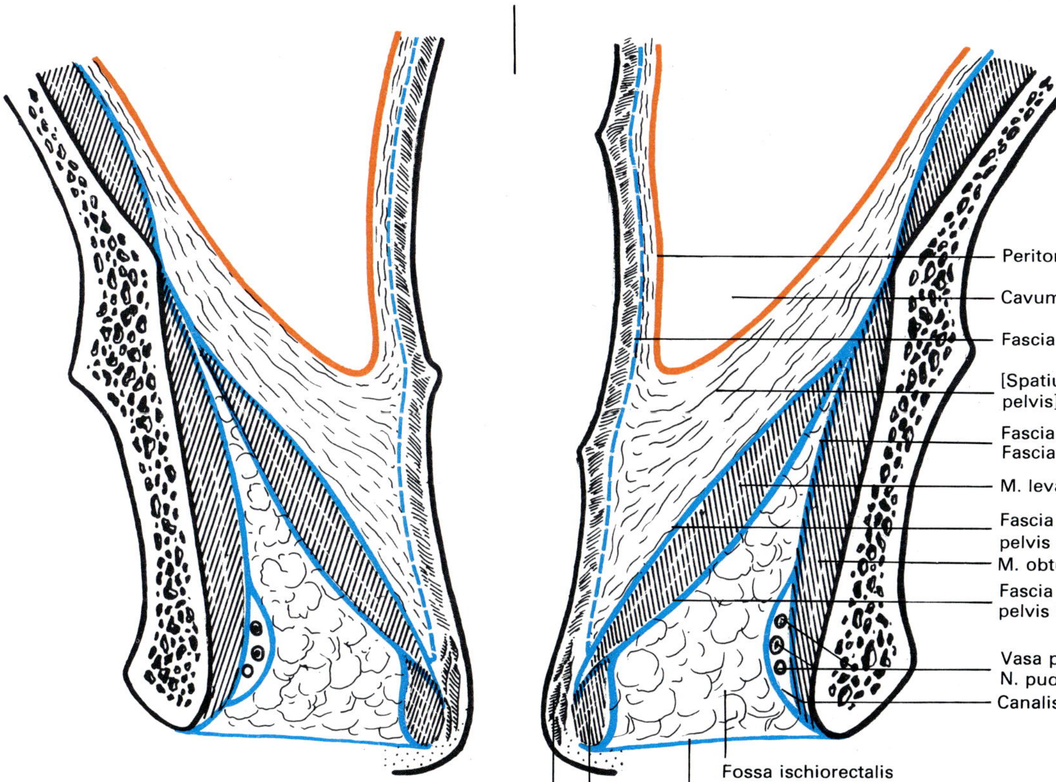


**301**
**Muskulöser Beckenboden, Beckenfaszien und Beckenräume**
Schematische Darstellung eines Frontalschnittes im Bereich des Mastdarms. Ansicht von vorn

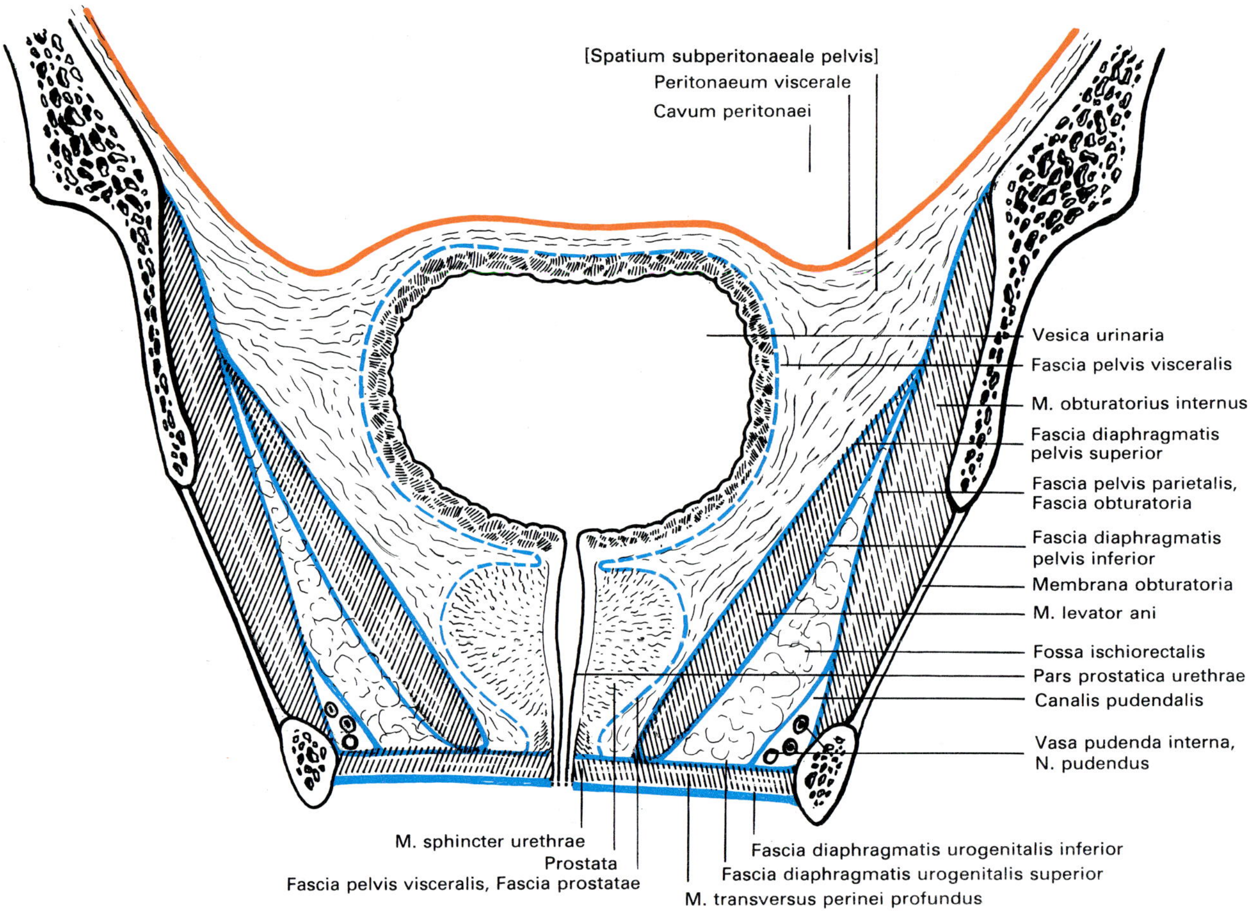


**302**
**Muskulöser Beckenboden, Beckenfaszien und Beckenräume**
Schematische Darstellung eines Frontalschnittes im Bereich von Harnblase und Prostata. Ansicht von vorn

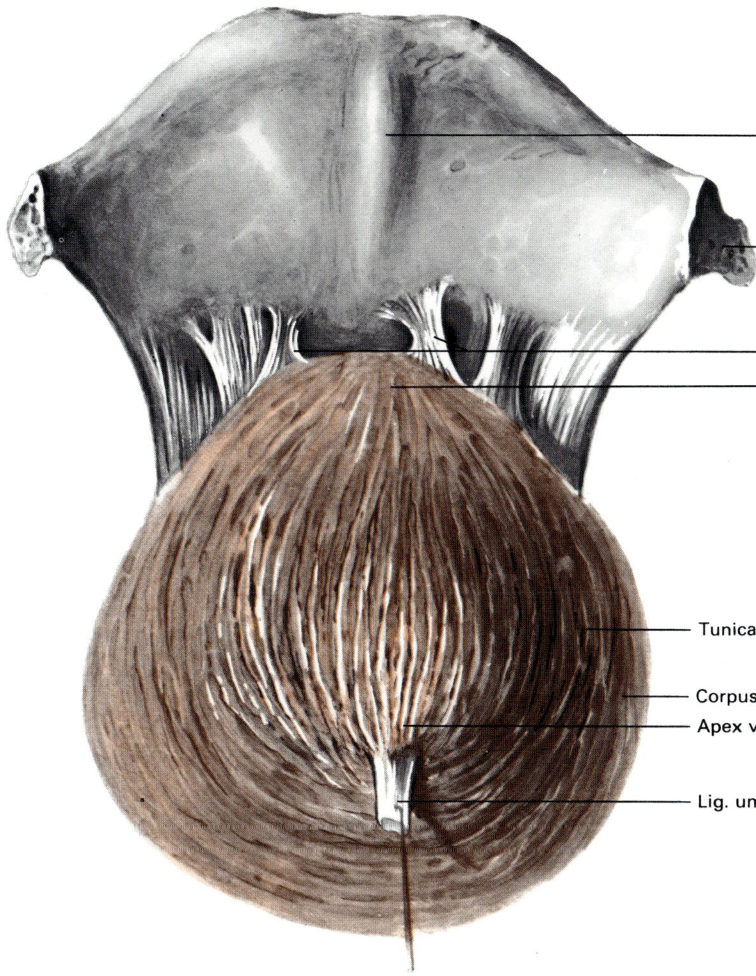


**303**
**Harnblase, Vesica urinaria**
eines Mannes, Ansicht von oben. Zur Darstellung der Ligamenta pubovesicalia wurde die gefüllte Harnblase nach dorsal gezogen. Präparation der Tunica muscularis

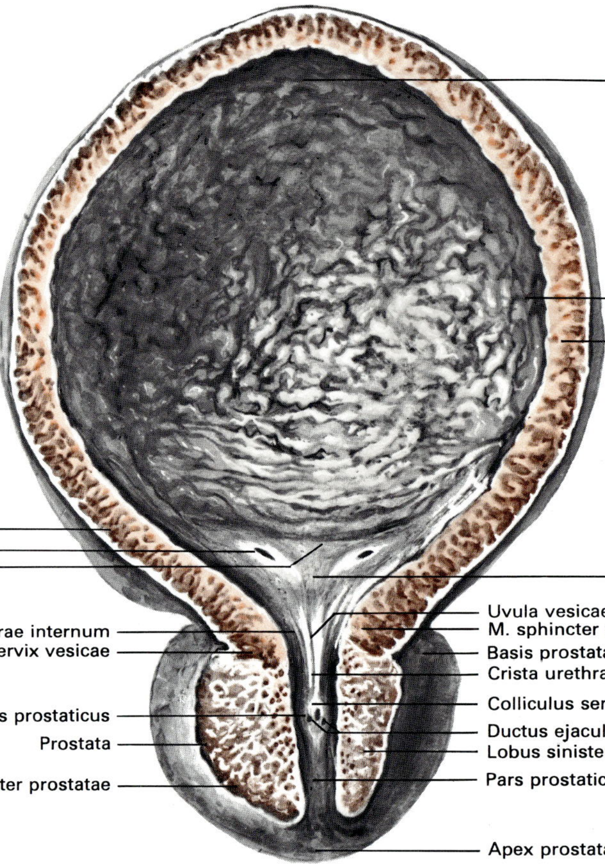


**304**
**Harnblase, Vesica urinaria, Vorsteherdrüse, Prostata**
Frontalschnitt, Ansicht von vorn. Zur Darstellung des Schleimhautreliefs wurde die Harnblase gedehnt. Tunica serosa entfernt

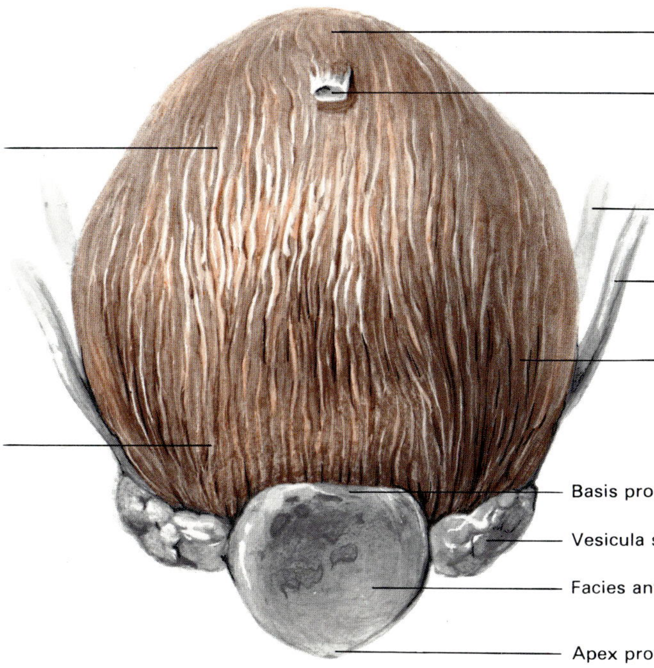


**305**
**Harnblase, Vesica urinaria, Vorsteherdrüse, Prostata, Samenbläschen, Vesiculae seminales**
von vorn. Harnblase gefüllt, Präparation der Tunica muscularis

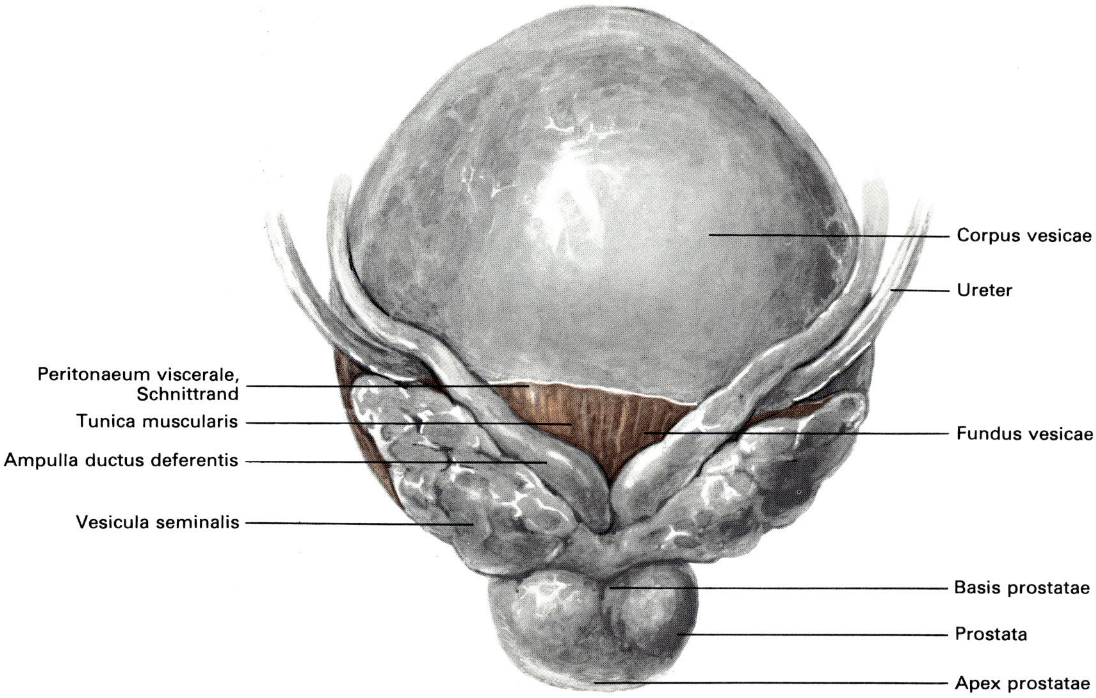


**306**
**Harnblase, Vesica urinaria, Vorsteherdrüse, Prostata, Samenbläschen, Vesiculae seminales**
von hinten. Harnblase gefüllt, Ampulla ductus deferentis

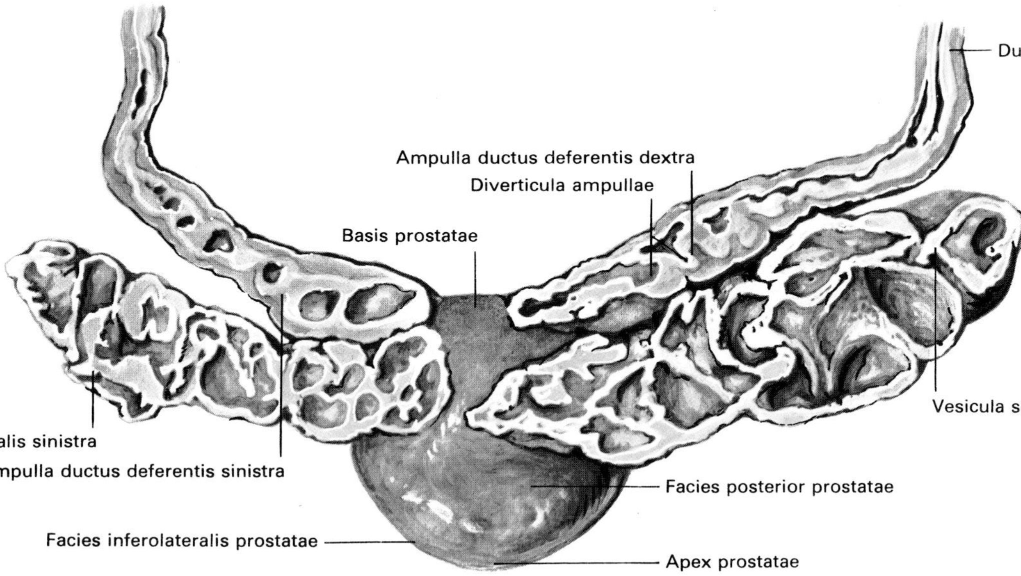


**307**
**Rechtes und linkes Samenbläschen, Vesicula seminalis dextra et sinistra, Vorsteherdrüse, Prostata, und Ampulla ductus deferentis dextra et sinistra**
von hinten. Kammerung von Vesicula seminalis und Ampulla ductus deferentis

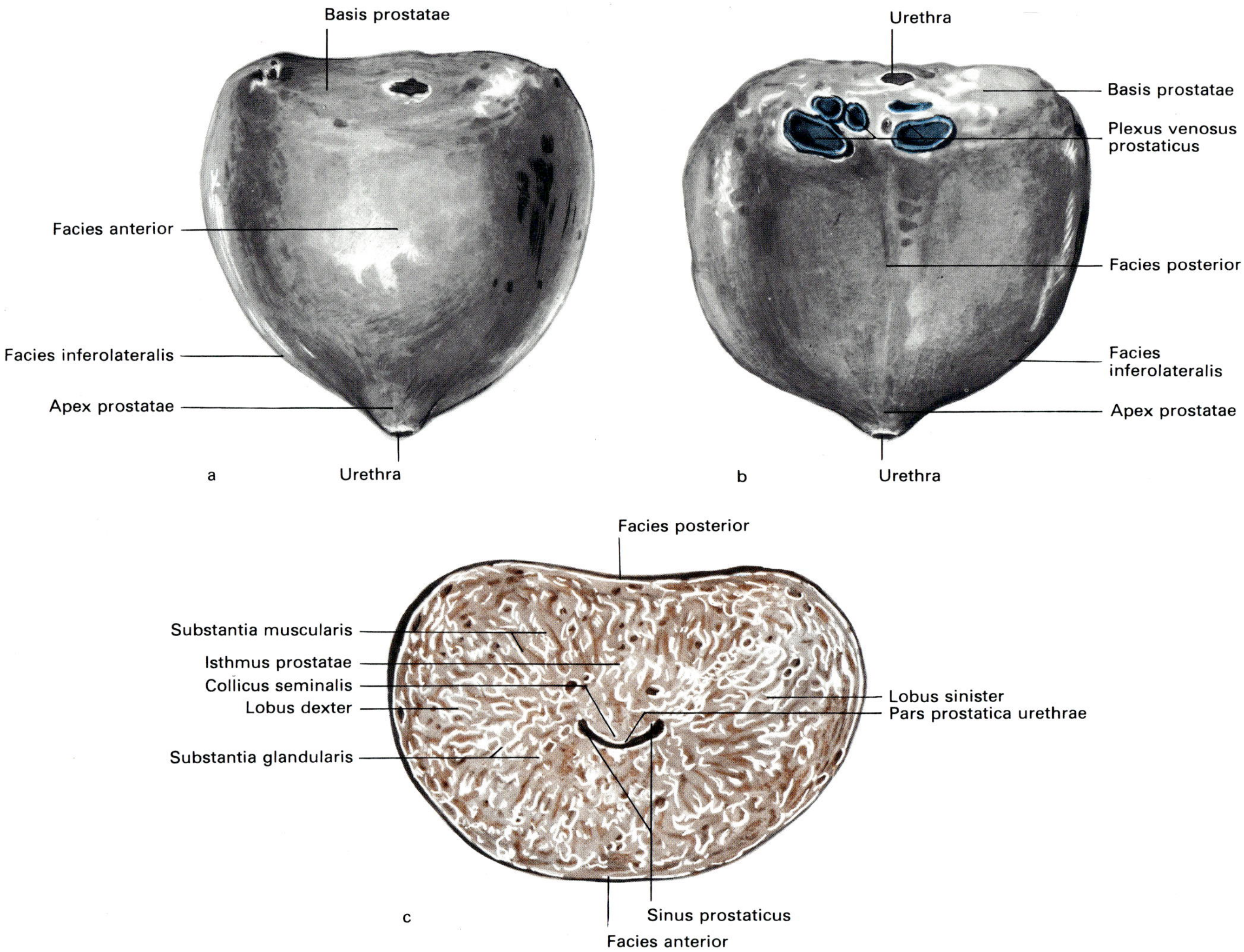


**308**
**Vorsteherdrüse, Prostata**
a von vorn, b von hinten und c Querschnitt

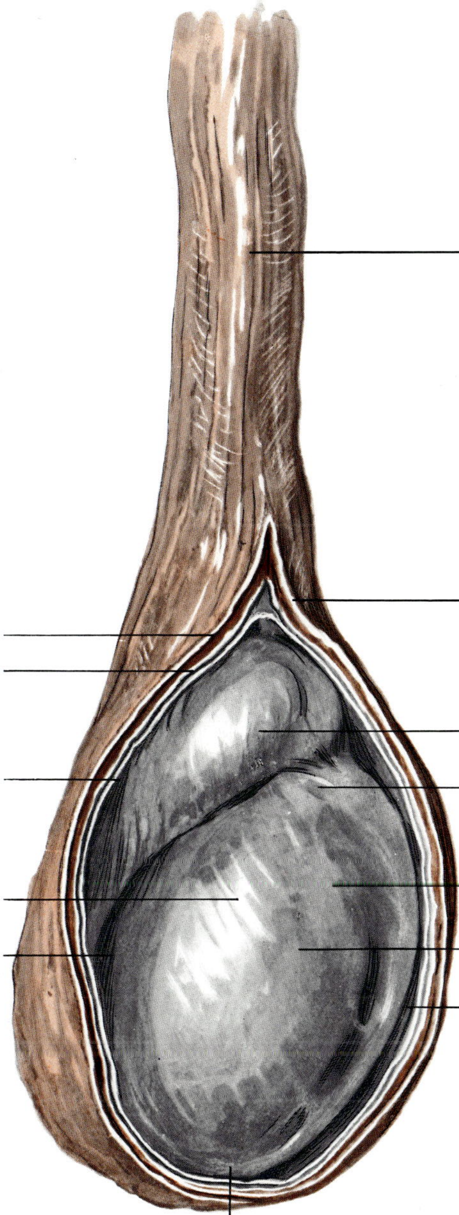


**309**
**Rechter Hoden und Nebenhoden, Testis et Epididymis**
von lateral. Hodenhüllen teilweise entfernt. Samenstrang, Funiculus spermaticus

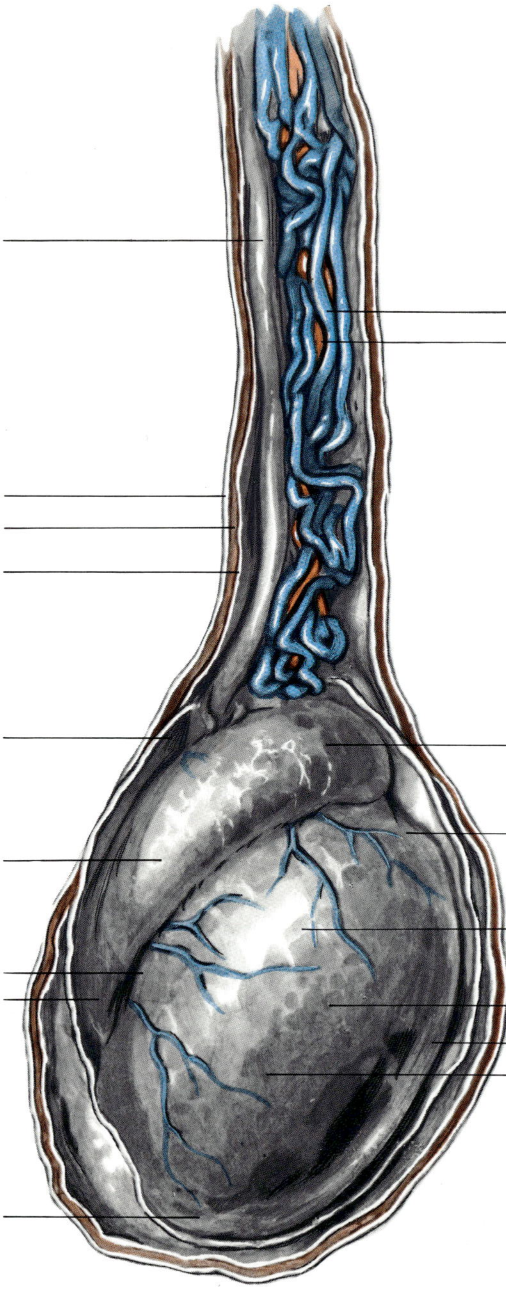


**310**
**Rechter Hoden und Nebenhoden, Testis et Epididymis**
von lateral. Hüllen von Hoden und Samenstrang teilweise entfernt. Samenleiter, Ductus deferens. Plexus pampiniformis

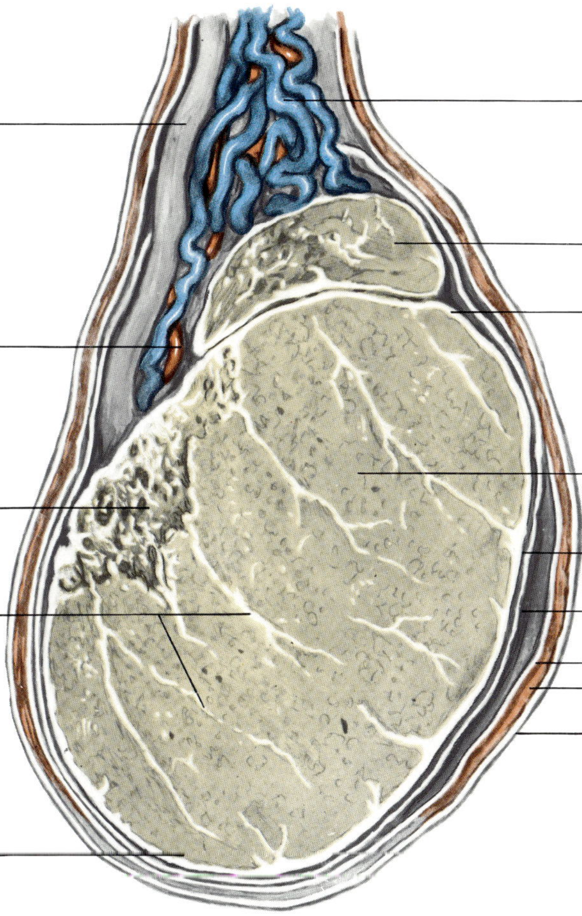


**311**
**Hoden und Nebenhoden. Testis et Epididymis**
Sagittalschnitt, Ansicht von lateral

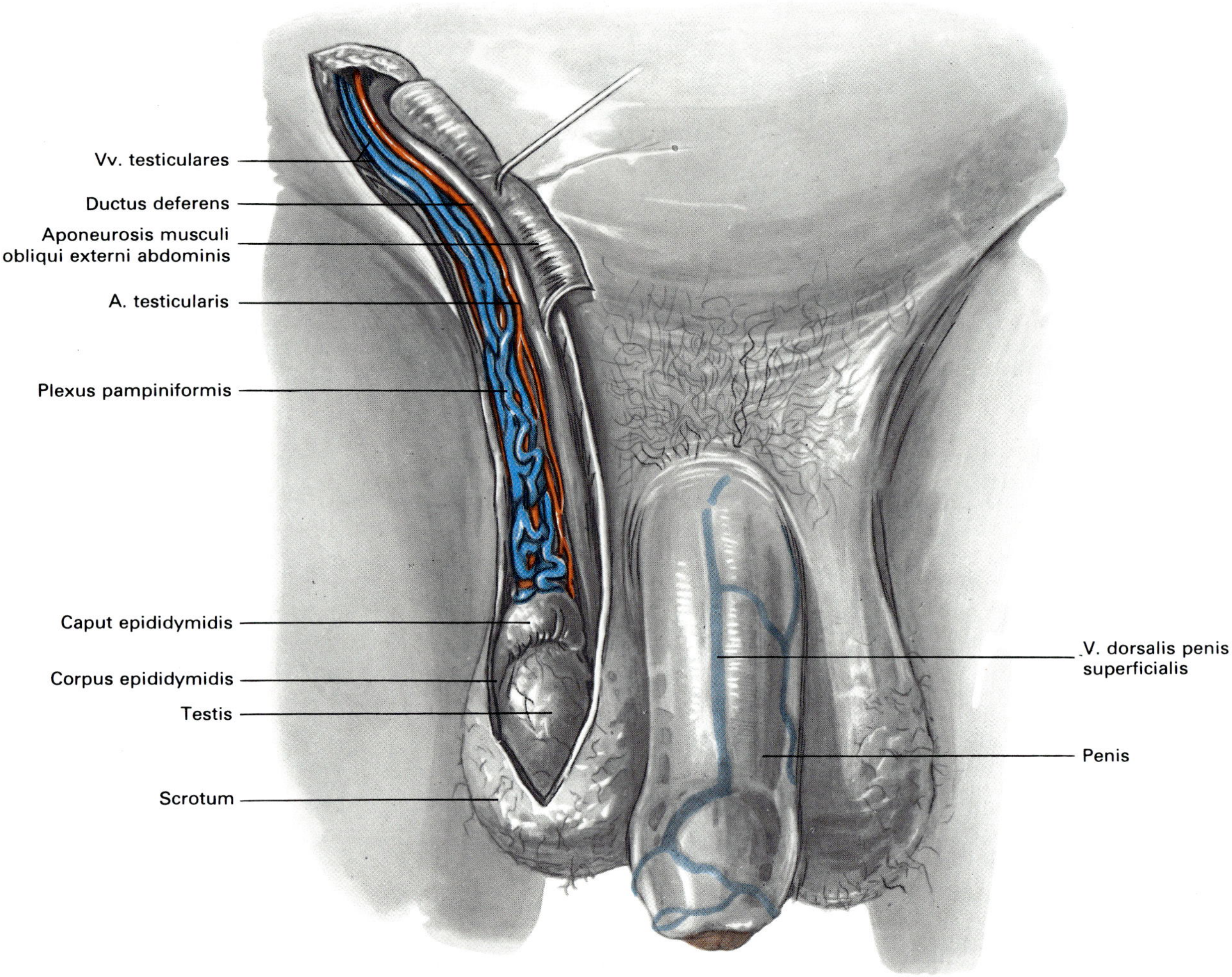


**312**
**Hoden, Testis, Nebenhoden, Epididymis, und Samenstrang, Funiculus spermaticus**
von vorn. Vordere Wand des Leistenkanals, Canalis inguinalis, eröffnet

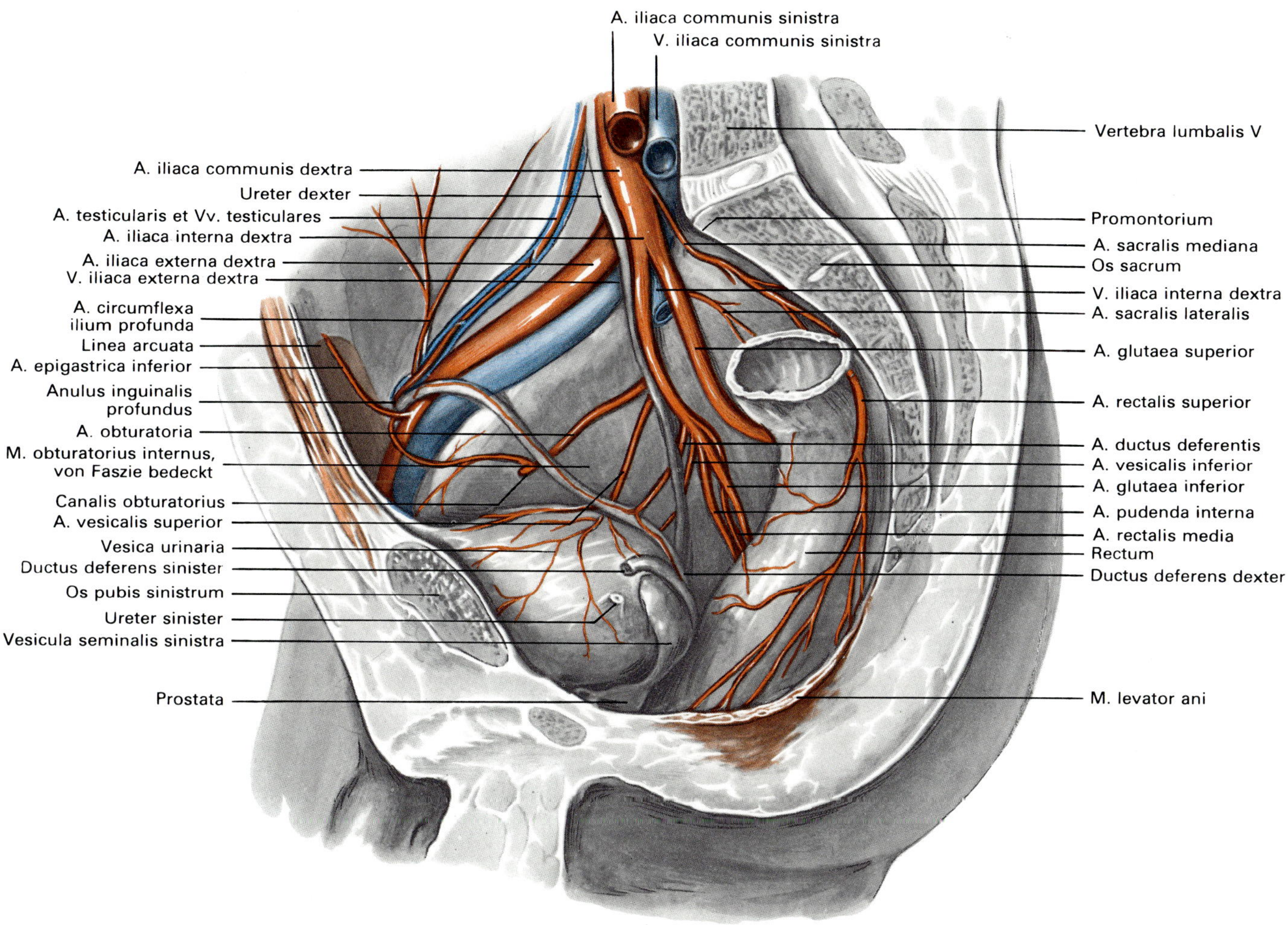


**313**
**Beckeneingeweide des Mannes**
Sagittalschnitt, Ansicht von links. Verlauf des rechten Samenleiters, Ductus deferens, im Becken

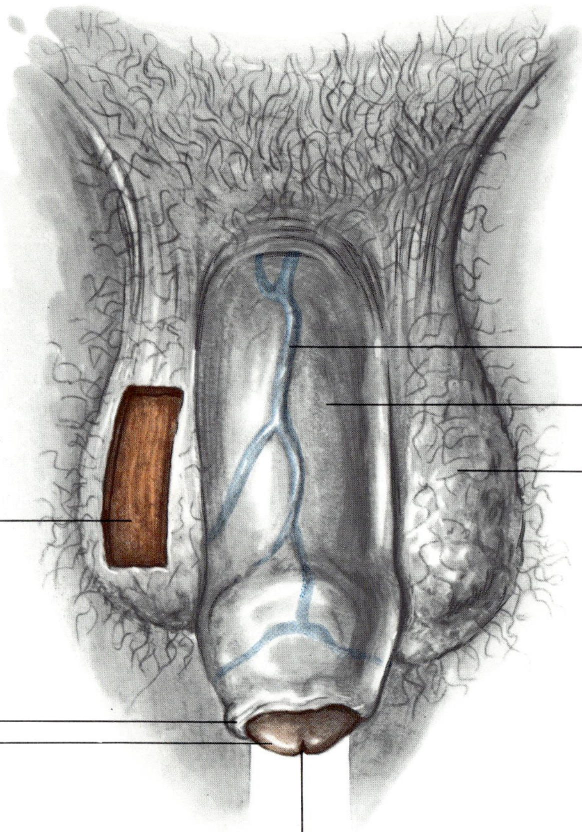


**314**
**Äußere männliche Geschlechtsteile, Partes genitales masculinae externae**
von vorn. Männliches Glied, Penis, und Hodensack, Scrotum

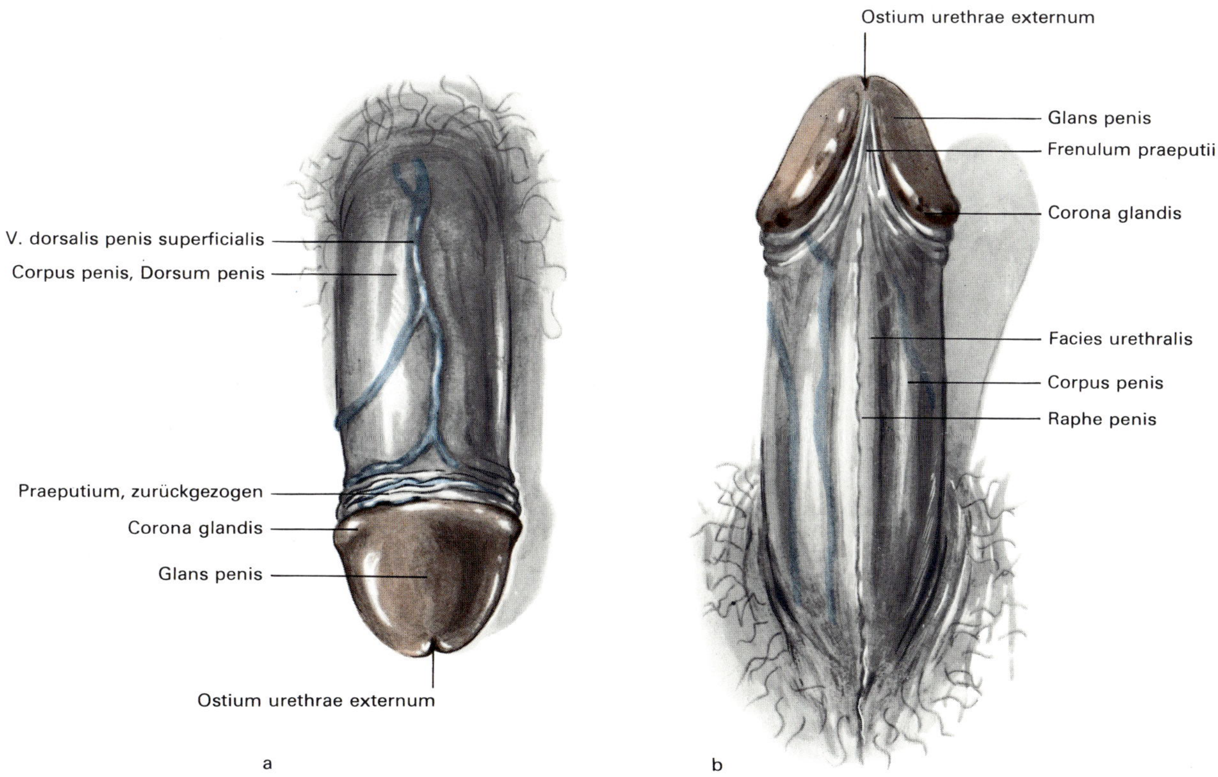


**315**
**Männliches Glied, Penis**
a Dorsum penis, b Facies urethralis

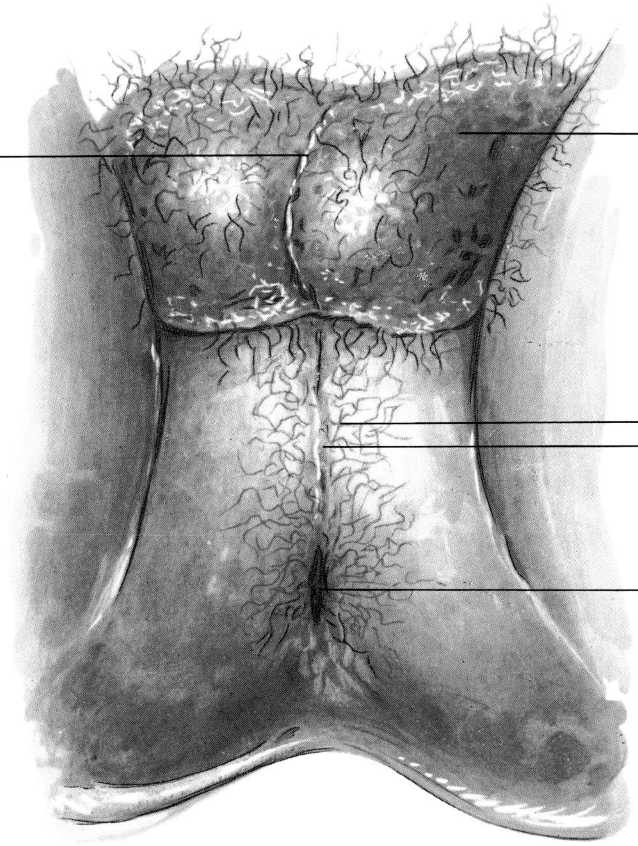


**316**
**Damm, Perineum, des Mannes**

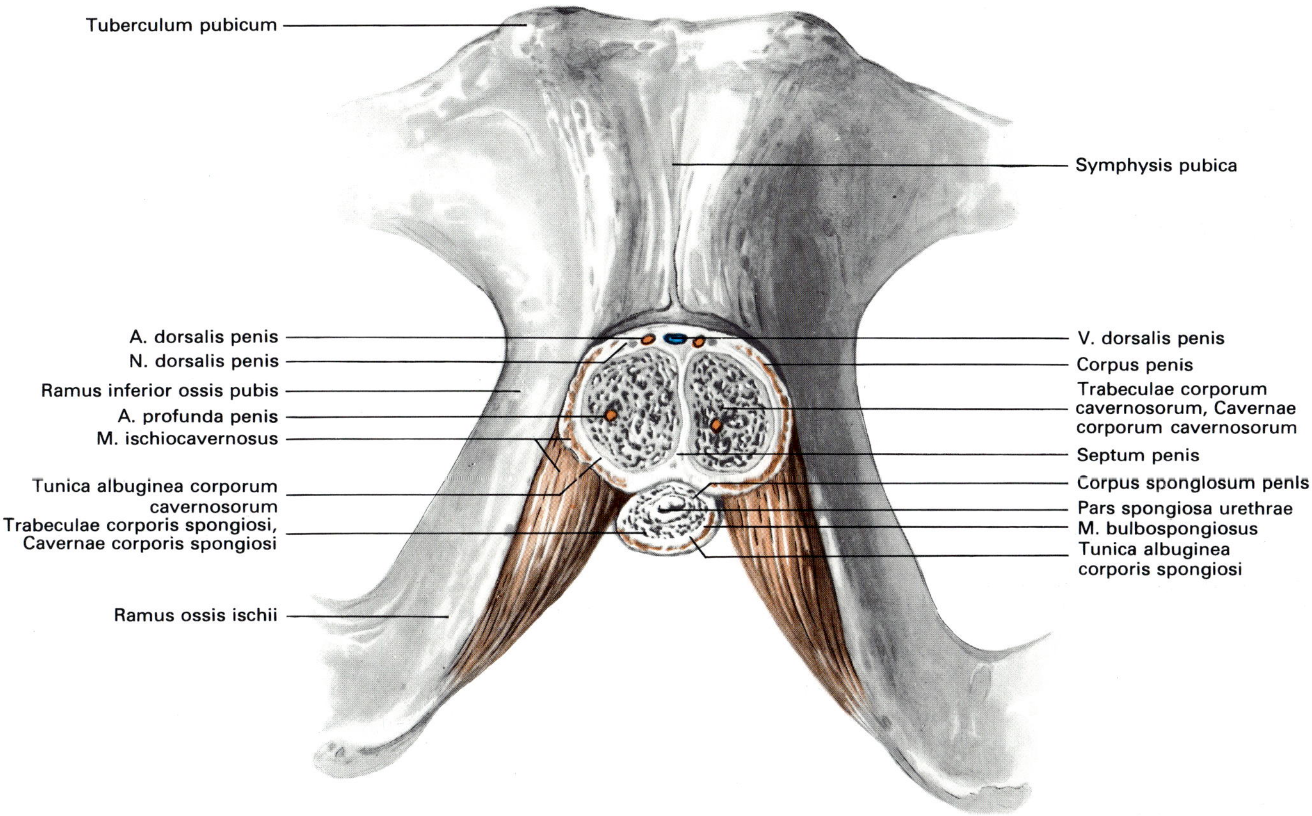


**317**
**Männliches Glied, Penis**
Querschnitt durch die Radix penis, Ansicht von vorn. Die Crura penis sind von dem M. ischiocavernosus bedeckt

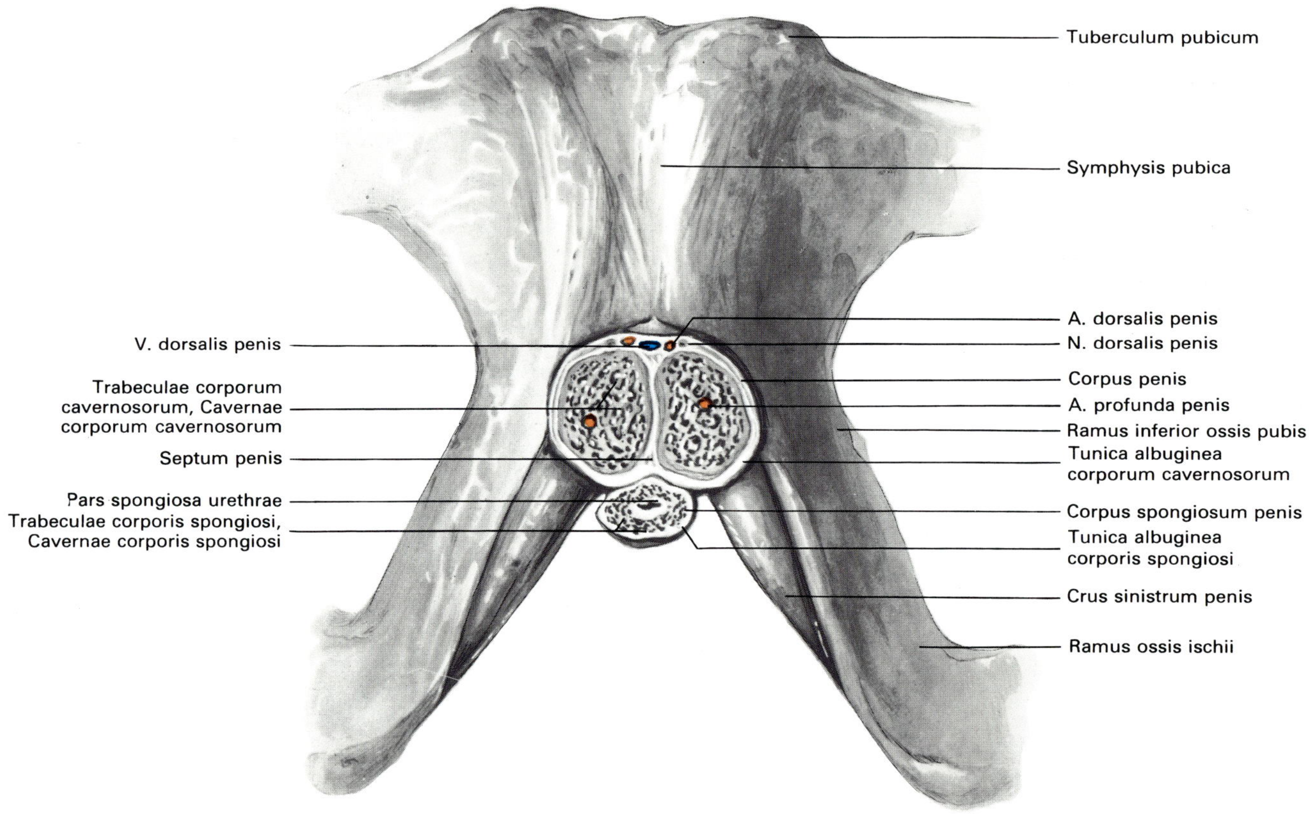


**318**
**Männliches Glied, Penis**
Querschnitt durch die Radix penis, Ansicht von vorn. Anheftung der Crura penis

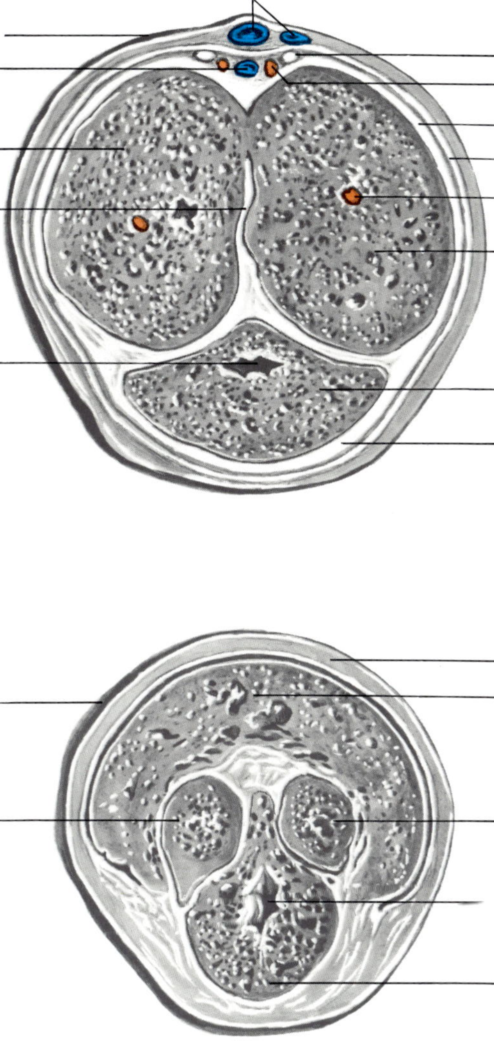


**319**
**Männliches Glied, Penis**
Querschnitte, Ansicht von vorn. a Corpus penis, b Glans penis

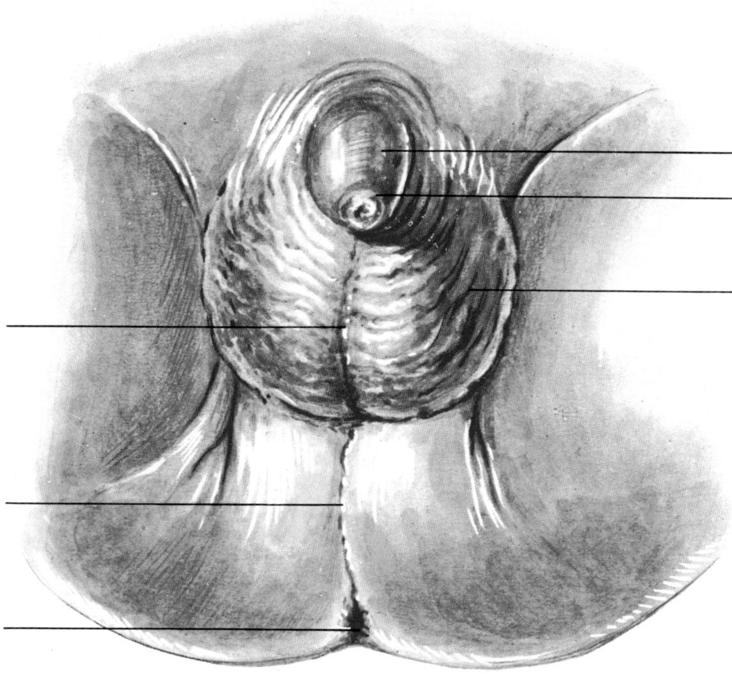


**320**
**Äußere männliche Geschlechtsteile, Partes genitales masculinae externae**
eines Neugeborenen, von vorn unten. Damm, Perineum

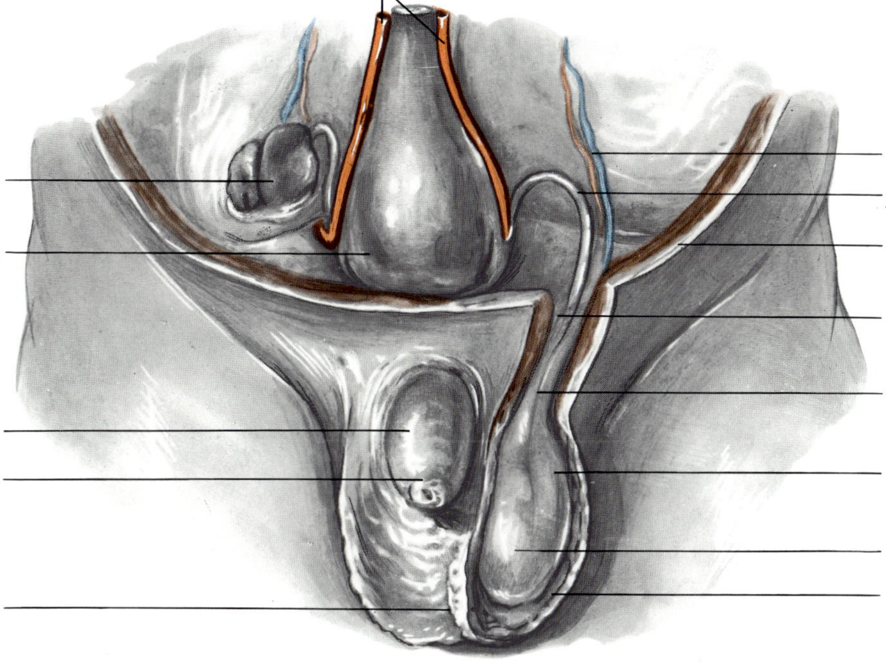


**321**
**Descensus testium**
Der rechte Hoden liegt vor dem inneren Leistenring, der linke Hoden im Hodensack, Scrotum

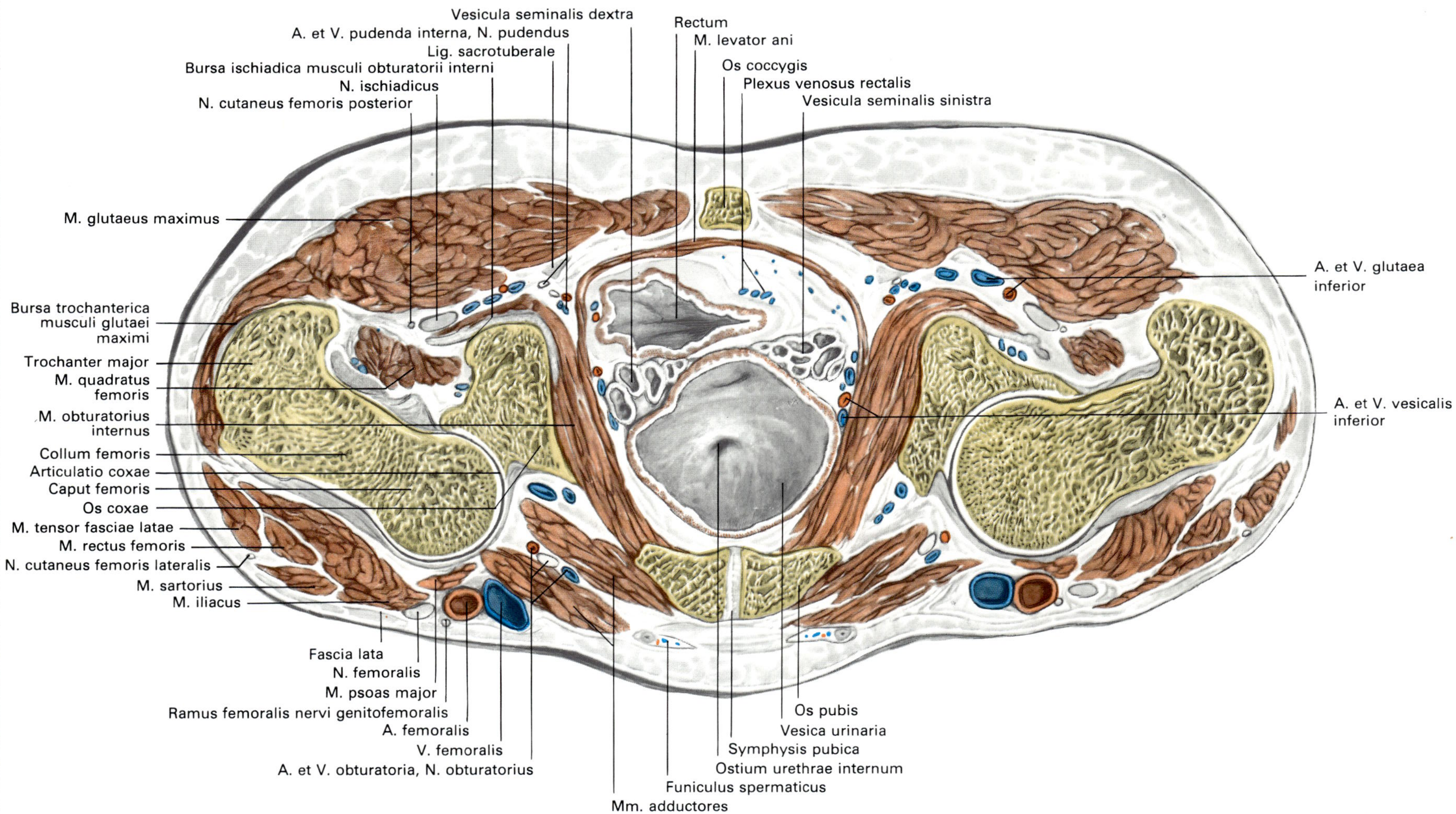


**322**
**Beckeneingeweide des Mannes in situ**
Querschnitt in Höhe des Steißbeins. Ansicht von oben. Der Schnitt stimmt nicht überein mit einem parallel zur Beckeneingangsebene geführten

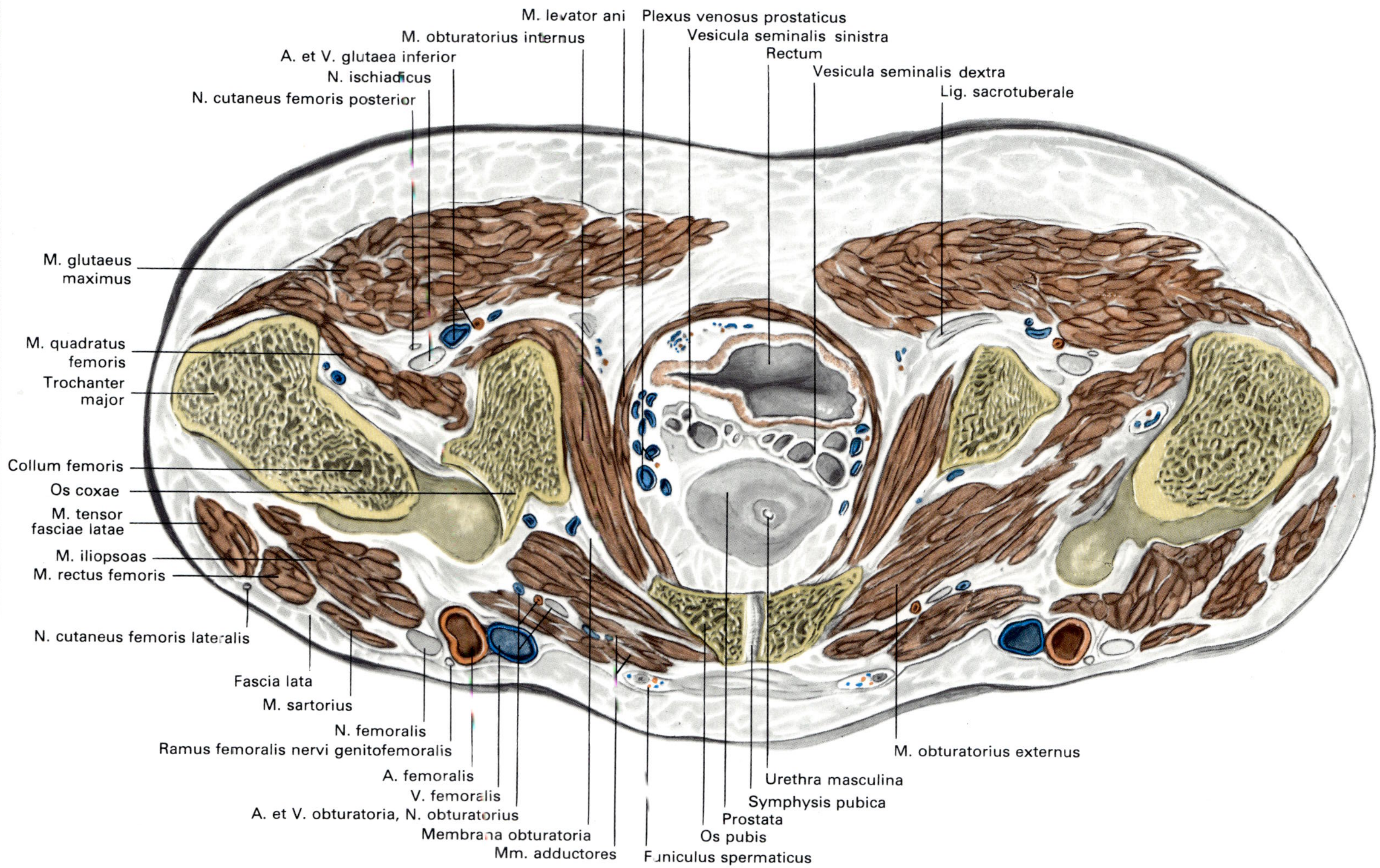


**323**
**Beckeneingeweide des Mannes in situ**
Querschnitt unterhalb des Steißbeins. Ansicht von unten.
Der Schnitt stimmt nicht überein mit einem parallel zur Beckeneingangsebene geführten

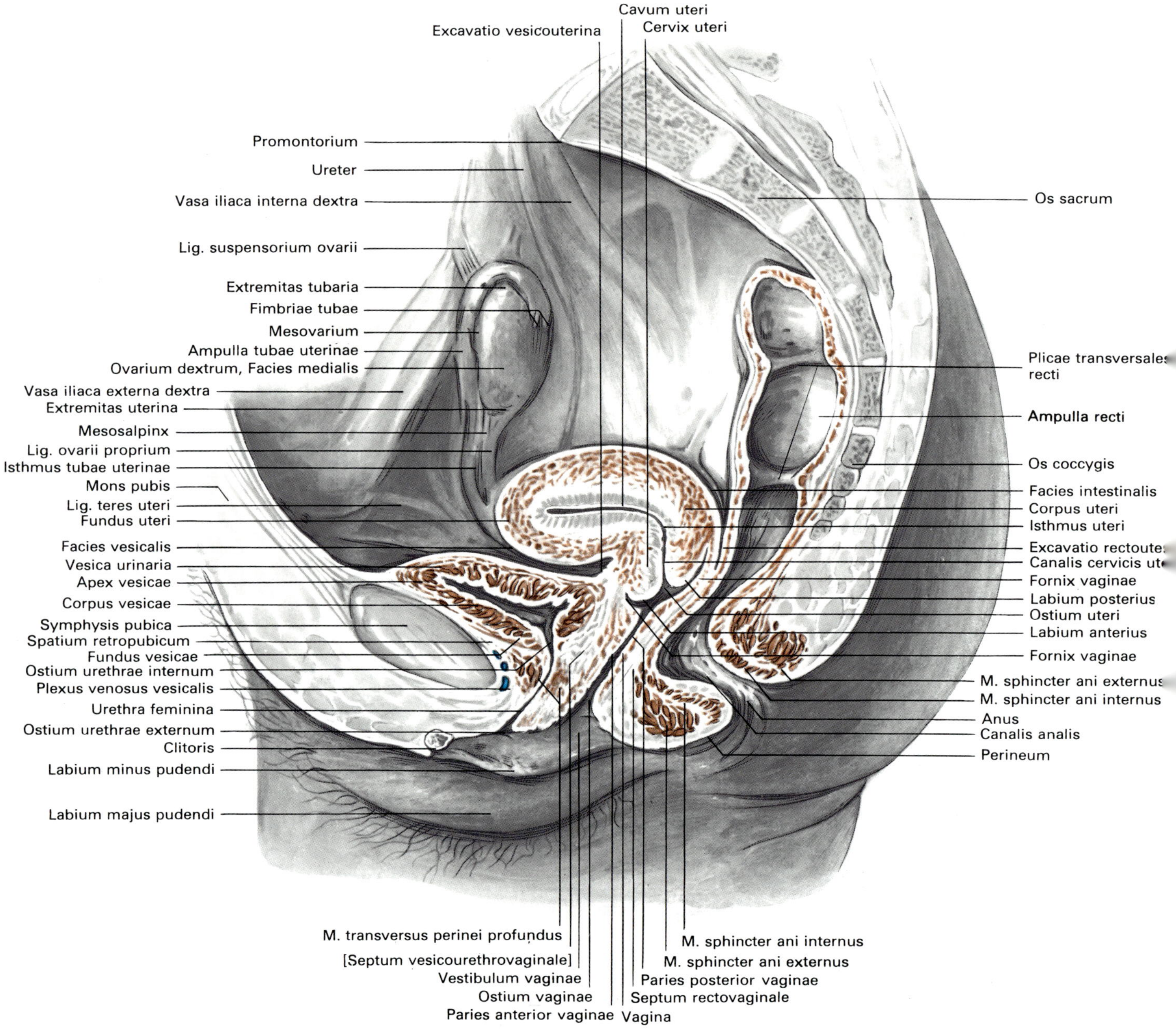


**324**
**Beckeneingeweide der Frau**
Medianschnitt, Ansicht von links

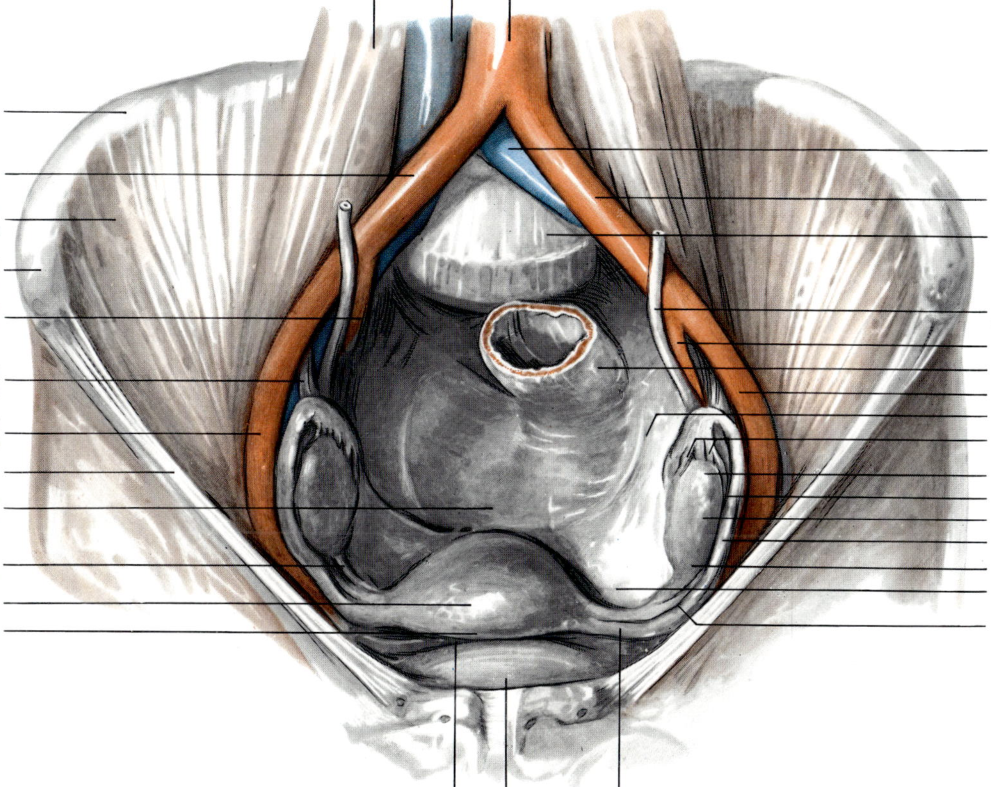


**325**
**Beckeneingeweide der Frau in situ**
von vorn oben

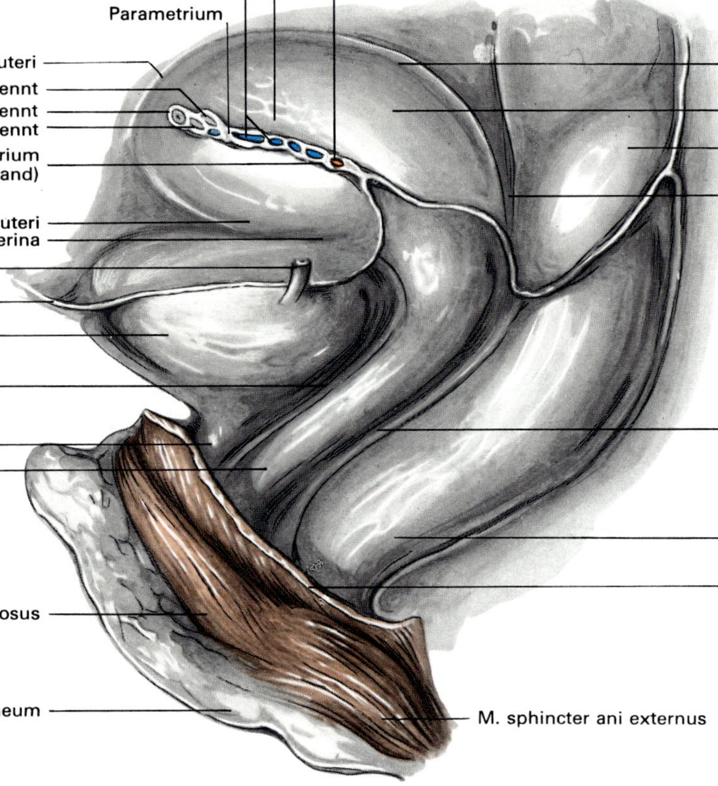


**326**
**Beckeneingeweide der Frau**
isoliert, Ansicht von links. Verlauf des Peritonaeum viscerale

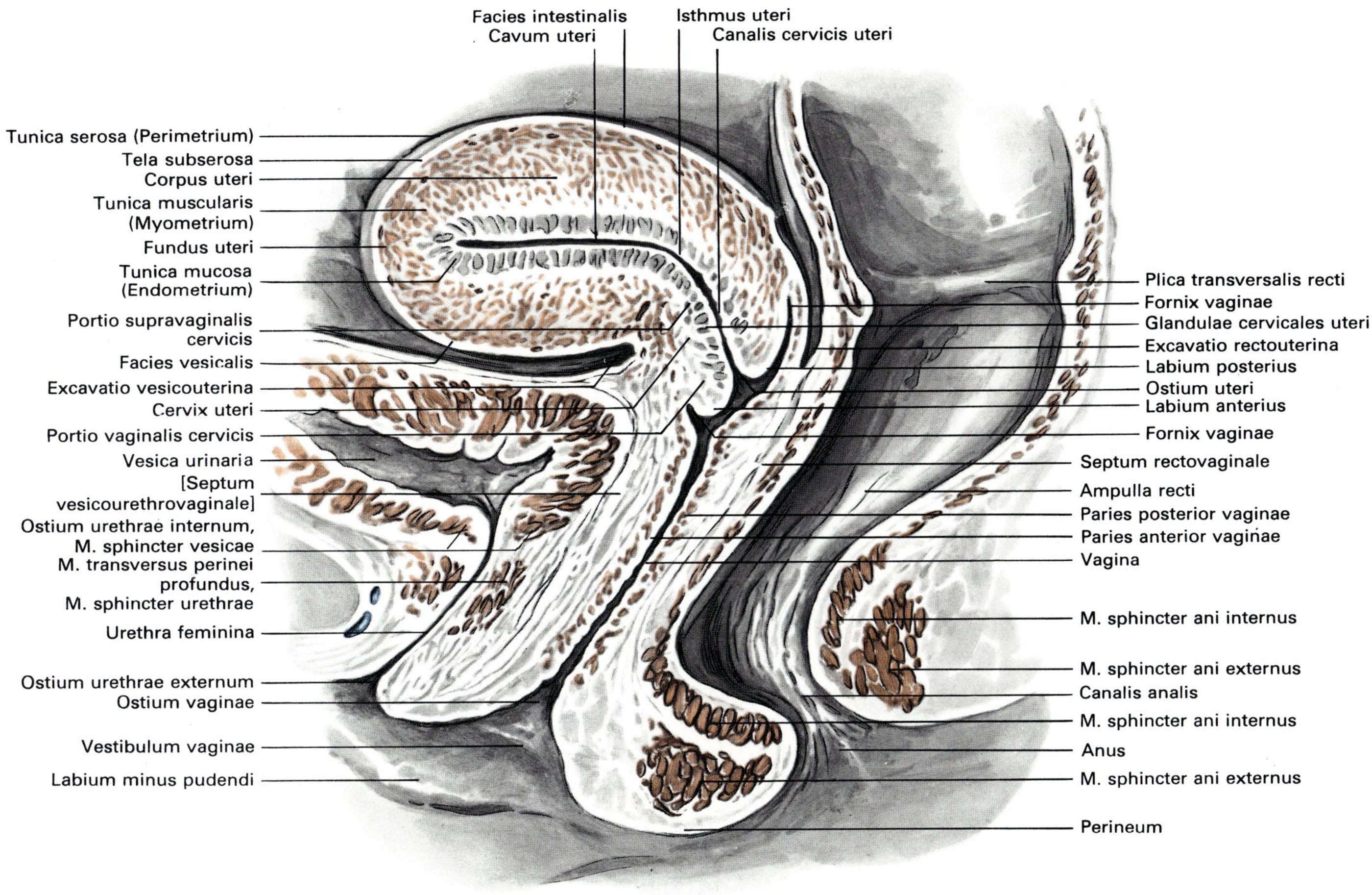


**327**
**Beckeneingeweide der Frau**
Medianschnitt, Ansicht von links. Vergrößerter Ausschnitt der Abb. 324

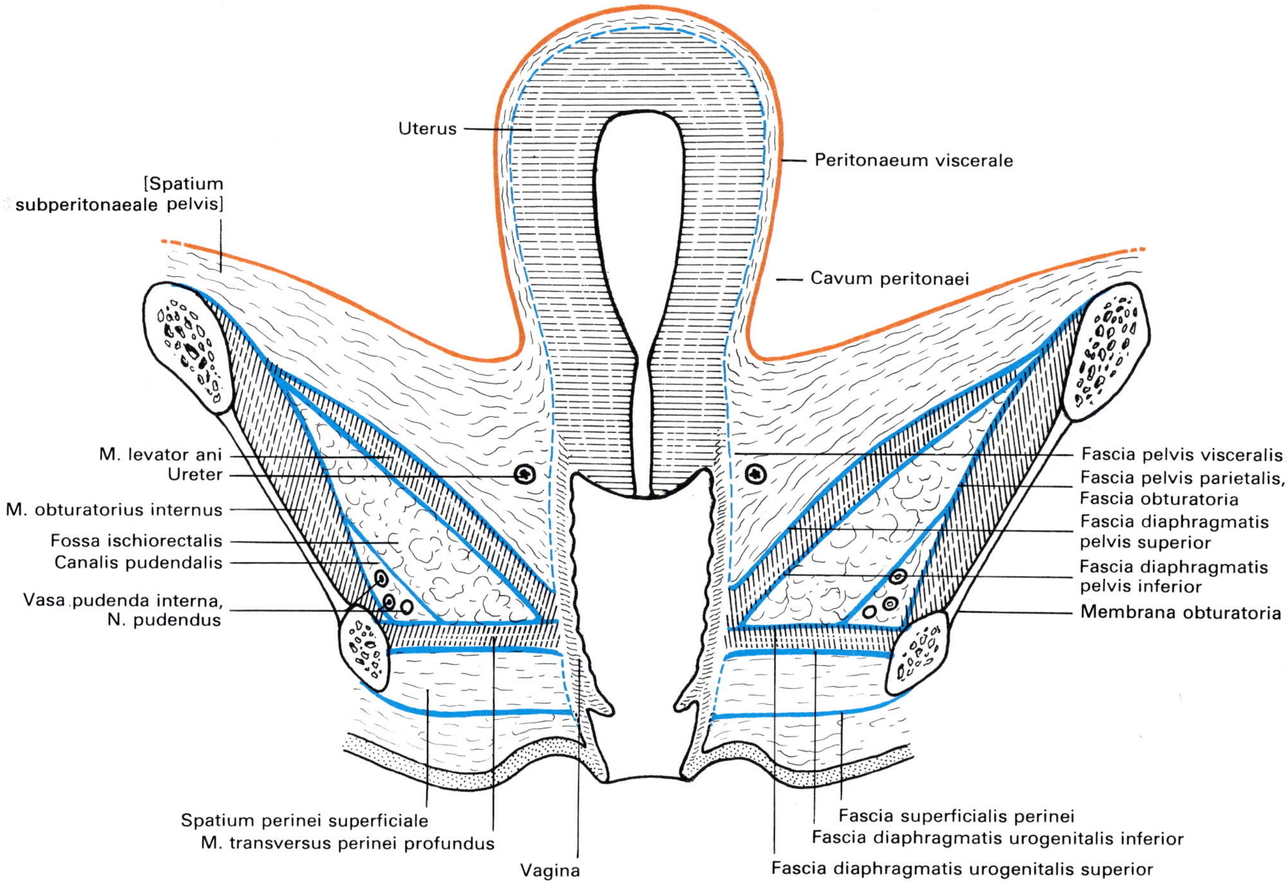


**328**
**Muskulöser Beckenboden, Beckenfaszien und Beckenräume**
Schematische Darstellung eines Frontalschnittes im Bereich von Uterus und Vagina. Ansicht von vorn

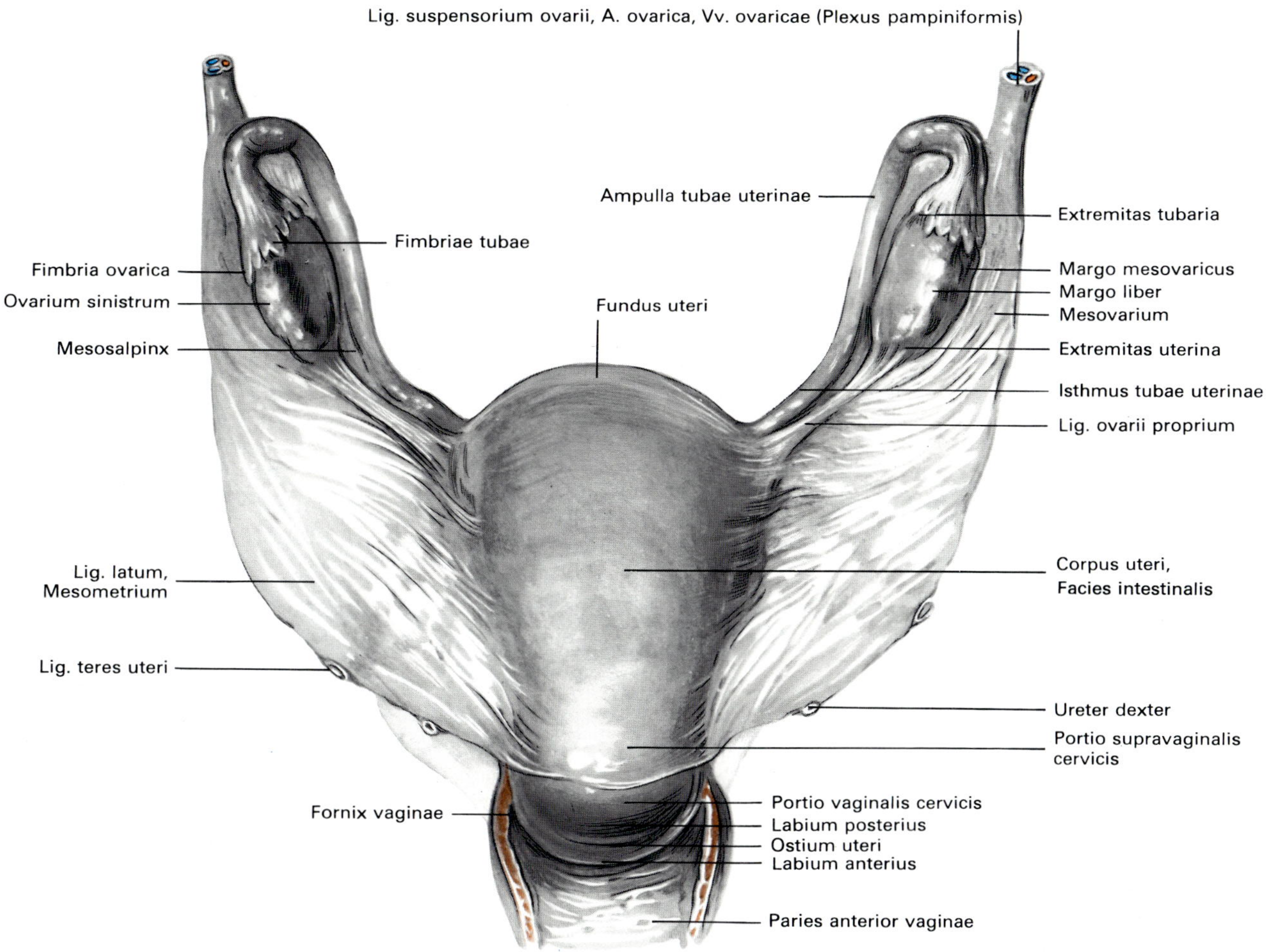


**329**
**Gebärmutter, Uterus, Eileiter, Tubae uterinae, und Eierstöcke, Ovaria**
isoliert, Ansicht von hinten. Ligamentum latum. Die Anteflexio uteri kommt wegen der Lagerung des Präparates ungenügend zur Darstellung

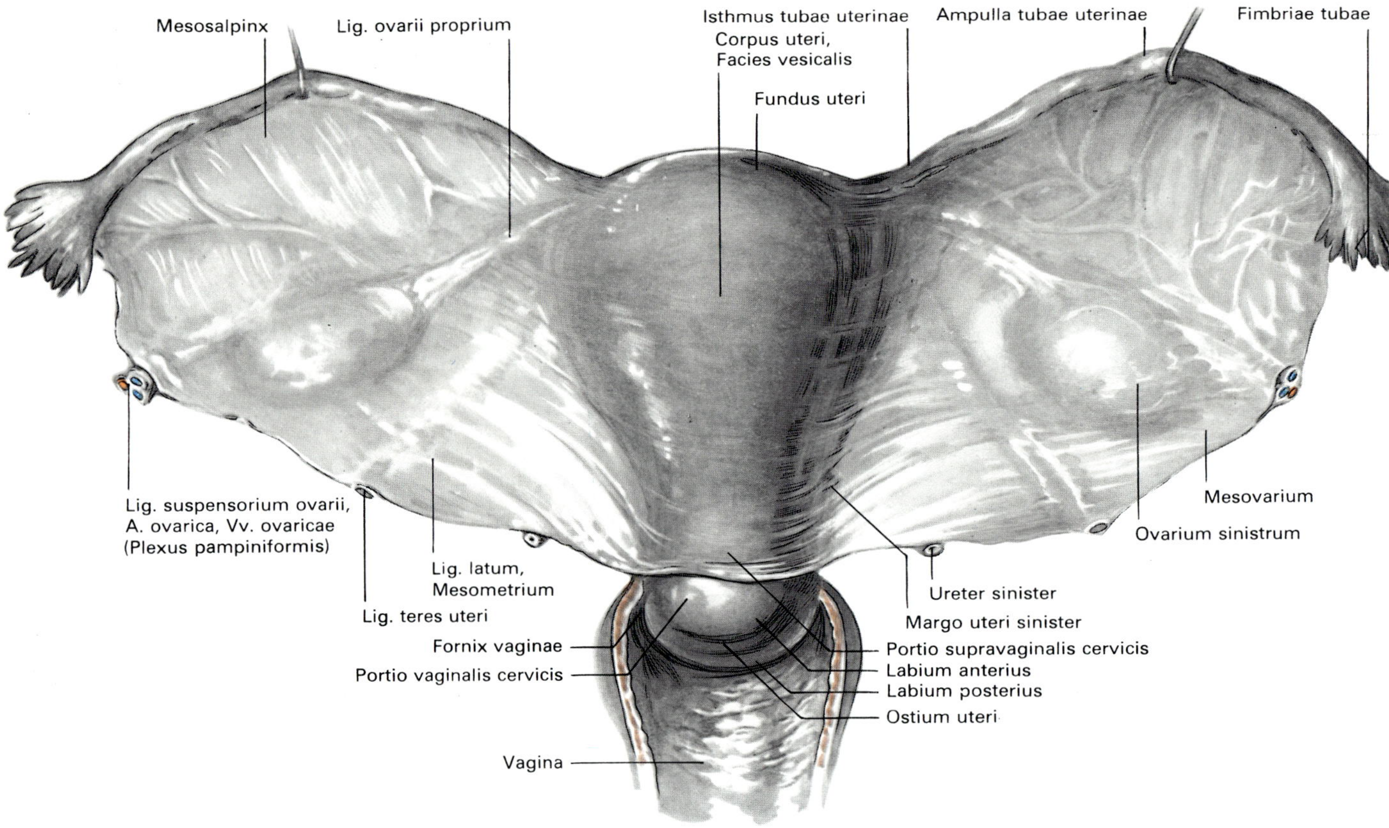


**330**
**Gebärmutter, Uterus, Eileiter, Tubae uterinae, und Eierstöcke, Ovaria**
isoliert, Ansicht von vorn. Durch die Ausbreitung des Ligamentum latum (Mesometrium, Mesosalpinx, Mesovarium) jeder Seite sind Eileiter und Eierstöcke nach lateral verlagert und weiter als in situ voneinander entfernt. Die Anteflexio uteri kommt wegen der Lagerung des Präparates ungenügend zur Darstellung

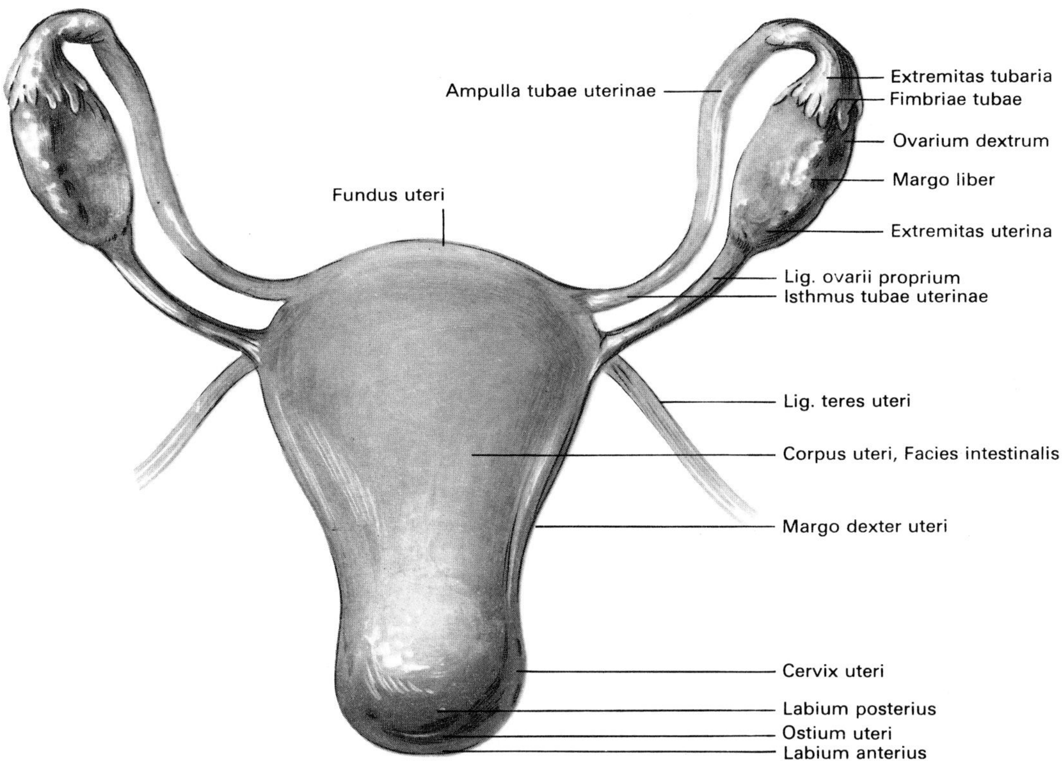


**331**
**Gebärmutter, Uterus, Eileiter, Tubae uterinae, und Eierstöcke, Ovaria**
isoliert, Ansicht von hinten. Ligamentum latum entfernt

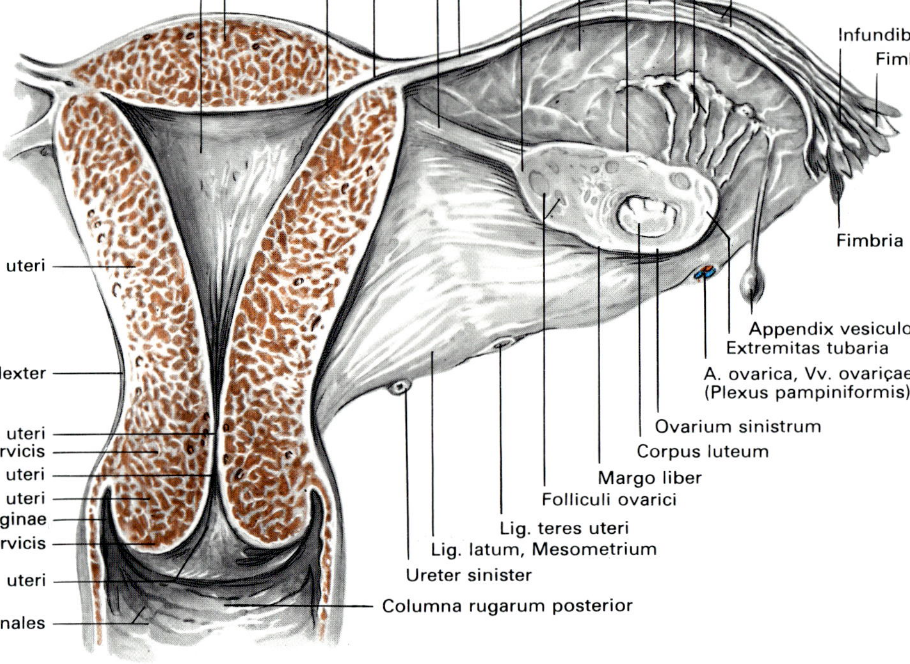


**332**
**Gebärmutter, Uterus, Eileiter, Tuba uterina, und Eierstock, Ovarium**
isoliert, Ansicht von vorn. Darstellung der Tunica mucosa uteri (Endometrium), der Tunica mucosa tubae uterinae und des inneren Aufbaus des Eierstocks

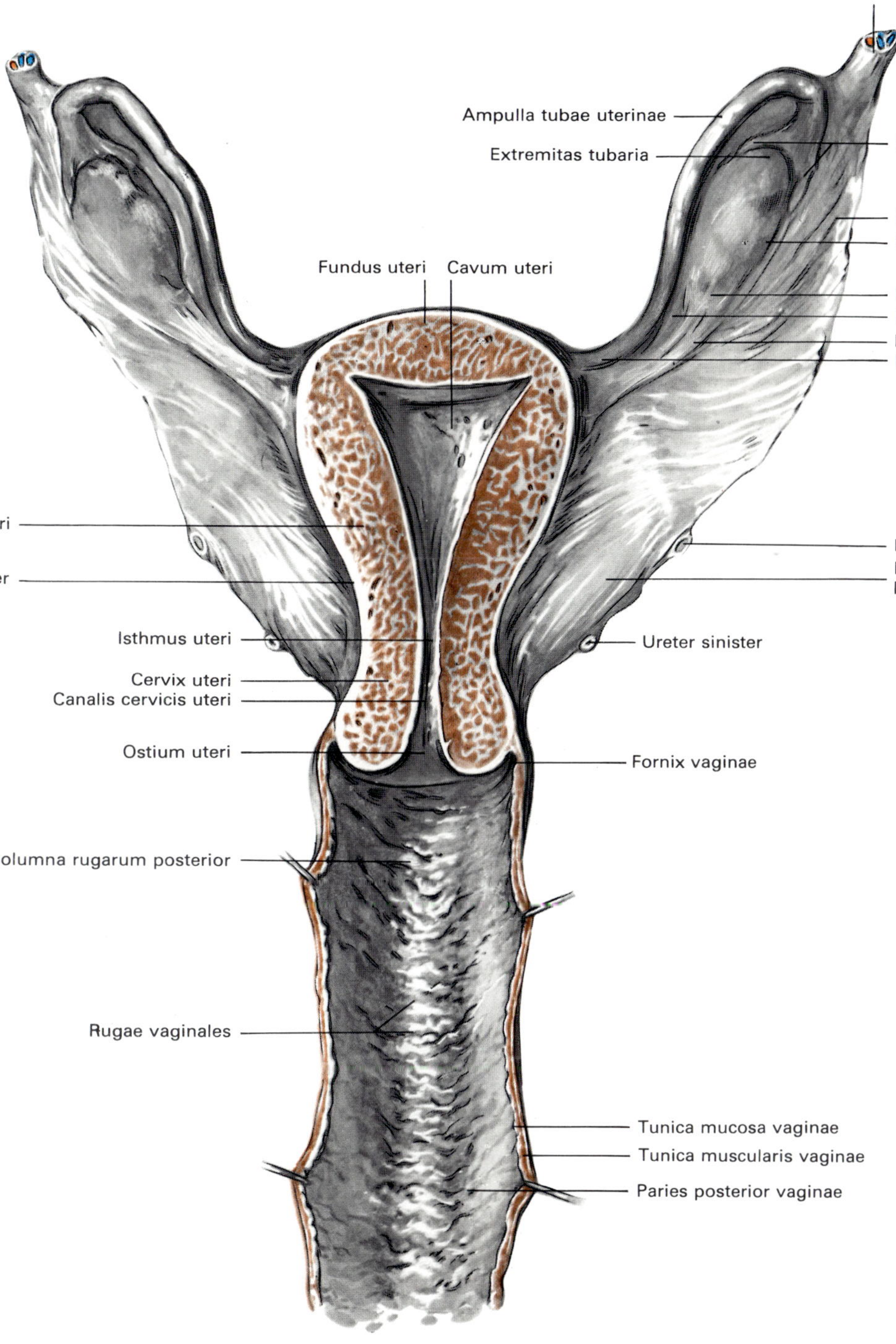


**333**
**Gebärmutter, Uterus, Scheide, Vagina, Eileiter, Tubae uterinae, und Eierstöcke, Ovaria**
isoliert, Ansicht von vorn. Darstellung der Tunica mucosa uteri (Endometrium) und der Tunica mucosa vaginae

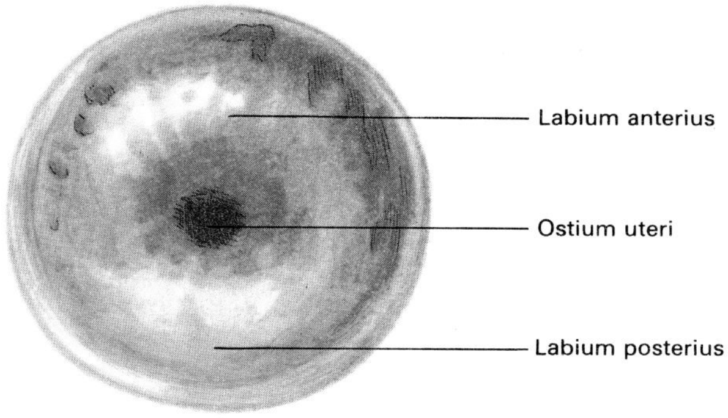


a

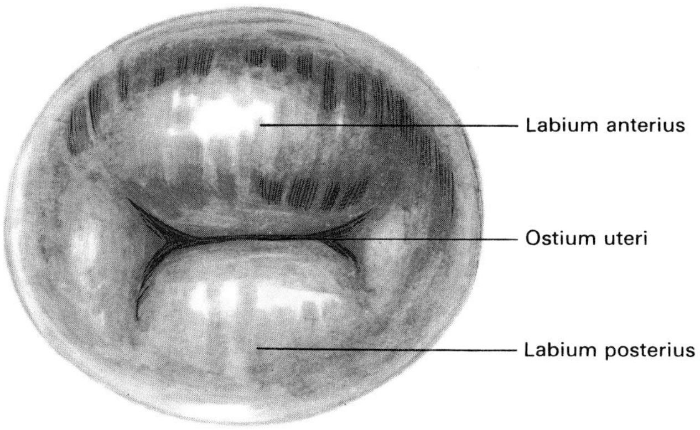


b

**334**
**Portio vaginalis cervicis mit Ostium uteri**
isoliert, Aufsicht. a Nullipara, b Multipara

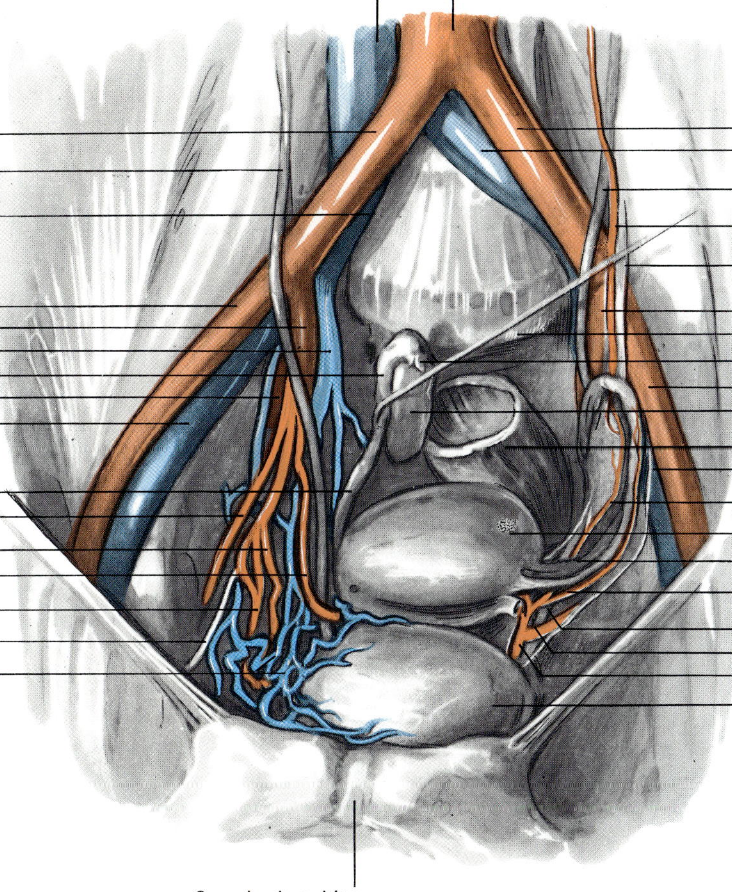


**335**
**Beckeneingeweide der Frau in situ**
von vorn oben. Zur Darstellung der Harnleiter und der Blutgefäße wurden das Lig. latum uteri beiderseits eröffnet und teilweise abgetragen sowie der rechte Eierstock und der rechte Eileiter nach medial gezogen

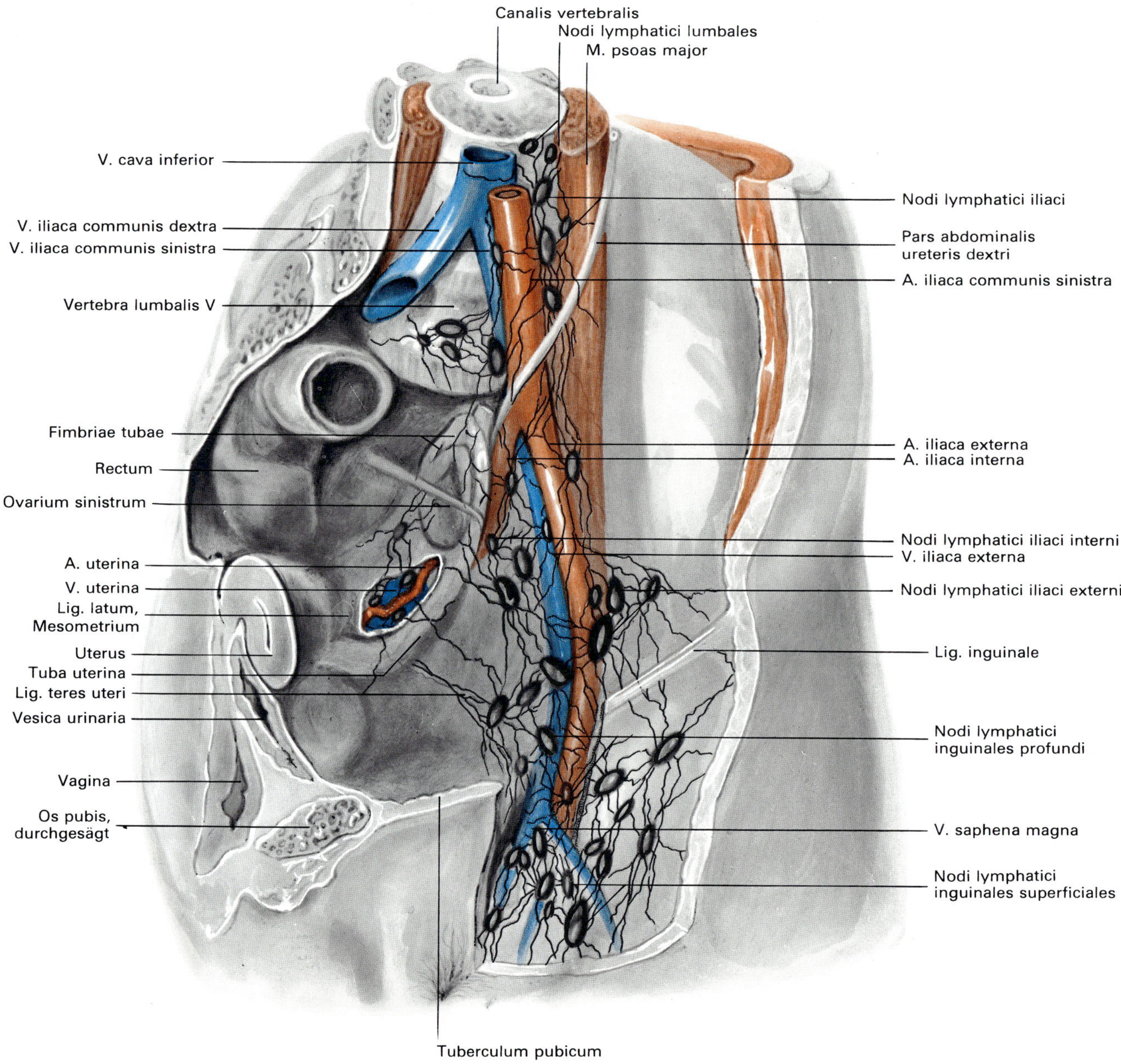


**336**
**Lymphknoten, Nodi lymphatici, Lymphgefäße, Vasa lymphatica, der linken Leistenbeuge und des Beckenraumes**
von rechts vorn. Linker Eierstock und linker Eileiter nach medial gezogen

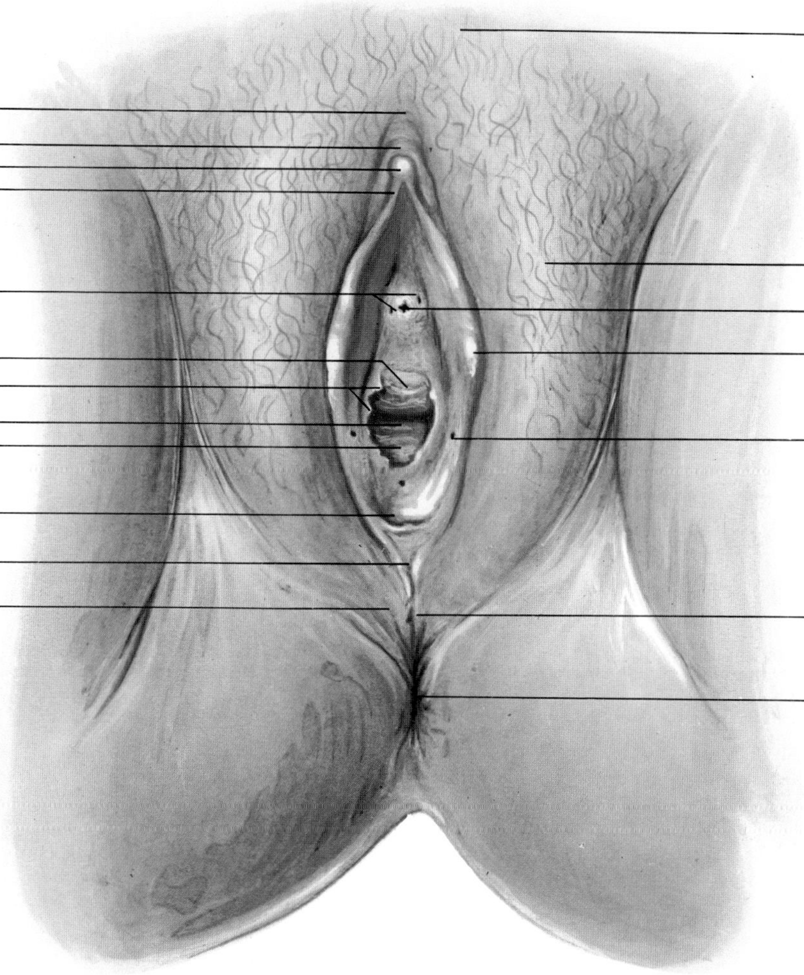


**337**
**Äußere weibliche Geschlechtsteile, Partes genitales femininae externae**
von unten

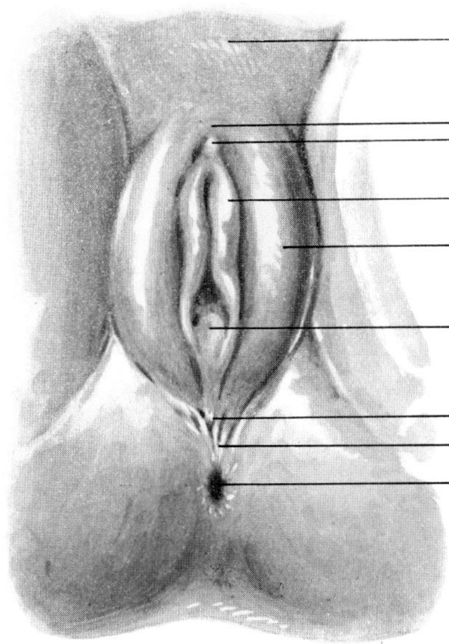


**338**
**Äußere weibliche Geschlechtsteile, Partes genitales femininae externae**
eines 7 Monate alten Feten , von unten

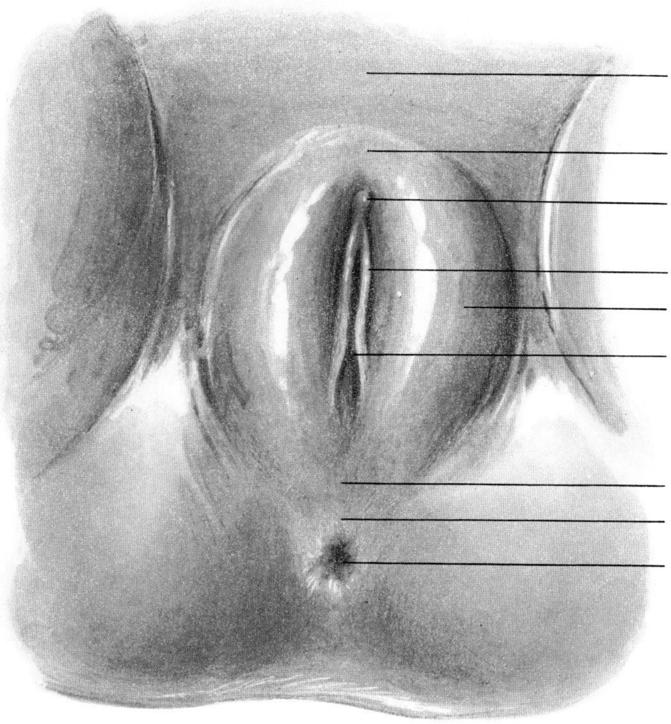


**339**
**Äußere weibliche Geschlechtsteile, Partes genitales femininae externae**
eines Neugeborenen, von unten. Die großen Schamlippen bedecken die kleinen Schamlippen.

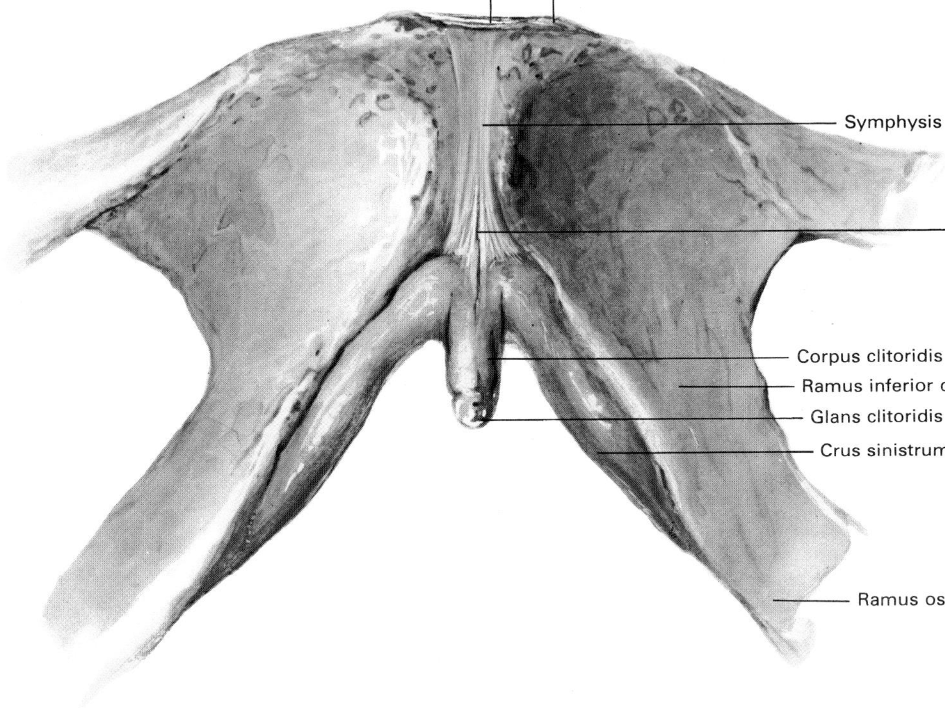


**340**
**Kitzler, Clitoris**
Ansicht von vorn unten. Anheftung der Crura clitoridis

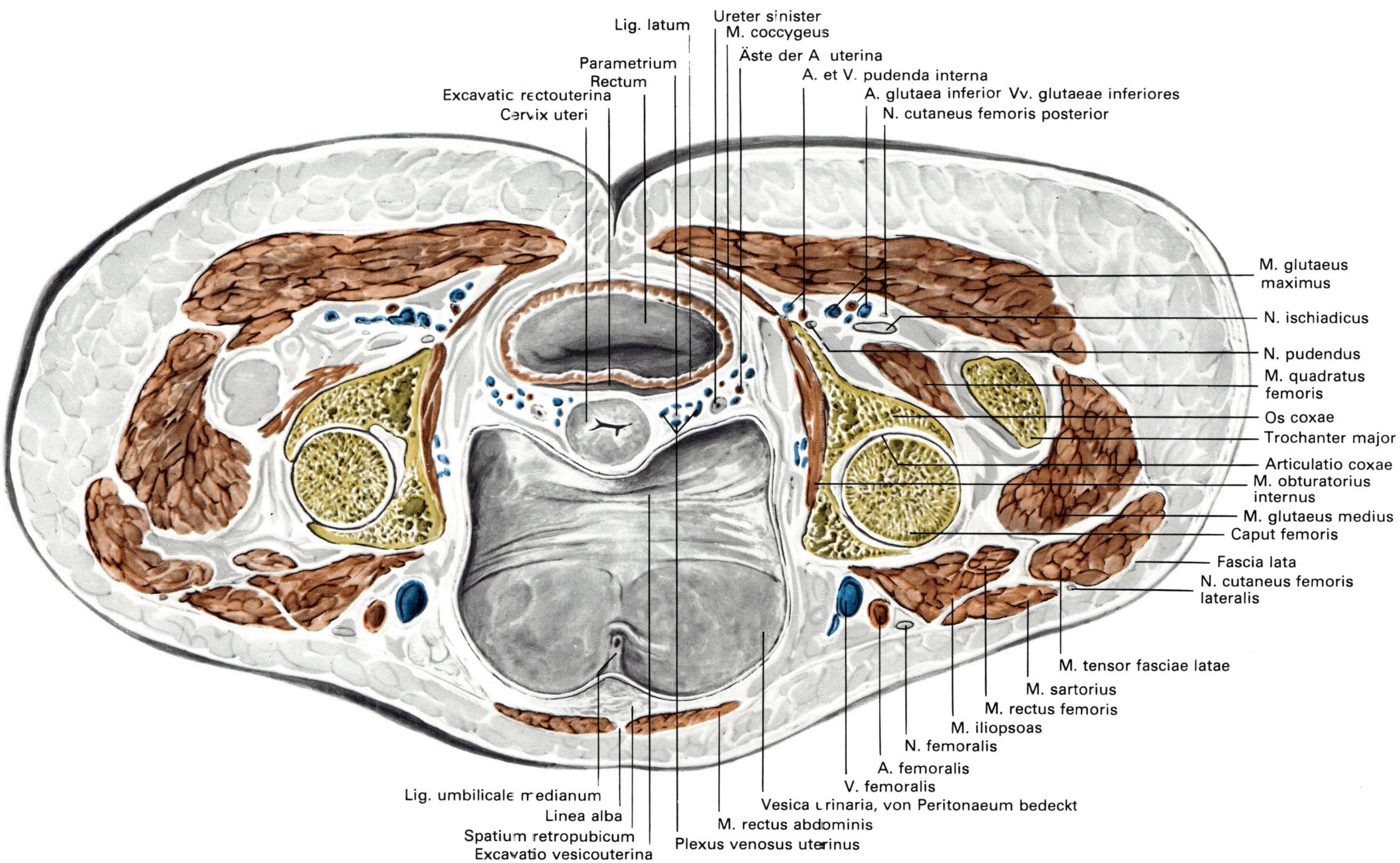


**341**
**Beckeneingeweide der Frau in situ**
Querschnitt in Höhe des oberen Abschnittes des Hüftgelenkes. Ansicht von oben

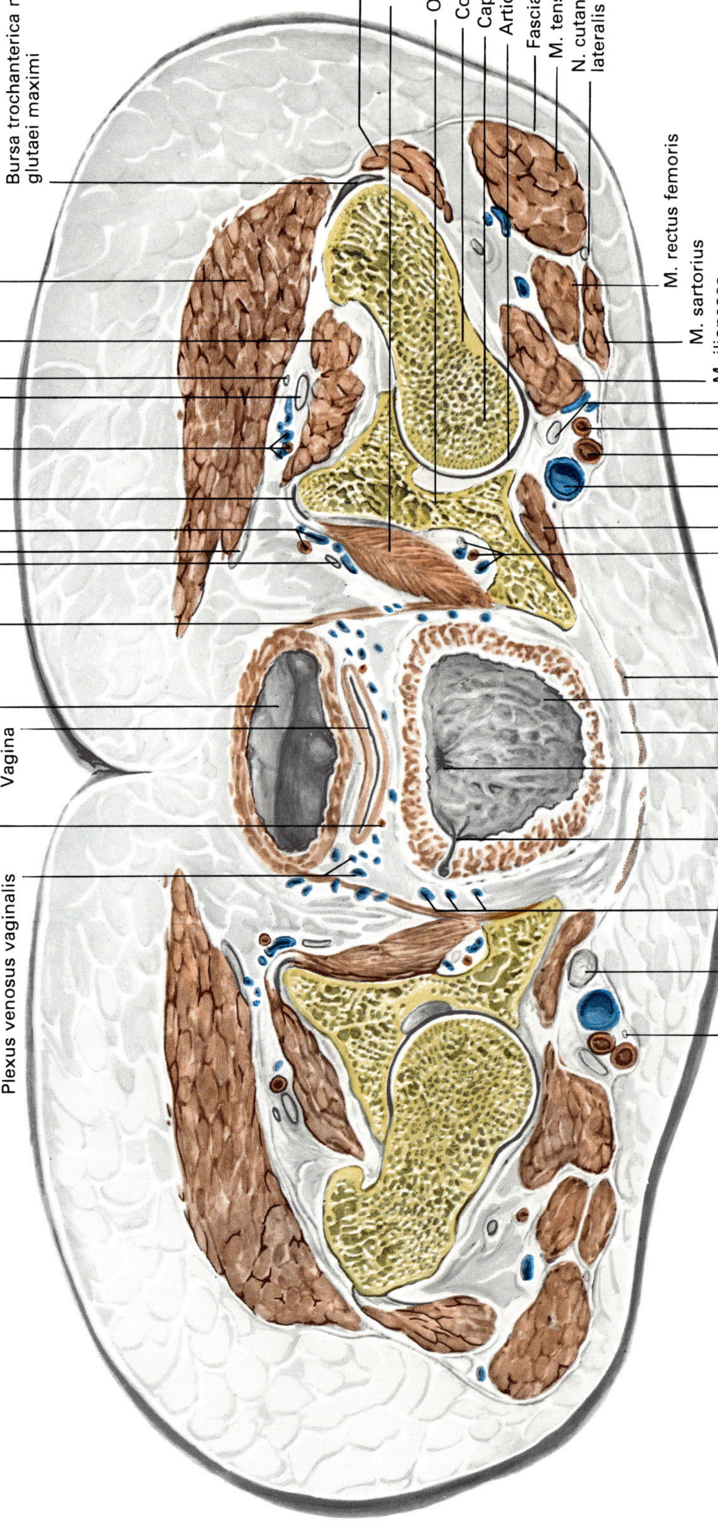


**342**
**Beckeneingeweide der Frau in situ**
Querschnitt in Höhe des mittleren Abschnittes des Hüftgelenkes. Ansicht von oben

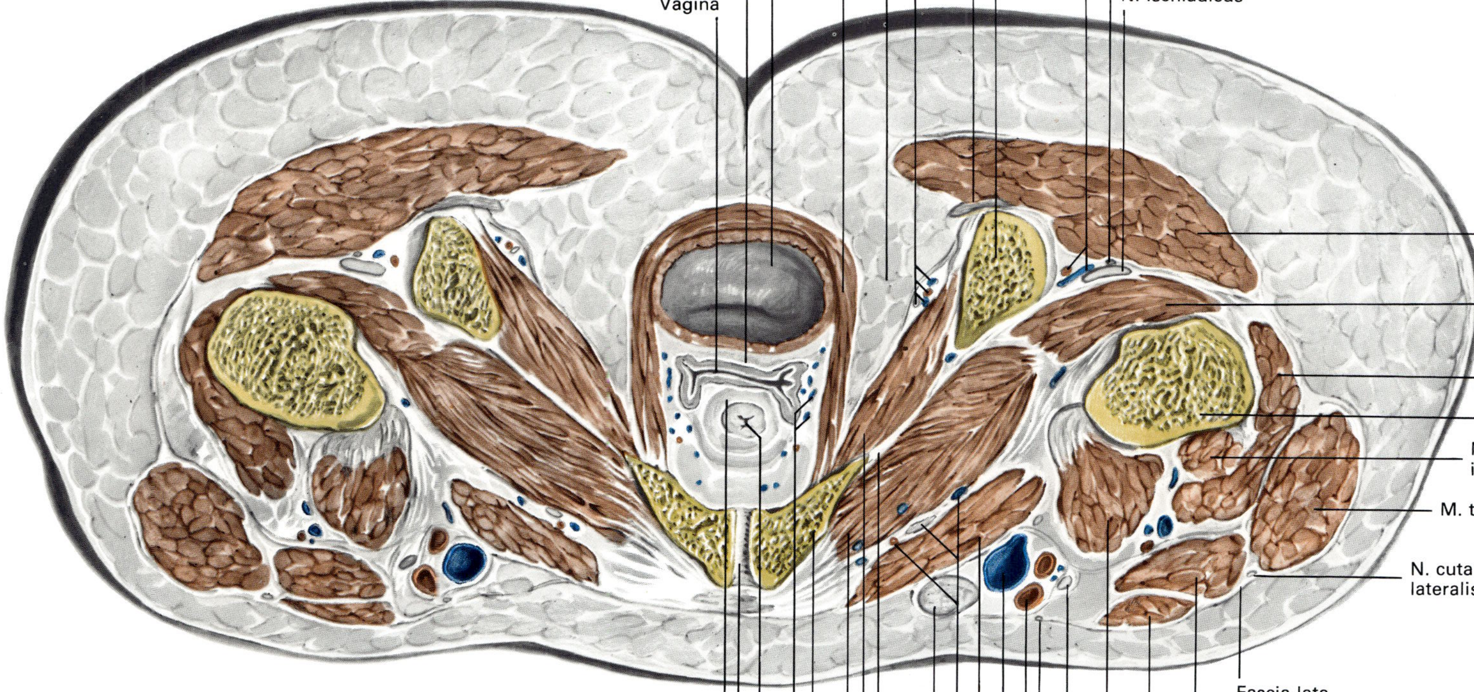


**343**
**Beckeneingeweide der Frau in situ**
Querschnitt unmittelbar unterhalb des Hüftgelenkes. Ansicht von oben

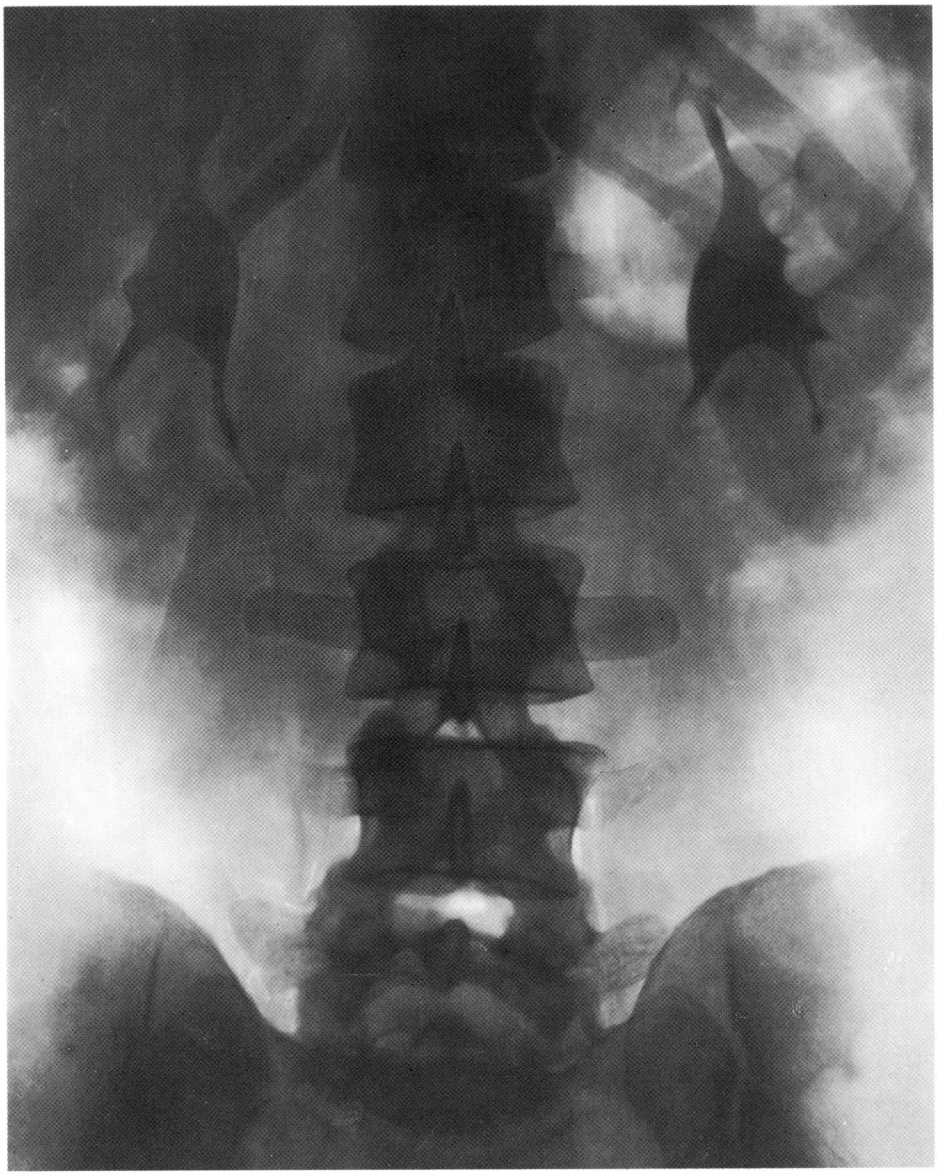

**344**
**Röntgenbild der Nierenbecken, ampullärer Typ, Kontrastdarstellung**
Erwachsenenalter, Strahlengang anterior-posterior. Die Harnleiter sind nur teilweise gefüllt

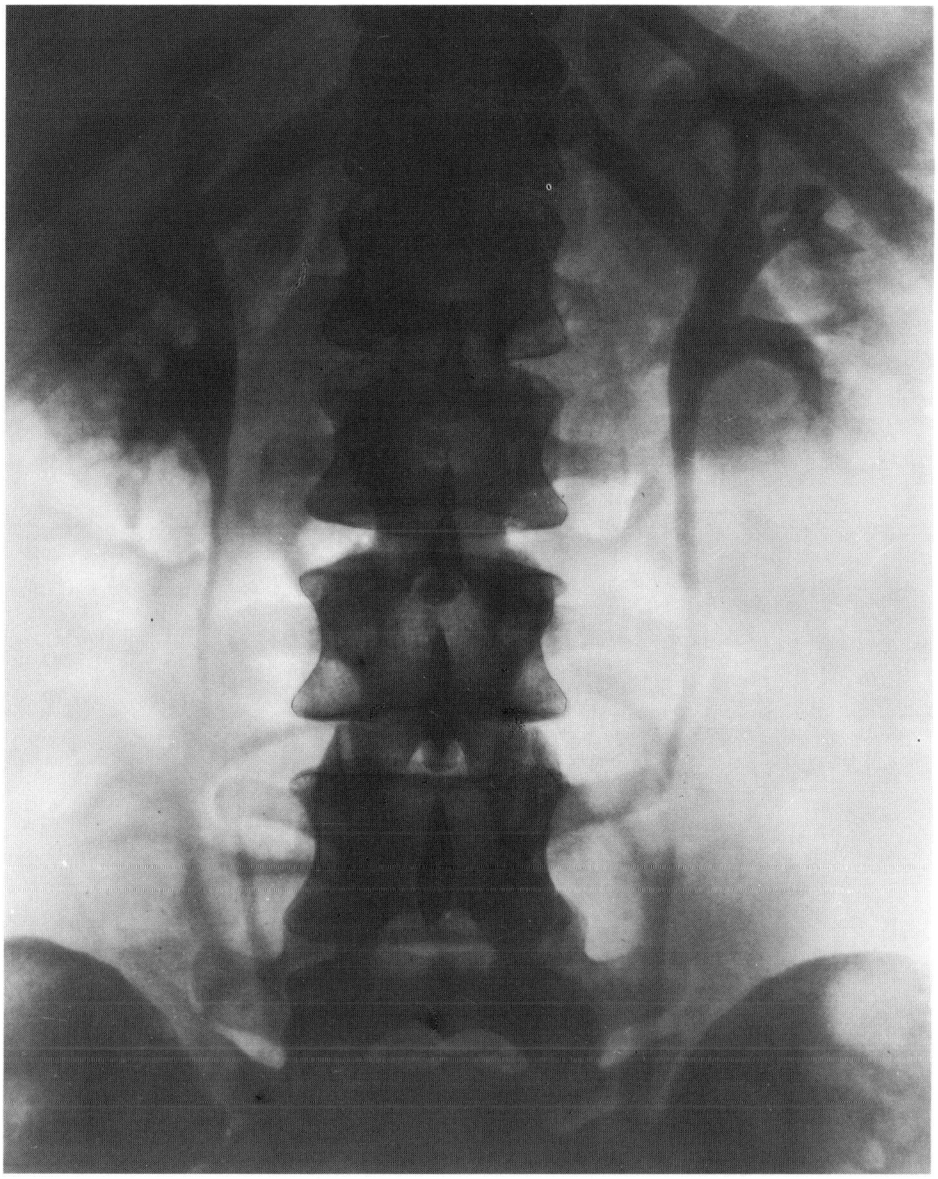

**345**
**Röntgenbild der Nierenbecken, dendritischer Typ, und der Partes abdominales der Harnleiter, Kontrastdarstellung**
Erwachsenenalter, Strahlengang anterior-posterior

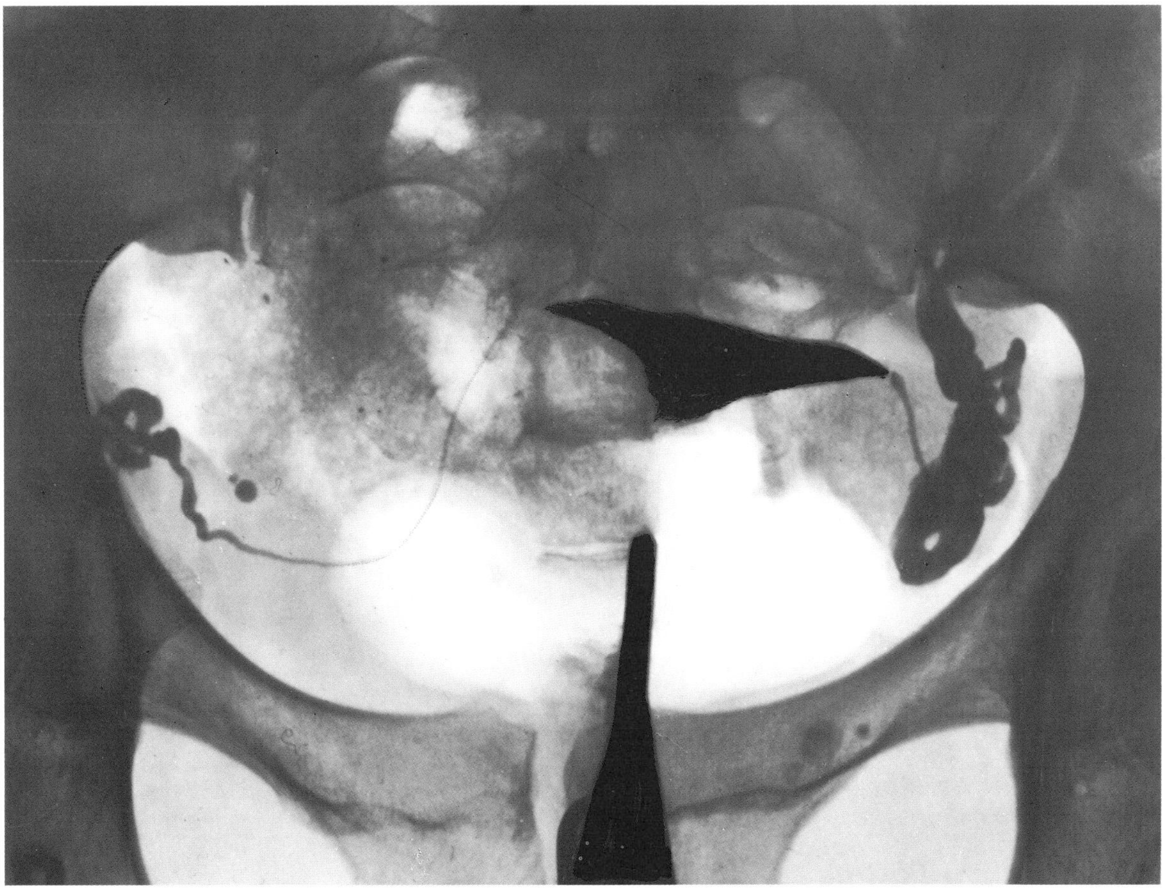

**346**
**Hysterosalpingographie**
28 Jahre alte Frau, Strahlengang anterior-posterior. Darstellung des Cavum uteri und der Lichtungen beider Eileiter

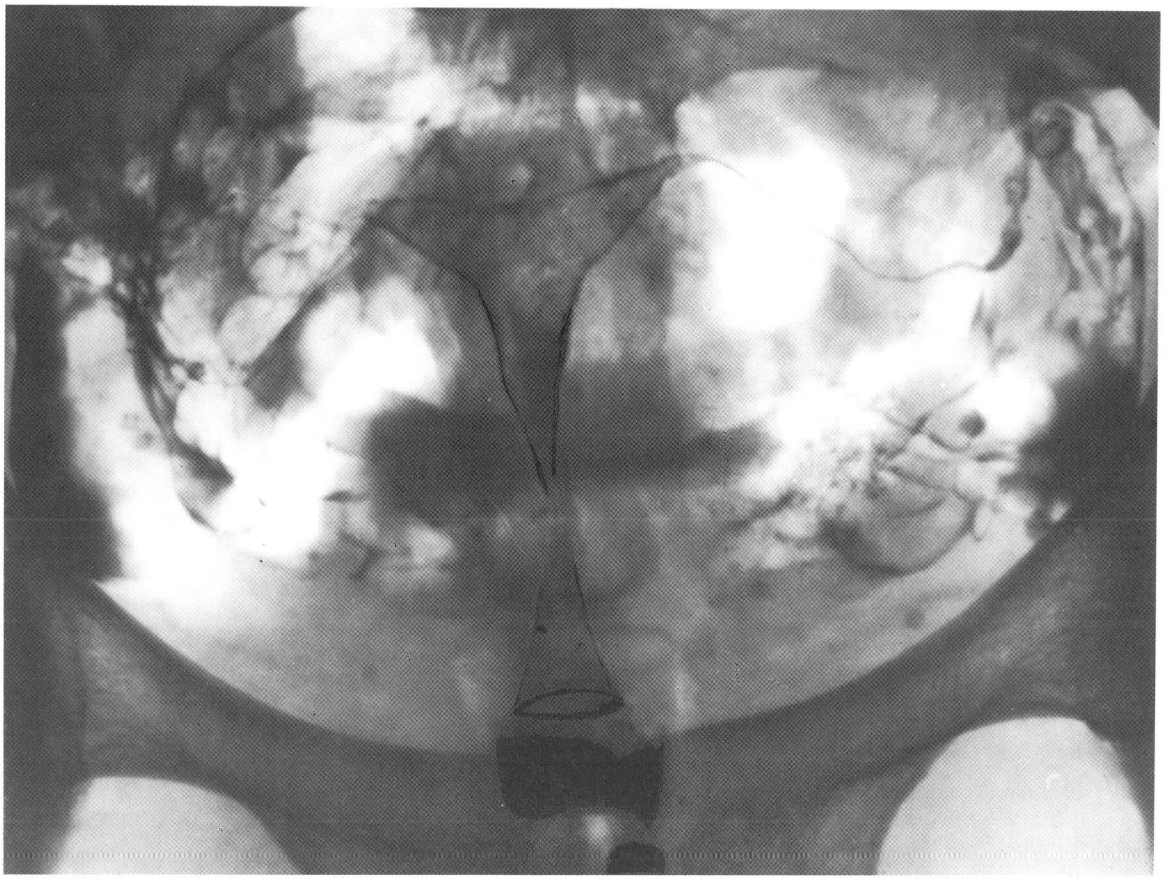

**347**
**Hysterosalpingographie**
26 Jahre alte Frau, Strahlengang anterior-posterior. Darstellung des Cavum uteri und der Eileiter nach Persufflation mit Kohlendioxyd, Verschlierung des Kontrastmittels im kleinen Becken

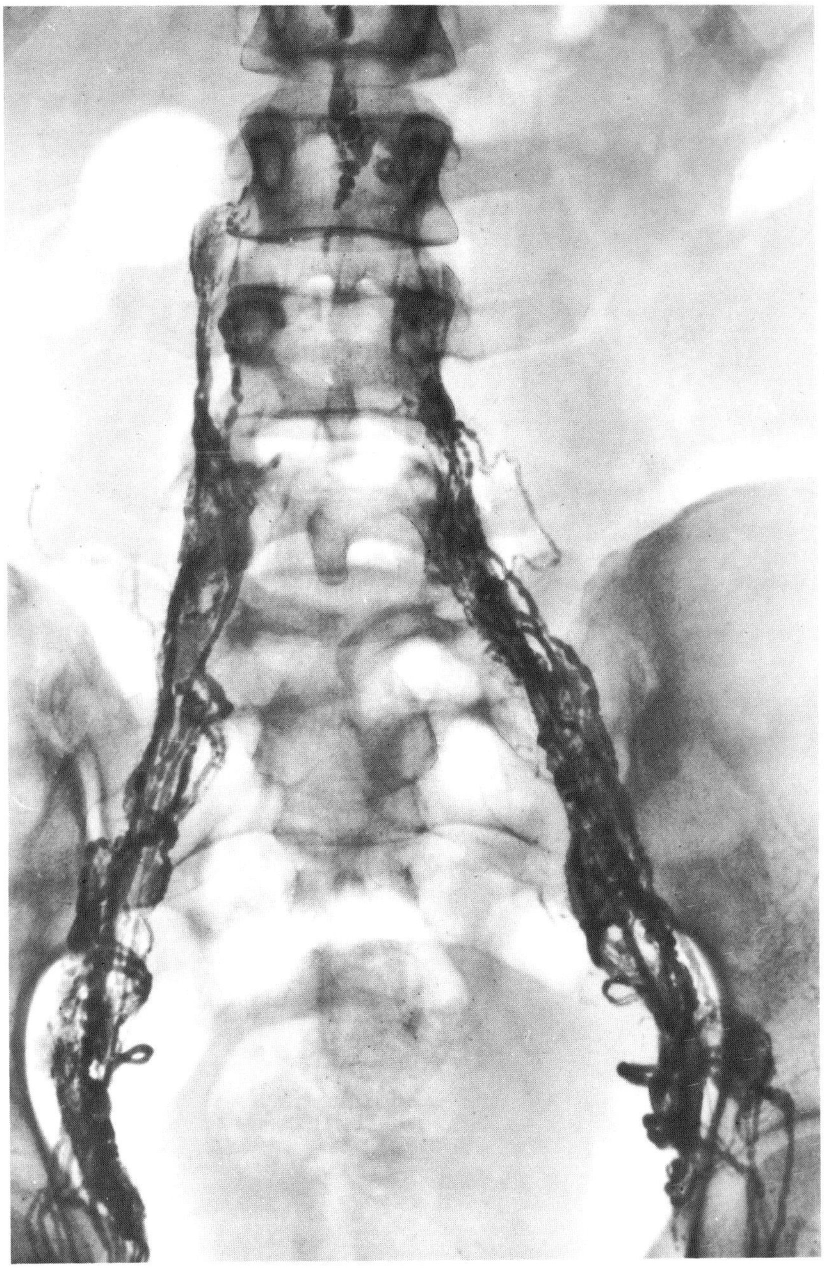

**348**
**Lymphographie**
Erwachsenenalter, Strahlengang anterior-posterior. Darstellung der Lymphgefäße im Bereich von Becken und Lendenwirbelsäule und einiger Lymphknoten

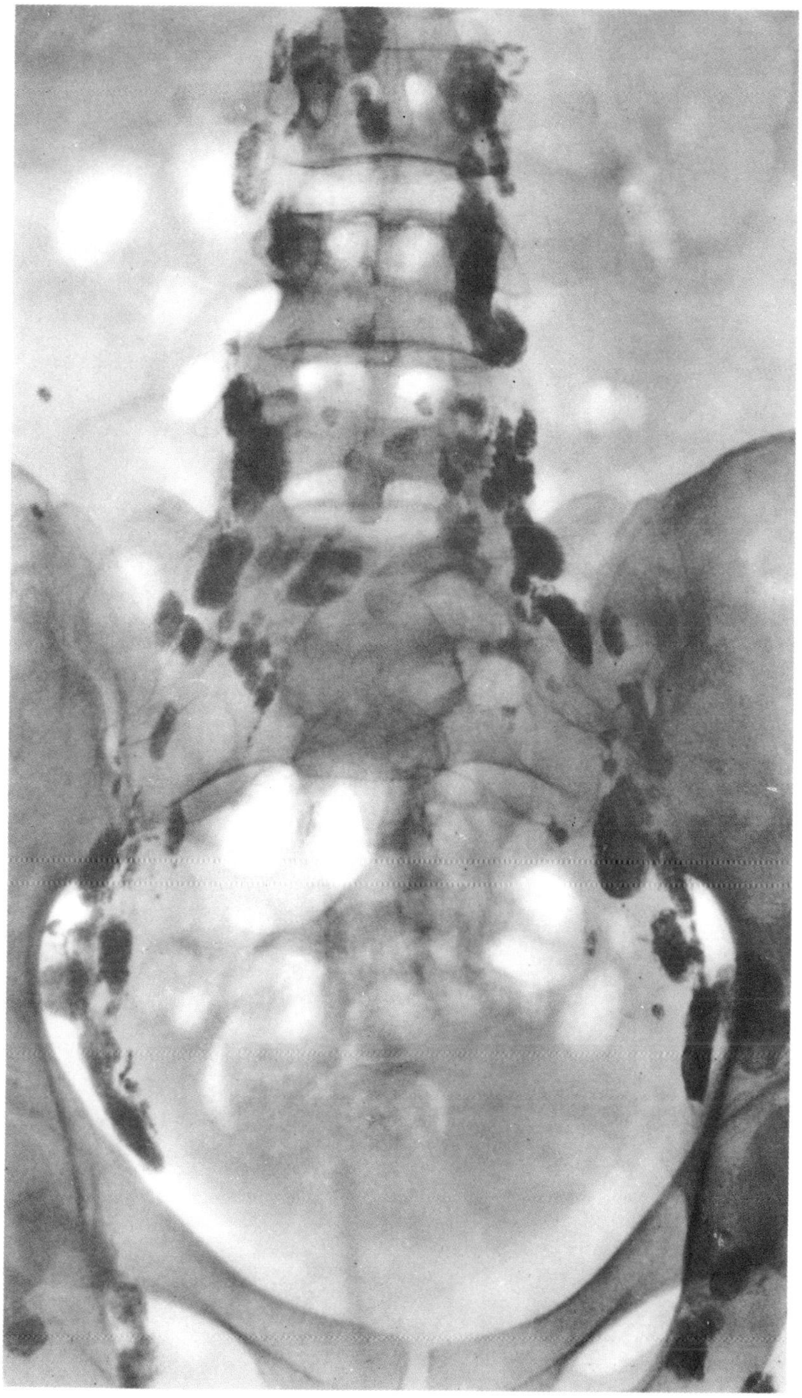

**349**
**Lymphographie**
Erwachsenenalter, Strahlengang anterior-posterior. Darstellung der Nodi lymphatici iliaci und der Nodi lymphatici lumbales

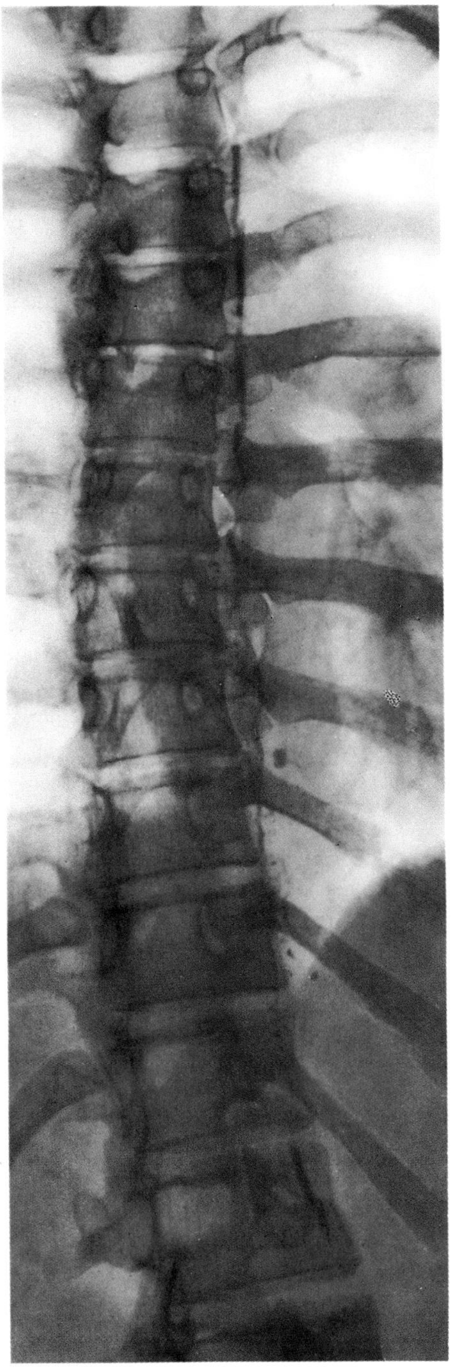

**350**
**Lymphographie**
Erwachsenenalter, Strahlengang im 2. schrägen Durchmesser. Darstellung des Ductus thoracicus, der im Röntgenbild durch leichte Drehung des Patienten an der linken Seite der Brustwirbelsäule verläuft. Cisterna chyli vor dem 1. Lendenwirbel

# Sachwortverzeichnis

Acetabulum **275**, 276, 279, 281, 283, 285
Acromion **80**, 82, 86, 87, 88, 89, 98
Aditus laryngis 69
Ala ossis ilii **76**, 203, 266, **272**, 275, 276, 280, 281, 283, 285
Ampulla ductus deferentis 294, 295
– recti **238**, 239, 286, 287, **288**, 312, 315
– tubae uterinae 312, 313, **317**, 318, 319, 321, 323
Angulus costae 42, 52, 71
– infrasternalis 40
– sterni **40**, 42, 44, 50, **51**, 104, 194
– subpubicus 277, 278
– venosus sinister 130
– ventriculi 200
Antrum pyloricum 201
Anulus fibrosus 60, 71, 75, 149
– inguinalis profundus 94, 301
– inguinalis superficialis 86, 88, 90, **105**, 110
– umbilicalis 94
Anus 112, 238, 239, 272, **275**, 276, 279, 280, 281, 283, 285, 287, 288, 304, 308, 312, 315, 325, 326, 327
Aorta ascendens 124, 125, 126, **132**, 133, 134, 140, 142, 143, 144, 145, 147, 149, 174, 176, 177, 179, 180
– descendens (abdominalis, thoracica) 95, 113, 114, 115, 116, 117, 128, 129, 130, 131, **132**, 174, 175, 176, 180, 203, 217, 218, 220, 221, 222, 223, 227, 229, 240, 241, 248, 249, 252, 254, 257, 266, 267, 268, 313, 323
Apertura thoracis inferior 40
– thoracis superior 40, **42**, 43, 112
Apex cartilaginis arytaenoideae 153
– cordis 125, **136**, 137, 140, 141, 149
– ossis sacri 22, 23
– profstatae 292, 293, 294, 295, **296**
– pulmonis 154, 155, **156**, 157, 158, 172, 173
– vesicae 291, 293, 312
Aponeurosis musculi obliqui externi abdominis 89, 91, 104, 105, 106, 300
– musculi obliqui interni abdominis 89
Appendices epiploicae 199, **228**, 229, 234, 240
Appendix fibrosa hepatis 211, 212, 213
– vermiformis 226, 227, 228, **234**, 235, 236, 240
– vesiculosa 320
Arachnoidea spinalis 174
Arcus anterior atlantis **14**, 15, 26, 68, 69
– aortae 120, 124, 125, 126, 127, 128, 129, **130**, 131, 132, 133, 136, 137, 138, 139, 140, 141, 149, 158, 177, 256, 267
– axis **16**, 26, 66, 67, 68
– cartilaginis cricoideae 152
– costalis **40**, 43, 44, 120
– iliopectineus 94, 109
– posterior atlantis **14**, 15, 26, 61, 66, 67, 68, 69
– tendineus musculi levatoris ani **272**, 275, 276, **280**, 281, 283
– vertebrae 13, 16, 19, 21, 26, 27, 41, 60, 67, 68, 71, 75
Area(ae) gastricae 201
– nuda **211**, 212, 213, 215, 241
Areola mammae 190
Arteria(ae) appendicularis 234
Arteria(ae) axillaris 100, 194
– bulbi vestibuli (vaginae) 283
– carotis communis 120, 124, 125, 126, 127, 128, 129, 130, 131, 132, 133, 134, 136, 137, 138, 139, 140, 141, 149, 158, **177**, 179, 180, 194, **256**, 267
– cervicalis superficialis 194
– circumflexa ilium profunda 301
– circumflexa ilium superficialis 100
– colica dextra 228
– colica media 228, 229
– colica sinistra 229
– coronaria dextra **137**, 145, 149, 175, 177
– coronaria sinistra 137, 145
– cystica 202, 211, 212, **216**, 217, 220, 222, 223, 224
– dorsalis clitoridis 283
– dorsalis penis 305, 306, 307
– ductus deferentis 110, 301
– epigastrica inferior 100, **104**, 108, **109**, 110, 301
– epigastrica superficialis 100
– epigastrica superior 100, 104
– femoralis **94**, 106, 112, 310, 311, 329, 330, 331
– gastrica dextra 202, 216, 217, 218, 224
– gastrica sinistra 95, 113, 114, 176, **202**, 203, 204, 205, 216, 217, 218, 220, 221, 223, 224, 257
– gastricae breves 202, 224
– gastroduodenalis 202, 216, 217, 218, **220**, 222, 223, 224
– gastroepiploica dextra 202, 217, **218**, 220, 221, 222, 224
– gastroepiploica sinistra 202, 217, **218**, 220, 221, 224
– glutaea inferior **274**, 279, 301, 310, 311, 329, 330, 331
– glutaea superior 274, 279, **301**, 323
– hepatica communis 95, 113, 176, 202, 203, 204, 205, 216, 217, 218, **220**, 221, 222, 223, 224, 254, 257
– hepatica propria 202, 211, 212, 215, 216, 217, 218, **220**, 221, 222, 223, 224
– ilei 228
– ileocolica 228
– iliaca communis 117, 203, 229, 240, 241, 252, 257, 266, 267, **274**, 275, 301, 313, 323, 324
– iliaca externa 108, 109, 110, 117, 252, 257, 266, 273, **274**, 288, 301, 312, 313, 323, 324
– iliaca interna 240, 252, 257, 266, 273, **274**, 288, 301, 312, 313, 323, 324
– intercostalis posterior 100, 104, 117, 122, **129**, 130, 132, 133, 174, 176, 267
– intercostalis suprema 129
– jejunales **217**, 218, 220, 227, 228
– lienalis 95, 113, 176, 202, 204, 205, 208, 209, 216, 217, 218, 220, **221**, 223, 257
– lumbalis 117, 252, **254**, 257
– mesenterica inferior 117, 203, 221, **229**, 240, 252, 254, 257, 267
– mesenterica superior 95, 112, 114, 117, 203, 207, 216, 217, 218, 220, 223, **228**, 241, 248, 249, 252, 254, 257, 267, 268
– obturatoria **273**, 274, 301, 310, 311, 323, 330, 331
– ovarica 317, 318, 320, 321, **323**
– pancreaticoduodenalis inferior **217**, 218, 220, 222
– pancreaticoduodenalis superior **217**, 218, 220, 222
– penis 279

Arteria(ae) pericardiacophrenica **132**, 133, 174, 175
– perinealis 279, 283
– phrenica inferior 114, 203, 268
– profunda femoris 330
– profunda penis 305, 306, 307
– pudenda interna 274, **279**, **283**, 289, 290, 301, 310, 316, 329, 330
– pulmonalis dextra 127, **128**, 133, 134, 138, 139, 140, 149, 150, 154, 156, 157, 159, 160, 161, 174, 176, 179, 180
– pulmonalis sinistra 127, **128**, 132, 136, 137, 138, 139, 141, 149, 150, 154, 158, 162, 174
– rectalis inferior 279, 283, 331
– rectalis media 301
– rectalis superior 229, 301
– renalis 95, 113, 114, 117, 203, 240, 252, 254, **257**, 260, 262, 263, 267, 268
– sacralis lateralis 274, 301
– sacralis mediana 117, 274, 301
– scapularis descendens 194
– sigmoideae 229
– subclavia 100, 104, 117, 120, 124, 125, 126, 127, 128, 129, **130**, 131, 132, 133, 136, 137, 138, 139, 140, 141, 149, 158, 177, 180, 194, 256, 267
– subcostalis 100, 110, 203
– suprarenalis inferior 268, 269
– suprarenalis media 268, 269
– suprarenalis superior 268, 269
– testicularis 109, 117, 203, 252, 254, **257**, 267, 298, 299, **300**, 301, 309
– thoracica interna 100, 104, 115, 121, **122**, 123, 174, 175, 178, 179, 180
– thoracica lateralis 174, 194
– thoracodorsalis 174
– thyreoidea superior 176
– transversa colli 194
– umbilicales 267, 309
– uterina 314, **323**, 324, 329
– vaginalis 323, 330
– vesicalis inferior 301, 310, 323
– vesicalis superior 274, 301, 323
Articulatio(nes) atlantoaxiales 64, 65
– atlantoaxiales mediana 66, 67, 69
– atlantoaxialis lateralis 61, **66**, 67, 68
– atlantooccipitales 64, 65, **66**, 67
– capitis costae 70, 71, **72**, 73
– costotransversaria 41, 71, **72**, 174
– costovertebrales 70, 71, **72**, 73, 74, 174, 175
– coxae 310, 329, 330
– intervertebrales 57, 58, **60**, 61, 62, 63, 66, 67, 68, 75, 175
– sacroiliaca 76, 96, 272, 280
– sternocostalis 40, 70
Atlas **14**, 15, 26, 56, 57, 58, 59, 64, 255
Atrium dextrum 138, 139, 140, **142**, 143, 144, 149, 175, 176, 177
– sinistrum **138**,139, 141, 175
Auricula dextra 125, 126, **136**, 137, 140, 143, 144, 147, 149, 177
– sinistra 126, **136**, 137, 140, 141, 142, 144, 147, 149, 177
Axis (Epistropheus) **16**, 17, 26, 56, 57, 59, 61, 64

Basis cartilaginis arytaenoideae 153
– ossis sacri 22
– prostatae 292, 293, 294, 295, **296**
– pulmonis **154**, 155, 156, 157, 172, 173
– pyramidis 261
Bifurcatio tracheae **152**, 153, 154, 155, 158, 172, 173
Bronchus(i) lobaris inferior dexter 134, **152**, 153, 154, 167
– lobaris inferior sinister **152**, 153, 154, 167
Bronchus(i) lobaris medius dexter 134, **152**, 153, 167
– lobaris superior dexter 134, **152**, 153, 154, 167
– lobaris superior sinister 152, 153, 167
– principalis dexter 128, 131, 133, **152**, 153, 154, 155, 156, 158, 160, 161, 172, 173, 176, 186, 187
– principalis sinister 128, 132, **152**, 153, 154, 155, 157, 158, 163, 172, 173, 186, 188
– segmentales 167
Bulbus penis 288
– vestibuli 284
Bursa ischiadica musculi obturatorii interni 310, 330
– omentalis 241, **248**, 249, 250
– trochanterica musculi glutaei maximi 310, 330

Caecum 226, 227, 228, **234**, 235, 240
Calix(ices) renales 261
– renales minores 265
– renalis major 265
Canalis analis 237, 238, 239, 286, 287, **288**, 312, **315**
– cervicis uteri 287, 312, **315**, 320, 321
– hypoglossi 66, 67
– inguinalis 300, 309
– obturatorius 273, 274, 301
– pudendalis 289, 290, 316
– pyloricus 201
– sacralis 23, **24**, 272, 274, 280, 286
– ventriculi 201
– vertebralis 42, **59**, 63, 71, 75, 274, 287, 324
Capsula adiposa 240, 248, 249, **258**, 259, 260
– fibrosa renis 259, 260
Caput breve musculi bicipitis brachii 87, 88, 89, 90
– costae **52**, 53, 70, 71, 73
– epididymidis 297, **298**, 299, 300
– femoris 310, 329, 330
– laterale musculi tricipitis brachii 79, 80, 82, 86, 87, 194
– longum musculi bicipitis brachii 100
– longum musculi tricipitis brachii 79, 80, 82, 87, 88, 89
– pancreatis **204**, 205, 206, 217, 219, 220, 221, 222
Cartilago(ines) costalis **40**, 44, 70, 115, 174, 175
– tracheales 152
Carunculae hymenales 284, 325
Cauda epididymidis 298
– equina 93, 248, 249, 286
– pancreatis **204**, 205, 206, 219, 220, 221
Cavernae corporis spongiosi 305, 306, 307
– corporum cavernosorum 305, 306, 307
Cavum epidurale 174, 175
– pericardii 175
– peritonaei **250**, 289, 290, 316
– pleurae 174, 175
– subarachnoideale 174, 175
– uteri 287, 312, 315, 320, **321**
Centrum tendineum 94, 95, 112, **113**, 114, 115, 116, 117, 127, 177, 179, 180, 197, 253, 254
Cervix uteri 287, **315**, 319, 320, 321, 329
– vesicae 291, 292
Chordae tendineae 142, 145, 148
Cisterna chyli 130, 240
Clavicula **86**, 87, 88, 89, 104, 117, 176, 193, 194, 197, 255
Clitoris **282**, 284, 312, 326, 327, 328
Colliculus seminalis 292, 296
Collum costae **52**, 53, 70, 71, 72
– femoris 310, 311, 330
– glandis 288
– vesicae felleae 211, 212, 222
Colon ascendens **199**, 216, 217, 218, 220, 221, 222, 226, 227, 228, 234, 235, 241, 245
– descendens **199**, 217, 218, 220, 226, 227, 241, 245, 248, 249

Colon sigmoideum **199**, 203, 226, 227, 233, 240, 245
– transversum 176, 196, 198, **199**, 203, 221, 226, 227, 228, 229, 245, 248, 250
Columna(ae) anales 238
– renalis 261, 264
– rugarum posterior 320, 321
– vertebralis 10, 11, 28, 29, 38, 39, 56, 57, **58**, 59, 116
– vertebralis cervicalis 32, 33, 61, 69
– vertebralis lumbalis 36, 37, 60, 63
– vertebralis thoracica 34, 35, 62
Commissura labiorum anterior 325, 326, 327
– labiorum posterior 325, 326, 327
Conus arteriosus 149
– elasticus 152
Cor **136**, 137, 138, 139, 140, 141, 142, 143, 144, 145, 146, 147, 148, 151, 179, 180, 197
Cornu coccygeum 25
– inferius cartilaginis thyreoideae 106, 152, 153
– majus 152, 153
– minus 152, 153
– sacrale 23
– superius cartilaginis thyreoideae 106, 152, 153
Corona glandis 303
Corpus axis **16**, 17, 26, 67, 68
– cavernosum penis 286, 288, 307
– clitoridis 282, 284, 328
– costae 52, 53, 70
– epididymidis 298, 300
– luteum 320
– ossis hyoidei 152, 153
– ossis sphenoidalis 69
– pancreatis **204**, 205, 206, 219, 220
– penis **302**, 303, 305, 306, 307
– spongiosum penis 286, **288**, 305, 306, **307**
– sterni 40, 42, 43, 44, **50**, 51, 87, 89, 104, 112, 121, 122, 174, 178, 179, 194
– uteri 287, 312, 313, 314, 315, 317, **318**, 319, 320, 321
– ventriculi **200**, 201, 202, 216, 217, 218, 219, 220, 221, 222, 223, 224
– vertebrae 12, 13, 17, 18, 19, 20, 21, 26, 27, 31, 62, 112, 113, 174
– vertebrae prominentis 112
– vesicae felleae 211, 212, 222
– vesicae urinariae 291, 292, **293**, 294, 312
Cortex glandulae suprarenalis 269
– renis 261, 264
Costa 40, 41, 42, 43, 44, **52**, 53, 54, 70, 81, 82, 83, 84, 88, 89, 93, 95, 96, 104, 117, 121, 127, 130, 174, 175, 176, 177, 178, 179, 180, 194, 197, 232, 252, 255
Crista capitis costae 52
– colli costae 52
– iliaca 76, 79, 80, 81, 82, 83, 84, 87, 94, 95, 96, 98, 112, 117, 240, 252, 254, 255, 257, **272**, 273, 275, 276, 279, 280, 281, 283, 285, 313
– sacralis intermedia 23
– sacralis lateralis 23, 58
– sacralis mediana 23, 24, 272, 280
– supraventricularis 144
– terminalis 142, 143
– urethralis 292
Crus (Crura) clitoridis 284, 328
– dextrum partis lumbalis diaphragmatis 95, **113**, 114, 252, 254, 255, 257, 266
– laterale anuli inguinalis superficialis 86, 88, 90, **105**
– mediale anuli inguinalis superficialis 86, 88, 90, **105**
– penis 305, 306
– sinistrum clitoridis 282, 328
– sinistrum partis lumbalis diaphragmatis 93, 95, **113**, 114, 254
Crus (Crura) sinistrum penis 306
Curvatura ventriculi major 198, **200**, 201, 219, 224
– ventriculi minor 198, **200**, 201, 219, 224
Cuspis anterior valvae mitralis 142, 145, **146**, 149
– anterior valvae tricuspidalis 144, 149
– posterior valvae mitralis 142, 146
– posterior valvae tricuspidalis 142, 146
– septalis valvae tricuspidalis 142, 144, 146
Cutis 93

Dens axis **16**, 17, 26, 67, 68, 69
Dermatome des Rumpfes 101, 102, 103
Descensus testium 286, 309
Diaphragma 94, 95, 108, 112, **113**, 114, 115, 116, 117, 120, 125, 126, 128, 129, 132, 134, 177, 210, 240, 241, 253
– pelvis der Frau **280**, 281, 283, 285
– pelvis des Mannes **272**, 275, 276, 279
– urogenitale der Frau 280, 284
– urogenitale des Mannes 272, 277, 278
Discus intervertebralis 58, **60**, 62, 63, 66, 67, 69, 72, 73, 75, 93, 115, 174, 175, 248, 249, 272, 273, 274, 280
Diverticula ampullae ductus deferentis 295
Dorsum penis 288, 302, 303
Ductuli transversi epoophori 320
Ductus(us) arteriosus 149
– choledochus **202**, 206, 211, 212, 215, 216, 217, 218, 220, 221, 222, 223, 224, 246, 247
– cysticus **202**, 211, 212, 215, 216, 217, 218, 220, 222, 223, 224, 246, 247
– deferens 110, 203, 293, 295, 298, 299, **300**, **301**, 309
– ejaculatorius 288, 292
– epoophori longitudinalis 320
– hepaticus communis **202**, 211, 212, 215, 216, 217, 218, 220, 222, 223, 224, 246, 247
– hepaticus dexter 202, 212
– hepaticus sinister 202, 212
– lactiferi 191
– pancreaticus **206**, 218, 220, 221
– pancreaticus accessorius 206
– paraurethrales 325
– thoracicus 115, 117, 128, 129, **130**, 174, 175, 338
– venosus 215
Duodenum 204, 205, **206**, 207, 224, 240, 241, 249, 250
Dura mater spinalis 59, 174, 286

Eminentia iliopubica 272, 280
Endometrium 315
Epicardium 175, 176, 177
Epididymis **297**, 298, 299, 300, 309
Epiglottis 69, 152, 153
Epoophoron 320
Excavatio rectouterina 287, 313, 314, **315**, 329
– rectovesicalis 286, 288
– vesicouterina 286, 313, 314, **315**, 329
Extremitas anterior 208, 209
– inferior renis 258, 259, **260**, 261, 262, 263, 264, 266, 268
– inferior testis 297, 298, 299
– posterior 208, 209
– superior renis 258, 259, **260**, 261, 262, 263, 264, 266, 268
– superior testis 297, 298, 299
– tubaria **312**, 313, 317, 319, 320, 321
– uterina **312**, 313, 317, 319, 320, 321

Facies(es) anterior glandulae suprarenalis 269
– anterior pancreatis 204, 205, 206
– anterior prostatae 293, 296

Facies(es) anterior renis 258, 259, **262**, 264, 266, 268
– articularis anterior axis 16, 17
– articularis capitis costae 52, 53
– articularis inferior atlantis 15
– articularis inferior axis 16, 17, 26
– articularis lateralis axis 16, 17
– articularis posterior axis 16, 67
– articularis tuberculi costae 52, 53
– auricularis ossis sacri 23, 58
– colica lienis 209
– costalis pulmonis 154, **155**, 156, 157, 172
– diaphragmatica hepatis 198, 202, **210**, 213
– diaphragmatica lienis 208, 209
– diaphragmatica pulmonis **154**, 156, 157, 172, 173
– dorsalis ossis sacri 23
– gastrica lienis 209
– inferolateralis prostatae 295, 296
– interlobares pulmonis **159**, 160, 161, 162
– intestinalis uteri 287, 312, 314, **315**, 319
– lateralis testis 297, 298
– lunata 285, 310, 311
– medialis ovarii 312
– medialis pulmonis 154
– pelvina ossis sacri 22, 273
– posterior prostatae 295, 296
– posterior renis 259, 260, **263**, 264
– renalis glandulae suprarenalis 269
– renalis lienis 209
– sternocostalis 136, 137
– symphysialis 112, 273
– urethralis 303
– vesicalis uteri 287, 312, 314, **315**, 317, 318
– visceralis hepatis 211, 215
– visceralis lienis 209
Falx inguinalis 94
Fascia axillaris 193
– brachii 193
– clavipectoralis 193
– diaphragmatis pelvis inferior 289, 290, 316
– diaphragmatis pelvis superior 289, 290, 316
– diaphragmatis urogenitalis inferior 277, 290, 316
– diaphragmatis urogenitalis superior 290, 316
– endothoracica **104**, 115, 123, 124, 174, 175, 197
– iliaca 94, 108
– infraspinata 79, 80
– lata **105**, 106, 107, 110, 310, 311, 329, 330, 331
– obturatoria **274**, 289, 290, 316
– pectoralis 191, 193
– pelvis parietalis 289, 290, 316
– pelvis visceralis 289, 290, 316
– penis profunda 307
– penis superficialis 307
– prostatae 290
– spermatica externa 90, **297**, 298, 299
– spermatica interna **297**, 298, 299
– superficialis perinei 298, 316
– thoracolumbalis **79**, 80, 81, 83, 93, 98, 248, 249
– transversalis 89, 92, **93**, 94, 100, **110**, 248, 249
Fasciculi longitudinales 66, 69
Fibrae intercrurales 86, 88, 90, 105
Fimbria(ae) ovarica 317, 320
– tubae 312, 313, 317, **318**, 319, 320, 321, 323, 324
Fissura horizontalis 120, 123, 124, 125, 128, **154**, 155, 156, 168, 169, 172, 173, 175
– ligamenti teretis 108, **211**, 212, 248, 249
– ligamenti venosi 211
– obliqua 120, 123, 124, 125, 128, **154**, **155**, 156, 157, 158, 168, 169, 170, 171, 172, 173, 175
Flexura coli dextra 198, **199**, 226, 227, 228, 232, 248
Flexura coli sinistra **199**, 226, 227, 229, 232
– duodeni inferior **204**, 205, 206, 219
– duodeni superior **204**, 205, 206, 219
– duodenojejunalis 219, 227, **228**, 229
Folliculi ovarici 320
Foramen(mina) epiploicum 241
– infrapiriforme 273, 279
– intervertebrale **58**, 62, 66, 67, 71, 75
– ischiadicum majus 76
– jugulare 66, 67
– obturatum 76, 279
– sacralia dorsalia 23
– sacralia pelvina 22, 23, 273
– suprapiriforme 273, 279
– transversarium 12, 13, 14, 15, 16, 17, 58, 68
– venae cavae 94, 95, **113**, 114, 115, 116, 253, 254
– vertebrale 12, 14, 15, 16, 17, 18, 20, 21, 31
Fornix vaginae 287, 312, **315**, 317, 318, 320, 321
Fossa acetabuli 94
– ductus venosi 212, 215
– hypophysialis 69
– iliaca 95, 272, 280
– inguinalis lateralis 108
– inguinalis medialis 108
– ischiorectalis 275, 276, **279**, 281, **283**, **289**, 290, 316, 331
– navicularis 288, 307
– ovalis 143, 144
– supravesicalis 108
– vestibuli vaginae 284, 325
Fovea articularis inferior atlantis 14, 26
– articularis superior atlantis **14**, 15, 26, 68
– costalis 75
– costalis inferior 18, 58, 73
– costalis superior 18, 58, 73
– costalis transversalis **18**, 19, 56, 58, 75
– dentis 14, 15, 68
Foveolae gastricae 201
Frenulum clitoridis 325
– praeputii 303
– valvae ileocaecalis 235
Fundus uteri 287, 312, 313, 314, **315**, 317, 318, 319, 320, **321**
– ventriculi 198, **200**, 201, 202, 216, 217, 218, 223, 224
– vesicae 292, 293, 294, 312
– vesicae felleae 210, **211**, 212, 222
Funiculus spermaticus 86, 88, 89, 90, 91, 92, 100, **105**, 106, 107, 110, 203, 297, **300**, 310, 311

Ganglion(ia) cardiacum 176
– cervicale medium 176, **255**, 256, 267
– cervicale superius 176, **255**, 256, 267
– cervicothoracicum (stellatum) 176, **255**, 256, 267
– coeliacum 176, 177, 203, 254
– lumbalia trunci sympathici 114, 177, 203, 252, 254, **255**, 256, 267
– mesentericum inferius 203, 254
– mesentericum superius 203, 254
– phrenicum 203
– renale 203
– sacralia trunci sympathici 203, **255**, 256, 267
– thoracica trunci sympathici 117, 129, 132, 133, 176, 203, **255**, 256, 267
Gaster 200, 201
Glandula(ae) areolares 190
– bulbourethralis 278, 288
– cervicales uteri 315
– suprarenalis 240, 257, 267, 268, **269**
– thyreoidea 176, 179

Glandula(ae) vestibularis major 284, 325
Glans clitoridis 281, **282**, 283, 284, 325, 328
– penis 288, 302, **303**, 307

Haustra coli 199
Hepar 108, 198, 202, **210**, 211, 212, 213, 214, 215, 216, 217, 218, 222, 223, 250
Hiatus aorticus 95, **113**, 114, 115, 117, 216, 217, 218, 221, 240, 252, 256, 257
– oesophageus 95, **113**, 114, 115, 117, 222, 252, 254, 255, 257
– sacralis 23, 24
– saphenus 105, 106
Hilus glandulae suprarenalis 269
– lienis 209
– pulmonis **156**, 157, 164, 165, 169, 171, 179, 180
– renalis 260, **262**, 263, 268
Hymen 282

Ileum 198, **199**, 226, 227, 228, 229, 234, 235, 240
Impressio cardiaca 154, 157
– colica 211, 212
– duodenalis 211
– gastrica 211
– oesophagea 211
– renalis 211, 212
– suprarenalis 211
Incisura acetabuli 285
– angularis 200
– apicis cordis 136, 137
– cardiaca pulmonis sinistri 154, 157, 172
– cardiaca ventriculi 200, 201
– clavicularis sterni 40, 42, 44, 50
– costalis 50, 51
– ischiadica major 285
– jugularis sterni 40, 42, 50
– ligamenti teretis 108, 196, 197, 202, 210, **211**, 212, 216
– pancreatis 204, 206
– thyreoidea superior 152
– vertebralis inferior 12, 17, 18, 20, 26, **27**
– vertebralis superior 12, 17, 18, 20, 26, **27**
Infundibulum tubae uterinae 320
Intersectio tendinea 89, 91, 104, 112
Intestinum tenue **196**, 197, 240, 248, 249, 250
Isthmus prostatae 296
– tubae uterinae 312, 313, 317, 318, 319, **320**, 321, 323
– uteri 312, **315**, 320, 321

Jejunum **199**, 203, 217, 220, 221, 222, 226, 228, 229
Junctura sacrococcygea 24, 58, 59, 76, **273**, 274, 286, 288

Labium anterius portionis vaginalis uteri 312, **315**, 317, 318, 319, **322**
– majus pudendi 312, 325, 326, 327
– minus pudendi 281, 282, 283, 284, 287, 312, 315, **325**, 326, 327
– posterius portionis vaginalis uteri 312, **315**, 317, 318, 319, **322**
Labrum acetabulare 285
Lacuna musculorum 94
– vasorum 94
Lamina anterior vaginae musculi recti abdominis **86**, 88, 90, 93, 100
– arcus vertebrae **12**, 17, 18, 20, 21
– cartilaginis cricoideae 153
Lamina dextra, sinistra cartilaginis thyreoideae 152, 153
– parietalis pericardii 175
– parietalis tunicae vaginalis testis 250, 297, 298, 299
– posterior vaginae musculi recti abdominis 89, 92, 93, 94, 100, 104, 109, 112
– superficialis fasciae cervicalis 193
– visceralis pericardii (Epicardium) 175, 176, 177
– visceralis tunicae vaginalis testis 250, **297**, 298, 299
Larynx 152, 153
Lien **208**, 209, 216, 221, 224
Ligamentum(a) alaria 66, 67
– anococcygeum **272**, **275**, 276, 279, 280, 281, 283, 285
– anularia 152
– apicis dentis 67, 69
– arcuatum laterale 95, 112, **113**, 114, 254
– arcuatum mediale 95, **113**, 114, 254
– arcuatum medianum 95, **113**, 240, 252, 255, 256, 257
– arcuatum pubis **277**, 278, **282**, 284
– capitis costae interarticulare 73
– capitis costae radiatum 70, 71, 73
– coronarium hepatis 210, 213
– costotransversarium 71
– costotransversarium laterale 74
– costotransversarium superius 70, 71
– cricothyreoideum 152
– cricotracheale 152
– cruciforme atlantis 66
– falciforme hepatis **108**, 120, 196, 202, 210, 211, 212, 213, 221, 241
– flavum 57, 58, 69, **71**, 74, 75, 76
– fundiforme penis 86, 88, 90, **105**, 106
– gastrocolicum omenti majoris **196**, 198, 216, 219, 224, 250
– gastrolienale omenti majoris 198, 216, 219
– hepatoduodenale omenti minoris 198
– hepatogastricum omenti minoris 198, 250
– iliolumbale 76
– inguinale **86**, 88, 89, 90, 91, 92, 94, 95, 100, 107, 110, 273, 274, 313, 324
– interfoveolare 94, 109
– interspinale 58, 59, 69, 71, 74, **75**, 76
– intertransversarium 56, 57, 58, 70, **71**, 73, 74, 76
– lacunare 94
– latum uteri 313, 314, **317**, 318, 320, 321, 324, 329
– lienorenale omenti majoris 241
– longitudinale anterius **56**, 58, 59, 63, 64, 69, 70, 71, 93
– longitudinale posterius 59, 69
nuchae 58, 69
– ovarii proprium 312, 313, 314, **317**, 318, 319, 320, 321, 323
– phrenicocolicum 241
– phrenicolienale omenti majoris 241
– pubicum superius 328
– pubovesicalia 291
– pulmonale 128, **156**, 157, 169, 171
– reflexum 106
– sacrococcygeum dorsale profundum 57, 76
– sacrococcygeum dorsale superficiale 57, 76
– sacrococcygeum laterale 57, 76
– sacroiliaca dorsalia 76
– sacrospinale 76, 274, 281, 285
– sacrotuberale 76, 273, 274, 275, 276, **279**, 281, **283**, 285, 310, 311, 330, 331
– sternocostalia radiata 70
– supraspinale **57**, 58, 59, 71, 75
– suspensorium clitoridis 282, 328
– suspensorium ovarii 312, 313, **317**, 318, 321, 323
– suspensorium penis 105, 106
– teres hepatis 108, 120, 196, 197, 198, **202**, 210, 211, 212, 222
– teres uteri **312**, 314, 317, 318, 319, 320, 321, 324

Ligamentum(a) thyreohyoideum 152, 153
– thyreohyoideum medianum 152
– transversum atlantis **66**, 67, 68, 69
– transversum perinei 277, 278
– triangulare dextrum 213, 241
– triangulare sinistrum 213, 241
– tuberculi costae 74
– umbilicale laterale 274, 323
– umbilicale medianum 291, 293, 329
Limbus fossae ovalis 143, 144
Linea(ae) alba **86**, 88, 89, 90, 91, 92, **93**, 94, 100, 104, 110, 248, 249, 329
– arcuata 89, 92, 94, 100, 104, **1**09, 110, 272, 280, 301
– nuchae inferior 85
– nuchae superior 85
– parietalis 127
– transversae ossis sacri 22
Lingua 69
Lingula pulmonis sinistri 123, **124**, 125, 128, 154, 157, 162, 163, 172
Lobuli thymi 197
Lobus(i) caudatus 202, **211**, 212, 215, 216, 217, 218, 221, 223
– dexter, sinister prostatae 292, 296
– dexter, sinister thymi 197
– glandulae mammariae 191
– hepatis dexter 120, 196, 197, 198, 202, 210, **211**, 212, 213, 215, 216, 217, 218, 219, 220, 221, 222, 223, 224, 248, 249
– hepatis sinister 120, 196, 197, 198, 202, 210, **211**, 212, 213, 215, 216, 217, 218, 220, 221, 222, 223, 224, 248, 249
– inferior pulmonis 120, 123, 124, 125, 126, 128, 131, 154, **155**, 156, 157, 158, 159, 160, 161, 162, 163, 164, 165, 168, 169, 170, 171, 172, 173, 174, 175, 197
– medius pulmonis dextri 120, 123, 124, 125, 126, 128, 154, 155, 156, 159, 160, 161, 164, 168, 169, 172, 175, 197
– quadratus 198, 202, **211**, 212, 215, 216, 217, 218, 220, 221, 222, 223
– renales 268
– superior pulmonis 120, 124, 125, 126, 128, 131, **154**, 155, 156, 157, 158, 159, 160, 161, 162, 163, 164, 165, 168, 169, 170, 171, 172, 173, 174, 175, 197
Lunulae valvularum semilunarum 146

Magenstraße 201, 244
Mamma 190, 191, 192
Mandibula 112
Manubrium sterni 40, 42, 43, 44, **50**, 51, 87, 104, 112, 117, 121, 122, 123, 124, 125, 126, 127, 128, 129, 134, 178, 194
Margo anterior pulmonis 124, **156**, 157, 172, 173
– anterior testis 297, 298
– dexter cordis 136, 137
– falciformis 106, 107
– inferior hepatis 196, 198, **210**, 211, 212, 213, 215, 219, 221
– inferior pancreatis **204**, 205, 206, 209
– inferior pulmonis 154, **156**, 157, 172, 173
– lateralis renis 258, 259, 260, 261, **262**, 263, 264, 268
– liber ovarii 317, 319, 320
– medialis glandulae suprarenalis 269
– medialis renis 258, 260, 261, **262**, 263, 268
– mesovaricus 317, 319, 320
– posterior testis 297, 298
– superior glandulae suprarenalis 268, 269
– superior pancreatis **204**, 205, 206, 208, 209
– uteri dexter, sinister 314, 318, 319, 320, **321**
Massa lateralis 14, 15
Medianusgabel 194
Mediastinum anterius 125
Mediastinum posterius 129, 131
– testis 299
Medulla glandulae suprarenalis 269
– oblongata 69
– renis 261, 264
– spinalis 69, 174, 175
Membrana atlantoaxialis anterior 64
– atlantooccipitalis anterior 56, **64**, 66, 67
– atlantooccipitalis posterior 65
– intercostalis externa 88, 91, 178
– obturatoria 290, 311, 331
– sterni 70
– tectoria 69
Mesenterium 199, 217, 218, 220, 221, 222, **226**, 228, 229, 240, 248, 249, 250
Mesoappendix 234, 235
Mesocolon sigmoideum 241
– transversum **199**, 219, 227, 228, 229, 241, 250
Mesometrium 313, 314, **317**, 318, 320, 321
Mesosalpinx 312, 313, **317**, 318, 320, 321
Mesovarium 312, 313, **317**, 318, 321
Mons pubis 312, **325**, 326, 327
Musculus(i) adductor longus 95, 274
– adductor magnus 274
– adductores 310, 311, 331
– biceps brachii 86, 194
– bulbospongiosus der Frau **281**, 283, 285, 314
– bulbospongiosus des Mannes **275**, 279, 286, 288, 305
– coccygeus 203, **272**, 273, 275, 276, 279, 280, 281, 283, 285, 329
– coracobrachialis 86, 87, 88, 89, 100
– cremaster 88, 91, 92, 100, **105**, 106, 107, **297**, 299
– deltoideus 79, 80, **86**, 87, 88, 98, 100, 193, 194
– erector spinae 80, 81, **82**, 83, 84, 93, 115, 174, 175, 248, 249
– glutaei 109
– glutaeus maximus 79, 80, 108, 203, 266, **310**, 311, **329**, 330, 331
– glutaeus medius 203, 266, 329, 330
– glutaeus minimus 108
– gracilis 274
– iliacus 94, **95**, 108, 109, 112, 117, 203, 240, 254, 255, 256, 257, 266, 267, 273, 274, 310, 313
– iliocostalis cervicis 81, 82, 83
– iliocostalis lumborum 81, 82, 83
– iliocostalis thoracis 81, 82, 83
– iliopsoas 311, 329, 330, 331
– infrahyoidei 112
– infraspinatus 80, 82, 98, 174
– intercostalis externus 80, 81, 82, 83, 84, **89**, 91, 92, 93, 94, 100, 104, 116, 122, 129, 130, 132, 133, 174, 175, 176, 178, 179, 180, 194, 253, 255, 256, 266, 267
– intercostalis internus 88, 89, 92, 93, 94, 100, 104, 112, 117, 121, 122, **129**, 130, 132, 133, 174, 175, 176, 179, 253, 255, 256, 266, 267
– interspinalis cervicis 84, 85
– interspinalis lumborum 84
– intertransversarii laterales lumborum 83
– intertransversarii lumborum 84
– ischiocavernosus der Frau 281, 283, 284
– ischiocavernosus des Mannes 275, 279, 305
– latissimus dorsi **79**, 80, 86, 87, 88, 90, 93, 98, 100, 115, 174, 175, 193, 194, 248, 249, 266
– levator ani 112, 203, **272**, 275, 279, **280**, 281, 283, 285, 289, 290, 301, 310, 311, 314, 316, 330, 331
– levator scapulae 80, 81, 82
– levatores costarum breves 83, 84
– levatores costarum longi 83, 84
– longissimus capitis 82, 83

Musculus(i) longissimus cervicis 81, 82, 83
– longissimus thoracis 81, 82, 83
– longus capitis 255
– longus cervicis 255
– multifidus 83, 84
– obliquus capitis inferior 83, 84, 85
– obliquus capitis superior 83, 84, 85
– obliquus externus abdominis 79, 80, 81, 86, 87, 88, **90**, 93, 94, 95, 100, 108, 113, 115, 117, 175, 248, 249, 254, 266
– obliquus internus abdominis 79, 80, 81, 82, 83, 88, **91**, 93, 94, 95, 104, 106, 108, 113, 117, 203, 248, 249, 254, 266
– obturatorius externus 311, 331
– obturatorius internus 272, **273**, 274, 280, 289, 290, 301, 310, 311, 316, 329, 330, 331
– omohyoideus 100
– papillaris anterior valvae mitralis 142, 145, 149
– papillaris anterior valvae tricuspidalis 142, 149
– papillaris posterior valvae mitralis 142, 145
– papillaris septalis valvae tricuspidalis 142
– pectineus 95, 330
– pectoralis major **86**, 87, 88, 90, 100, 117, 174, 176, 191, 193, 194, 255
– pectoralis minor **88**, 100, 117, 174, 193, 194
– piriformis 203, **273**, 274, 279
– psoas major 93, 94, **95**, 109, 112, 113, 114, 117, 203, 240, 248, 249, 252, 254, 255, 256, 257, 266, 267, 273, 274, 310, 313, 324
– psoas minor 95
– pyramidalis 89, 91, 104
– quadratus femoris 310, 311, 329, 330, 331
– quadratus lumborum 83, 93, 95, **96**, 113, 114, 117, 203, 248, 249, 252, 254, 255, 256, 257, 266, 267
– rectococcygeus 272, 280
– rectus abdominis 89, **91**, 93, 94, 104, 108, 110, 175, 179, 180, 248, 249, 329, 330
– rectus capitis posterior major 83, 84, 85
– rectus capitis posterior minor 83, 84, 85
– rectus femoris 310, 311, 329, 330, 331
– rhomboideus major 79, **80**, 98, 174
– rhomboideus minor 80
– rotatores thoracis 84
– sacrospinalis 274
– sartorius 95, **107**, 310, 311, 329, 330, 331
– scalenus anterior 177, 179, 180, 255
– scalenus medius 177, 179, 180, 255
– scalenus posterior 81, 82
– semispinalis capitis 79, 80, 81, **82**, 83, 98
– semispinalis thoracis 82, 83
– serratus anterior 86, **87**, 88, 89, 90, 91, 92, 100, 117, 174, 175, 193, 194
– serratus posterior inferior 80, 81
– serratus posterior superior 81
– sphincter ani externus 112, 237, 238, 239, 272, **275**, 276, 279, 280, **281**, 283, 285, 286, 287, 288, 289, 312, 314, 315
– sphincter ani internus 112, 238, 239, 286, 287, **288**, 289, 312, **315**
– sphincter urethrae 272, 276, 277, **278**, 280, 288, 290, **315**
– sphincter vesicae 288, 292, 315
– spinalis thoracis 81, 82, 83
– splenius capitis 79, 80, 81, 98
– splenius cervicis 80, 81
– sternocleidomastoideus 81, 85, 86, 87, 88, 89, 98, 100, 193
– sternohyoideus 117, 193, 194
– sternothyreoideus 193, 194
– subclavius 88, 89, 100, 194
– subcostalis 116, 130
– subscapularis 86, 88, **89**, 100, 174, 194

Musculus(i) suprahyoidei 112
– supraspinatus 80, 82
– tensor fasciae latae 95, 310, 311, 329, 330, 331
– teres major 79, 80, 82, 86, 88, **89**, 91, 92, 98, 194
– teres minor 80, 82
– transversus abdominis 83, 89, **92**, 93, 94, 95, 100, 104, 107, 108, 112, 113, 114, 117, 203, 248, 249, 252, 254, 255, 256, 257, 266, 267
– transversus perinei profundus der Frau 280, 281, **282**, 283, 284, 285, 312, 315, 316
– transversus perinei profundus des Mannes 112, 272, 275, 276, 277, **278**, 279, 286, 290
– transversus perinei superficialis **275**, 276, 279, 281, **282**, 283, 284
– transversus thoracis 94, 106, 107, **121**
– trapezius **79**, 80, 86, 87, 88, 89, 98, 100, 174, 175, 193, 194
– vastus intermedius 331
– vastus lateralis 331
Myocardium 147
Myometrium 315

Nervus(i) cardiaci thoracici 176
– cardiacus cervicalis inferior 176
– cardiacus cervicalis medius 176
– cardiacus cervicalis superior 176
– clunium superiores 121
– cutaneus femoris lateralis 94, 109, **117**, 203, 252, 254, 256, 267, 310, 311, 329, 330, 331
– cutaneus femoris posterior **279**, 310, 311, 329, 330, 331
– dorsalis clitoridis 283
– dorsalis penis **278**, 279, 305, 306, 307
– femoralis 94, **109**, 203, 256, 267, 310, 311, 329, 330, 331
– genitofemoralis **117**, 252, 254, 256, 267
– glutaeus inferior 279
– glutaeus superior 203, 279
– iliohypogastricus 104, **117**, 203, 252, 254, 256, 267
– ilioinguinalis **117**, 203, 252, 254, 256, 267
– intercostalis 104, 117, **129**, 132, 133, 176, 255, 256, 267
– intercostobrachiales 193
– ischiadicus 279, **310**, 311, **329**, 330, 331
– labiales posteriores 283
– laryngeus recurrens dexter 129, **133**, 176, 177
– laryngeus recurrens sinister 125, 128, 129, **132**, 177, 256, 267
– laryngeus superior 176
– musculocutaneus 194
– obturatorius 203, **274**, 310, 312, 330, 331
– perinealis 279, 283
– phrenicus dexter 125, 127, **133**, 134, 174, 175, 179, 180
– phrenicus sinister 125, 127, **132**, 174, 175
– pudendus **279**, **283**, 289, 290, 310, 316, 329, 330
– rectalis inferior 279, 283, 331
– splanchnicus major 114, 115, 129, 132, 134, 175, **176**, 255
– splanchnicus minor 114, 115, 175, **176**, 203
– subcostalis 100, 104, 110, **117**, 203, 252, 254, 256
– thoracicus longus 174
– thoracodorsalis 174
– vagus dexter 115, 127, 128, **129**, 133, 174, 175, 176, 177, 254, 256, 267
– vagus sinister 114, 115, 125, 127, 128, **129**, 132, 174, 175, 177, 254, 256
Nodus(i) lymphaticus(i) apicales 193, 194
– – bronchopulmonales 179, 180
– – centrales 194
– – cervicales profundi 179, 180, 194
– – colici dextri, sinistri 240
– – gastrici dextri 224

Nodus(i) lymphaticus(i) gastrici sinistri 224
– – hepatici 224
– – ileocolici 240
– – iliaci **240**, 324, 336, 337
– – iliaci externi 240, 336, 337
– – iliaci interni **240**, **324**, 336, 337
– – inguinales profundi 324
– – inguinales superficiales 324
– – intercostales 178, 179
– – juguloomohyoideus 194
– – laterales 193, 194
– – lumbales **240**, 324, 336, 337
– – mediastinales anteriores 179
– – mediastinales posteriores 180
– – mesenterici 240
– – pancreaticolienales 240
– – parasternales 178, 179, 180
– – pectorales 193, 194
– – phrenici 240
– – pulmonales 174
– – pylorici 224
– – sacrales 240
– – subscapulares 193, 194
– – tracheales 179, 180
– – tracheobronchiales inferiores 128
Noduli valvularum semilunarium 142, 144, 145, **146**
Nucleus pulposus 60, 71, 75

Oesophagus 69, 95, 112, 114, 116, 117, 128, **129**, 131, 133, 134, 174, 175, 180, 189, 200, 201, 216, 222, 223, 224, 241, 252, 254, 256, 257, 267
Omentum majus 196, 198, 200
– minus **198**, 200, 224, 250
Os coccygis 24, **25**, 56, 59, 87, 273, 275, 276, 279, 281, 283, 285, 286, 310, 312
– costale 40, 44, 70
– coxae 329, 330, 331
– hyoideum 112, 152, 153
– ilium 94, 108
– occipitale 66, 67, 85
– pubis 94, 203, 301, 310, 311, 324, 331
– sacrum **22**, 23, 24, 56, 57, 58, 59, 112, 273, 274, 279, 285, 286, 287, 288, 301, 312
Ostium aortae 149
– appendicis vermiformis 235
– atrioventriculare dextrum 149, 175
– atrioventriculare sinistrum 145, 149, 175
– cardiacum 201
ileocaecale 235
– pharyngeum tubae auditivae 69
– pyloricum 201
– sinus coronarii 143, 175
– trunci pulmonalis 149
– ureteris 288, 292, 330
– urethrae externum 281, **282**, 283, 284, 286, 287, 288, 302, **303**, 312, 315, 325
– urethrae internum 286, 287, **288**, 292, 310, 312, **315**, 330
– uteri 287, 312, **315**, 317, 318, 319, 320, 321, **322**
– uterinum tubae 320
– vaginae 281, 282, 283, 284, 287, 312, **315**, **325**
– venae cavae inferioris 175
– venae cavae superioris 143
Ovarium 312, **313**, 317, 318, 319, 320, 321, 323, 324

Pancreas 202, **204**, 205, 206, 216, 223, 241, 248, 249, 250
Papilla duodeni major 206
– duodeni minor 206
Papilla mammae 190, 191
– renalis 261
Parametrium 314
Parenchyma testis 299
Paries anterior fornicis vaginae 312
– anterior vaginae 284, 287, **315**, 317, 325
– anterior ventriculi 200
– membranaceus 153, 155
– posterior fornicis vaginae 312
– posterior vaginae 284, 287, **315**, 321, 325
Pars (Partes) abdominalis musculi pectoralis majoris 86, 88
– abdominalis ureteris 240, **266**, 267, 324
– anterior faciei diaphragmaticae 213
– ascendens duodeni 219
– basilaris ossis occipitalis 56, 59, **66**, 67, 69
– cardiaca **200**, 202, 216, 217
– clavicularis musculi pectoralis majoris 86, 88
– costalis diaphragmatis 94, 95, 112, **113**, 114, 115, 116, 179, 180, 197, 252, 254, 255, 256, 257, 266, 267
– descendens duodeni 204, 205, **206**, 216, 217, 218, 219, 220, 221, 248, 249
– dextra faciei diaphragmaticae 213
– genitales femininae externae 325, 326, 327
– genitales masculinae externae 302, 308
– horizontalis (inferior) duodeni **204**, 205, 206, 217, 218, 219, 220, 221
– laryngea pharyngis 69
– lateralis ossis sacri **22**, 23, 272, 275, 276, 280, 281, 283
– libera omenti majoris 120, **196**, 198, 199, 228, 250
– lumbalis diaphragmatis 95, **113**, 114, 115, 116, 176, 203, 216, 217, 218, 220, 221, 222, 252, 254, 255, 256, 257, 267
– mediastinalis faciei medialis 154, 156, 157
– membranacea septi interventricularis 142, 175
– membranacea urethrae 286, 288
– muscularis septi interventricularis **142**, 144, 148, 149, 175
– nasalis pharyngis 69
– oralis pharyngis 69
– pelvina ureteris 240, 266, 267
– posterior faciei diaphragmaticae 213
– prostatica urethrae 286, **288**, 290, 292, 296
– pylorica 200, 201, 202, 216, 217, 218, 219, 220, 221, 222, 223, 224, 240
– spongiosa urethrae 286, **288**, 305, 306
– sternalis diaphragmatis 94, **113**, 114, 115, 116
– sternocostalis musculi pectoralis majoris 86, 88
– superior duodeni 198, 200, 201, 202, 204, 205, 206, **216**, 217, 218, 219, 220, 221, 222, 223
– superior faciei diaphragmaticae 213
– uterina tubae uterinae 320
– vertebralis faciei medialis 154, 156, 157
Pediculus arcus vertebrae **12**, 17, 18, 20, 21
Pelvis renalis 248, 249, 260, 261, 262, 263, 264, **265**, 332, 333
Penis 275, 279, 300, 302, **303**, 305, 306, 307, 308, 309
Pericardium 115, 116, 120, 123, **124**, 125, 126, **127**, 132, 133, 134, 136, 158, 174, 176, 197
Perimetrium 287, 315
Perineum **304**, 308, 312, 314, 315, **325**, 326, 327
Peritonaeum parietale 93, 108, 227, 238, 239, **241**, 248, 249, **250**
– viscerale 237, **250**, 287, 289, 290, 294, 314, 316
Pia mater spinalis 174, 175
Pleura costalis **123**, 174, 175, 179, 180, 197
– diaphragmatica 120
– mediastinalis 120, 174, 175
– parietalis 124, 174, 175
– pulmonalis 174, 175
Plexus(us) aorticus abdominalis 203, 254
– aorticus thoracicus 176, 203

Plexus(us) brachialis 117, 176, 256, 267
– cardiacus 176, 177
– coeliacus 176, 203, 254
– deferentialis 203
– gastricus 176, 203
– hepaticus 203
– hypogastricus inferior 203
– hypogastricus superior 203
– iliacus 203
– mesentericus inferior 203
– mesentericus superior 203
– oesophageus 176
– pampiniformis der Frau **317**, 318, 320, 321
– pampiniformis des Mannes 298, 299, 300
– pharyngeus 176
– prostaticus 203
– rectalis 203, 310
– renalis 203, 254
– sacralis 203, 255, 256, **274**, 287, 288
– testicularis 203, 254
– venosi vertebrales interni 174, 175
– venosus areolaris 99
– venosus prostaticus 288, 296, 311
– venosus rectalis 239
– venosus uterinus 314, 329
– venosus vaginalis 330, 331
– venosus vertebralis internus 248, 249
– venosus vesicalis 312, 323, 330
– vesicalis 203
– vesiculae seminalis 203
Plica(ae) caecales 234, 235
– caecalis vascularis 227, 234, 235
– circulares 206
– duodenalis inferior 227, 229
– duodenalis superior 227, 229
– gastricae 201
– gastropancreaticae 219, 241
– ileocaecalis 227, 234, 235
– interureterica 292
– rectouterina 313
– semilunares coli 235
– transversalis recti 238, 239, 286, **288**, 312, 315
– tubariae 320
– umbilicalis lateralis 108
– umbilicalis medialis 108
– umbilicalis mediana 108
Porta hepatis 202, 211, 212
Portio supravaginalis cervicis **315**, 317, 318, 320
– vaginalis cervicis **315**, 317, 318, 320, 322
Porus acusticus externus 58
Praeputium clitoridis 281, 325
– penis 286, 288, **302**, 303, 307, 308, 309
Processus accessorius 20, 21
– articularis inferior **12**, 17, 18, 19, 20, 21, 26, 27, 60, 61, 62, 63, 75
– articularis superior **12**, 13, 17, 18, 19, 20, 21, 22, 26, 27, 31, 60, 61, 62, 63, 70, 75
– articularis superior ossis sacri 23, 24
– caudatus 211, 212
– coracoideus 88, 89
– costarius **20**, 21, 31, 60, 96
– mamillaris 20, 21
– mastoideus 58, 64, 65, 81, 82, 83, 84, 85, 255
– muscularis 153
– papillaris 211, 212
– spinosus **12**, 13, 16, 17, **18**, 19, 20, **21**, 26, 27, 31, 41, 60, 62, 72, 75, 76, 80, 83, 84, 85, 93, 98, 174, 175
– spinosus axis 83, 84, 85
– styloideus ossis temporalis 58, 64, 255
Processus transversus **12**, 13, 14, 15, 16, 17, **18**, 19, 26, 27, 41, 61, 70, 71, 72, 75, 85, 174
– transversus atlantis 85
– uncinatus **204**, 205, 206, 220
– xiphoideus **40**, 43, 44, 50, 51, 86, 87, 88, 89, 90, 91, 92, 104, 113, 114, 115, 116, 121, 122, 123, 124, 125, 128, 134, 175, 178, 196
Promontorium 22, **24**, 56, 58, 95, 96, 112, 117, 227, 241, 252, 255, 257, 266, 273, 274, 288, 301, **312**, 323
Prostata 203, 250, 286, 288, 290, **292**, 293 294, 295, **296**, 301, 311
Protuberantia occipitalis externa 57, **65**, 79, 80, 81, 82, 83, 84, 85, 98
Pulmo dexter **154**, 155, 156, 159, 160, 161, 164, 168, 169, 172, 173, 177
– sinister **154**, 155, 157, 162, 163, 165, 170, 171, 172, 173, 177
Pylorus **200**, **201**, 202, 216, 217, 218, 220, 221, 223
Pyramides renales 261, 264

Radix mesenterii 227, 241
– penis 305, 306
Ramus(i) acromialis arteriae thoracoacromialis 194
– bronchiales 176
– cardiaci inferiores 176, 177
– cardiaci superiores 176, 177
– circumflexus arteriae coronariae sinistrae 137, 139, **141**, 175
– coeliaci 176, 203
– collateralis arteriae intercostalis posterioris 104, 122
– communicans 117, 129, 132, 133, 176, 203, **255**, 256, 267
– cutanei laterales nervorum intercostalium 98
– cutanei laterales ramorum dorsalium nervorum thoracicorum 98
– cutanei mediales ramorum dorsalium nervorum thoracicorum 98
– cutaneus anterior arteriae intercostalis posterioris 100
– cutaneus anterior arteriae subcostalis 100
– cutaneus anterior nervi intercostalis 100
– cutaneus anterior nervi subcostalis 100
– cutaneus lateralis nervi intercostalis 100
– cutaneus lateralis nervi subcostalis 100
– dexter arteriae hepaticae propriae **202**, 211, 212, 216, 217, 218, 220, 221, 222, 223
– dexter venae portae 202
– dorsales nervorum lumbalium 98
– dorsales nervorum thoracicorum 98
– femoralis 252
– femoralis nervi genitofemoralis **256**, 267, 310, 311, 330, 331
– gastrici anteriores 114, 176
– gastrici posteriores 114
– genitalis nervi genitofemoralis 252, 256, 267
– inferior ossis pubis 76, 273, 275, 276, 277, 278, 279, 281, 282, 283, 284, 305, 306, 328
– intercostales anteriores arteriae thoracicae internae 104, 121, 122
– intercostalis anterior 123
– interganglionaris trunci symphatici 117, 129, 132, 133, 176, 203, 254, **255**
– interventricularis anterior 137, 149, 177
– interventricularis posterior 139
– labiales posteriores 283
– laryngopharyngei 177
– obturatorius 110
– oesophageus 202, **216**, 217, 220
– ossis ischii 76, 273, 275, 276, 277, 278, 279, 281, 282, 283, 284, 305, 306, 328

Ramus(i) ovaricus arteriae uterinae 323
– pancreatici arteriae lienalis 248, 249
– pectoralis arteriae thoracoacromialis 194
– pharyngei 177
– phrenicoabdominales 114
– scrotalis anterior nervi ilioinguinalis 100
– sinister arteriae hepaticae propriae **202**, 211, 212, 216, 217, 218, 220, 221, 222, 223
– sinister venae portae 202, 215
– superior ossis pubis 76, 272, 273, 276, 280, 291
– tubarius arteriae uterinae 323
Raphe penis 303
– perinei 304, 308, 325
– scroti 304, 308, 309
Recessus duodenalis inferior 227, 229, 241
– duodenalis superior 227, 229, 241
– ileocaecalis inferior 227, 234, 235
– ileocaecalis superior 227, 234, 235
– inferior omentalis 219
– lienalis omentalis 219, 241
– superior omentalis 219, 241
Rectum **237**, 238, 239, 240, 241, 250, 252, 257, 286, 287, 288, 289, **301**, 310, 311, 312, 323, 324, 329, 330, 331
Regio inguinalis **105**, 106, 107, 110
Ren dexter 227, 240, 241, 248, 249, 257, 258, 259, 260, 261, **262**, 263, 264, 266, 267, 268
– sinister 227, 241, 248, 249, 257
Rete testis 299
Rima pudendi 326, 327
Rugae vaginales 320, 321

Scapula 174
Scrotum 107, 288, 300, **302**, 304, 308, 309
Segmentum(a) anterius 168, 169, 170, 171
– apicale 168, 169, 170, 171
– apicale (superius) 168, 169, 170, 171
– apicoposterius 170, 171
– basale anterius 168, 169, 170, 171
– basale laterale 168, 169, 170, 171
– basale mediale 169
– basale posterius 168, 169, 170, 171
– bronchopulmonalia dextra 168, 169
– bronchopulmonalia sinistra 170, 171
– laterale 168
– lingulare inferius 170, 171
– lingulare superius 170, 171
– mediale 168, 169
– posterius 168, 169, 170, 171
Septula testis 299
Septum atrioventriculare 142
– interatriale 143, 175
– interventriculare 142
– penis 305, 306, 307
– rectovaginale 312, 314, **315**, 331
– urethrovaginale 331
– vesicourethrovaginale 312, 314, 315
Sinus(us) anales 238, 239
– aortae 145
– coronarius 139, 141
– lactifer 191
– obliquus pericardii 127
– prostaticus 296
– sphenoidalis 69, 255
– transversus pericardii 128
– venarum cavarum 138, 139, 140, **142**, 144
Spatium intercostale 40
– perinei superficiale 316
– retropubicum 287, **288**, **312**, 329, 330
Spatium subperitonaeale pelvis 289, 290, 316
Spina iliaca anterior superior 76, 86, 88, 89, 90, 91, 92, 95, 96, 100, **105**, 106, 110, 272, 273, 275, 276, 279, 280, 281, 283, 285, 313
– iliaca posterior inferior 76, 272, 275, 276, 280, 281, 283
– iliaca posterior superior 76, 285
– ischiadica 76, **272**, 273, **280**
– scapulae **79**, 80, 82, 98
Squama occipitalis 58, 69
Sternum **50**, 51, 86, 88, 94, 120
Stratum longitudinale recti 237
Substantia glandularis 296
– muscularis 296
Sulcus(i) arteriae subclaviae 53
– arteriae vertebralis 14, 15, 68
– coronarius 136, 138, 144
– costae 52
– interventricularis anterior 136, 147
– interventricularis posterior 138
– nervi spinalis 12
– paracolici 234, 235
– pulmonalis 43
– venae cavae 211, 212
– venae subclaviae 53
– venae umbilicalis 215
Symphysis pubica 76, 94, 250, 272, 274, 276, 277, 278, 280, 282, 284, 286, 287, 288, 291, 305, 306, 310, 311, **312**, 323, 328, 331
Synchondrosis sternalis 40, 51
– sternocostalis 40

Taenia libera **199**, 226, 227, 228, 229, 234, 237
– omentalis 226
Tela subserosa 315
Tendo musculi latissimi dorsi 80
– musculi pectoralis majoris 89
– musculi rhomboidei majoris 81
– musculi rhomboidei minoris 81
– musculi trapezii 80, 81
Testis 286, 297, 298, **299**, 300, 309
Thorax **40**, 42, 43, 44, 45, 46, 47, 48, 49, 135, 181, 182, 183, 184, 185
Thymus 197
Thymusfettkörper 123
Trabeculae carneae 145
– corporis spongiosi 305, 306, 307
– corporum cavernosorum 305, 306, 307
Trachea 129, 131, 133, 134, **152**, 153, 154, 155, 158, 166, 167, 172, 173, 176, 177, 179
Trigonum fibrosum dextrum 149
– fibrosum sinistrum 149
– lumbale 98
– lumbocostale 95, **113**, 114 117, 252, 254
– sternocostale 113, 114
– vesicae 292
Trochanter major 310, 311, 329
Truncus brachiocephalicus 120, 124, 125, 126, 127, 128, 129, 130, 131, 132, 133, 134, 136, 137, 138, 139, 140, 141, 149, 158, 176, 177, 179, 256, 267
– coeliacus 95, 112, 114, 117, 204, 205, **216**, 217, 218, 220, 221, 225, 252, 254, 257, 267, 268
– lumbalis 240
– lumbosacralis 203, 274
– pulmonalis **125**, 126, 136, 137, 140, 141, 144, 147, 149, 176, 177, 179
– sympathicus 114, 115, 117, 129, 132, 133, 174, 175, 176, 180, 203, 248, 249, 252, **255**, 256, 267
Tuba uterina 314, **317**, 318, 319, 320, 321, 324, 334, 335

Tuber ischiadicum 76, 273, 274, 275, 276, **279**, 281, **283**, 285
– omentale **204**, 205, 206, 211
Tuberculum anterius atlantis 14, 68
– anterius vertebrae cervicalis **12**, 13, 14, 68
– costae 52, 53
– majus humeri 82, 89
– musculi scaleni anterioris 53
– posterius atlantis **14**, 15, 68, 83, 84, 85
– posterius vertebrae cervicalis **12**, 83, 84, 85
– pubicum 86, 94, 95, **105**, 117, 272, 273, 275, 276, 277, 278, 279, 280, 281, 282, 283, 284, 305, 306, 324, 328
Tunica albuginea corporis spongiosi 305, 306, 307
– albuginea corporum cavernosorum 305, 306, 307
– albuginea testis 299
– dartos 302
– vaginalis testis et funiculi spermatici 250, 297, 298, 299, 309

Umbilicus 108
Ureter 203, 241, 257, 260, 262, 263, 264, **266**, 268, 288, 293, 294, 301, 312, 313, 314, 316, 317, 318, 320, 321, 323, 329
– feminina 280, 287, 312, 314, **315**, 331
Urethra masculina 112, 272, 276, 277, 278, **288**, 296, 307, 311
Uterus 287, 316, **317**, 318, 319, 320, 321, 323, 324, 334, 335
Utriculus prostaticus 292
Uvula 69
– vesicae 292

Vagina 280, 287, 312, **314**, 315, 316, 318, 320, **321**, 324, 326, 327, 330, 331
– musculi recti abdominis 89, 91, 92, **93**, **110**
Valva aortae **142**, 145, 146, 149
– atrioventricularis dextra 146, 149, 175
– atrioventricularis sinistra **145**, 146, 149, 175
– ileocaecalis 235
– mitralis 142, 146, 149
– tricuspidalis 142, 146, 149
– trunci pulmonalis 144, 146, 149
Valvula(ae) anales 238
– semilunaris anterior valvae trunci pulmonalis 146, 149
– semilunaris dextra valvae aortae 142, 145, **146**, 149
– semilunaris dextra valvae trunci pulmonalis 144, 146, 149
– semilunaris posterior valvae aortae 145, 146, 149
– semilunaris sinistra valvae aortae 142, 145, **146**, 149
– semilunaris sinistra valvae trunci pulmonalis 144, 146, 149
– sinus coronarii 143
– venae cavae inferioris 143
Vena(ae) appendicularis 234
– axillaris 99, 194
– azygos 115, 117, 128, 129, 130, 131, 133, **134**, 158, 175, 180, **253**
– brachialis 99
– brachiocephalica dextra 120, 124, 125, 126, 127, 130, 134, 177, 179, 180, **253**
– brachiocephalica sinistra 120, 124, 125, 126, 127, 128, 130, 131, 132, 134, 158, 177, 179, 180, **253**
– cava inferior 112, 113, 114, 115, 116, 117, 127, 138, 139, 140, 141, 143, 203, 211, 212, 213, 215, 218, 220, 221, 223, 227, 229, 241, 248, 249, 252, **253**, 254, 257, 266, 267, 286, 313, 323, 324
– cava superior 120, 124, 125, 126, 127, 128, 130, 132, 133, 134, 136, 137, 138, 139, 140, 143, 144, 146, 149, 158, 174, 176, 177, 179, 180, **253**
– cephalica 99, 194
– colica dextra 228
– colica media 228, 229
– colica sinistra 229
Vena(ae) cordis anteriores 137, 140
– cordis magna **137**, 149, 175, 177
– cordis media 139
– cordis parva **139**, 149, 175, 177
– cystica 202
– dorsalis penis 277, **278**, 286, 305, 306, 307
– dorsalis penis superficialis 300, **302**, 303, 307
– epigastrica inferior 108, 109, 110
– epigastrica superficialis 99, 107
– femoralis 94, 99, **106**, 107, 110, 112, 310, 311, 329, 330, 331
– gastrica dextra 202, 205, 224
– gastrica sinistra 202, 224
– gastricae breves 202
– gastroepiploica dextra 202, 224
– gastroepiploica sinistra 202, 224
– glutaea superior 279
– glutaeae inferiores **279**, 310, 311, 329, 330, 331
– hemiazygos 115, 117, 128, 129, 130, 132, 175, **253**
– hemiazygos accessoria 117, 132, 174, **253**
– hepaticae **213**, 215, 241, 252, 253, 257, 267
– ilei 228
– ileocolica 228
– iliaca communis 117, 203, 229, 252, 253, 257, 273, 274, 301, 313, 323, 324
– iliaca externa 108, 109, 252, 253, 257, 273, **274**, 288, 301, 312, 323, 324
– iliaca interna 108, **253**, 273, 274, 288, 301, 312, 323
– intercostalis anterior 122
– intercostalis posterior 117, 122, **129**, 130, 132, 133, 134, 180, 253
– intercostalis superior dextra 117, 253
– intersegmentales 164, 165
– jejunales **217**, 218, 220, 221, 227
– jugularis interna 117, 130, 179, 180, 194, **253**
– lienalis 204, **205**, 206, 208, 209, 221, 248, 249
– lumbales 117, 252, **253**, 257
– lumbalis ascendens 114, 253
– mesenterica inferior 204, 205, 221, **229**, 248, 249
– mesenterica superior 204, 205, 207, **217**, 218, 220, 221, 228, 241
– obturatoria **273**, 310, 311, 330, 331
– ovaricae 317, 318, 320, 321
– paraumbilicales 99
– pericardiacophrenica **132**, 133, 174, 175
– perinealis 279
– portae 202, 204, **205**, 211, 212, 215, 216, 217, 218, 220, **221**, 222, 223, 224
– posterior ventriculi sinistri 139, 141
– pudendae externae 107
– pudenda interna **279**, **283**, 289, 290, 310, 316, 329, 330
– pulmonales dextrae 125, 127, 128, 133, 134, 138, 140, 150, **154**, 156, 158, 159, 160, 161, 176, 179, 180
– pulmonales sinistrae 125, 127, 128, 132, 138, 139, 141, 150, **154**, 157, 158, 163, 174
– rectales inferiores 279, 283, 331
– rectalis superior 229
– renalis dextra 240, 252, 253, **257**, 260, 262, 263, 267
– renalis sinistra 117, 252, 253, **257**, 267
– sacralis mediana 253
– saphena magna **105**, 106, 107, 110, 324
– sigmoideae 229
– subclavia 117, 130, 179, 180, 194, **253**
– subcostalis 110
– suprarenalis dextra 252, 253, **257**, 269
– suprarenalis sinistra 117, 252, 253, **257**, 269
– testicularis dextra 109, 117, 252, 253, **257**, 267, **300**, 301
– testicularis sinistra 117, 252, 253, **257**, 309
– thoracica interna 115, 121, 122, **123**, 174, 175, 178, **179**

Vena(ae) thoracia lateralis 174
– thoracodorsalis 174
– thoracoepigastricae 99
– umbilicalis 215
– vesicalis inferior 310
Venter inferior musculi omohyoidei 193, 194
– superior musculi omohyoidei 194
Ventriculus 120, 176, 196, 198, **200**, 201, 203, 242, 243, 244, 248, 249, 250
– dexter 125, 126, 136, 137, 138, 139, 140, **142**, 144, 146, 147, 148, 149, 175, 176, 177
– sinister 125, 126, 136, 137, 138, 139, 141, **142**, 145, 146, 147, 148, 149, 175, 176, 177
Vertebra cervicalis **12**, 13, 17, 26, 41, 64, 67, 255
– coccygea 286, 287
– lumbalis **20**, 21, 27, 31, 41, 44, 56, 57, 58, 59, 60, 75, 96, 112, 240, 255, 256, 266, 267, 274, 286, 301, 313, 324
Vertebra prominens 79, 80
– sacralis 286, 287
– thoracica **18**, 19, 27, 40, 42, 44, 56, 57, 58, 59, 60, 75, 255
Vesica fellea 196, 198, 202, **211**, 212, 215, 216, 217, 218, 220, 221, 223, 224, 246, 248, 249
– urinaria 108, 203, 240, 250, 252, 257, 266, 267, 286, 287, **288**, 290, 291, **292**, 293, 294, 301, 309, 310, 312, 313, 314, 315, 323, 324, 329, 330
Vesicula seminalis 203, 288, 293, 294, **295**, 301, 310, 311
Vestibulum bursae omentalis 219, 241
– vaginae 281, 282, 283, 284, 287, 312, **315**

Zona haemorrhoidalis 239